JN292241

京都大学
東南アジア研究所
地域研究叢書
23

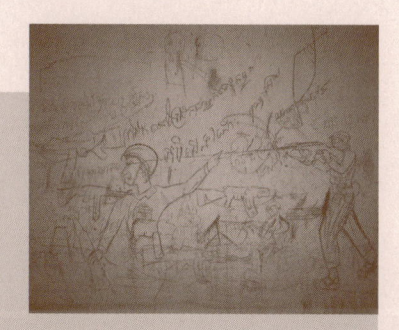

カンボジア
村落世界の再生

小林 知 著

京都大学
学術出版会

口絵1　調査村で使われていたピストルを柄にした鋸である．その他，薬莢が斧の柄の一部に使われていたり，弾薬箱が分解されて家の壁板に転用されていたりといった例もあった．いずれも，銃器の流通と使用が一般的だった時代が調査地においてつい最近まで続いていた事実を知らせていた．［1-1（3）］

口絵2　プノンペンの市街にある福建会館のなかの廟に詣でる地元の人びと．今日のカンボジアの都市部では各種の中国系の諸団体が設立され，活動している．プノンペンでは特に，漢字で宗親会や廟の看板をかかげた建物を目にすることが多い．ただし，「中国文化」のルネッサンスともよべる以上のような都市の文化的状況に対する視点を，そのまま農村部における「民族」の理解に当てはめることはできない．このことを見過ごすと，文化再編の動態の核心部分を捉え損なってしまう．［1-4（3）］

口絵3　1998年頃のプノンペンの市街の様子．プノンペンは当時，カンボジアにおける唯一の都市的な空間だった．農村からの出稼ぎを受け入れ，国際機関などの事務所が置かれ，また外国料理のレストランも立ち並んでいた．ただし，当時は治安が悪く，夜9時過ぎになると人びとは外出を控え，通りは閑散とした．その後の治安の回復はめざましく，最近は夜半過ぎまで若者などが通りを闊歩するようになった．夜に店を開く屋台も増えた．アンコールワットを擁するシエムリアプも，近年は観光地としておおきな発展を遂げ，都市的な生活空間がみられるようになった．［2-3（1）］

口絵4（左）・口絵5（右）　サンコー区の南には，トンレサープ湖の洪水林が広がる．乾期になると，そのなかに残った湖沼の岸辺に臨時の家屋を建て，漁労生活を送る人びともいた．大型の魚は鮮魚で売却し，残った小魚でプラホックとよばれる発酵調味料をつくっていた．トンレサープ湖の増水域に位置するというサンコー区の立地環境は，漁業への参入のほか，様々なかたちで地域の人びとの生活の様式をつくりあげていた．［2-4］

口絵6（上）・口絵7（下）　サンコー区の市場は国道6号線沿いにある．幹線道路に沿った市場では，道を行き交う様々な外部者が停留し，商売をしていた．写真は，猿を引き連れて芸をしながら薬を売る香具師の一団と，コンポンチュナン州を出発して牛車で各地を回る土器売りの人びとである．幹線道路沿いに位置したサンコー区の集落には，このようにして，外部社会の情報や品々へのアクセスの道が比較的おおきく開かれていた．［2-4］

口絵8（上）・口絵9（下） カンボジア農村の仏教寺院は，地域の生活の中心であるといわれる．写真は，ローカル人権NGOが寺院で開いた講習会の様子と，警察官が寺の講堂で実施した身分証明書を作成するための登録作業のスナップである．出家者が生活を送る場である寺院は，このようにして，宗教に関連しない諸活動の場としても使われていた．［2-5（4）］

口絵10（上）・口絵11（下） 双系的な親族関係の認識のもとでも，集合的な行為は観察される．例えば，ボンパチャイブオン（第7章で後述）とよばれる仏教儀礼の際は，子供や孫らが集まって祖父母世代の親族に物品を捧げる儀礼的行為をおこなうことがよくあった．その物品はその後年長の親族によって僧侶へ寄進されていた．村内の家屋の建築などの場面でも，親族や友人の関係にある村人に声がかけられ，集合的なかたちで作業がおこなわれていた．［3-1（3）］

口絵 12（上）・口絵 13（下）　サンコー区では，集落の外れや，1940 年代まで居住がみられた旧集落，そして PA 寺の境内などに広く中国式の墳墓がみられた．レンガとセメントでつくられ，前面に故人の名や出身地，没年を刻みこむ様式は共通していた．しかし，古く建造されたものは漢字，新しいものはカンボジア文字を使用する点が異なっていた．写真は，1956 年に死去した人物の墓（漢字使用）と，1969 年（一部漢字使用）と 1987 年に造られた墓（カンボジア文字使用）の例である．［3-2（3）］

口絵 14 ポル・ポト時代に「強制結婚」によって夫婦となった家族の1つ．夫は VL 村出身，妻は SKP 村出身．内戦前，夫は州都の中学校に進学していた．妻には就学経験がない．2人は結婚以前に全く面識がなかった．ただし，父母らが相手を選ぶ伝統的な形態の結婚でも，当事者が事前にほとんど面識のない相手と結婚することがよくあった．出身世帯の相対的な地位や父母らの事前の協議を欠いていた以外の点では，「強制結婚」と，伝統的な形態のそれとの差違は，案外小さかったともいえる．[3-3 (3)]

口絵 15（上）・口絵 16（下） 調査時の地域社会では，手押しのトラクターなどの農機具が普及しておらず，農作業は畜力に頼っておこなわれていた．通常，田の耕起作業などで牛を使う作業は男性の仕事だといわれていた．牛は，村落世帯の貴重な財産であり，大切に飼育され，相続の対象であった．乾期には，世帯の男の子供が牛の集団を連れて朝と夕方，放牧地の浮稲田と村のあいだを往復していた．［4-1（3）1）］

口絵17（上）・口絵18（下）　「下の田」とよばれる浮稲田では，所有農地の境界が明確でない．土を盛り上げて田畦をつくるケースはごく少なく，一定期間を通して休耕する世帯も多かった．そのため，浮稲田の農地の境界をめぐる世帯間の紛争が絶えず生じ，村長らが調停にあたっていた．ただし，近年の浮稲栽培は満足な収穫がえられる年が少なく，その栽培の拡大に意欲的な世帯は一部に限られていた．［4-4（2）］

口絵19（左）・口絵20（下）　パルミラヤシ（オウギヤシ）の樹液を利用した砂糖づくりは，カンボジア全土でみられる．村落世帯は近年，調理に白砂糖をもちいるようになってきていた．しかし，ヤシ砂糖の需要も依然として高く，州都に運ばれて売られていた．樹液を採集した後の処理の違いで，色が白から茶色まで変化する．より白い色の方が値段が高かった．［5-3（3）］

口絵21（上）・口絵22（左） ボーラーンの形式の儀礼には様々な種類があるが，僧侶の臨席を必要とせず，アチャーだけでおこなう種類のものも多い．写真は，家屋を増築した際におこなわれた「運勢を上げる儀礼」と，気力の充実を願っておこなう「水をかける儀礼」の様子である．「水をかける儀礼」は，僧侶がおこなうこともあった．［7-3（1）］

口絵23（上）・口絵24（下） 死者の遺体は，納棺のまえに子供らによって洗われ，白い布で包まれる．子供らの悲しみが高まる場面である．納棺後は，僧侶が招聘され，積徳の儀礼が続けておこなわれる．埋葬の方法としては土葬が多く，火葬は少なかった．火葬の場合は，棺の長さに合わせて穴を掘り，薪を詰めたうえに棺を置き，下から火をまわす．［7-4（1）］

口絵 25（上）・口絵 26（下） チェンメーンは，親族の紐帯が顕在化する機会である．儀礼用の供物は各世帯が個別に用意するが，場合によってはイトコの範囲まで声がかけられ，時間を調整して一緒に儀礼がおこなわれていた．ただし，一定程度のおおきな範囲の親族が集まることが規範化されていたわけではなく，基本的にはキョウダイの範囲までの成員の参加が重要視されていた．［7-4（2）］

口絵 27（上）・口絵 28（下）　サンコー区にてボーラーンとよばれた形式のカンバン儀礼では，未明に，僧侶による祝福を受けたモチ米を布薩堂まで運んでいた．そして，人びとはそれを鷲掴みにしてから，時計回りに布薩堂の周囲を三周し，手のなかのモチ米を周囲の暗闇に放り投げていた．サマイとよばれる形式では，このような一連の儀礼的行為が実施されないようになっていた．［8-3（3）］

口絵 29（上）・口絵 30（下） カタン祭は，カチナとよばれる僧侶の黄衣を寺院のサンガに寄進する仏教年中行事であり，カンボジアだけでなく，タイやミャンマーなどを含めた上座仏教徒社会で広くみられる．サンコー区周辺では，張りぼての人形やチャイジャムとよばれる劇団による娯楽に加えて，寺院の境内でボクシングがおこなわれていた．今日のそれは，戦意を確認しながら進められ，おおきな怪我を出す前に止められていた．かつては，「ボクシングのクルー」とよばれた拳闘を教える師に就いて，その技術を学ぶ男子がいた．［9-2（2）2）］

口絵 31（上）・口絵 32（下） PA 寺の新講堂の落成式における仏像の開眼儀礼の様子．アピサエクとよばれるこの儀礼の執行方法こそが，サマイ／ボーラーンという実践の多様性のなか，PA 寺の寺院共同体の内外で最も問題とされていた部分であった．結局は，サマイの様式のもとで，花と聖水を撒くだけの簡素な形式で開眼式は進められた．そのとき，新しい仏像の周辺には，物故者の写真や遺骨を収めた壺が並べられ，追善を意図して同時に儀礼行為の対象となっていた．［9-4（3）］

目　次

口　絵
凡　例　　　　　　　　　　　　　　　　　　　　　── iv

第1章　カンボジア農村社会研究の視角と方法　　　── 1
　1-1　「ポル・ポト時代以後のカンボジア農村」という対象　── 5
　1-2　フィールドワークの期間と方法　　　　　　── 10
　1-3　研究の背景　　　　　　　　　　　　　　　── 17
　1-4　研究の視座　　　　　　　　　　　　　　　── 22
　1-5　本書の構成　　　　　　　　　　　　　　　── 31

第2章　カンボジア社会と調査地域の概況　　　　　── 37
　2-1　カンボジアの国土と現代史の素描　　　　　── 42
　2-2　調査地域の自然環境　　　　　　　　　　　── 47
　2-3　調査地の位置　　　　　　　　　　　　　　── 48
　2-4　サンコー区の概況　　　　　　　　　　　　── 57
　2-5　地域社会の基本構成　　　　　　　　　　　── 64

第1部　再生の歴史過程を読み解く

第3章　集落の形成，解体，再編　　　　　　　　　── 87
　3-1　VL村　　　　　　　　　　　　　　　　　　── 90
　3-2　集落の形成 ── 1930～70年 ──　　　　　── 99
　3-3　集落の解体 ── 1970～79年 ──　　　　　── 117
　3-4　集落の再編 ── 1979～2001年 ──　　　　── 138

第4章　農地所有の編制過程 —— 153
　4-1　稲作と農地の現状 —— 156
　4-2　水田の開墾とポル・ポト時代の変化 —— 172
　4-3　ポル・ポト時代以後の農地所有の編制 —— 180
　4-4　所有農地の分析 —— 188

第2部　地域生活の基盤を探る

第5章　生業活動と家計の実態 —— 199
　5-1　世帯と生計手段 —— 202
　5-2　生業としての稲作 —— 206
　5-3　稲作以外の生業活動 —— 228
　5-4　世帯の1ヶ月あたり現金消費支出 —— 245

第6章　経済格差の再現 —— 251
　6-1　生業活動の時代変遷 —— 254
　6-2　世帯間の経済格差 —— VL村の場合 —— —— 260
　6-3　村落間の経済格差 —— 281

第3部　生活世界の動態に迫る

第7章　宗教実践の変化と民族的言辞 —— 305
　7-1　宗教実践の空間 —— 309
　7-2　宗教的観念と実践 —— 316
　7-3　職能者 —— 325
　7-4　生のサイクルと宗教実践 —— 330
　7-5　宗教実践の変化 —— 346
　7-6　宗教実践と民族的言辞 —— チェンとクマエ —— —— 358

第 8 章　仏教実践の多様性と変容　── 373
　8-1　カンボジア仏教の概況　── 376
　8-2　仏教実践の多様性　── 384
　8-3　仏教実践の多様性をめぐる現状　── 389
　8-4　仏教実践の歴史的変化　── 405
　8-5　実践の変化の広域的状況　── 422

第 9 章　寺院建造物の再建　── 425
　9-1　1970〜80 年代の状況からの影響　── 428
　9-2　ネットワーキングによる建設資金の獲得　── 435
　9-3　SK 寺とカタンサマキ　── 443
　9-4　PA 寺と新講堂の建設　── 457
　9-5　復興する村落仏教　── 473

第 10 章　結　論　── 477
　10-1　歴史過程　── 480
　10-2　「カンボジア史の悲劇」再考　── 487
　10-3　社会構造と生活世界の動態　── 491
　10-4　2002 年以後の地域社会　── 498

あとがき　── 503
参考文献　── 507
索　引　── 515

凡　例

1　カンボジア国内の行政区分は，州（ខេត្ត カエト），郡（ស្រុក スロック），行政区または区（ឃុំ クム），行政村または村（ភូមិ プーム）と表記する．
　　カンボジア研究者のなかには，クムに「村」という訳語をあてる意見もある．しかし本書は，それより小さい単位のプームを「村」とする．これは，農村に暮らす人びとの生活におけるもっとも基本的なアイデンティティの拠り所がプームにあることを重視するからである．

2　本書におけるカンボジア語のカタカナ表記は，現地語の文字表記でなく，発音を転記する方針をとっている．ただし，人名について慣用が成立しているものはそれを優先した．また，州名のカタカナ表記については，アジア経済研究所の年報にみられたものを踏襲した．
　　例: ○シハヌーク　×シハヌック
　　例: ○バッドンボーン　×バッタンバン

3　人名については，初出時に限り，慣用化しているローマ字表記を括弧内に付記した．州の名前などの地名についても，1998年にカンボジアでおこなわれたセンサスの英語報告書にみられたローマ字表記を初出時に限り括弧内に記した．

4　その他のカンボジア語については，適宜，初出時に限り，括弧内にカンボジア語の綴りを表記した．括弧内のカンボジア語の綴りは，坂本恭章著『カンボジア語辞典（上・中・下）』（アジア・アフリカ言語文化研究所，2001年）にもとづく．また，直接日本語に訳しにくい独特の意味をもったカンボジア語の語彙・概念については，原則としてカタカナで表記した．さらに，日

本語の訳語をあてる場合も含めて，特に重要と思われるものには本文および脚注で説明を加えた．

5 度量衡は，現代カンボジアで一般的な単位をそのままもちいた．
- 長さはメートル，面積はアール／ヘクタールおよび平方キロメートル，重量はグラム／キログラムをもちいた．
- 金については次の単位をもちいた．1 フン (ហ៊ុន)：0.6 グラム，1 チー (ជី)：3.75 グラム，1 ドムラン (ដំឡឹង)：37.5 グラム
- 籾米については次の単位をもちいた．1 タウ (តៅ)：12 キログラム，1 タン (តាំង)：24 キログラム

坂本恭章著の『カンボジア語辞典』は，タウを，18 リットルを指す容量の単位であると説明している（タンはその倍数の 36 リットル）．ただし，調査地における籾米の取引で，タウは重量の単位として説明されていた．また，「おおきいタウ」，「小さいタウ」といった表現が存在し，場所や時期によって正確な重量（容量）が変化する性格をもっていた（例えば，1 タウは，コンポントム州で 12 キログラムとされていたが，タカエウ州では 14 キログラムだという．コンポントム州でも，時期や業者によっておおきさが変化する場合があった）．

6 貨幣単位は，カンボジア・リエル (រៀល) で示した．ただし，部分的に米ドルと日本円でも表記した．2000〜02 年のリエル＝ドルの換金率は，3,900 リエル＝1 ドルでほぼ安定していた．同期間のドル＝円の換金率には若干の変動があったが，本文中では 1 ドル＝120 円の換金率を一律にもちいた．つまり，本書におけるリエル＝円の換金率は，32.5 リエル＝1 円である．

7 政権の名称について，慣用の成立しているものはそれにしたがった．
　例：ロン・ノル政権（カンプチア共和国 The Khmer Republic）
　　　ポル・ポト政権（民主カンプチア Democratic Kampuchea）

8 本書では，カンボジア (Cambodia / カンプチア កម្ពុជា; Kampuchea) とクメール (ខ្មែរ; Khmer) という 2 つの語を，基本的に相互に置換が可能な語彙として扱っている．前者は国名を述べる際に，後者は民族を指す場合によくもちいられるなどの，使用上の違いを指摘することもできる (つまり，「国民」としては「カンボジア人」，「民族」としては「クメール人」と表記することが一般的)．しかし，今日のカンボジア語における使用文脈では，多くの場合相互に置換が可能である．

CAMBODIA

第 1 章

カンボジア農村社会研究の
視角と方法

〈扉写真〉1993年の統一選挙以降，カンボジア農村には諸外国や国際機関，NGOからの援助が様々なかたちで流れこんだ．写真は，調査地で栽培されていた自家消費用の水稲が大洪水によって壊滅的な被害を受けた2000年に，国際機関が緊急支援の精米を寺院の境内で配給している場面である．ただし，援助の対象としてこのように可視化されたカンボジアの人びとが実際にどのような生活を送っているのかという点には，多くの関心が払われてこなかった．

本書は，ポル・ポト時代以後のカンボジア農村の地域社会の変容と，そこに暮らす人びとの生活世界に関する民族誌である．東南アジア大陸部のインドシナ半島南部に位置するカンボジアは，1970年3月から1975年4月にかけて国土を二分した内戦に，1975年4月から1979年1月には民主カンプチア政権（Democratic Kampuchea）の支配のもとにおかれた．民主カンプチア政権は，その指導者の名前をとってポル・ポト政権ともよばれる（本書も，以下でポル・ポト政権と表記する）．同政権は，世界史上稀にみるジェノサイド政権と一般に評価されており，その政権が存続していた時代を生きた人びとのあいだだけでなく，後の世代にも比較的よく知られている．その支配は，極端に全体主義的なものであった．そして，それが引き起こした飢餓の蔓延や粛清殺人によって，4年に満たない短い期間に150万人ともいわれる大量の死者が生じた[1]．さらに，カンボジアでは，ポル・ポト時代の後も1990年代初めまで政府軍と反政府軍のあいだの内戦が続いた．

　本書は，カンボジア中央部のトンレサープ湖の東岸地域に位置する地域社会で，筆者が2000～02年にかけて実施した住み込み調査にもとづき，1970年に始まる内戦とその後のポル・ポト政権による支配がどのような変化を地域社会にもたらし，そこに生きる人びとがその変化にいかに対処してきたのかを考察する．

　本書が分析の対象とするのは，一定の社会的特徴をもった地理的範囲のうえに成立している生活共同体という意味の地域社会と，そこに暮らす人びとの生活である．地域社会の外部で生じた状況・権力が急激なかたちでもたらした生活の変化の後，人びとの日常がいかにして再生したのかを明らかにするため，第一に集落と農地という居住と生業の空間，第二に各種の生業活動とそれが生み出した経済格差を取り上げる．さらに，文化実践としての宗教活動の変化とそのポル・ポト時代以後の再興過程の動態に注目し，調査時の地域社会で人びとが現在進行形で繰り広げていた相互行為も分析の対象とする．そして以上の作業から，カンボジア農村の地域社会に暮らす人びとの生活の世界がどのよう

1　ポル・ポト政権下のカンボジアにおける死者数については諸説ある．ここでは，ベン・キアネン（Ben Kiernan）の推計にしたがっている［Kiernan 1996: 460］．

な歴史と特徴をもつものであるのかを解明するとともに，いまそこで人びとがどのようにして他者と関わりあって生きているのかを考察する．

　地域社会に暮らす人びとの生活は，重層的な時間で構成されている．そこには老人と若者と子供がいる．男性と女性がいる．このことは，現代の日本社会では希薄になりつつあるが，世界中の多くの場所で観察できる．そして，そこではそれぞれの人生の時間が重なって同時に流れている．つまり，いま目の前にある地域社会は時間と空間の広がりのなかにあり，そこで刻々と生起する事象に対する人びとの見方は一枚岩でない．人びとの今日の生活の場である地域は，歴史的に構成されたものであり，人びとが世代から世代へと受け継ぐ知識と経験の連鎖によって支えられている．他方で人びとは，日々の営みのなか，一般に生得的なかたちで関係が与えられた親やキョウダイのほか，さまざまな他者と関係を結ぶ．そしてその他者との交流の経験が唯一無二のものとしての個々人のアイデンティティをつくる．以上は，グローバル化が進展する今日も，おそらく世界の多くの人びとが納得するであろう経験的事実である．

　本書は，ポル・ポト時代以後のカンボジア農村の地域社会に暮らす人びとの生活の世界を，重層的な時空間の構成のなかに位置づけて分析する．ある特定の歴史経験がつくり出した生活の世界を，独自の特徴があるものとして当該社会に生きる人びとの視点から記録し，そこでの生の営みの内実を問おうとする民族誌的研究は，人類がその存在自身についてもつ理解を具体的なかたちで押し広げる．この意味で，本書は，生きる営みを通して他者と関わり，共存するという人間の特徴に関する1つの事例研究である．それは，カンボジアという国と社会に直接の関心をもたない読者に対しても，人間の連綿とした営みの継続こそが社会をつくっているという事実を伝える．それぞれの地域には歴史があり，そのなかで人びとは，喜び，怒り，悲しみを抱きつついまを生きているのである．

1-1 「ポル・ポト時代以後のカンボジア農村」という対象

（1）ポル・ポト時代のカンボジア

　カンボジアという国の歴史において，内戦の勃発に始まる1970年代の10年間は，特別に急激な社会の変化を特徴とする．「1975年4月17日，カンボジア史のなかで栄光に輝く日．この日から，アンコール時代よりもすばらしい時代が到来した」[ポンショー 1979: 3]．これは，首都プノンペン（Phnom Penh）を陥落させた後にポル・ポト政権がラジオ放送で繰り返したスローガンである．9～14世紀にカンボジアで栄えたアンコール王朝時代の建造物の壮大壮麗さは世界に広く知られる．声明は，来るべき未来がその遺跡を建設した時代よりもさらに輝かしいと述べたうえで，いまカンボジアの歴史はゼロ年を迎え，ここから新しい時代が始まると主張する．それは，過去の否定にもとづく新社会建設の宣誓だった．そして実際，ポル・ポト政権は，それまでのカンボジアの人びとの生活様式や文化と全く異なる新しい社会像を青写真として描き，諸々の革命的政策を断行した．

　ポル・ポト政権下のカンボジアの状況についての報告は数多い[2]．それによると，同政権下では，カンプチア共産党の党内序列第1位のポル・ポト（Pol Pot）を中心とした党中央の構成員が政策を決定し，カンボジア語でオンカー（អង្គការៈ「組織，機構，連盟」の意）とよばれた革命組織がそれを実行に移した．

　社会の末端まで整備されたオンカーの命令機構は，恐怖による支配を敷いたといわれる．政権は，権力を確立させるとまず，都市居住者を農村へ強制的に移住させた．そして，個々人の経歴を調査した．そこで洗い出された前政権の

2　ポル・ポト時代のカンボジアに関する現在比較的入手が容易な邦語文献としては，デーヴィッド（デービッド）・チャンドラー［1994, 2002］，井上と藤下［2001］，本多［1981, 1989］，ポンショー［1979］，山田［2004］などがある．

関係者の多くは，直ちに殺された．前後して，貨幣と市場が廃止された．さらに，農地，役畜，工場などが国家の財産として接収された．革命組織はその後，政治的基準によって人口を類別し，個々人の居住地，労働の種類とその内容を指定した．それまで人びとが生活の場としていた村落を廃止し，新たに定めた居住地をサハコー（សហករណ៍:「協同組合」の意）とよんだ．生産活動は，性・年齢別に組織された労働組を単位とし，国家が定めた計画にしたがっておこなった．米の増産が第一の目標として掲げられ，水稲栽培の拡充が図られた．そのため，灌漑用のダムや運河が盛んに建設された．宗教活動も禁じられた．1976年には，国内に残っていたすべての仏教僧侶が一斉に強制還俗させられた．同年には共同食堂制が始まり，生産活動だけでなく，消費も国家の管理下におかれた．共同食堂が提供した食事は，量も栄養価も過酷な労働に見合うものでなかった．しかし人びとは，屋敷地内の食用植物などを自由に食べることができなかった．もし許可なく食べた場合は，オンカーが敷いた規律に対する違反とみなされて殺される危険があった．医療設備も整えられていなかった．また，革命組織の命令で突然連れ去られ，殺される事件が頻繁に起こった．自然死，粛清殺人，意図的な飢餓などを原因として，4年に満たない政権期間に国内人口の5人に1人が亡くなった．

　ポル・ポト時代のカンボジアでは人びとが日々目にしてきた生活の風景が一変した．ポル・ポト時代以前，人びとの日常生活は家族や村落，地域社会を基本的な場としていた．しかし，ポル・ポト政権下で，家族は生産の単位でも消費の単位でもなかった．革命組織は，幼少の子供たちを集めた場で，オンカーこそが父母であると教えた．また，強制移住によって人びとの身体を住み慣れた土地から根こそぎにし，サハコーという人工的な空間においた．以上の措置は社会を原子化し（atomized），身体の1つ1つを直接支配の対象とした．このようにして，カンボジアの人びとの生活は強制的に過去と断絶させられた．

　以上が，ポル・ポト時代のカンボジアの社会状況についての一般化された説明である．しかし，その実像は，ポル・ポト時代以降長らく不透明だった．ポル・ポト政権は，1979年1月にベトナム軍に支援された救国戦線の攻撃を受けて崩壊した．ただし，その後を継いだ政権が社会主義体制をとったため，カンボジアは冷戦構造を秩序とした当時の国際社会のなかで孤立した．ポル・ポ

ト政権の支配によって大量の死者が生じ，社会が極度に混乱した様子は，タイ国境付近へ移動して「難民」とよばれるようになった人びとの証言などを通して世界に知られ始めていた[3]．しかし，ポル・ポト政権下の実際の状況と以後の人びとの生活再建の歩みについては，それから10年以上具体的なかたちで調査されることがなかった．

（2）ステレオタイプの氾濫

　カンボジアの国と社会は1960年代から国際的に孤立していた．そのため，現地滞在にもとづく調査活動は1960年代末から1990年代初めまでの長い期間カンボジア国内でおこなわれてこなかった．まず，1960年にベトナムで戦争が始まると，カンボジア国内の社会情勢が流動化した．1970年には国内で内戦が勃発し，一般人の立ち入りが難しくなった．ポル・ポト時代は，外国人の入国自体がほとんど許可されなかった．1980年代の人民革命党政権も，西側からは限られた数の開発機構の職員やジャーナリストにしか入国をみとめなかった．

　ポル・ポト政権の支配は，極端なものであり，世界の注目を集めた．しかし，カンボジアに入国すること自体が不可能な状況下で，分析のためにもちいることができた資料は限られていた．そこで，この問題に関心をもったジャーナリスト，歴史家，人類学者，政治学者，国際関係論者などは，「内戦」，「虐殺」，「飢餓」といったステレオタイプにもとづいてカンボジアの社会を描き，その文化の特徴を論じた．

　その後，1980年代末に冷戦構造が雪解けに向かうと，国内外の状況に変化が生じた．まず，カンボジアをめぐる紛争の当事者が参加して1991年にパリ和平協定が締結された．そして，1993年に，国連カンボジア暫定統治機構

3　ベトナムに支援された救国戦線の攻撃を受けてポル・ポト政権が崩壊したとき，同政権の幹部と兵士の多くはタイ国境付近に逃走した．また，一般住民の一部も戦火を避けようとして国境を越え，タイ領内の難民収容所（Holding Center）や難民村（Refugee Settlement）で生活するようになった．1981年には，約35万人の人びとがこれらの難民施設で暮らしていたという［野中 1981］．

(United Nations Transitional Authority in Cambodia: UNTAC) の主導のもとで統一選挙がおこなわれ，カンボジア王国政府が誕生した．

　少し話は逸れるが，この1993年のカンボジアでの選挙は，日本社会にとってもおおきな出来事だった．すなわち，この選挙の準備活動に協力するため，戦後日本から初めて自衛隊が海外へ派遣された．1992年頃の日本の国会では，カンボジアで選挙を準備するPKO (Peace-Keeping Operations) 活動へ自衛隊を派遣するかどうかが白熱した様子で議論されていた．そのことは，当時大学の学部生だった筆者もよく記憶している．争点の1つは，憲法9条の解釈に立ったうえで自衛隊の海外出動を許すべきであるかどうかであり，人材を提供せずに資金の供出のみに偏った日本政府の国際協力の姿勢が同時に問題とされていた．そして，新聞やテレビは，国会での討議の様子とともに，1970年に始まった内戦とポル・ポト政権下での大量殺人，1980年代のカンボジア＝タイ国境付近に設置された難民キャンプの映像資料などをいま国連による平和維持活動を必要とするカンボジアの歴史的背景として紹介していた．

　日本はその後，カンボジアに自衛隊を派遣した．1993年はおそらく，同時代のカンボジアの様子が日本でもっともよく報道された1年である．それまで東南アジアのどこにその国があるのかを知らなかった人びとも，自衛隊が駐屯したタカエウ (Takeo) 州，ボランティアの選挙監視員であった中田厚さんが死去したコンポントム (Kampong Thum) 州といったカンボジア国内の地名を耳にし，農村に生きる人びとの生活の一端を目にした．ただし，報道は「ジェノサイドの地」，「ポル・ポト政権の支配の犠牲者」，「地雷」，「貧困」といったステレオタイプによって人びとの存在を断片化することを前提としていた．また，当然ながら，日本政府や日本人の活動と関わる範囲でしか紹介がなかった．

　カンボジアの文化と社会についてのステレオタイプは，以上のようなかたちで筆者自身の一部であった．しかし，カンボジア農村で住み込み調査を始めた後に直面した現実は，全く別だった．

（3）地域社会における現実

　筆者は，2000年12月にカンボジアの一農村で調査を目的とした住み込みを

始めた．そして，その初期に，「昔はどうだった？」，「いまとどう違う？」という質問をことあるごとに村人へ繰り返していた．

　そのような問いを当時の筆者が繰り返していたのは，あのように大量の死者が生じ，人びとの生活の風景が一変したポル・ポト時代の支配の影響はどのようなものか，何がどう変わったのかという関心を調査者として抱いていたからであった．そして，調査地へ実際に足を踏み入れてみると，地域社会や人びとの生活のなかにポル・ポト政権による支配の痕跡を明瞭なかたちで確認することができた．インタビューのなかでは革命組織に連行されて殺された死者の記憶が語られ，寺院には破壊された建造物がそのまま残っていた．さらに，強制労働によって建設されながらその後放棄されたままの灌漑水路や，画一的な規格にしたがって造成された水田の景観が，その土地に生きてきた人びとの歴史的な営為を全く無視したポル・ポト政権の支配という過去を現実のものと知らせていた．ポル・ポト時代の経験が，個々人の内面にどのような影響を残しているのかはよく分からなかった．しかし，その支配がさまざまな変化と非日常的な経験をもたらしたことには異論を差し挟む余地がなかった．

　ところが，調査地の人びとの対応は筆者の想定とおおきく違っていた．すなわち，ポル・ポト時代を中心とした生活の変化について話を聞くつもりで「昔はどうだった？」と質問をしたのに対して，人びとの語りは彼（女）らの人生そのものを直接的に伝えるものであった．つまり，人びとはフランス統治期，日本軍の占領期，独立後の時期を含めた過去の地域社会での生活や両親やキョウダイの思い出などを語り始めた．筆者は，この行き違いを最初ごく些細なものとみなしていた．しかしよく考えると，そこで表面化した齟齬は，ポル・ポト時代の以前と以後という時間の区切りがカンボジア農村に生きる彼（女）らにとっては現在と過去の対照軸の1つでしかないという重要な事実を教えていた．

　この出来事は，筆者の姿勢を変えた．すなわち，それ以降の日々ではポル・ポト時代の以前と以後に劇的な変化があったという想定を括弧に入れるよう心がけた．また，社会と個人の歴史をできうる限り彼（女）ら自身の尺度で理解するよう努めた．そして，ポル・ポト政権の支配下での生活が当事者である彼（女）らの人生の一部であり全体ではないという事実を踏まえて，「いかに」と

いう問いを中心に，近年の地域社会の歴史状況と人びとの経験を検証していくと，ステレオタイプが従来描いてきたものとはおおきく異なったカンボジア農村の地域社会像と「文化」の様相が浮かび上がってきた．ポル・ポト時代を生き延びた人びとによる生活再建の歩みは，彼（女）らがポル・ポト時代より前の生活のなかで身体化していた知識や経験によって方向づけられており，そのような個々人の歩みが総体として出現させている今日の地域社会の状況は，内戦前の過去の特徴を色濃く引き継いでいた．

　ポル・ポト政権下のカンボジアに関する従来の研究は，出身地が異なるインフォーマントから得た情報をつなぎ合わせて問題の一般像を示したものか，特定個人の経験の語りの解釈に偏ってきた．すなわち，その経験を地域社会の時空間の広がりのなかに位置づけて論じる視点を欠いてきた．また，人びとが生活のなかで他者と結ぶさまざまな関係と，その関係の不断の再定義の動きのなかにカンボジアの社会と文化の特徴を問うこともほとんどなかった．そこで本書は，調査地としたカンボジア農村の集落，農地，生業活動，経済格差，宗教実践についての具体的な検証を通して，その地域社会とそこに住む人びとの生活がもつ時空間の広がりと，その地域に特徴的な社会関係の性質を明らかにする．

1-2　フィールドワークの期間と方法

（1）フィールドワーク

　図1-1は，カンボジア全土の地図である．本書の調査地，コンポントム州コンポンスヴァーイ郡サンコー区 (*khum* San Kor, *srok* Kampong Svay, *khaet* Kampong Thum: ឃុំសានគរ ស្រុកកំពង់ស្វាយ ខេត្តកំពង់ធំ) は，カンボジアの国土のほぼ中央，トンレサープ湖の東岸に位置している．首都プノンペンからサンコー区までは，国道沿いで約210キロメートルの距離がある．図1-1をみると，プノン

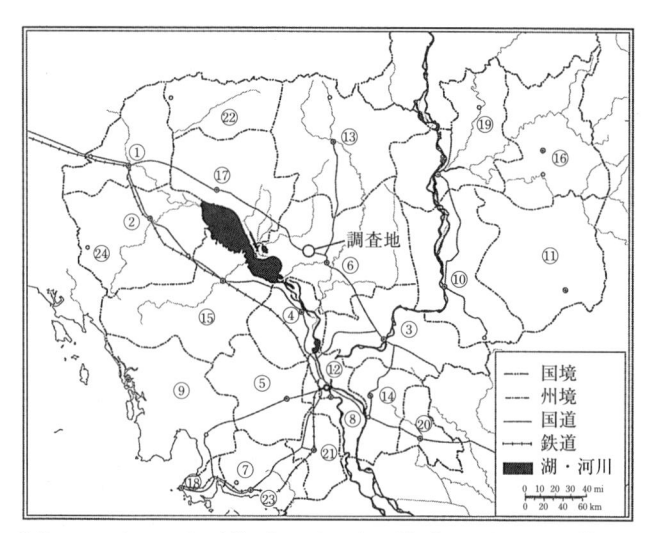

①ボンティアイミアンチェイ州　②バッドンボーン州　③コンポンチャーム州　④コンポンチュナン州　⑤コンポンスプー州　⑥コンポントム州　⑦コンポート州　⑧カンダール州　⑨コッコン州　⑩クロチェ州　⑪モンドルキリー州　⑫プノンペン市　⑬プレアヴィヒア州　⑭プレイヴェーン州　⑮ポーサット州　⑯ラッタナキリー州　⑰シエムリアプ州　⑱シハヌークヴィル市　⑲ストゥントラエン州　⑳スヴァーイリアン州　㉑タカエウ州　㉒ウッドーミアンチェイ州　㉓カエプ市　㉔バイリン市

(出所) 筆者作成

図 1-1　カンボジア

ペンからコンポントム州を経由してシエムリアプ (Siem Reab) 州へ向けて国道が延びている．また，シエムリアプ州からも，バッドンボーン (Bat Dambang) 州，ポーサット (Pousat) 州，コンポンチュナン (Kampong Chhnang) 州を経由してふたたびプノンペンへ国道が延びている．フランス人地理学者ジャン・デルヴェール (Jan Delvert) は，メコン川のデルタ地域を四本腕平野，トンレサープ湖の周囲の低地部を湖水平野とよんだ [デルヴェール 2002]．トンレサープ湖をぐるりと一周する国道はデルヴェールのいう湖水平野の只中を走っており，本書の調査地はその一角にある．

本書の記述と分析が依拠する資料は，2000 年 3〜4 月 / 6〜7 月 / 9〜10 月におこなった予備的な訪問滞在と，同年 12 月末から 2002 年 4 月中旬までの 16 ヶ月にわたる住み込み調査のあいだに，定着調査村 VL 村を中心としたサン

コー区とその周辺地域で筆者が収集したものである．ただし，一部では，2002年以降にサンコー区を再訪しておこなった補足的な聞き取りの成果ももちいている．参与観察とインタビューを中心とした調査活動では，サンコー区の区長の1人であったNhC氏（1939年生．VL村出身）に案内役をお願いした[4]．聞き取りは，筆者自身がカンボジア語をもちいて直接おこなった．

サンコー区には，当時，14の行政村と4つの仏教寺院があった．住民の大半は，稲作や漁業によって暮らしを立てていた．一部に，商業活動を生業とする人びともいた．最初に繰り返した訪問滞在では，トンレサープ湖沿岸地域のユニークな生態環境の特性を生かした稲作と漁業や，仏教実践の多様性といった特徴が同区に存在することを確認した．そして，1年以上の定着調査のあいだの身の安全と滞在先の確保に見通しがついたと判断できたことから，2000年12月末より住み込み調査を始めた．

筆者が住んだのは，国道沿いの集落群の一角にあるサンコー区VL村のCT氏（1937年生）の家であった．CT氏の家族については，本文の中で何度か言及する．今日まで続くCT氏の家族・親族との交流は，カンボジア社会に対する筆者の理解の礎である．

VL村では，村の全世帯を対象として世帯構成員の経歴，親族関係，ポル・ポト時代の経験，現在の生業・財産の所有状況などを聞き取る悉皆調査をおこなった．次に，立地や生業活動などの点でVL村と異なる性格をもった区内の別村落（PA村）においても世帯構成員の経歴，ポル・ポト時代の経験，現在の生活状況などを質問する世帯調査をおこなった．その後は，サンコー区の人びとが営む各種の活動に参加してその様子を観察するとともに，自由なかたちで質問を繰り返し，情報を集めた．VL村を中心としながら，他の村落，隣接する行政区へも出かけた．なかでも，区内の4つの仏教寺院には頻繁に足を運んだ．寺院では各種の行事に参加し，儀礼などの様子を観察するとともに，内戦以前の寺の状況や最近の村の変化について質問し，話を聞いた．

---

4 調査は，外部者を一切伴わずにおこなった．NhC氏は当時，サンコー区の区長（ចៅឃុំ）の助役（ជំនួយ）の1人であった．助役は，警察・治安関係担当，開発・農業事業関係担当，宗教・文化行事関係担当の3名がおり，NhC氏は宗教・文化関係の担当者だった．

ただし，以上の調査活動には，状況からの制約があった．すなわち，当時のカンボジア農村では，強盗や誘拐事件がまだ頻繁に生じていた[5]．そして，サンコー区の人びとは状況の見極めに慎重であり，外国人である筆者の身の安全を案じていた．人びとが諭すように指摘した治安の問題は，住み込みを始めた当初，筆者によく理解できなかった．しかし，滞在が長くなるにつれて，具体的なかたちでその不安を共有するようになった．

　例えば，2001年10月，サンコー区の北に隣接するニペッチ (Ni Pechr) 区の寺院で大規模な仏教行事がおこなわれた．筆者も，サンコー区の人びととともにそれに参加した．そしてそのとき，同行した人びととの会話から，ポル・ポト時代が終わった1979年からその日までの20年以上のあいだ，彼(女)のほとんどが一度もニペッチ区へ足を踏み入れていなかった事実を知った．サンコー区の市場周辺からニペッチ区までは，直線で15キロメートルほどの距離である．サンコー区には，父母や祖父母がニペッチ区出身である人物も相当数いる．つまり，ニペッチ区は本来，サンコー区の人びとの生活圏の範囲内であった．しかし，ポル・ポト時代以後のサンコー区では，「サンコー区からニペッチ区へ向かう道中には，道の両側が疎林とつながった箇所が多く，強盗などの暴漢に襲われる危険が高い」という見方が一般的で，商業取引を生業とする人びとの一部をのぞき，大半の人びとは20年間以上そこに足を向けていなかった．

　以上のような経験から，筆者にも徐々に地域の実情がみえ始めた．そして，滞在の後半では，さらに行動への自重が求められた[6]．すなわち，筆者がVL村に定住し，地元のさまざまな行事へ参加した期間が1年を超えたことから，その存在が直接・間接に周囲の広い範囲の人びとに知られるようになったと村人らは述べ，そのなかには必ずならず者がいると諭した．そして，これからは

5　サンコー区では，1993年の選挙後に銃器の回収がおこなわれた．また，1997～98年に2回目の銃器回収キャンペーンがおこなわれていた．しかし実際には，まだ銃器を隠し持つ人びとがいた．

6　2002年1月末には，行政区評議会のメンバーを選出する選挙の準備期間が始まった．そのとき，コンポントム州の州都にごく近い村で身代金目的の誘拐事件が発生した．選挙準備期間には，警察も行政も選挙活動に集中するため一時的に治安が悪化する傾向がみられた．そのときは，VL村の複数の村人から首都へ帰って様子をみるよう真剣な表情で助言を受けた．

日中でも国道沿いだけで行動し，遠く離れた村には行くなと注意した[7]．

(2) コミュニティスタディ

　調査活動が以上のような状況から受けた影響は否めない[8]．しかし，その制約のなかでも，VL 村から PA 村へ，区内の4つの寺院へ，そしてサンコー区の外へと調査の範囲は広がった．それは最終的に，1つの村落を取り巻く一定の地理的範囲 —— サンコー区とその周辺 —— を視野に収めたかたちで進んだ．このような調査活動の進展は，何よりも，対象とした地域社会に暮らす人びとの生活自体が，一定の地理的な広がりを特徴としていたからであった．

　本書は，対象とした地域社会に住んでいた人びとの生業から宗教までの生活の全体を記述し，考察しようとする．このような試みは，コミュニティスタディ (community study) とよばれる．コミュニティスタディは，人類学や社会学における古典的な調査と記述の方法であるが，今日，批判されることも多い．批判の1つは，フィールドワークという調査の技法の限界に関連したものである．また，グローバル化時代に突入した今日の人びとの生活は，目にみえるかたちで観察が可能な地域社会から，より流動的なネットワークの世界にその存立の基盤を移行させているといった指摘もある．さらに，狭い場所で得た情報の羅列に偏り，ディシプリンにもとづく理論の発展へ貢献することに重きをおかない種類の仕事とみて，コミュニティスタディの意義を軽んじる風潮もある．しかし，その方法は，他に代えがたい長所ももっている．

7　筆者が住み込みを始める際にサンコー区の区長氏と家主の CT 氏から提示された条件の1つは，日が暮れる前に家に戻り，闇に包まれたあとは外出しないことだった．仏教寺院で夜の行事を参与観察する必要がある場合は，事前に目的の寺院付近の村の村長に連絡を入れ，さらに近隣のよく見知った村人たちと行動をともにすることを条件に外出をみとめてもらった．しかしその他は，住み込んだ VL 村内の数軒隣の家でさえも，夜間は訪問を控えた．

8　以上に述べてきた治安状況は，今日，過去のものとなっている．2006 年にサンコー区を訪問すると，村人たちは「もう1人でどこにいってもいい」というようになった．筆者が本調査を実施した 2000 年前後の彼（女）らの感覚は，全く違っていた．

コミュニティスタディという調査と研究の方法自体は，20世紀前半に生まれた．人類学の歴史を振り返ると，20世紀初頭の人類学者の研究対象は，親族関係で結ばれた規模の小さい集団を生活の単位とした技術的に単純で文字をもたない社会がほとんどだった．そして，その当時の人類学者のあいだには，対象とする集団は顔見知りの成員によって構成されており，彼らの社会関係はその内部で充足しているという了解があった．しかし，人類学は徐々に，文字と国家をもち，より複雑な構成をもつ社会に生きる人びとを研究の対象に含めるようになった．つまり，農民（peasant）とよばれる人びとが人類学的研究の対象となった．

　他方で，おおよそ1960年代まで，個々の人類学者がおこなうフィールドワークというミクロ社会学的な調査技法の限界については十分な議論がなかった．農民社会の研究では，「部分社会と部分文化（part-societies and part-cultures）」［Kroeber 1948: 280-284］という認識のもと，従来よりも広い文脈のなかに対象を位置づけて調査と分析をおこなう必要が強調された．しかし，調査においても分析においても，対象とするコミュニティが外部に向けて開かれている事実が十分に意識されることは少なく，一村落を対象とした集約的な調査の結果から，1つの「文化」や「民族」の典型を固定的に論じる研究が繰り返された．「構造機能主義」や「文化とパーソナリティ論」などの当時の人類学者が支えとした理論的視座も，ある文化の小宇宙が一村落で観察できるといった表現をもちいて，非歴史的かつ視野の狭い研究を後押ししていた．

　以上のような古典的なコミュニティスタディの具体例としては，カンボジアの村落社会に関する日系アメリカ人の人類学者メイ・エビハラ（May Ebihara）の民族誌がある．エビハラは，1959〜60年にプノンペンの南西約30キロメートルに位置する稲作村に住み込んだ．そして，村落の社会組織，住民の経済活動や宗教生活などを調査し，学位論文として民族誌をまとめた［Ebihara 1968］．それは近年でも，「クメール社会に関する唯一の十分な分量の人類学的研究」［Ovesen et al. 1996: 2］と評価され，その他の論文とともにカンボジアの農村社会に関心を寄せる者にとっての必読文献となっている［Ebihara 1966, 1971, 1974, 1977］．しかし，カンボジア農村社会に関する重要な先行研究であるエビハラの民族誌の記述と分析の姿勢には，今日振り返ると問題が多い．

例えば，エビハラは，民族誌の第8章で調査村と外部世界との関係を取り上げ，村長・区長といった行政職に就いた人びとの役割，地方行政機構のなかの村落の位置づけ，村の住民の出稼ぎや子弟の村外就学の状況について情報を整理し，分析した．しかし，社会組織，経済活動，宗教生活などに関するその他の章の記述のなかでは，村落と外の世界とのつながりに言及することがほとんどなかった．つまり，エビハラの民族誌は，村落を1つの点とみなし，そこから外部世界へ延びたいくつかの線を意識してはいたが，生活の諸側面でコミュニティの外と接し，その接触面での他者との相互交流を通して自身のアイデンティティをかたちづくるという人びとの生活世界の動態を視野に入れていなかった．

　カンボジア農村に住む人びとの生活の広がりは，上座仏教寺院でおこなわれている活動をみてもよく分かる．カンボジアの人口の約9割はパーリ語三蔵経を聖典とする上座仏教を信仰する．そして，カンボジア社会には仏教寺院が遍在している．寺院でおこなわれる普段の行事は，地元住民が主な参加者である．しかし，重要な年中行事の際には，必ず遠方からも人びとが詰めかける．場合によっては，地元の住民と遠くからの参加者が協力して1つの集団を組織して他の寺院に赴き，共同で儀礼をおこなったりもする．村落を閉じた体系として研究する古典的なコミュニティスタディの視点では，以上のような人びとの日常生活の広がりを正面から記述し，分析することができない．

　人びとの日常生活において家族や村落といったミクロな社会単位が重要なことは明らかである．しかし実際の生活は，その外へも広がっている．そして，外部との接触面では他者との相互行為が生じる．さらに，その相互行為は彼（女）の人生・生活の基盤となる個々人のアイデンティティを形成する動態に結びつく．このような生活の広がりは，例えば電気回路図のドットと線が連想させるような直線的な関係を想定しては概念化できない．

　本書が追求するコミュニティスタディは，以上の認識に立って，住み込みをおこなった調査村だけでなく，その周辺村落や複数の仏教寺院を調査と検討の範囲に含め，人びとが生活のなかでみせていた関係をできるだけ広くとらえようとする．単独の調査者がおこなうフィールドワークの限界は今も昔も同じであり，生活をともにした家族，実際に居住した村落社会についての理解と，そ

の外の空間で生起した物事とのあいだにはデータの濃淡がある．しかし，外への広がりを念頭におくことでその一部は克服できる．より実態に近いかたちで人びとの生活の世界を描くことを目標とする限り，このような視野の設定は不可欠である．

本書は，次章以降，調査地としたカンボジア農村の地域社会に住む人びとの生活の各局面を記述し，分析する．そのねらいは，生活の断片を「そうである」と羅列することではなく，時間軸（過去と現在と未来）と空間軸（自己と他者／農村と都市）のなかで人びとの生活がさまざまなかたちでみせるつながりを総合的に把握し，記述的に表現することにある．

1-3 研究の背景

本節では，カンボジアの社会と文化についての研究状況を簡単にまとめ，本書の学術的な位置づけを明らかにする．すでに述べたように，カンボジアでは1960年代末以降長期の現地滞在にもとづく調査・研究が停止してきた．よって，筆者が調査を計画したとき，カンボジアの人口の約8割を占める農村居住者の暮らしの実態はほとんど知られていなかった．

（1）調査活動の空白と再開

20世紀以前にさかのぼる植民地行政官や西洋人旅行者による記述は別として，社会学・人類学的な関心と方法にもとづく東南アジア社会の調査と研究は，第2次世界大戦以後に始まった．例えば，タイでは，首都バンコクの近郊農村のバンチャンで，コーネル＝タイ調査プロジェクトが1948年に始められた [Sharp et al. 1953]．それ以降，多くのアメリカ人人類学者がタイ国内の各地方の農村に入り込み，調査をおこなった．インドネシア，マレーシア，フィリピンといった国々でも，国内に生活する人びとの社会，生業，文化，宗教などを対象とした調査と研究が1950年代から数多く公表されてきた．

カンボジアの社会と文化についての研究は，以上のような東南アジアの他の国における状況とおおきく異なり，蓄積が非常に少ない．1970年の内戦勃発以前にカンボジアでおこなわれた学術的な調査としては，都市部の中国人移民の政治組織の研究 [Willmott 1967, 1970]，コンポンチャーム州における短期の村落調査 [Kalab 1968, 1976, 1982]，全国農村の広域調査 [デルヴェール 2002: ただし原著は1958年刊]，シエムリアプ州の一農村の民族学的研究 [Martel 1975] などがあった．ただし，1年以上の住み込みによってフィールドワークをおこなった本格的な研究は，さきに述べたメイ・エビハラの学位論文 *Svay: A Khmer Village in Cambodia* [Ebihara 1968] が唯一であった．

　内戦とポル・ポト時代，社会主義時代を経て，4半世紀におよぶ空白期間の後，カンボジアでの学術調査は1990年代に再開した．エビハラは，かつての調査村を1989〜91年に再訪し，ポル・ポト時代に村人がおかれた生活状況などについて報告をおこなった [Ebihara 1990, 1993a, 1993b, 2002; Ebihara & Ledgerwood 2002]．また，難民としてアメリカへ渡ったカンボジア人の移民コミュニティを研究していた人類学者のジュディ・レジャーウッド (Judy Ledgerwood) は，ユニセフから依頼を受けてカンボジア本国に赴き，女性の地位に関する短期の現地調査をおこなった [Ledgerwood 1990, 1992]．ただし，1990年代初めの時期のカンボジアは治安状況がまだかなり流動的で，調査に制限が多かった．そして，首都プノンペンから遠く離れた農村に住むことは事実上不可能だった．

　短期の学術調査の成果報告は，1993年の統一選挙後に少しずつ増加した[9]．例えば，国連の専門職員・ボランティアとして選挙の準備活動に関わった政治学者・人類学者たちが，当時のカンボジア国内の社会情勢について民族誌的な手法を含む記録を著した [Heder & Ledgerwood 1996]．村落開発に関心をもったスウェーデンの人類学者らは，短期の訪問調査にもとづきコンポンチュナン州の一村落の社会組織と住民の世界観を報告した [Ovesen *et al.* 1996]．さら

9　以下の先行研究の検討では，各種の国際機関，開発支援団体やNGOによる調査報告の類に言及していない．1990年代半ば以降，カンボジアでは，CDRI (Cambodia Development Resource Institute) といった国内組織や，Oxfamなどの国際NGOによって，農村調査の報告書類が数多く公表されている．

に，タイを中心に上座仏教徒の活動を研究してきた人類学者が，ポル・ポト時代以後のカンボジア仏教の復興過程に関する調査をおこなった［Keyes 1994；林 1995a, 1995b, 1997, 1998；Hayashi 2002］．そして，アジア経済研究所の天川直子らによる農村の社会経済調査［天川 1997, 2001b；谷川 1997, 1998］や，高橋美和ら筑波大学のグループによる生業・文化・宗教活動に関する事例調査もおこなわれた［稲村 2001；駒井 2001；高橋 2000, 2001a, 2001b；高橋・ドーク 2001；矢追 1997, 2001］．

2000年代に入ると，現地調査の報告はさらに数が増えた．テーマの細分化と多様化も進んだ．日本人の研究者が学術雑誌などに公表した代表的な業績に限ってみても，農村世帯の収入と就労状況［天川 2004］，絹織物業に従事する農村の織子と仲買人の関係［荒神 2004］，農村でみられる出産の形態と文化の変容［高橋 2004］，世帯主が女性である世帯の生業戦略の特徴［佐藤 2005；Takahashi 2005］，農村における信用市場の不完全性や世帯のリスク対処法［Yagura 2005a, 2005b］，高等教育の現状と学生のキャリア志向［坂梨 2004；Sakanashi 2005］，首都プノンペンの華人社会の概況調査［野澤 2004, 2006a, 2006b］などがあげられる．政党を焦点としたポル・ポト時代以後のカンボジアの政治過程［山田 2005］，トンレサープ湖の漁業権をめぐる政府の制度策定と漁民の対応［柳 2004］，メコン氾濫源における皿池灌漑の利用法と受益者組織の実態［小笠原 2005］といった例にみるように，大学院の修士課程の修了論文のなかにもカンボジアでの調査報告がみられるようになった．さらに，欧米からは，カンボジア国内で近年に活性化した各種の宗教活動を取りあげた論文集［Marston & Guthrie 2004；Kent & Chandler 2008］なども公表されるようになった．

しかし，1990年代以降現在までに公表されてきたカンボジア農村に関する研究報告の大多数は，それぞれの目的や専門性にしたがって農村社会の特徴の一側面を切り取って考察したものである．最近出版された矢倉研二郎のモノグラフのように，コミュニティの全容を総合的にとらえようとした研究は稀である［矢倉 2008］．また，従来の研究は現状の分析に終始し，社会の歴史的な変化を考察の視野に入れていなかった．それに対し，本書は，1つの地域社会を対象とし，その場に独特な自然，歴史，社会状況を総合的に把握し，地域的な特色を有したその歴史的変化と現在の生活を考察しようとする．

以下の本文では，対象とした地域社会の民族誌的記述と分析を主とするため，先行研究に直接言及することが少ない．そこで，各章の導入部において関連する先行研究やデータを簡単に紹介し，カンボジア農村社会研究のなかでその考察がどのような意味をもつのかを示すようにしたい．

（２）文化分析の蔓延

本書はまた，今日のカンボジア研究のある傾向を克服することもねらいとしている．それは，カンボジア「文化」についての空疎な議論である．

例えば，カンボジア史研究の第一人者であるデーヴィッド・チャンドラー（David Chandler）である．彼は，ポル・ポト政権が崩壊した年に公表した「カンボジア史の悲劇」というタイトルの小論で，カンボジアの社会秩序は伝統的王権の時代からヒエラルキー構造を特徴としており，人びとは現世の社会的な格差を前世の功徳の多寡があらわれたものと理解していると述べた．そして，ポル・ポト政権の支配を経験したカンボジアの人びとは，このような彼ら自身の世界観によって搾取されてきたと考えられ，だからこそ，カンボジアの歴史は悲劇的なのだと結論づけた[10]［Chandler 1979］．

「カンボジア文化」の特質に関するある種の文化心理学的な理論が，内戦とポル・ポト政権の支配という歴史経験の理解に役立つとみなすチャンドラーのような姿勢は，他の研究にもある．その一例は，ポル・ポト時代のカンボジアでみられた殺人行為に関心を寄せて1990年代前半に現地調査をおこなったアレクサンダー・ヒントン（Alexander Hinton）の研究である[11]［Hinton 1996, 1998a, 1998b, 2005］．

すなわち，ヒントンは2005年に出版した単著のなかで，ポル・ポト時代のカンボジアでみられた暴力行為はカンボジア人の行為の文化的特徴である「不釣り合いな報復」（disproportionate revenge）という概念に着目することで理解の道が開けると述べた．ヒントンによると，クメールルージュはマルクス＝レーニン主義と毛沢東主義の観点に立った政治宣言のなかで，階級闘争の敵に対す

---

10 チャンドラーには，同名の単著もある［Chandler 1991］．
11 ヒントンの単著の批判検討については，書評も参照されたい［小林 2006］．

る報復を繰り返し主張していた．そして，外来のイデオロギーをもちいたこのような攻撃対象の設定は，「報復」をめぐる文化的な概念と存在論的な共鳴 (ontological resonant) を生み出した．カンボジアの人口の大多数は仏教徒である．仏教の非暴力の教えは，さまざまな種類の抑圧や怒りによって「熱く」なった心を静めるよう個々人に促す．しかし，それが常に成功するわけではない．特に，「面目」や「恥」といった観念が示す個人間の紐帯や互酬交換の道徳的秩序が犯されたとき，「怒り」は暴力へと進む．つまり，ポル・ポト時代の破壊的な暴力は，カンボジア文化の特質へ注目することで理解ができるという．

　ヒントンやチャンドラーのような分析の最大の問題点は，担い手が世代を経るごとに継承・変化を繰り返すものとしての文化的活動の基本的な性質について配慮がないことである．その背景には，経験的研究の実施が不可能であったという現地の歴史的事情に加えて，実際の人びとの生活の文脈から離れた思考空間でのみ意味をもつ仮説構成体を実体化し，白と黒，善と悪といった二項対立的な図式にその特徴を当てはめることで他者の「文化」を理解したとする研究者の姿勢がある．これは，エビハラの著作を含め，カンボジアの社会と文化に関する従来の社会科学的研究の多くにあてはまる問題点である[12]．

　カンボジアの人びとについて考えるとき，ポル・ポト時代の生活経験の特殊性は否定することができない．しかし，それ以後の人びとの生活と，人びとの「いま」の生のあり方を射程に含めない文化の分析は，「カンボジア史の悲劇」といった外部の視点からすでに4半世紀にわたって繰り返されてきた固定的な見方を再生産するだけである．カンボジアを対象とした従来の「他者」理解を相対化し，本源的には不可能といえるにせよ，対象社会の「内部」の見方を明らかにしようとする道を探ることは，西洋近代が生んだ通俗的な意味での科学主義的な思考を対象化する立場を模索することにもつながる．

　本書は，カンボジアの人びとが語った言葉を彼（女）ら自身が生きる具体的な環境のなかに位置づけて理解し，分析しようとする．異文化の壁，言葉の壁はおおきく，調査者である筆者には現地の人びとの心情を細かいニュアンスま

12　チャンドラーやヒントンは，単著や論文でカンボジア文化の特徴を説明する際，エビハラの論文に言及し，そこで述べられているカンボジア村落内の社会関係の特質や村落宗教のあり方についての考察結果を引用している．

で含めて理解しきれていない部分が当然ある．また，対象社会の「内部」の見方の理解を目指すといっても，本書が具体的に取り組むのは，観察可能なレベルの人びとの具体的な言動の記述と周辺知識をもちいたその背景の解釈である．本書はまた，エビハラやヒントンらのカンボジア文化論と同じ抽象度においてそれを反駁しようとするものでもない．そうではなく，彼（女）らの研究が「文化」とよんできたカンボジアの人びとによる各種の実践の現実態を，当事者が暮らす生活環境の特徴に関するデータを図表類で細かく提示しながら，イーミックな視点に立つことを心がけ，分析することである．詳細は第10章でまとめるが，最終的には，分析のレベルの違いという問題で済ますことができないカンボジアの文化・社会の特徴に関する理解の相違が浮かび上がる．

1-4 研究の視座

　本節では，本書の記述と分析が礎とする理論的な視座と，それに関連した鍵概念を説明する．本書は，事実発見に重きをおいた事例研究であり，特に前半の各章ではその特徴が強い．しかし，文化再編に関する後半の記述と分析は，東南アジア大陸部低地稲作社会を対象として公表されてきた諸々の民族誌的研究の批判検討のうえに立っている．

（1）社会構造の概念化の問題

　本書の理論的視座として最初に述べておくべきことは，それが，カンボジアの農村社会の社会構造を，あたかも自然に存在する現実的実体としてではなく，人びとがその社会を表現するのにもちいる理念としての概念間の関係として考えている点である．この視角を説明するためには，カンボジア，タイからミャンマーへ広がる東南アジア大陸部の低地稲作社会に１つの共通した性質が存在すると主張してきた社会学・人類学の研究の学説史の紹介が必要である．
　実は，大陸部東南アジアの低地稲作社会全般については，「まとまりのない

社会」という評価が下されてきた．この意見は，アメリカの人類学者ジョン・エンブリー（John Embree）がタイ社会の特徴について述べた「緩やかに構造化された（社会）体系」という表現に始まった[13]［Embree 1950］．例えば，さきに紹介したメイ・エビハラの学位論文は，次のような表現で調査村の社会構造を説明している．

　「全体の社会組織は，しっかりとした明瞭な構造ではないので，きちんと輪郭づけることが困難である．むしろ，村落の家屋がかたちもサイズも異なるさまざまな物で構成されるように，コミュニティの住民のあいだの社会的結合（social bonds）は多様で比較的構造化されていない（relatively unstructured）．家族と世帯を超えたところにはっきりした集団はないし，明瞭な社会階層もない．相互行為を決定づける厳密な規範（norms）もない」［Ebihara 1968: 92］．
　「生活のいくつかの側面が行為の曖昧な規則をもち，他の領域にはおそらく明瞭な規範があるけれども，強く否定的な制裁を負わせることなく偏差や違反を許容するという意味で，そこに『緩やかな構造』（loosely structure）があると認めることは重要である．しかし，村落生活が一般に秩序立っており，また比較的に調和したものであることは，『緩やかに構造化された体系』（loosely structured system）もある構造（some structure）をもつことを暗示している」［ibid: 209］．

　このようなエビハラの論述に似た社会構造の分析は，1950年代から1970年代初めにかけて大陸部東南アジアの低地稲作社会を研究した人類学者のあいだに広くみられる［e.g. Nash 1965; Phillips 1965］．しかしそれらは，理念としての体系を描くばかりで，現実社会の人びとの実際の行動を促えるものではなかった．そして，「緩やか」といった評価をくだす基準が曖昧であるといった批判が寄せられ，今日ほとんど顧みられなくなった［e.g. Evers ed 1969］[14]．代わりに，

13　エンブリーの論文と「緩やかに構造化された社会体系」の一般的な説明については，水野［1981］，北原［1996］などを参照されたい．
14　価値体系といったレベルでの文化分析に関心を寄せる研究者のなかには，「緩やかに構造化された社会体系」という概念が，東南アジア大陸部低地稲作社会に暮らす人びとの諸行為の特徴を比較社会（文化）論の視点から理解するうえ

以後の大陸部東南アジア低地社会の社会構造の研究は，社会の組織的実態を統計的な手法で分析する立場や，パトロン＝クライアント関係に着目した記述的な手法をもちいてその社会の性格を探求する方向へ移った[15]。

　別言すると，エビハラら1950～60年代の人類学者による民族誌は，構造機能主義的な親族理論にもとづく社会構造の分析の行き詰まりを文化的な規範に言及することで乗り越えようとする立場であった[16]。すなわち，それらは，「緩やかに構造化された社会体系」というエンブリーの表現を引用しつつ，仏教教義の宇宙論的な解釈や行為の社会心理学的解釈を補強材として当該社会の社会構造の特徴を説明しようとした。対象とする社会の社会構造を現実の実体として概念化する視点は，非西洋社会の秩序構成の研究において20世紀前半から人類学が発達させてきた典型的な社会分析の方法であった。そして，その方法は，出自集団やカーストや村落の成員権を組織原理とした社会の分析においては非常に有効であった。しかし，大陸部東南アジアの低地稲作社会にはうまく適用できなかった。

　タイ，カンボジア，マレーシアなどの東南アジアの低地社会に住む人びとの親族関係は双系的（bilateral）と特徴づけられている[17]。この双系という言葉は，系（liner）という文字を含むため，祖先から子孫へと世代を超えてつながる単線的な関係を連想させやすい。しかし実際には，称号や財産の継承などの側面に何らかの明確な規則があり，それが社会の構成原理となっているような状況

　　　で有効だと評価する意見もある［北原1996］。しかし，本書は人びとの社会的行為を彼（女）らが生活する地域の具体的な社会経済的文脈に位置づけて考察することを目的としており，抽象的な文化論としての「緩やかな構造」研究とは距離がある。
15　東南アジア大陸部低地稲作社会の社会構造の分析枠組みの変遷については，ジェレミー・ケンプ（Jeremy Kemp）のまとめを参照されたい［Kemp 1988, 1992］。ほか，タイ農村研究に特化したものであるが，重富真一の論考の序論も参考になる［重富1996］。
16　エビハラらの社会構造の分析のスタイルは，構造機能主義的な社会組織論に当時のアメリカ社会学で圧倒的な力をもっていたパーソンズ流の価値体系理論を結びつけたものということもできる。
17　東南アジアの低地社会に住む民族でも，インドネシアのミナンカバウなどは明瞭な出自集団をもっており，該当しない。

を指す意味はない．双系とは，父系でも母系でもないという消極的な意味であり，その表現で特徴づけられる社会では，親族組織の機能的な分析がその秩序構成の解明に直結しないのである[18]．

　つまり，双系的な特徴をもつ社会の構造を実体論的に概念化して分析の対象とすると，議論は往々にして袋小路に陥る．カンボジアの村落社会の組織的特徴に関して近年みられた1つの論争は，その困難を理解するうえでの好例である．すなわち，スウェーデンの人類学者ヤン・オベルセン（Jan Oversen）らは，1990年代にコンポンチュナン州でおこなった短期調査にもとづいて，カンボジアの村落は個別の世帯の単なる集積であり，村落コミュニティそのものが文化的，道徳的に重要な実体として意義をもつとは考えられないと主張した［Oversen *et al.* 1996］．それに対し，ジュディ・レジャーウッドは，双系親族の紐帯の村落生活における重要性を強調し，オベルセンの見解は酷い誤認だと非難した［Ledgerwood 1998］．

　ただし，ここで重要なのは，そこで両者がみせた意見の対立が，民族誌的状況が示す現実にではなく，調査者の側の分析枠組みの強調点の相違に因っているという点である．オベルセンが指摘したように，カンボジア農村では世帯を越えるレベルでの社会的交流を秩序づける規範がごく弱い．一方でレジャーウッドが指摘するような双系的な親族の組織原理にもとづく相互扶助もまた現実としてみられる．結局のところ，オベルセンとレジャーウッドのどちらの視点からでもある程度納得できるような結論が導き出せる点が双系的な親族組織を特徴とする村落コミュニティの特質なのであり，両者が目を向けた民族誌的現実には大差がないのである．

（2）概念間の構造としての社会構造

　本書は，エビハラの民族誌などと同様，実体としての社会組織の分析にも十分注意を注ぐ．しかし，それが全体として関心を向けるのは，目にみえる社会関係の束そのものではなく，概念間の構造である．人びとが自身の身の周りの

18　キンドレッド（kindred）という概念をもちいて双系的な親族関係の分析を精緻化する潮流もあったが，おおきく発展することはなかった．

出来事や社会の成り立ちといった経験的事実をどのように概念化しているのかという点から社会の構造を考えようとするこの姿勢は，イギリスの人類学者エドムンド・リーチ（Edmund Leach）が古典として名高い民族誌『高地ビルマの政治体系』（原書は 1954 年出版）でもちいたものである［リーチ 1995］．リーチは，ビルマ北東部のカチン山地を調査し，その地域の社会の政治様式に注目した．そして，社会の体系とは概念間の関係であり，事実に関わるデータのなかに現実のものとして存在する関係でないと述べたうえで，カチンの人びとがグムラオ型，シャン型，グムサ型といった一連の言語範疇に与えていた意味と，その範疇によって自分たちの周りの経験的事実を解釈していたやり方に着目した．

リーチによると，カチン族には，使用言語や居住地の分布にしたがってさまざまな内部集団が存在した．ただし，たとえ言語が異なっていても，それらの諸集団のあいだではグムラオ型といわれる平等主義的な政治制度とグムサ型といわれる封建的階層制の2つの政治生活の様式に関する概念が等しくみられた．そしてリーチは，それらの政治様式を単独で取り上げても意味はなく，カチン族の政治生活の様式は実際のところ2つの極型のあいだを振り子のように揺れ動く性質を示すと分析した．つまり，リーチの理解によると，カチン地域社会は山地に住む彼らと隣接して河谷に住み水田を開いて王国をつくっていたシャンとよばれる人びとの封建主義的な政治組織と，その対極にある平等主義的なグムラオ型の政治組織を2つの極としていた．そして，両極間の妥協の産物としてグムサ型の形態がみられた．リーチはまた，シャン型・グムサ型・グムラオ型といった社会類型は理念型として存在するのであって，「現実」にあるものではないとして，次のように述べた．

「カチンは，人が『グムラオになる』『シャンになる』といった言い方をする．すなわちカチン自身の思考において，シャンとグムラオ型カチンの相違は理念の相違であり，民族学者が考えそうな民族，文化，人種の相違とはみなされない」［リーチ 1995: 325］．

カチン社会では，グムサ/グムラオという概念間の関係に着目することが当該社会における秩序の構成を理解するうえで有効であった．非西洋社会を対象

とした人類学の民族誌はそれまで，対象社会を均衡し安定したものとして描くことに終始してきた．それに対し，リーチの民族誌は，社会の動態を体系的に分析する一方法を示したことで，現在も古典として高く評価されている．

では，カンボジア社会の秩序の構成を描き出す鍵は何だろうか．カンボジア社会は，アフリカや東アジアのような，出自集団が社会を秩序づける社会ではない．インドのカーストのような社会階層をつくる生得的な原理もない．また，ベトナム農村のように，村落の成員権の認識がコミュニティ内の地元民とよそ者を明確に区別するといった場面もない．しかし，そのような状況のなかでも，自己と他者をその社会のなかに位置づけ，身の周りの出来事を構造化するうえで人びとがもちいる概念的な枠組みがある．

調査を通じて得た筆者の所見では，それは，経済格差を参照点とした幾つかの対比的な概念が示す多層構造である．すなわち，カンボジアでは，経済格差を焦点とした市場（中心）と周辺農村（周縁）という構図にしたがったかたちで人びとが自分自身について語ることが非常に多い．具体的には，「金持ち（អ្នកមាន）」/「貧乏人（អ្នកក្រ）」という経済格差そのものにもとづいた対比的な言語範疇であり，また，「稲田の人」（អ្នកស្រែ），「市場の人（អ្នកផ្សារ）」，「都会の人（អ្នកទីក្រុង）」といった生業のタイプおよび居住地の区分にもとづく対比的な社会類型への言及が，カンボジアの人びとの自己アイデンティティの表明として非常に頻繁に観察される．

民族誌的状況の具体的な検討は後にゆずるが，サンコー区の市場から遠く離れた村々に住む人びとは自身を「稲田の人」だと述べる一方，市場周辺の村々の住民を「市場の人」と一括りにしてよんでいた．両者は，1つの地域のなかで生活しており，社会的な交流をさまざまな場面で繰り返していた．ただし，両者は互いの生活様式や感覚の違いを意識し，相手を他者とみなしていた．そして，自身の身の周りで起きた出来事や社会の成り立ちなどの経験的事実をどのように概念化するかという点においても，明らかに違った方向性をみせていた．

本書が関心を寄せる概念間の構造としてのカンボジア農村社会の社会構造とは，以上に述べたような経済格差を参照点とした相互対照的かつ多層的なかたちの秩序の概念化を指す．ここでいう社会の構造は不変でありえず，常に更新

されているようにみえる．すなわち，現実社会で観察される人びとのアイデンティティの表明は，周囲の事象を対象化したうえで自身を入れ子状の構造のなかに位置づけて表明するものであるため，時々の文脈のなかの視点とスケールの移動にしたがってある特定の個人の主張が変化することがよくある．また，同じ言語範疇をもちい，構造的に同じ立ち位置に身をおくようにみえる複数の人びとのあいだでも，その位置に立つことの意味づけが異なっている可能性もある．ただし，人びと自身が不断におこなう関係の再定義の個別性にも関わらず，人びとが理念型として想像する社会類型のタイプは明確であり，それがパターンとしての構造を浮かび上がらせる．経済格差と文化再編に関する本書の後半の記述と分析は，サンコー区の地域社会に生きる人びとが以上に述べたようなかたちで自分の周囲の経験的世界をいかに構造化しており，また各概念への意味づけが人びとのあいだでどう異なっているのかを，彼（女）らの実際の生活の文脈から立体的に跡づけることをねらいとする．

（3）社会範疇としての「民族」

社会構造に関する説明に関連して，「民族」という概念に対する筆者の考えも少し詳しく述べておく必要がある．カンボジア語で「民族」は，チョンチィェット（ជនជាតិ）という．カンボジアの国内人口の約9割は，カンボジア語を話し，上座仏教徒であることを自認するチョンチィェット・クマエ（ជនជាតិខ្មែរ：クマエは，「カンボジア人，クメール人」の意）すなわちクメール人である．しかし，国内にはイスラム教を信仰するチャム人のほか，ベトナム人，中国人，そして山地居住の先住民族などもいる．

世界には，「民族」概念が意味や記憶を実体として充填させ，その社会の秩序の構成を理解する鍵となっている地域がある．このことは，現在も世界の各地でくすぶる民族紛争の事実から理解できる．また，例えばマレーシアのように，多数の「民族」からなる複合として全体社会をとらえることが意味ある洞察をもたらすとされた社会もある．しかし，現在のカンボジア社会では，筆者がみるところ，ベトナム人を対象とした議論を例外として「民族」概念がその

社会の秩序構成の理解におおきな役割を果たしているとは思われない[19].

詳しくは第3章で跡づけるが，サンコー区は遅くとも19世紀末には多数の中国人の移民を受け入れていた．そのため，今日その地域社会には，カンボジア語で中国人を意味するチェン（ចិន）という言葉で名指される人びとがいる．その言葉は，国籍上あるいは民族としての中国人のほか，中国人を祖先にもつ人びとも指す．また，中国からの移民の本人をチェンチャウ（ចិនឆៅ：「生のチェン」の意），チェンソット（ចិនសុទ្ធ：「純粋なチェン」の意）とよび，カンボジアで出生したその子孫をコーンチェン（កូនចិន：「チェンの子供」）あるいはチャウチェン（ចៅចិន：「チェンの孫」）とよぶ．

このような状況はサンコー区に独自なものではなく，カンボジアの農村社会に広く当てはまる．それほど，チェンという言葉はカンボジア社会にあふれている．そして，カンボジアの農村社会に関する先行研究のなかにはこのチェンという言葉を，中国人移民とその子孫の「民族」集団を指すものとして実体化し，クメール人と区別する視点に立つものがある．その例は，ふたたびメイ・エビハラである [Ebihara 1974]．彼女によると，カンボジアは他の東南アジアの国々と同様，古代から多くの中国人移民を受け入れてきた．中国人とクメール人のあいだの通婚は多く，その子供たちは両親の民族集団のどちらかに吸収された．中国人は国内経済の商業部門を独占していた．農村では，店主や小規模の商人として姿をみかけたが，農業に従事する者は非常に少なかった．以上のように書いた後で，エビハラは，自らの調査村を民族的（ethnic）にクメール人の農村であると位置づけ，中国人とは近隣のマーケットタウンに居住している人びとであり，調査村の村人とのあいだには経済的取引以外の関係は存在しなかったと結論づけた．つまり，彼女の調査村は，その民族誌のタイトルが示すように，「1つのクメール人の村」であった[20]．

---

19 カンボジアにおけるベトナム人は，繰り返し迫害や虐殺の対象とされてきた歴史をもつ．現在も，国内の政治的キャンペーンのなかで民族的な敵意の対象とされることがあり，カンボジア国内の外国人のなかで特別な位置にある．他方，中国人については，同じく外国人扱いされながら，敵意の対象とはなっていない．詳しくは，天川らを参照されたい [天川 2003]．

20 このエビハラの見解は，調査者としての彼女自身の分析の枠組み自体に影響されていた可能性がある．エビハラの民族誌は，対象村落を1つの小宇宙とみな

第1章　カンボジア農村社会研究の視角と方法

しかし，カンボジア農村の「民族」的状況は実のところ，エビハラが描いたものとはおおきく異なるのではないかと筆者は考える．例えば，「(あなたは)何民族か？」(និស្សាតិអ្វី?)と質問されたら，サンコー区のおそらくすべての住民が，自らを「クメール人」と答える．この点では，筆者の調査村もエビハラの調査村と同様に「クメール人の村」である．しかし重要なことは，その現場のもう一方の現実として，自らをクメール人と答えた彼(女)ら自身が互いに「チェンだ」，「クマエだ」と民族的言辞をもちいて他者を名指しし，自己とのあいだの差異を明示しようとする場面が存在することである．さきに，農村の人びとと市場の人びとのあいだには経済的取引以上の関係がないというエビハラの意見を紹介した．しかし，本当はそこにこそ民族的言辞をもちいた自他の差異化の応酬がみられるはずである．

　カンボジア農村の地域社会は，サンコー区だけでなく，中国人の移民を広く受け入れてきた歴史をもっている．そして，そのような歴史のもとで形成された地域社会の秩序構成を理解するために，実体化した「民族」概念は助けにならない．ただし一方で，チェン/クマエといった民族的言辞が人びとによって日常生活のなかでもちいられている現場を丹念に読み解くことは，カンボジア農村社会に生きる人びとの生活世界の動態に接近する1つの重要な方法である．

　詳しくは第7章で記述し，分析するが，少し抽象的な表現でまとめるならば，サンコー区の人びとの会話のなかのチェン/クマエという民族的言辞は，宗教的伝統における見かけ上の形式の違い，人びとのあいだに存在した経済格差という現実，そして暮らしの立て方における理念の相違といった多義的な内容を伝える記号であった[21]．より担い手の素性に近い表現をするならば，それは，

　　　す古典的なコミュニティスタディの枠組みを採用していた．そして，民族誌そのものが，調査村のなかに「クメール文化」の典型を見い出し，それを東南アジアの他国の文化と比較することを目的としていた．よって，調査村がクメール人の村であることは，民族誌執筆の前提であった．
21　ここでの理念の相違という点は，「グムラオになる」，「シャンになる」といった言い方をもちいて，カチン自身の思考において，シャンとグムラオ型カチンの相違は理念の相違であり，民族学者が考えそうな民族，文化，人種の相違とはみなされないと述べた，リーチの状況と同じである．

ある種の経済活動とその成果としての経済的成功を1つの指標として状況主義的に表出する社会範疇を示していた.

今日のサンコー区の地域社会を事例に概念間の関係として定義した社会構造の様態を分析するうえで,「チェン」,「クマエ」というカンボジア語の概念は非常に重要な鍵である.また,「サマイ (សម័យ:「新しい」の意)」と「ボーラーン (បុរាណ:「古い」の意)」という別の概念も,それらの民族的言辞と同様に,サンコー区の地域社会の社会構造の現実を照射する重要な役割を果たしていた.これらの概念については,仏教寺院を主な場として人びとの宗教活動を分析する第8章と第9章で詳しく取り上げる.

1-5　本書の構成

以下の本書の記述と分析は,筆者が本調査をおこなった2000～02年を民族誌的現在としている.調査からすでに約10年が経過しており,対象とする地域社会には今日までさまざまな変化が生じている.そのなかの印象的な出来事については第10章でごく短く言及する.本論自体は,2002年前後の状況を取り上げる.

本書はまた,定着調査をおこなった一村落から出発し,それが位置するサンコー区の地域社会の全体を視野に捉えた議論へ次第に移る構成をとっている.村落社会や生業の分析では,住み込んだVL村で収集した資料が中心である.しかし,村落間の経済格差や複数村落の村人が参加する仏教寺院での行事を考察する際は,地域社会の内外に広がる人びとの社会的交流の全体を視野に収める視点から分析をおこなう.また,個別の章の内部でも,調査村とサンコー区全体とのあいだで視点を往復させる箇所がある.このような論述の構成は,すでに述べたとおり,予備調査の段階から筆者が目の当たりにしてきたカンボジア農村の人びとの日常生活の活動の広がりを素直に追求した結果である.

では,章構成について述べる.第2章は,カンボジアの国土と歴史,調査地域の立地,自然環境,サンコー区の地域社会の概況の紹介である.これらは,

後に続く各章の内容を理解するための基本的な背景知識であり，読者に対象社会の見取り図を与える．

次いで，3部構成の7つの章が続く．第1部は，ポル・ポト時代以後の地域社会の歴史経験の分析を目的とする．また，ポル・ポト時代以前の地域社会の状況を再構成して示す．続く第2部は，調査時の地域社会の状況の共時的な分析である．第1部が歴史過程に焦点を当てるのに対して，第2部は現状の記述的分析に重きをおいている．ただし，第2部でも，考察の最終的な課題は現在と過去のあいだの関連を検討することにある．そして第3部は，第1部の歴史過程と第2部の現状の分析のうえに立って，地域社会の人びとが現在進行形で繰り広げていた相互行為の動態と生活の「変化」の実態を宗教活動の再編の領域において分析する．

カンボジア社会の研究を進めるうえで頭を悩ますのは，一次資料として使用可能な文献類と二次資料として参照に値する歴史研究の成果がともに不足していることである[22]．したがって，カンボジア農村の地域社会の過去の状況はフィールドワークを通して収集した各種の口述資料をもとに再構成の手だてを見出し，探っていくほかない．そして，そのような作業は生活のすべての領域において可能なわけではない．例えば，1980年代に調査地域の人びとがおこなっていた経済活動については，同時期の国内経済に関するマクロ・ミクロの研究を欠くため，サンコー区において把握した局地的な事実の位置づけに迷う部分がある．しかし，屋敷地や農地の区画といった可視的な対象については，聞き取りで得た情報を頼りとしてある程度厳密な視点から過去の状況を再構成することができる．第1部の2つの章は，その試みである．

すなわち，第3章は，1970年に始まる内戦とその後のポル・ポト時代の強制移住政策によって地域社会の集落群がどのように解体し，その後いかにして

---

22 ポル・ポト時代以後のカンボジアでは，それ以前の行政文書等が戦火によって焼失，または見失われてしまった．1990年代になって，王立文書館を中心とした文献資料の整理が進んでいる．しかし，1970年以前の地方の情報を伝える文献資料類はすぐ手に取ることのできるかたちになっていない．本書の章構成が全体として編年体のかたちをとっていない原因の1つはこの文献資料の不足にある．

再編したのかを VL 村の住民の移住経験に関する口述資料の検討を通して明らかにする．そして，地域社会の復興がポル・ポト政権の崩壊直後に住民が母村へ帰還した事実を起点として始まり，内戦以前の地域の社会的文脈と明確なかたちでつながりをもつものであったことを指摘する．ただし，第 3 章の論述の射呈はポル・ポト時代以降の歴史状況だけにとどまっていない．つまり，VL 村の集落の地理的・社会的編成を 20 世紀初頭以降の歴史的状況のなかにも位置づけ，その変容を分析する．それは，多数の中国人の移民を取り込んで進んだ内戦以前の地域社会の形成期の特徴を明らかにする．結果として，後の各章の内容に深く関連したサンコー区の地域社会の歴史環境の説明となっている．

続く第 4 章は，農地をめぐる所有と耕作のかたちに着目し，その歴史的な変化の過程を内戦以前から調査時までの時間幅で検討する．それは，ポル・ポト政権の政策がもたらした農地所有権の白紙化と農地景観の大規模な変容という変化の事実を具体的に跡づける．また，ポル・ポト時代以後の地域社会における農地所有の編制過程において，国家主導でおこなわれた集団農業生産体制の設立と解散がもたらした農地分配の役割だけでなく，慣習法的な土地占有権の認識が果たした重要な機能についても指摘する．さらに，世帯レベルの資料をもちいて，分配以後の近年の農地取引の特徴も明らかにする．

第 1 部の 2 つの章は，ポル・ポト政権の支配が地域社会でどのように経験されたのかを事実発見を重視する視点から掘り起こし，考察することに主眼をおく．それに対して，第 2 部は，人びとの生活の現状に共時的な視点から接近する．過去の状況についての生者の語りはあくまでその人物が生きている「現在」の状況から再帰的なかたちでおこなわれる．よって，人びとの生活の現状を把握することは，歴史過程の再構成と同様，非常に重要な作業である．

まず，第 5 章は，VL 村の住民が調査時におこなっていた生業活動と世帯の家計状況の分析である．その冒頭では，地域における不安定な米生産の概況を示し，次いで稲作以外の生業活動を検討する．そこからは，自家消費米の確保に苦労した村人たちがさまざまなやり方で暮らしを向上させようとしていた様子と，その村落社会が調査時急速な社会経済的変化の渦中にあった事実が明らかになる．

第 6 章は，地域社会内でみられた世帯間，村落間の経済格差の現状を，VL

村だけでなく，近隣村で得た資料ももちいて論じる．そこからは，内戦以前に商業取引に従事していた人物の一部が過去の経験を生かすかたちでポル・ポト時代以後にふたたび商業活動をおこない，1990年代以降に富裕世帯となっていた状況が明らかになる．また，生業構造の差違に対応するかたちで顕在化していた地域社会内の村落間の経済格差を取り上げ，そのような状況が内戦以前の社会環境と深い関連をもつものであることを指摘する．

ポル・ポト政権は，貨幣を廃止し，生産財を集産化した．そのため，今日のカンボジアの地域社会でみられる世帯・村落間の経済格差は，ポル・ポト時代以後新たに生じたものといえる．第2部の2つの章は，現状の分析であると同時に，ポル・ポト時代にいったん平準化された経済格差がふたたび出現したという，カンボジアの地域社会で1979年以降進行してきた1つの社会過程に関する考察でもある．

第3部は，第1部の歴史過程と第2部の現状の分析の結論を踏まえながら，ポル・ポト時代以後に再生した地域社会のなかで人びとが多様な理念と現実を生きている様子を考察する．具体的には，文化再編に関する領域のなかでも特に宗教活動を取り上げ，宗教実践の「変化」と民族的言辞，仏教実践の多様性と変容，寺院の建造物の再建事業のなかでみられた人びとの相互行為を分析する．

第7章は，まず，上座仏教の功徳の観念とそれが導く仏教徒としての行動の特徴や超自然的存在に対して人びとが抱く宗教的な観念や実践を，地域社会内の宗教的職能者および人びとの生活をリズムづけている年中行事と併わせて紹介する．また，それらの宗教実践の「変化」を考える視点について，個別の民族誌的状況を例に挙げて詳しく論じる．さらに，宗教実践と民族的言辞の関連について資料をまとめ，「チェン」と「クマエ」という社会範疇が地域社会内で果たしていた役割と機能を考察する．

第8章と第9章は，地域社会の人びとの仏教徒としての実践に焦点を当てる．まず，第8章は，サンコー区でみられた仏教実践の多様性とその変容の実態を1940年代から今日までの時間幅で検討する．詳しくは本文のなかで述べるが，カンボジアでは1910年代から「新しい実践」と「古い実践」とよばれた制度化されないかたちの仏教実践の多様性が首都のプノンペンを中心に生じて

いた．第8章は，現在のサンコー区で観察された実践の多様性の実態を具体的な例を挙げて紹介したあとで，中央で生み出された「新しい実践」が地域社会へ普及した歴史的経緯を探る．また，ポル・ポト時代以後の実践の再編過程で生じた近年の変化についても考察する．

　仏教寺院は，地域社会に生きる人びとの社会的交流の中心的な場である．それは功徳の獲得を願う者すべてに開かれており，メンバーシップによって参加者を制限することがない．その空間は，年長者と若年者，富裕者と貧困者といった異なる背景をもつ者が葛藤や緊張関係を露呈させながら関係を取り結び，共同で1つの文化的活動を創り上げる場であった．ポル・ポト時代以後の地域社会の再生は，住民の母村への帰還とポル・ポト時代以前の生活のなかで培っていた知識や経験をもとにして彼（女）らがおこなう諸活動に支えられて進んだ．しかし現実として，若者と老人や，市場近くに住む人と農村の住民のあいだには，自らの社会や文化，生活様式をめぐる認識のギャップが存在した．寺院は公共の空間であるが，そこでおこなわれる行事に参加する人びとの心情は多様であった．それはまた，重層的な時間の流れというコミュニティの特徴を明示的なかたちで浮彫りにするポテンシャルを秘めた場でもあった．

　以上のような認識のもとで第9章が取り上げるのは，サンコー区の人びとが寺院に集まって進めていた寺院建造物の再建事業である．ポル・ポト政権は，政策の1つに宗教信仰の否定を挙げ，国内各地の寺院で寺院内の建造物を破壊した．そのために，ポル・ポト時代以後，多くの寺院で建造物の再建が始まった．しかし，地元の仏教徒の寄進だけでは資金不足で，その事業は遅々として進まなかった．そこで，農村の寺院は，マーケットタウンや都市に居住する富裕な人びとと連絡をとり，ネットワークを築き，再建事業のための資金を獲得しようとした．ただし，遠方の仏教徒とのネットワーキングの場面では，カネだけでなく，実践の多様性も問題となっていた．

　最後に，第10章は，本書全体の考察をまとめる．サンコー区の地域社会のポル・ポト時代以後の歴史過程を振り返り，カンボジア農村における地域社会の再生について事実に即した特徴を指摘する．また，本書の各章の記述と分析が，カンボジア農村社会に暮らす人びとの生き方についてどのような特徴を明らかにしていたのか整理する．さらに，概念間の関係としての社会構造という

カンボジア農村社会の研究視角の可能性を再検討する．そして，2002 年以降の地域社会の変化の様子を簡単にまとめ，本書全体の結びとする．

CAMBODIA

第 2 章

カンボジア社会と
調査地域の概況

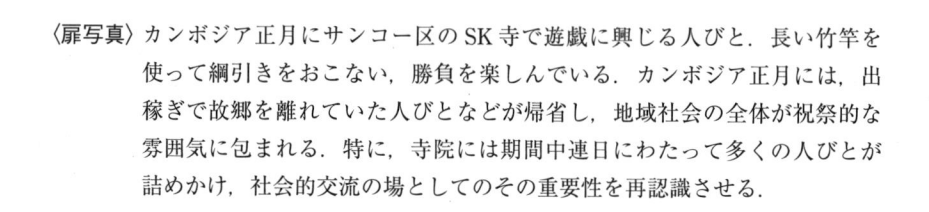

〈扉写真〉カンボジア正月にサンコー区のSK寺で遊戯に興じる人びと．長い竹竿を使って綱引きをおこない，勝負を楽しんでいる．カンボジア正月には，出稼ぎで故郷を離れていた人びとなどが帰省し，地域社会の全体が祝祭的な雰囲気に包まれる．特に，寺院には期間中連日にわたって多くの人びとが詰めかけ，社会的交流の場としてのその重要性を再認識させる．

カンボジアの地域社会の内戦およびポル・ポト政権下の状況と，それ以後の人びとの暮らしの再建過程を検証する際には，その土地に生きる人びとにとってその時代その経験がどのような意味をもっていたのかを考えることが大切である．そのためには，彼（女）ら自身の言葉に耳を傾けなければならない．調査中，筆者はサンコー区の人びとから多くの経験の語りを聞いた．そのなかには，現在まで何度も反芻してきたいくつかの言葉がある．

　「クマエ（クメール人）の話は，それを話すことで相手を泣かせようとすることもできるし，笑わせようとすることもできる (រឿងខ្មែរចង់និយាយឱ្យយំក៏បានឱ្យសើចក៏បាន)」．これは，住み込み先の家の主人であったCT氏が，ある夜，高床式家屋の階段に腰かけて涼をとりながら筆者に向けて発した言葉である．CT氏は当時，妻と末娘の夫婦，孫2人と一緒に暮らしていた．7人の子供のうち5人はすでに結婚し，傍目からみると非常に順調な生活を送っていた．プノンペンで役人をしていた長男は，なかでも特によく両親を助けていた．年中行事の際に帰郷すると必ず僧侶を家に招き，父母のために仏教儀礼をおこなった．また，父母と生活している妹夫婦が新しい生業を始めるための資本金を貸し与えていた．CT氏の世帯は，村の誰もがみとめる裕福な世帯であった．

　しかしCT氏は，彼の人生は尋常でない苦難に満ちていたと繰り返し強調した．彼の生家は貧しかった．幼い頃から田を耕し，家族を助けた．結婚後しばらくしてから，籾米の卸売りなどの商売を始めた．そして初めて少しばかりの財を成した．だが，内戦とポル・ポト政権の支配によってそのすべてを失った．

　CT氏はその喪失の経験を，「死んだようなものだ (ស្លាប់)」と振り返っていた．そして，ポル・ポト時代は腹を減らして泣く幼い子供を目前にして涙をこぼしたという．その後，徒手から始めたポル・ポト時代以後の生活では，暮らし向きを良くするため他人の倍以上働いた．その結果ようやくいまの生活があるのだ，と何度も強調した．

　筆者は，CT氏の言葉から，氏個人の意志の強さ，現在の生活を築きあげた努力への自負，人生の浮き沈みへの諦観したまなざしなどを感じた．そして，そのような見方を彼に会得させた彼自身のこれまでの人生・生活経験とはどのようなものだったのだろうか，とその後何度も考えることになった．

「経歴調査はクマエクロホームを殺すためではないのか (ស្រាវជ្រាវដើម្បីប្រវត្តិសម្រាប់សមាយចោលខ្មែរក្រហមទេ)」。これは，CT氏の家から国道を挟んだ向かいの家を訪問し，世帯構成員の経歴について聞き取りを始めたとき，その家に住んでいた一女性が投げかけた言葉である．クマエクロホームというカンボジア語は，「赤いクメール」すなわちクメールルージュを指す．そして，後に日を改めておこなった聞き取りのなかで，彼女が1972年にクメールルージュに入り，ポル・ポト時代はプノンペンで生活していたことを知った．

調査時，その女性は老母と娘夫婦，孫1人と暮らしていた．娘夫婦は稲作や養豚をしていた．衣食に事欠く暮らしではなかったが，余裕が多い様子でもなかった．彼女自身は世帯の主要な経済活動から身を退き，仏教の在家戒をまもる生活に入っていた．いまの生活で食べ物に困ることはないが，仏教徒としてボン (បុណ្យ:「功徳」の意) を積む儀礼に参加するための現金が少ないのが悩みだと話していた．そして，孫をあやしながら，バナナをモチ米で包んでつくった粽 (ちまき) を家の前の道端で売り，自分で稼いだその売り上げをもって仏教儀礼に参加していた．

その女性に調査の目的を問いただされたとき，筆者はうろたえるしかなかった．村の各世帯での聞き取りに，村落社会の特徴をそこに生きる人びととの経歴を通して把握するという以外の意図はなかった．一方で彼女の言葉は，カンボジア農村における過去と現在の重なりと，ポル・ポト時代の経験の多様性という村落社会の現実を思わぬかたちで示唆していた．

経歴調査という行為がまるでクメールルージュのようだという意見は，後に他の村人からも告げられた．そしてさらに，これも後になって分かったことだったが，VL村にはこの女性のほかにも1970年代にクメールルージュの活動に参加していた人びとがいた．村内には，ポル・ポト時代に親やキョウダイのほとんどを亡くした人びともいた．ただし，それらの人びとは，今日の村落社会で隣人として関係を結び合い，生活していた．村において，ポル・ポト時代の個々人の行動が公に問題とされ，糾弾されるような場面はなかった．ポル・ポト時代の経験の多様性は，それとして人びとのあいだに知られていながら，今日の村落生活を破綻させる起爆力をもつものではなかった．

「絶対に理解できない (មិនអាចយល់ទេ)」。これは，人びとがポル・ポト時代

の経験を語る際によく口にしていた言葉である．すなわち，どのように説明しても当事者でなければあの状況を理解することはできない，という主張である．しかしそれは，外国から来た異邦人である筆者だけに向けられた言葉ではなかった．その言葉は，周囲で話に耳を傾けている子供たちにも向けられていた．子供らは父母らの語りに対して，「お話のように聞こえて，本当のことに思われない (ញូចរឿងទេទឹម មិនជាការពិត)」と感想を漏らしていた．ポル・ポト時代の経験をめぐるこの2つの言葉は，その時代が終焉を迎えてから今日までの時間の経過を現実のものとして示していた．1979年から20年余りが経った調査時の村落では，ポル・ポト時代の生活経験をもたない若年者が人口の半数以上を占めるようになっていた．

「サマイハオイ (សម័យហើយ)」．これは，仏教寺院で老人世代の人びとと話していたときによく耳にした言葉である．サマイというカンボジア語は「新しい」という意味である．文末におかれたハオイという語は，「すでにある状態になっていること」をあらわす．よって，サマイハオイという表現は，「新しいものになった」と訳すことができる．過去に生じた変化を現在から回顧するその表現は，筆者に，この4半世紀のあいだに彼（女）ら自身が経験してきた激動ともいえる生活の内容と，いま急速に進みつつある新たな社会の変化に対する戸惑いの両方をいちどに感じさせるものだった．1993年に国連の支援のもとで統一選挙がおこなわれ，新生カンボジア王国が成立した後，カンボジアの農村社会は復興と開発が叫ばれる新たな時代に入った．そして調査時のサンコー区の人びとの生活は，事実として，急速な変化のなかにあった．

以上に紹介した複数の語りは，ポル・ポト時代の経験がその時代を生きた人びとのあいだにおいて多様であったことを伝える．また，「絶対に理解できない」，「新しいものになってしまった」という言葉は，地域社会のなかに過去の経験に関する世代間ギャップが存在している事実も知らせていた．そしてこれらの言葉はすべて，今日の社会変化のなかで語られていた．本書は，以上のような輻輳した様相の人びとの生活を地域社会の具体的な状況に照らして記述し，分析していく．本章では，そのもっとも基本となる背景知識として，カンボジア社会と調査地域の概況について説明する．

2-1 カンボジアの国土と現代史の素描

　カンボジアは，東南アジア大陸部のインドシナ半島の南部に位置している．国土面積は日本の約半分，およそ 18 万平方キロメートルである．東から東南にかけてベトナム，北はラオス，西はタイと国境を接し，南から西南にかけてタイ湾に臨む．全国人口は 1993 年の時点で約 900 万人と推定されていた．1998 年に計画省が実施したセンサスでは 1,143 万 7,656 人であり，そのうち 85％ が農村部に住むという［Cambodia, NISMP 1999］．全国人口は 2001 年には 1,309 万 9,472 人へと増加した［Cambodia, RGC 2004: 35］．

　カンボジアの国土は平地と山地のコントラストを特徴とする．中国のチベット高原に源流をもちラオスから流れてくるメコン川と，国土のほぼ中央に位置するトンレサープ湖，およびそこから流れ出るサープ川の沿岸は海抜 30 メートル以下の地形の微変化に乏しい平地であり，国土面積の 40％ を占める．そして，この平地部に全人口の 87％ が集中して居住している［川合 1996］．他方，この平地部を取り囲み，タイ，ラオス，ベトナムとの国境に沿うようにして山地がそびえる．

　カンボジアの平地部の農村に居住する人びとの主な生業は，農業と漁業である．農業は稲作と畑作に分けられる．人びとの主食は米（ウルチ米）であり，農村のほとんどで稲作がおこなわれている．稲作は，熱帯モンスーン気候の雨期の天水に依存した一期作が中心である．灌漑設備が整備され，1 年を通して米の生産をおこなう地域は少ない．自家消費を目的とした 1 ヘクタール程度の面積の耕作が主であるが，西部のバッドンボーン（Bat Dambang）州などでは大規模な面積の水田経営もみられる．耕作は世帯を単位としておこなう．田の耕起や脱穀などの作業には畜力をもちい，機械化は進んでいない．メコン川沿岸などには肥沃度の高い土壌の畑地がある．そこでは，綿花，豆類，果樹などの商品作物の栽培がおこなわれている．漁業は河川沿いでなくても，農村部のほとんどの村落でみられる．獲った魚は人びとの重要なタンパク源である．

カンボジアは，1953年末にフランスの植民地支配から独立した．独立交渉の立役者であったノロドム・シハヌーク（Norodom Sihanouk）国王（当時）は，王位を返上して国家元首の地位に就き，新国家の内政と外交を指導した．当初は新興独立国として順調に発展の道を歩むかにみえた．しかし，隣国ベトナムで1960年より第2次インドシナ戦争（ベトナム戦争）が始まった．以後，1970年代前半にかけて，インドシナ半島では戦火が絶えなかった．カンボジアの国内経済は1960年代半ばには行き詰まり，汚職などの社会的不正が蔓延した．そして，国内の社会情勢が徐々に流動化した．

1970年3月，シハヌークの従兄弟にあたるシソワット・シリクマタク（Sisowath Sirik Matak）とロン・ノル（Lon Nol）将軍らのグループによるクーデターで，シハヌークが失脚した．ロン・ノル将軍らは，アメリカの支援のもとでクメール共和国（The Khmer Republic）を建てた．しかし，共和制の国家体制は都市のエリートや軍部から理解を得られても，農村の人びとからの支持が薄かった．事実，シハヌーク支持派による暴動がクーデターの直後から国内各地で発生した［Chandler 1996: 205］．3月末，シハヌークは北京からカンボジア国民に反政府闘争をよびかけた．同時に，国内の共産主義勢力と手を組んでカンプチア民族統一戦線を結成した．以後，国土を二分した内戦が始まった．ロン・ノル政府軍の兵士たちの装備は貧弱で，規律が乱れていた．アメリカ空軍の支援を受けたものの，プノンペン，各州の州都とバッドンボーン州の一部を除いて，1972年末までに国内の大多数の地域が統一戦線側の支配下に落ちた［*ibid*: 206-207］．

1975年4月17日，内戦は統一戦線の勝利で終息した．その後に建てられた民主カンプチア政権（ポル・ポト政権）がおこなった政策の概要は，さきに序論で説明した通りである．同政権は，旧社会を破壊し，新しい社会をつくろうとした．そして，カンボジアの社会を内戦期以上の荒廃と混乱に陥れた．また，非常に閉鎖的な外交政策を敷いたため，政権がおこなった極端な政策の実態やその支配下で生じた大量殺人の事実については1970年代末になるまで世界に知られなかった．

1978年12月，ポル・ポト政権の内部で激化していた粛清を逃れてベトナムに渡っていたポル・ポト政権の元幹部や元兵士が，ベトナム政府の支援のもと

でカンボジア救国民族統一戦線を結成し，ベトナム軍とともにカンボジア領内へ侵攻した．そして，1979年1月7日にプノンペンを陥落させ，ポル・ポト政権の支配に終止符を打った．

その後のカンボジアでは，人民革命党がカンプチア人民共和国（The People's Republic of Kampuchea）を建てた．親ベトナムの社会主義路線をとった同政権は，以後約10年間，国際社会から孤立した．国連の代表議席は，タイ国境付近に移動して態勢を立て直したポル・ポトらの政治グループ（ポル・ポト派）が維持した．その背景には，アメリカを筆頭とした西側諸国の支持があった．また，1979年の中越戦争以降反ベトナムの立場にあった中国が，ポル・ポト派に武器や生活物資を供給した．ポル・ポト派は，それをもちいて国境付近の拠点から国内各地へゲリラ戦を展開した．

人民革命党政権下で始まった社会の再建の具体的な様子については，同国が国際的孤立を続けていたあいだはよく知られぬままだった．序論で触れたように，当時のカンボジアは外国人が自由に入国できる状況になかった．また，ポル・ポト政権の指導者の政治責任を人道に対する罪として問題視する風潮は当時まだ生まれていなかった．

カンボジアを取り巻く紛争の構図が変わり始めたのは，1980年代末の冷戦構造の緩和以降である．人民革命党政権は1989年に国名をカンボジア国（The State of Cambodia）と改め，社会主義路線を放棄した．同時に，ベトナム軍のカンボジア領内からの撤退が始まった．そして，1991年10月に，プノンペンの人民革命党政府，ポル・ポト派，ソン・サン（Son San）派などの1979年以降ゲリラ戦を通して敵対してきたカンボジア国内の政治勢力の代表者が参加して，パリで和平協定が調印された．

和平協定の締結を受けて，国連が紛争解決のための統一選挙の実施を決定した．1992年には国連カンボジア暫定統治機構が国内に設置され，選挙の準備が進められた．そして1993年5月に選挙がおこなわれた．ポル・ポト派だけは直前になって不参加を表明したが，その他の政治勢力は選挙に参加した．そして，選挙の結果を受けて，フンシンペック党のノロドム・ラナリット（Norodom Ranariddh）党首を第1首相，人民党（旧人民革命党）のフン・セン（Hun Sen）を第2首相とする連立政権が誕生した．新しい国家——カンボジア王国

(The Kingdom of Cambodia)——は立憲君主制の政治体制をとり，1991年に国内に帰国したシハヌークがふたたび王位に就いた．

　しかし，民主主義と自由経済体制を謳う新しい国家のもとでも，1970年代以来この国を特徴づけてきた流動的な政治状況が続いた．そもそも，1993年の選挙によって成立した連立という政権のかたちそのものが，政治的妥協の産物であった．その選挙には，ポル・ポト派が参加していなかった．また，選挙に勝利したのは王党派のフンシンペック党であったが，中央省庁および地方行政機関は人民党の勢力下にあった．新政府のもとでは，中央省庁および州レベルの政治ポストの一部がフンシンペック党の手に渡ったものの，1980年代の一党独裁制のもとで人民党が築いた行政部門の支配は明らかに続いていた．そして，以上のような国家体制と政治権力をめぐる矛盾が一気に表面化し，1997年にフンシンペック党と人民党のあいだで軍事衝突が生じた．

　1998年におこなわれた第2回の総選挙は，人民党とフンシンペック党にサム・ランシー(Sam Rancy)党首のサム・ランシー党を加えた三つ巴の争いとなった．選挙の結果，人民党が第1党となった．そして，交渉の末に，フン・センを首相，ラナリットを国会の議長とする人民党とフンシンペック党の連立内閣がふたたび成立した．人民党の勝利は，実質的な政治権力の布置と国家体制との一致を意味した．1998年には，ポル・ポトの死によって政治勢力としてのポル・ポト派が消滅した．以後，2002年の行政区評議会の議員選挙，2003年の第3回総選挙でも人民党が勝利を収めた．

　流動的だった政治情勢に反して，1990年代のカンボジアでは国内経済の好況が続いた．1993年の選挙後，外国政府や国際機関からの直接援助が本格化した．国内の物流を担う幹線道路の舗装化など，インフラの整備復興事業が世界銀行，アジア開発銀行や諸外国政府から援助された資金をもちいて急ピッチで進められた．同時に，国際NGOなどによる草の根レベルでの援助活動も始まった．さらに，1993年の選挙後，州都や幹線道路沿いの地域を中心に国内の治安がおおきく好転した．森林に接した僻村でも，1998年前後には治安が回復した．大勢として，1990年代のカンボジア農村では，人びとの経済活動の拡大と多様化が急速に進んだ．

　1995年には，国家レベルで米の自給が達成された［Cambodia, RGC 2004: 268］．

GDP は，1993 年以降平均して 7％台という高い成長率を維持した．海外からの投資や援助は，軍事衝突が生じた 1997 年にいったん激減した．しかしその後，国内経済は上昇傾向に戻り，1999 年以降の GDP 成長率は 5％台を記録した [ibid: 196]．このようなカンボジア経済の成長は，外資による縫製産業と観光業の発展に負うところがおおきい．例えば，縫製産業の雇用者数は，1999 年に 11 万 3,011 人だったものが，2002 年には 22 万 8,340 人まで増加した [ibid: 148]．1999 年に 36 万 7,743 人であったカンボジアへの外国人観光者の数は，2002 年に 78 万 6,524 人へと増加した [ibid: 150]．

カンボジア政府は，1990 年代から，兵士数の削減や地方分権の実施などの行政改革の成果をアピールすることによって支援国や国際機関に援助の継続と拡大を訴えてきた．しかし，人民党による長期化した政権運営のもとで，汚職の深刻化や政治モラルの低下を懸念する意見も多い．また，殺人を含む政治的暴力も，数は減少しているが選挙の度に繰り返し生じており，人権団体が批判を続けている．

一方で，人びとの日常は，1970 年代，1980 年代とは比べものにならない平和な雰囲気のなかにある．政治状況の一応の落ち着きとマクロ経済の成長は市井の生活にさまざまなかたちの変化をもたらした．1990 年代半ばのプノンペン市街は，夜 9 時を過ぎれば出歩く人が少なく，静寂に包まれていた．夜半に銃声を聞くこともよくあった．しかし，2000 年代半ばには，王宮前のサープ川沿いの街路や独立記念塔・中央市場の界隈を中心として，夜 12 時過ぎまで遊び戯れる若者たちの姿をみかけるようになった．明け方まで営業する路上の屋台の数も格段に増えた．

ただし，社会的な問題はまだ多い．例えば，教育セクターでは，学校の建設やカリキュラムの整備事業が外国政府や NGO の支援を受けておおきく進展した．その一方で，教師の給料は，2000 年代初めまで月給 20～30 米ドルという低い条件だった．他方，プノンペンでは，2002 年頃から私立大学が数多く設立されるようになった．それらは，年間少なくとも 300 米ドル以上の授業料を徴収しており，農村部の世帯の子弟が容易に入学できる種類のものではなかった．

首都での高等教育ブームと農村部での旧態依然とした学校環境，外資縫製産

業と観光業に支えられたマクロ経済の発展と農村世帯の自給的経済といったコントラストは，都市と農村のあいだの生活格差の拡大という容易に解決しがたい問題の深刻化を示唆している．

2-2　調査地域の自然環境

　カンボジアは熱帯モンスーン型の気候であり，おおよそ5月から11月が雨期，12月から4月が乾期である．トンレサープ湖は，周期的な降雨量の推移と，それに連動したメコン川の水位変化の影響を受けて毎年増水を繰り返す．すなわち，乾期には流域の各河川を通じてトンレサープ湖に集まった水がコンポンチュナン州でサープ川となって流れ出し，首都プノンペンでメコン川に合流する．しかし，雨期が本格化する7月頃になると流れが逆転し，水はメコン川からサープ川を通ってトンレサープ湖へ向かう．この逆流によって，湖水を取り囲んだ海抜10メートル前後の土地が増水に飲み込まれる．そして，7〜9月の3ヶ月を中心とした雨期のトンレサープ湖の湖水面積は乾期の約3倍に拡大する．

　調査地域の水文環境においては，雨期のサエン川が州都コンポントムより下流で生み出す恒常的な氾濫も重要である．サエン川はタイとの国境に源流をもつカンボジア国内最大の河川である．そして，上流では深く河谷を刻んで蛇行を繰り返すが，コンポントム州の州都より下流になるとゆるやかな流れに転じる．つまり，雨期のサエン川は，海抜13〜14メートル前後の州都付近を過ぎて湖水平野に入ると，河床から水をあふれさせ，周囲に広く洪水状態をつくりだして流れる．

　トンレサープ湖沿岸の地形は，中心から外縁に向かう緩やかな傾斜を特徴としている．そしてその傾斜にしたがって，特徴的な植生の遷移がある．デルヴェールの記述にしたがって概要を述べると，まず，中心には湖水がある．そのすぐ外側には洪水林がある．洪水林は雨期のあいだ増水に飲み込まれ，魚類の格好の住処となる．プランクトンの溜まり場でもある．この環境がトンレ

サープ湖を世界で有数の魚類資源の宝庫としている．乾期になると，増水は洪水林から退く．しかし，洪水林のなかには多数の池（ត្រពាំង）や沼（បឹង）が残り，哺乳動物や鳥類の乾期の生息地となる．

洪水林の外側には，デルヴェールがカンボジア語でヴィアル（វាល）とよぶ植生が広がっている．ヴィアルという単語は，「野原，広野，原っぱ」を意味する．しかし，デルヴェールはそれを肥沃度の低い粘土質土壌のうえに形成された草地を指す言葉としてもちいた．デルヴェールによると，ヴィアル植生は非洪水林と洪水林の中間にみられ，毎年 0.5〜3.0 メートルの深さで冠水する．さらに，コンポントム以西の国道の南側には，3,500 ヘクタールの面積のヴィアル植生が広がると述べている［デルヴェール 2002: 144］．

ヴィアル植生の外側には疎林が退化した植生がある．地面は短い草で覆われ，竹林や蟻塚が多い．その外側はトバエン（តេបែង: *Dipterocarpus obtusifolius*）やトラーチ（ត្រាច: *Dipterocarpus intricatus*）の疎林である．そしてさらに，サルスベリ属の林，フタバガキ科の退化林から密林へと遷移していく．

サンコー区はトンレサープ湖の増水域の外縁に位置し，ヴィアル植生のなかにある．ただし，人びとの生業活動の範囲は南の洪水林，そして北の疎林地帯にもおよんでいる．

2-3　調査地の位置

（1）プノンペンからコンポントムへ

カンボジアの首都プノンペンとサンコー区は国道6号線で結ばれている．この国道は，首都とアンコールワット遺跡のあるシエムリアプ州を結ぶ幹線道路である．バスや乗り合いタクシーに乗ると，車はプノンペン市内を北へ向かう．そしてまもなく，サープ川に架けられた橋を渡る．橋を渡ると，おおきな駐車場を備えたレストランが道の両側に続く．10分も走れば農村の景観が始

まり，木造高床式の家屋や草を食む牛の姿が路肩にあらわれる．水田のほか，魚の養殖池や野菜栽培の畑地なども車窓からみえる．

　国道はメコン川と平行してしばらく走った後，氾濫原を北東に向かう．氾濫源に入ると，畑地が減り，水田が主になる[1]．地形の変化に乏しく単調な風景が続く．車はカンダール (Kandal) 州からコンポンチャーム (Kampong Cham) 州へ入る．時折，海抜 120 メートルほどの小山があり，国道がその山裾に差しかかったところにプアーウ (Ph'av)，バティエイ (Batheay) などのマーケットタウンが発達している．首都から約 70 キロメートル進んだところでスコン (Skon) に到着する．スコンには食堂やゲストハウスがあり，首都を出たバスやタクシーは停車して休憩をとる．ここで，コンポンチャーム州の州都を目指して東へ向かう国道 7 号線が分岐する．国道 6 号線は，北西のコンポントム州へ向かう．

　国道 6 号線をさらに進むと，時折疎林地帯にさしかかるようになる．疎林地帯ではカシューナッツの樹木が目につく．筆者が調査地とプノンペンのあいだを繰り返して往復した 2000〜02 年頃のこのあたりの道路は，非常に状態が悪かった[2]．プノンペンからスコンまでは舗装されていたが，スコンからさきは赤土がむきだしの未舗装区間が多く，乾期には土埃，雨期には泥のぬかるみが通行を妨げた．また，水路に架けられた貧弱な橋の多くが頻繁に壊れた．そうすると，地元の人がつくった応急の迂回路を前にして，順番まちの車が長い列をつくった．狭い迂回路に重量オーバーの大型トラックが詰めかけたのに加え，地元の人がそこを通る車から料金を徴収したため，車の列はスムーズに進まなかった．

　国道はコンポンチャーム州からコンポントム州のバラーイ (Baray) 郡に入

1　この辺には乾期田もある．それも，雨期にはメコン川の氾濫水に飲み込まれて姿を消している．乾期に入って水が退いた後，トムノップ (ទំនប់) とよばれる人造の皿池などに残った水を利用して，乾期稲の栽培をおこなう水田である．

2　2001 年までに，国道 6 号線のコンポンチャーム州までの区間の大部分は日本の援助などによって舗装化されていた．2000 年 12 月，フン・セン首相は，アジア開発銀行の資金援助を得て国道 6 号線の全面舗装化事業を 2003 年内に終わらせると公約した．そのため，筆者が調査をおこなった時期には舗装工事，橋の架け替え工事などが急ピッチで進められていた．

る．タンコーク（Tang Kouk）とバラーイの市場を過ぎて進むと，コンポントモー（Kampong Thmo）に到着する．コンポントモーは，トンレサープ湖へ注ぐチネッ（Chinit）川と国道の交差地点に発達したマーケットタウンである．そこから東へ，肥沃な土壌の畑作地帯で知られるチャムカールー（Chamkar Leu）台地に続く道路が分岐している．国道をさらに進むとタンクロサン（Tang Krasang）の市場に着く．このマーケットタウンは，ソントゥック（Santuk）郡の中心地であり，コンポントモーと同じく河川と国道の交差地点に発達している．さらに行くと，右手に山がみえる．ソントック山である．海抜215メートルのこの山はひときわ目立つ．山頂には遺跡と寺院があり，観光に訪れる人も多い．

ソントック山を過ぎてまもなく，ストゥンサエン（Stueng Saen）郡に入る．この郡の名前は，州都コンポントムを流れるサエン川に由来している．サエン川はタイ国境付近に源流をもち，プレアヴィヒア（Preah Vihear）州からコンポントム州を通ってトンレサープ湖に流れ込む．スロジャウ（Srayov）の市場を過ぎると州都はすぐそこである．プノンペンからコンポントム州の州都までの距離は約190キロメートルであり，2001年当時，車で4時間余りの行程だった．

コンポントム州の人口は，1998年のセンサスによると56万9,060人で，全国第10位であった（表2-1）．1平方キロメートルあたりの人口密度は41人で，全国平均の64人を下回っていた［Cambodia, NISMP 1999: 96］．これは，州の東北部から西北部にかけてフタバガキ科の森林地帯，南西部にトンレサープ湖の洪水林地帯という広大な疎人口地域を抱えているためと考えられる．コンポントム州は8の郡に分けられる．1998年センサスによると，郡別の人口は表2-2のようであった．

（2）コンポントムからサンコー区へ

州都コンポントムはサエン川と国道6号の交差地点に発達している．州政府や中央省庁の地方機関は，サエン川より南の街区の内戦以前に建てられた旧い建物を役所として業務をおこなっていた．南の街区には，内戦以前に設置された市場もあった．天井の高い市場の屋内には，文房具，既製服，カバン，食料品などを売る個人店舗が通路を挟んで連なっていた．両替屋を兼ねた貴金属店，

表 2-1　カンボジアの州別人口 (1998 年)

番号	州／市名	人口			世帯数
		男性	女性	合計	
1	ボンティアイミアンチェイ	283,358	294,414	577,772	111,856
2	バッドンボーン	388,599	404,530	793,129	148,356
3	コンポンチャーム	775,796	833,118	1,608,914	312,841
4	コンポンチュナン	197,691	220,002	417,693	82,638
5	コンポンスプー	287,392	311,490	598,882	115,728
6	コンポントム	272,844	296,216	569,060	106,908
7	コンポート	253,085	275,320	528,405	104,993
8	カンダール	515,996	559,129	1,075,125	206,189
9	コッコン	67,700	64,406	132,106	24,964
10	クロチェ	130,254	132,921	263,175	49,326
11	モンドルキリー	16,380	16,027	32,407	5,657
12	プノンペン市	481,911	517,893	999,804	173,678
13	プレアヴィヒア	59,333	59,928	119,261	21,491
14	プレイヴェーン	445,140	500,902	946,042	194,185
15	ポーサット	172,890	187,555	360,445	68,235
16	ラッタナキリー	46,396	47,847	94,243	16,758
17	シエムリアプ	336,685	359,479	696,164	127,215
18	シハヌークヴィル市	76,940	78,750	155,690	28,015
19	ストゥントラエン	40,124	40,950	81,074	14,323
20	スヴァーイリアン	225,105	253,147	478,252	98,244
21	タカエウ	376,911	413,257	790,168	155,030
22	ウッドーミアンチェイ	34,472	33,807	68,279	12,531
23	カエプ市	14,014	14,646	28,660	5,369
24	パイリン市	12,392	10,514	22,906	4,133
	計	5,511,408	5,926,248	11,437,656	2,188,663

(注) 州の番号は，図 1-1 と対応している．
　　1998 年にまだ戦闘地域だった国内各地の人口推定 45,000 名は対象外とされている．
(出所) [NISMP, Cambodia 2000a]

表 2-2 コンポントム州の州別人口 (1998 年)

番号	郡名	人口			世帯数
		男性	女性	合計	
1	バラーイ	76,865	82,721	159,586	30,839
2	コンポンスヴァーイ	36,176	38,658	74,834	13,586
3	ストゥンサエン	32,047	33,967	66,014	12,295
4	プラサートバラン	19,318	21,198	40,516	7,533
5	プラサートソンボー	17,684	19,299	36,983	6,870
6	ソンダン	18,679	19,895	38,574	7,113
7	ソントック	28,250	30,184	58,434	10,713
8	ストーン	43,825	50,294	94,119	17,959
	計	272,844	296,216	569,060	106,908

(出所) [NISMP, Cambodia 2000a]

　布地屋や理髪店などもあった．青果店の一部は，林檎など輸入品の果物も扱っていた．市場の周囲には，タイやマレーシアの地方都市でもよくみかけるのと同じ様式の2階建ての建物が連なっていた．それは住宅兼商店であり，1階部分が家具，肥料，農業機械などの商店や，写真屋，茶店，食堂などになっていた．サエン川を渡って北の街区に入ると，中古のスクーターや建築資材を商う平屋の商店がしばらく続いた．

　行政の中心である州都は，地域の経済の中心地でもある．乗り合いタクシーの発着場やサエン川に架かった橋のたもとや市場の前などには，日中，州内各地のマーケットタウンからやってきたトラックが停車していた．いずれも，人も荷物も一緒に荷台に積み込むもので，日帰りで州都と各地を結んでいた．ゲストハウスやホテルも数軒あった．州都の北方には，ソンボープレイコック (Sambour Prey Kuk) とよばれるプレアンコール期の遺跡があった．遺跡は観光地として有名であり，それを目当てに訪れた旅行者の多くが州都に宿泊していた．州都の一部の雑貨店では，首都で発行された新聞や雑誌を売っていた．しかし，発売当日に手に入れることは難しかった．州都には，高校やリセなどの中等教育機関も集中していた．

　州都コンポントムは，タンクロサン，コンポントモーといったさきに紹介し

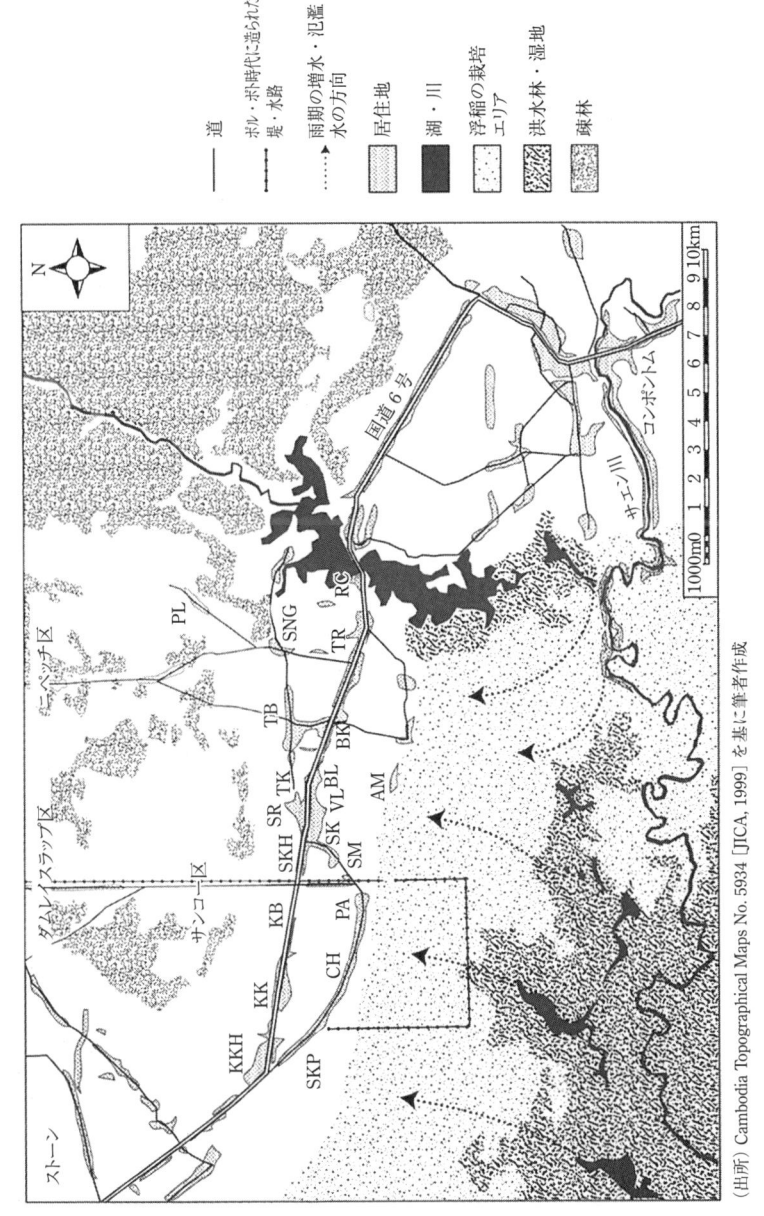

図2-1 調査地周辺

(出所) Cambodia Topographical Maps No. 5934 [JICA, 1999] を基に筆者作成

第2章 カンボジア社会と調査地域の概況 | 53

たマーケットタウンと同じく，トンレサープ湖へ注ぐ河川と幹線道路との合流点にある．実は，トンレサープ湖を囲む他州の州都も，河川と道路の交差地点に発達している．この事実は，湖水平野とよばれる地域の形成史の一端を示唆している．すなわち，水上交通が主な交通手段であった時代のこの地域では，湖水の外縁からその外側の森林地帯に延びる河川が各種森林産物の集配のために重要だった．なかでも，雨期のトンレサープ湖の湖面拡大の上限にあたる海抜13メートル前後の地点にはおおきな集配地が発達した．そして，後にフランスの統治下で建設された国道は，雨期のトンレサープ湖の増水域をぐるりと取り囲み，上述のような事情のもとで発達した集配地をつなぐようにして設置された．

以上の歴史を踏まえると，この地域における国道沿いの集落と河川沿いにある集落とのあいだでは形成史が異なることが推測される．事実として，コンポントムの場合では，州都を過ぎてサンコー区の方面へ延びた国道に沿って位置する集落の多くはおおよそ1930年代以降にメコンデルタ地域のタカエウ州から移住した人びとによってつくられている．聞き取りによると，彼（女）らが入植した時代，その辺りはまだ一面の森であったという[3]．

さて，州都からサンコー区に向けて国道6号線をさらに進むと，サエン川に架かった橋のたもとから5キロメートルほど北上したトノルバエク（Thnal Baek）とよばれる地点で，国道は北と西に分岐する．そこから北へ向かう道はプレアヴィヒア州へ通じる．国道6号線自体はさらに西へ向かう．トノルバエクから西の国道は未舗装であり，雨期になるとひどいぬかるみになった．車は，すでにコンポンスヴァーイ郡に入っている．

国道は，プレイプロッ（Prey Pras）で鉄橋に差しかかる．この橋の南北には，乾期も消えないおおきな水面が広がっている．この水面は最近つくられたものである．1970年以前，この場所には小川があった．そして内戦期に，ロン・ノル政府軍が小川とサエン川の合流点に堰を建造した．それは，小川の流れをせき止め，上流に湖水状のおおきな水域をつくりだした．ロン・ノル軍は，こ

---

3 筆者が調査中に実際に会ったタカエウ州からの移民は，水田を開く土地も日々の暮らしが必要とする薪や魚も，コンポントム州の方が容易に求めることができたことを移住の理由に挙げていた．

の水域によって北西の方角から州都に向けられた統一戦線の攻撃を食いとめることを企んだ．ポル・ポト時代が終わると，堰が開かれ，湖水はいったん消えた．しかし，ゲリラ戦が激しくなった1980年代半ばに州都を防衛する目的でふたたび堰が閉じられ，現在に至っていた．

内戦期から近年まで，州都コンポントムを防衛する戦略上の要所であったプレイプロッには，コンポンスヴァーイ郡の郡役所や警察の駐屯所がおかれていた．近年は，水辺で涼をとり，遊ぶことを目的に訪れる人びとを目当てに屋台がつくられ，観光地の様相をみせ始めた．

プレイプロッの橋を渡ってまもなく，国道はトロペアンルッセイ（Trapeang Ruessei）区からトバエン（Tbaeng）区へ入る．この辺りからサンコー区，そしてその先のストーン（Stoung）郡にかけては国道沿いの景観が一定のパターンを繰り返す．すなわち，道沿いの集落を通り過ぎて視界が開けたときに国道の北側へ目を遣ると，まず水田，その奥に蟻塚や竹藪，そしてさらに遠くに疎林がみえる．一方で，国道の南側には，広い面積の水田と草地，そしてトンレサープ湖の洪水林がみえる．国道から洪水林までは，10キロメートル以上の距離がある．

国道はやがてトバエン区を抜けてサンコー区に入る．州都コンポントムからは大体20キロメートルの道程である．コンポンスヴァーイ郡は9の行政区に分けられていた（表2-3）．1998年のセンサスが示すサンコー区の人口は1万3,486人であり，コンポンスヴァーイ郡内の行政区のなかで2番目に規模がおおきかった[4]．サンコー区の北に位置するダムレイスラップ（Damrei Slab）区の人口は3,328人，サンコー区の北西のニペッチ区は2,877人であり，ともにサンコー区の3分の1以下の規模であった．

ところで，サンコー区の住民は北方のダムレイスラップ区やニペッチ区，そのさらに北にあるプラサートバラン（Prasat Balangk）郡やストーン郡の一部を含む地域を，スロックルー（ស្រុកលើ）とよんでいた．スロックというカンボジア語は「国，郡，村，地方・田舎，現地」，ルー（លើ）とは「上，上の」の意味である．よって，スロックルーという言葉は「上方のクニ，上のクニ」と訳す

---

[4] 1998年のセンサスによると，行政区あたりの人口数の全国平均は7,109人である．サンコー区の人口規模は平均の約2倍である．

表 2-3　コンポンスヴァーイ郡の行政区別人口 (1998 年)

番号	行政区名	人口			世帯数
		男性	女性	合計	
1	チェイ	1,971	2,213	4,184	759
2	ダムレイスラップ	1,559	1,769	3,328	646
3	コンポンコー	2,530	2,656	5,186	891
4	コンポンスヴァーイ	5,760	6,270	12,030	2,243
5	ニペッチ	1,308	1,569	2,877	534
6	バットソンダーイ	3,466	3,203	6,669	1,203
7	サンコー	6,430	7,056	13,486	2,359
8	トバエン	5,561	5,955	11,516	2,046
9	トロペアンルッセイ	7,591	7,967	15,558	2,908
	計	36,176	38,658	74,834	13,586

(出所)[NISMP, Cambodia 2000a]

ことができる.

　トンレサープ湖の沿岸地域の地形が湖の中心から外へと向かう緩やかな傾斜を特徴としていることはすでに述べた．サンコー区は湖の増水域の外縁のヴィアル植生のなかにある．そして，そこから北の地域は標高がより高く，疎林へ続く植生になっている．つまり，サンコー区の人びとは，自身の生活域とその北に広がる疎林地域を異なる性質の空間とみなし，北方の地域をスロックルー，自らの居住地域をスロッククラオム (ស្រុកក្រោម: ក្រោមは「下，下の」の意であり，「下のクニ」と訳すことができる) とよび分けていた．さらに，自分たちの居住地の南にはトンレー (ទន្លេ) とよぶ湖水地域が広がっているものと認識していた．

　スロックルー，スロッククラオム，トンレーという地形と植生の遷移に特徴づけられた南北方向に広がる地理空間の認識は，サンコー区の地域社会の形成史と，現在の人びとの生活を理解するうえでのおおきな鍵である．よって，次章以降たびたび言及する．

2-4 サンコー区の概況

　図2-2は，サンコー区の全体を示す地図である．同区の国道沿いには市場が1つあった．これは，コンポントムから国道を西に進んだとき最初に到着する常設市場であった．次の市場はストーン郡のコンポンチェン（Kampong Chen）であり，さらに20キロメートルの道程を必要としていた．同区には14の行政村があった．また，仏教寺院が4つあった．さらに，地図には記していないが，保健センターが1つと小学校が8つあった．

　州都コンポントムの方面から国道を進んでサンコー区へ入ると，まずBL村に差しかかる．BL村から次のVL村，その西のSK村，SR村，SM村，そしてSKH村にかけては国道沿いに家屋がほぼ途切れなく続いている（写真2-1）．村と村のあいだの境界を示す地理的な指標が明確でないため，初めて訪問した者はどこから隣の村に入ったのか分からない．そして，VL村の途中から国道脇の家屋の背後にさらに別の屋敷地と家屋が連なり，集落が厚みを増す．SK村の集落の半ば程にさしかかった辺りの国道の北側に市場がある（写真2-2）．VL村，SK村，SR村，SM村と続くこの集落の連なりはマーケットタウンとよぶことができる．SM村からSKH村へ入る辺りから道沿いの家屋が途切れがちになる．国道をさらに西へ向かうと，1キロメートルほどの間隔を空けてKB村，KK村，KKH村がある．

　サンコー区の村落は，国道沿いに位置するグループ（BL村，VL村，SK村，SR村，SM村，SKH村，KB村，KK村，KKH村）と区の西端から南東の方角へ延びた線状の土地の高みに位置するグループ（SKP村，CH村，PA村，AM村）とに大別できる．後者の線状の土地の高みを，地元住民は「旧道（ផ្លូវចាស់）」とよんでいた[5]．TK村だけは国道の北1キロメートルほどの距離に離れて位置

5　「旧道」とよばれた線状の土地の高みは，地形的な変化に乏しい地域一帯の自然景観のなかで奇妙な印象を与える．一部の住民は，それが，自然の造形ではなく，過去に人の手で盛られたものだと述べていた．

第2章　カンボジア社会と調査地域の概況　|　57

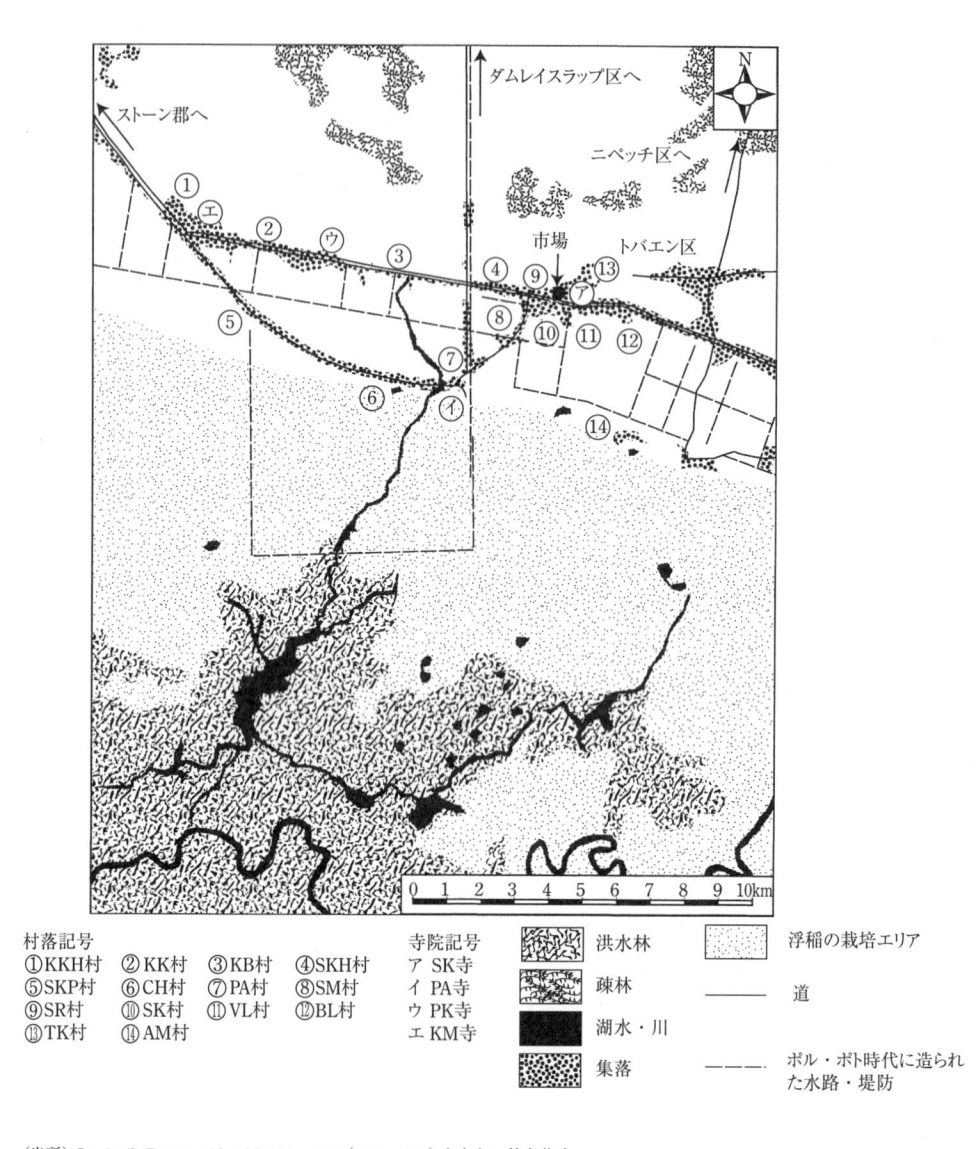

村落記号
①KKH村 ②KK村 ③KB村 ④SKH村
⑤SKP村 ⑥CH村 ⑦PA村 ⑧SM村
⑨SR村 ⑩SK村 ⑪VL村 ⑫BL村
⑬TK村 ⑭AM村

寺院記号
ア SK寺
イ PA寺
ウ PK寺
エ KM寺

洪水林
疎林
湖水・川
集落
浮稲の栽培エリア
道
ポル・ポト時代に造られた水路・堤防

（出所）Cambodia Topographical Map No. 5934（JICA, 1999）をもとに筆者作成

図2-2 サンコー区

写真 2-1　VL 村に差し掛かった辺りの国道 6 号線の様子

していた．

　これらの村落はすべて海抜 13 メートル程度の土地の高みに位置していた．サンコー区には雨期になると，南のトンレサープ湖の洪水林から増水が，南西のサエン川から氾濫水が押し寄せてきた．増水の規模は年によって異なっていた[6]．ただし，通常の年の増水は集落の南の水田を浅く浸水させる程度であり，居住空間が脅かされることはほとんどなかった．

　サンコー区の人びとは，雨期に出現するこの増水域を利用して稲作と漁業を伝統的に営んできた．稲作はサンコー区内の全村落で盛んにおこなわれていた．地域の稲作は，種類の異なる稲の組み合わせを特徴としていた．増水の影響が小さく，水深が 1 メートル前後でとどまる水田や，国道より北の天水田で

6　2000 年の雨期には，ラオス，タイ，カンボジア，ベトナムのメコン川水系の全体が大規模な洪水の被害を受けた．サンコー区では，線状の土地の高みに位置する村落はもちろん，国道沿いの村落にも増水がおよび，屋敷地が冠水するなどの被害が生じた．ただし，通常の年は，増水が集落内におよぶことはなかった．

は，普通の水稲（ស្រូវស្រែ:「里の稲」の意）がつくられていた．他方，雨期の水深が2メートル以上になる水田では，増水に合わせて3メートル以上にも生長する浮稲（ស្រូវ:「這う稲」の意[7]）が栽培されていた．さらに，国道の北の疎林に近い場所では陸稲（ស្រូវចំការ:「畑の稲」の意）の栽培もみられた．

一方で，漁業への取り組みは村落間で異なっていた．水田に刺し網を張ったり，乾期に湖沼へ出かけて釣りをしたりといった漁労活動はどの村落でもみられた．しかし，SKP村，CH村，PA村，AM村といった洪水林により近い村々と，国道沿いの村の一部では，漁業が村落世帯の生業活動として非常に重要な位置を占めていた[8]．それらの村落には，水田を放棄して漁場に住み込み，1年を通して漁業をおこなう世帯もいた．他方で，国道沿いの村々では，野菜栽培，養豚や酒造などを稲作と組み合わせておこなう世帯が多かった．

サンコー区の市場は半露天であった．鮮魚や野菜の売り手は，道端の露天に品々を並べて座り込み，客をまっていた．生産者や漁労者以外に，仲買した品々に手間賃を加えて売っている者もいた．一方で，敷地内には椰子の葉で屋根を葺いた間口2メートルほどの壁無しの小屋が30ほど建てられていた．そこでは，豚肉，魚の加工品，菓子，衣料やサンダルなどが売られていた．これらの小屋の主は市場に近いSK村，SR村，VL村に住んでいた．市場では，生鮮食材の取引をあわせて，約150家族が毎日商いをおこなっていた．

区内のどこの村でも，壁がない木造の小屋に調味料や洗剤，タバコなどをそろえた小さな雑貨屋をみかけた．ただし，国道沿いの市場近くには，規模がおおきく，品ぞろえが格段に豊富な個人経営の小店舗がいくつかあった．それらの店では，食器，鍬，漁網，化学肥料，灯油など農村生活に必要なものがたいてい何でもそろった．裁縫屋，金細工屋，ラジオ修理屋などもあった．これらの店舗へは，サンコー区内の各村からだけでなく，隣接する他の行政区 —— 特にダムレイスラップ区などスロックルーの村々 —— から多くの客が訪れて

---

7 浮稲は，「水にあがる稲」（ស្រូវឡើងទឹក）ともよばれていた．

8 サンコー区の一部では，大規模な組織的漁労もみられた．例えば，CH村では，政府が設定した漁業権を仲介者から買い入れて，大規模な集団漁業を毎年おこなっていた．1999～2000年のシーズンの仲介者からの漁業権の購入額は，金35ドムランであったという．その活動は，12～6月の減水期が中心であった．

写真 2-2　国道沿いにあるサンコー区の市場

いた．品物の購入は，ツケ買い (ជំពាក់) も可能であった．さらに，事前に取り決めた量の籾米を収穫後に渡す約束で品物を受け取るボンダッ (បណ្ដាក់) とよばれる信用取引もおこなわれていた．この方法でなら，当座手元に現金がなくても，農業に必要な化学肥料などを用意することができた．

市場周辺の村落には，籾米の買い付けや金貸しをおこなう人びともいた．市場自体は，ポル・ポト時代の後の1982年に開設されたものであった．しかし，聞き取りによると，SK村，SR村，VL村など今日の市場周辺の村々には内戦以前から商業取引に特化した生業をおこなう人びとが多かった．この点については，後に第3章と第6章で取り上げる．

ところで，サンコー区では，当時のカンボジアの大多数の農村と同じく，プノンペンで発行される新聞や雑誌類の流通がみられなかった．村落世帯の一部はテレビを所有していた．しかし，電波の状況が悪く，映像がうつらない日が多かった[9]．ラジオはより多くの世帯に普及していた．ただし，プノンペンから発信されるFM放送の電波はサンコー区まで届いていなかった[10]．AM放送は受信できたが，国営放送の1局だけであった．国営放送では，僧侶がおこなう仏教の説教の番組に人気があった．しかし，政治動向に関する情報は明らかに与党寄りであった．そこで，野党を支持する人びとは，海外発の短波放送のクメール語ニュースを好んで聞いていた．

人びとによる情報収集の経路としては，伝聞も重要であった．日々の生活は，村内のさまざまな場面での会話のほか，市場を訪問したり，仏教儀礼に参加したりといった社会的な交流が支えとなっていた．サンコー区の住民はほぼすべてが仏教徒であった．そして寺院には，各種の行事の際，広い地理的範囲から人びとが集まっていた．月齢にしたがって，新月，上弦の8日目，満月，下弦の8日目は仏日 (ថ្ងៃសីល) とよばれ，在家戒をまもる人びとが寺院に集う日であった．カンボジア正月などの年中行事の日には，子供や若者たちも寺院

9　2005年前後にはテレビ電波の状況が改善し，村の家々でも鮮明な映像がうつるようになった．

10　2007年前後に，州都のコンポントムでローカルFM局が開設された．AM放送を含めて，今日のカンボジアにおける農村地帯のラジオ受信は格段に選択肢が増えた．

へ詰めかけた．境内の建物は，地元住民を対象としたNGO活動の説明会場としても使われ，選挙の際には投票場にもなった．

調査時のSR村，SK村，VL村には，個人あるいは共同で所有された発電機があった．そして，夕方6時から9時までの3時間に限って村内と隣接村落に居住する契約者の世帯に電気を供給していた[11]．料金は，蛍光灯1本につきひと月4,000リエル（123円）だった．しかし，このサービスを利用しない世帯も多かった．それらの世帯は，灯油ランプ，懐中電灯，バイクや自動車用のバッテリーを電源とした長さ30センチメートルほどの蛍光灯に夜間の照明を頼っていた．日が暮れ，月が出ていなければ，村々は濃い闇に包まれた．そのなか，シエムリアプ州とプノンペンとのあいだを行き来する貨物トラックが轟音をとどろかせて走り抜けていった．ふたたび静寂に戻ると，犬や牛の鳴き声がのんびりと聞こえた．結婚式や葬式の喧噪に満ちた様子は，夜になるとそのまま隣村まで響いた．

1990年代半ば以降，カンボジアでは携帯電話がめざましい勢いで普及した．しかし，調査期間中のサンコー区は，携帯電話が満足に使える状況になかった．電波が弱く，遮蔽物が多い集落内では通信が不可能だった．集落の外の水田のあぜ道に出て何とか通信を確立させても，電波が途切れることがしばしばだった．ただし，2001年の乾期にSK村の1世帯がおおきな受信用アンテナを立てて携帯電話をつなぎ，希望者に有料で通話させる電話屋を開いた[12]．他方，2000年前後から，サンコー区とプノンペンを結ぶマイクロバスが走り始めた．近年，サンコー区の人びとと都市との距離は急速に縮まり始めた．

ただし，人びとの生活はまだ都市とは別のリズムのなかにあった．プノンペンの人びとは，西暦を意識して生活を送っていた．しかし，サンコー区の人びとの生活では太陽太陰暦の一種であるカンボジア暦が重要だった．つまり，月の満ち欠けに即した農耕と仏教活動のリズムが，人びとの日々の営みを特徴づ

---

11 仏教寺院にも発電機があったが，境内でおおきな行事をおこなうときにしか稼働させていなかった．
12 当時，カンボジア国内の携帯電話会社は幹線道路沿いのサービスをまず先に改善させようとしていた．その結果，2005年前後にはサンコー区も完全にサービスエリアに入った．そして，村の多くの世帯が携帯電話をもつようになった．

けていた．

2-5 地域社会の基本構成

以下では，個別のテーマに沿った次章以降の分析の準備として，サンコー区の地域社会に関する基本的な情報を整理する．

（1）行政村/集落

さきに述べたように，サンコー区には 14 の行政村があった．2000 年 7 月に各村の村長から聞き取った行政村別の人口は表 2-4 のようである．当時，サンコー区全体の人口は 1 万 4,496 人であった．

1 名の村長が行政上の諸連絡を担当する人びとが居住する地理的範囲としての行政村は，プーム (ភូមិ) とよばれる．しかし，このカンボジア語は，文脈によって，自然村としての集落や人びとが居住する個々の屋敷地の意味にもなった．つまり，カンボジア語の会話のなかでは，「1 つのプーム（行政村）のなかにある複数のプーム（集落，屋敷地）」が話題になる場合がよくあった．ただし，プームという言葉がそれらのどの意味で使われているのかは，実際の会話の文脈から判断できた．

本書は以下，1 名の村長が行政上の責務を負う範囲としてのプームを「行政村/村落」，自然村としてのプームを「集落」と区別して表記する[13]．ただし，本書が次章以降でもっともよく言及する VL 村については，両者が同一の範囲

---

[13] カンボジア農村の研究者のなかには，地方の行政機構の最小の単位を行政区と考え，行政村という区分にあまり注意を払わない例もある．確かに，地域の人びとの生活のなかでは，政府の出先機関あるいは代表者としては行政区長がもっとも強く，目立った存在であった．しかし，人びとは，生活の場としてのプームをアイデンティティのもっとも基本的な拠り所としていた．そのため，本書ではプームを分析の出発点とする．

表 2-4　サンコー区の行政村別人口（2000 年 7 月）

番号	村名（略号）	人口			世帯数
		男性	女性	合計	
1	KKH	940	894	1,834	289
2	KK	774	813	1,587	272
3	KB	892	920	1,812	292
4	SKH	889	1,100	1,989	355
5	SKP	244	248	492	80
6	CH	280	272	552	93
7	PA	258	238	496	98
8	SM	918	923	1,841	291
9	SR	529	544	1,073	175
10	SK	233	243	476	79
11	VL	434	434	868	151
12	BL	n.a.	n.a.	569	87
13	TK	205	307	512	63
14	AM	186	209	395	62
計		―	―	14,496	2,387

(注) BL 村では，村長が男女別の人口数を把握していなかった．
(出所) 各村村長への筆者の聞き取り

に重なっているため，一村落すなわち一集落を意味する．他方，その他の行政村の場合は，後述の表 2-5 が示すように，1 つの行政村のなかに複数の集落があるケースが多くみられた．

　調査時の VL 村の村長は KU 氏（1947 年生．男性）であった．村長には政府から給金が支給されており，公職と考えられる[14]．しかし，村人の尊敬を集めるような役職ではなく，権限も小さかった．KU 氏は東隣のトバエン区の出身で，VL 村出身の女性との結婚を機に同村へ移住していた．仕事は，行政区長から受け取った連絡事項を村人に周知させること，必要に応じて村に関わる情報を

14　村長と副村長（1 名）には，2 人で計 2 万 2000 リエル（677 円）の月給が支給されていた．しかし，支給が滞りがちであり，別に稲作その他の生業で生活を支えることを前提としていた．

写真 2-3　村長が組織した人民党の選挙集会の様子（2002 年 1 月）

まとめて上部に通達することであった．村長の選出は，前任者の退任に伴って不定期におこなわれたが，明確な基準や方法はなかった．KU 氏は，仏教の在家戒をまもる生活に入ることを理由として 2001 年に村長を辞した．後任には，KU 氏自身が打診して同村出身のより若い男性（1972 年生）が就いた．村人らは，住民全体の意見を諮ることなくおこなわれた村長の交代という出来事に，無関心な様子だった．

調査時のサンコー区の村々の村長は，いずれも人民党の党員であった．そして，選挙の折には人民党の党員として党のために行動していた（写真 2-3）．

調査を始めた当時は，行政区の役人もすべて人民党の党員だった．しかしその後，行政区評議会を新設するための評議員選出の選挙が 2002 年 2 月におこなわれた．その結果，サンコー区では，人民党に加えてフンシンペック党とサム・ランシー党も党の代表を行政区評議会に送り込んだ[15]．

ところで，集落内の屋敷地はカンボジア語でプームクルッ（ភូមិគ្រឹះ:「基盤のプーム」の意）とよばれていた．屋敷地には多くの有用樹が植えられていた．代表的なものとしては，トナオト（ត្នោត: パルミラヤシ/オウギヤシ *Borassus flabellifler*），ドーン（ដូង: ココヤシ *Cocuos nucifera*），スヴァーイ（ស្វាយ: マンゴー *Mangifera indica*），プットリーア（ពុទ្រា: ナツメ *Zizyphus jujuba*），スラー（ស្លា: ビンロウ *Areca catechu*），アムペル（អំពិល: タマリンド *Tamarindus indica*）などがあった．チー（ជី）という言葉で総称される香菜の類 ── 例えばチースラックレイ

15　ただし，行政区評議会が新設されたあとも，村長の役職は人民党が独占し続けていた．

(ស្លឹកគ្រៃ: レモングラス Cymbopogon citratus)——や野菜もよく栽培されていた．屋敷地の境界が柵やトナオトなどの樹木で標づけられているケースは少なかった．ただし，持ち主はその広さをきちんと認識しており，面積を問うとメートルを単位とした敷地の縦横の長さを即答してきた．

屋敷地内には家屋 (ផ្ទះ)，牛小屋 (ក្រោលគោ)，籾倉 (ជម្រកស្រូវ)，井戸 (អណ្តូងទឹក) などがみられた．家屋の形態には3つの種類があった．圧倒的に多かったのは高床式の木造家屋であった．牛小屋は壁がなく，屋根だけを草で葺いた簡易なものが多かった．牛小屋を設けず，高床式家屋の床下に牛や水牛をつないでいる場合もあった．屋敷地内に籾倉をみかけない家も多かった．そのような家では，収穫した籾を肥料袋などに入れて屋内で保管していた．井戸は5〜6メートルの深さの素堀のものが多かった．隣接する屋敷地に住む人びとが共同で利用していることも多かった．

（2）集落の来歴

サンコー区にはいつ頃から人が住み始めたのだろうか．区内には，板状の砂岩や煉瓦の破片といった考古学的な遺物が地表に露出した場所が複数あった[16]．また，区内の仏教寺院PA寺の境内には，プレアンコール期（7世紀頃）の建造と推定される煉瓦造りの塔があった（写真2-4）．これらの事実から，サンコー区を中心とした土地にはかなり古くから人間が生活していたといえる．しかし，今日のサンコー区の住民のあいだに，それらの歴史的遺物と自らの直接の祖先を結びつける伝承や民話の類はほとんどなかった[17]．

サンコー区はトンレサープ湖の増水域の外縁にあり，南東のサエン川と北西

---

16 このような状況は，サンコー区だけのものではない．トンレサープ湖東岸地域には広く大小の考古学的な遺跡が散在している．コンポントム州のコンポンスヴァーイ郡，プラサートバラン郡，ストーン郡，ストゥンサエン郡，ソントック郡などの一帯の仏教寺院の境内を訪ねると，砂岩でつくられた石像やリンガの礎石の破片が無造作に転がっていることがよくある．

17 この記憶の断絶を話題にしたとき，サンコー区の一部の住民は，アンコール期以降にシャムがカンボジアを攻撃したときに地域の住民を今の東北タイへ連れ去ったことが原因だという意見を述べていた．

写真 2-4　PA 寺の境内に残るプレアンコール期（7 世紀前後）の塔

のストーン川の両方から約 20 キロメートル離れている．カンボジア史の専門家らは，18〜19 世紀のトンレサープ湖周囲の平野部は，メコンデルタ地域に比べて発展が遅かったと述べている．そして，そのなかでも河川沿いの水上交通の要所が人口集中地であり，後背の湿地や森林地帯は人口が希薄であったという［Chandler 1996: 102；デルヴェール 2002: 445-474］．20 世紀初頭のサンコー区はおそらく，河川沿いに開けた他の地域 —— いまのコンポンスヴァーイ郡コンポンスヴァーイ区，州都コンポントム，ストーン郡の中心部のコンポンチェン区など —— に比べて人口が少なく，未開発の土地であったと考えられる．

　実際，調査時におおよそ 60 歳以上であった地元出身者は，集落の近くまで迫った厚い森，そこを跋扈していた虎，象やシカなどの大型野生動物の姿を幼少時の思い出としてよく語っていた．しかし，象などの野生動物は 1970 年を境としてぱったりと姿をみせなくなった．今日の住民たちは，動物が消えたのは，アメリカ空軍が洪水林へ爆撃をおこなったからだという．この意見の正否

はさておき，老人世代の人びとが記憶しており，折に触れて語るかつての地域社会の自然環境は，今日の様子しか知らぬ者にとって容易には信じがたい豊かさを特徴としている．

　サンコー区の人びとは 80 歳以上の年齢層の村人らを「土の鍋の世代（ឈ្នាំងឆ្នាំងដី）」の人だと筆者に紹介することがあった．この世代の人びとが物心ついた頃のサンコー区は人口が少なく，森林が卓越した世界だった．カンボジアを保護領化したフランスの指導で国道の建設工事が進められたが，舗装はされていなかった．村人たちはまだ鉄の鍋を使わず，油を使って料理することも少なかった．塩などの生活必需品を州都コンポントムへ買い出しに行く際には，開かれたばかりの国道ではなく，その後旧道とよばれるようになった別のルートを行き来していた．

　時代を下って，1940 年代以降の状況については村人らの記憶が鮮明になる．例えば，多くの人が 1945 年の日本軍の進駐という事件を覚えている．集落の外れにいまも立っているパルミラヤシの樹の木陰で日本人の兵士が休息をとっていたという思い出，命令されて軍馬のために飼い葉を集めたといったエピソード，そして日本の兵士が軍刀を地面に突き立てて柄の部分に耳をあて遠くにいるフランス人兵士の足音を聴きとろうとした所作などについてよく話を聞いた．

　そして，この日本軍の進駐という事件を頼りとして記憶をたどり，サンコー区の各集落に当時あった家屋を数えてもらうと，サンコー区の全体で 200 戸に満たない規模であった．ただし，それ以後 1950 年代半ばまでの 10 年間に，各集落の家屋数はほぼ倍増したという．

　表 2-5 は，ポル・ポト時代以前の集落の状況とポル・ポト時代の村人の移動経験の概況をサンコー区の各村で聞き取った結果である．村ごとに情報の濃淡はあるが，1 つの行政村のなかに複数の集落が存在する / していたという状況や，次章で詳しく跡づける内戦期からポル・ポト時代にかけて人びとが経験した強制移住の様子などを読み取ることができる．

　また，表 2-5 からは，1940 年代半ばから 1950 年代初めの時期に，サンコー区の多くの村々で国道付近へ集落の移動が生じていたことが分かる．今日国道沿いに位置する SK 村，SR 村，SM 村には，国道から北へ数百メートル進んだ

表2-5 サンコー区の行政村の歴史概況

村名	村内の戸数 1953年	村内の戸数 2000年	ポル・ポト時代以前の集落形成の状況など	ポル・ポト時代前後の村人の移動経験
KKH	—	270	1980年にKK村から分かれて成立した．村内には，集落が3つある．村の開祖は，西方のコンポントム州ストーン郡の出身者だったといわれる．現在の集落は，国道沿いに位置しているが，1920年代までは国道の北300メートルにある土地の高みに家屋が集中していた．その場所から，国道沿いへ集落が移動したのは，治安の問題のためだったと聞いている．	1973年にクメールルージュに率いられてダムレイスラップ区へ移動した．その後1974年に，いったん村へ帰ったとき，ロン・ノル軍に命じられて州都コンポントムへ移動した．1975年4月に州都から村へ戻ると，世帯成員に共産主義運動への参加者を含んでいた約35家族は従来の村に住んだ．他方，世帯内に参加者をもたなかった40世帯は北方の森で住むよう命じられた．しかし，1976年にはその40世帯も村へ戻った．以後は，スヴァーイリアン州，プレイヴェーン州，コンポンチャーム州から強制移住で送られてきた人びとを集落に迎えて生活した．
KK	50	143	村内には，集落が4つある．現在国道沿いにある集落は，もともと国道の北800メートルほどの地点に分散して位置した家屋が，集められて形成されたものである．かつての屋敷地は，いま「古い集落」とよばれている．その後，1960年代にストーン郡やコンポンスヴァーイ郡から7〜8家族が移入してきた．1970年に，ロン・ノル政府のもとで一度2つの村に分かれたが，ポル・ポト時代を経て1979年にはふたたび統合された．しかし，1980年に再分割され，KK村とKKH村になった．	1973年にクメールルージュの指示で村内にサハコーを組織した．1974年2月に強制移住を命じられた．最初は，クメールルージュに命じられて北の森へ移動した．その後ロン・ノル軍の兵士に命じられて州都コンポントムへ移動した．村内の24家族は，その命令にしたがわず，クメールルージュとともにさらに北方の森へ移動した．1975年4月からは，州都より帰還した世帯も前年以来クメールルージュと行動をともにしていた世帯も，村人の全員が国道から2キロメートル北の森に住むよう命じられた．しかし，1976年末に旧来の村に戻ることができた．
KB	n.a.	270	村内には，集落が3つある．昔は，国道の200メートル北に古い集落があった．また，国道の南にも200メートルほど離れた地点に集落があった．1950年に，上からの指示にしたがって国道沿いに移動して，集まって住むようになった．これは，残忍な盗賊であった「イサラッ」からの被害を避けるための上からの政策だった．各戸では当時，自営のために弓矢を用意していた．	1974年2月にロン・ノル軍に率いられて州都へ移住した．ただし，村内の2家族だけは，クメールルージュとともに森へ入った．1975年4月に州都から戻ると，国道から2キロ北の森に住むよう命じられた．ただし，同年の田植えが終了した頃に，旧来の集落へ移り住むことが許された．

SKH	8	330	村内には，集落が3つある．もっともおおきい集落はもともとSK村の派生村として形成された．ただし当時は，国道から1キロメートル北と4キロメートル北の2つの地点にも家があった．旧集落地は，いま「古い村」あるいは「古い寺」とよばれ，水田がある．独立前後に，当時の区長の指示で，その集落を捨てて国道沿いに移住してきた．移住は，森の中の治安が悪かったためと，国道をまもるためだった．1953年のフランスからの独立時は，村内の3つの集落をあわせて8戸しか家屋がなかった．しかし，ダムレイスラップ区などからの移住者を加えて，1970年には100戸を超えていた．村内の別の集落は，1962～63年頃以降にストーン郡からの移住者が相次いで定着し，形成された．その後，1979年にダムレイスラップ区から40家族が移入した．1984年頃にも，クメールルージュと政府軍の戦闘を避けてストーン郡とダムレイスラップ区から移住者があった．	1974年に，ロン・ノル軍の指示にしたがってストーン郡の方面の人びととともに州都へ移動した．1975年4月に村へ戻ると，1970年代前半に共産主義運動へ参加した成員がいた世帯は，VL村の旧集落へ移動して住むよう命じられた．参加者がいなかった世帯は，国道より北の荒蕪地につくられたサハコーへ移動して，1979年まで暮らした．
SKP	30	80	村内には，集落が3つある．いずれの集落も，開祖はストーン郡出身者である．ポル・ポト時代以前は，集落の周囲には森が残っていた．現在の村落の500メートルほど北に，「古い寺」とよばれる土地の高みがある．居住者はないが，パルミラヤシの樹が残っている．	1974年にクメールルージュとともに森に入ったのは1家族のみだった．残りすべての家族は，ロン・ノル軍の兵士の命令にしたがって州都へ移動した．1975年4月に村へ戻ると，最初の2～3ヶ月は旧来の集落に住むことができた．その後，村人全員が国道の北4キロメートルに位置する森のなかで住むよう命じられた．しかし，1975年の11月頃には，ふたたび村へ戻された．
CH	12	87	村内の集落は1つである．1910年代は，「フランス村」とよばれていた．仏領期の初期は，実際にフランス人が住んでいたことがあったという．国道建設を指導する技術者であり，トンレサープ湖の洪水林のなかにある山で採石した砂利を，この村で陸揚げする仕事に携わっていたといわれる．1920年代前半の村には9家族が住み，うち7家族は中国系だった．以後，徐々に戸数が増えた．昔の集落は，いまより100メートルほど北に位置したが，1953～54年頃に現在の場所へ移るよう上から指導された．	1974年2月には，ほとんどの家族が州都へ移動した．その後，1家族だけはポル・ポト時代を通してずっとこの集落で暮らした．残りの家族は，1975年4月に村へ戻って1週間ほど経った頃，サンコー区の北東にあるニペッチ区の疎林のなかの村へ移住させられた．そこで1年過ごした後，ニペッチ区内の他の村に移され，2年間過ごした．森のなかのサハコーでは，地元住民の約10家族と暮らし，森林を開墾した．空腹で死者が多数生じた．また，20名ほどが粛清された．

第2章　カンボジア社会と調査地域の概況

村名	村内の戸数 1953年	村内の戸数 2000年	ポル・ポト時代以前の集落形成の状況など	ポル・ポト時代前後の村人の移動経験
PA	18	79	村内の集落は1つである．現在は，ポル・ポト時代につくられた水路沿いに屋敷地が新たに開かれ，2つの集落に分かれた景観になっている． 仏教寺院PA寺の西に隣接する辺りに，もっとも古くに開かれた屋敷地がある．村の開祖には，タカエウ州出身のベトナム系の漁師がいたといわれる．そのほかは，ダムレイスラップ区やサンコー区の他の村から来た人びとだった．1980年代に，戦火を避けて移住してきたダムレイスラップ区出身の世帯を若干数受け入れた．	1974年2月に，ほとんどの世帯が州都へ移動した．1975年4月に村へ戻ってから，そのまま村で暮らしたのは2家族のみで，残りの50家族は国道の北1キロメートルの地点に開いたサハコーで生活した．しかし，2ヶ月後には，同村出身のほぼすべて世帯が旧来の村に戻ることを命じられた．
SM	30	236	村内の集落は，昔の名前まで含めると9つある．1945年頃まではそれぞれの集落に家屋があった．しかし，1950年代に上からの指示で国道に近い区画へ移動した．村の開祖のなかには，いまのシハヌークビル市の方から来たベトナム人もいたと伝えられている．	この村では，1974年にクメールルージュとともに行動することを選んだ世帯の方が多い．ロン・ノル軍の兵士に命じられて州都へ移動した世帯は少ない． 1975年4月，前年からクメールルージュとともに行動した世帯は，州都へ移動した人びとより5日早く旧集落へ戻った．これらの世帯は，その集落にそのまま住んだ．遅れて州都から戻ってきた人びとは，国道より北の森のなかに開かれたサハコーに追いやられ，そこで1979年まで生活した．
SR	57	168	村内には4つの集落がある． 3つの古い集落が，国道の北1キロメートルほどの地点にあった．しかし，1940〜50年代初めにかけて旧集落を捨てて国道沿いへ移動した．1950年代以降，SK村から移入してきた世帯を若干数受け入れている．	1974年にクメールルージュと行動をともにした村内の家族は，2家族のみである．その他の村落世帯はすべて，州都へ移動した． 1975年4月以降，前年にクメールルージュと行動をともにした世帯は旧来の集落に住んだ．その他の村落世帯は，国道の1.5キロメートル北につくられたサハコーで生活した．
SK	17	79	村内の集落はもともと1つしかない．かつては国道から100メートルほど北の仏教寺院SK寺の西側と南側に家屋が集中していた．1950年代には，まだ国道沿いよりも寺の周囲の方が家屋が多かった．1960年代になるとその子弟らが国道沿いに家を移して，集落が移動したかたちになった．中国人の移民が古くからみられた．	この村では，すべての世帯が1974年に州都へ移動した．クメールルージュと行動をともにした世帯はいなかった． 1975年4月に村に戻り，5日間は旧集落で過ごした．次に，BL村の北に10日間ほど移された．さらに，もう一度村へ戻って1ヶ月過ごした後，国道より1キロメートルほど北の森のなかのサハコーで1年間過ごした．その後ふたたび集落へ戻り，1979年まで過ごした．
VL	40	118	村内の集落はもともと1つである． 独立時には20戸以上の家屋があったが，互いに距離があり，離ればなれだった．最初は，集落の西端から水田へ南に抜ける道沿いに屋	1974年2月に村内の4家族はクメールルージュとともに森に入った．その他はロン・ノル軍とともに州都へ向かった．1975年4月に州都から戻ると，最初10日間ほど旧集落

			敷地が集中していた．しかし，1950年代になると，国道沿いに屋敷地が拡大した．	で過ごした．その後，1975年以前から共産主義運動へ参加していた成員をもつ世帯は旧来の集落に住み続けた．参加者をもたなかった世帯は，国道北のサハコーへ移るよう命じられ，1979年までそこで過ごした．
BL	56	87	村内の集落はもともと1つである．昔は，国道の南100メートルに位置する土地の高みに集落があった．その後，1950年代になるとSK村やVL村の子弟が移住してきて国道沿いにも居住地が広がった．ただし，1970年頃も，南の旧集落の家屋数の方が国道沿いよりも多かった．その後，1981年頃に，国道沿いにある家屋の数の方が多くなった．	1974年にはほとんどの家族が州都へ向かった．1975年4月に集落へ戻ってから2日ほどは旧集落に住んだ．共産主義運動への参加者を成員にもっていた10世帯は，その後も旧集落で過ごした．参加者をもたなかった45家族は，国道の北2キロメートルに位置する森へ移動を命じられ，新たにサハコーを開いて生活した．ただし，これらの家族の一部は，半年ほど後に旧集落へ戻ることが許された．
TK	25	63	村内の集落はもともと1つしかない．国道より200メートルほど北のSK寺からみて北東方向に位置する土地区画が村でもっとも古い屋敷地である．1985年に国道から村へ直接通じる道がつくられた後は，その道沿いに家が増えた．村から2キロメートルほど北に「古い寺」とよばれる場所がある．砂岩の破片などの考古学的な遺物が露出している．そこには昔から居住者がいなかったが，宗教儀礼を定期的におこなっている．村の開祖はストーン郡の方面の出身者だと考えられている．1952〜53年には，コンポンスプー州からの移住者も受け入れた．	1974年には，すべての村人が州都へ向かった．1975年4月になると，まず旧来の集落で1週間過ごした．次いで，1キロメートル北の森に移され，経歴調査の対象とされた．そして，共産主義運動へ参加した成員を含んでいた6世帯だけが旧来の集落へ戻ることを許された．残りの約40世帯は国道の北のサハコーで1979年まで生活した．
AM	35	50	村内の集落は1つである．ただし，東と西とに分かれており，東側の方が居住の歴史が古い．開祖は，SK村，TK村などのサンコー区内の村々から来たと考えられている．その後，目立った移入者のグループはない．	1974年には，すべての村人が州都へ向かった．1975年4月になると，まず旧来の集落でに3日ほど過ごした．その後，BL村に移されてさらに3日ほど過ごした．次いで，SKH村の国道の北1キロメートルの地点へ全員が移された．共産主義運動への参加者を成員としてもつ世帯ももたない世帯も一緒に移住した．しかし，稲刈りが始まる前に旧来の集落へ戻った．その後，1977年までに，プノンペン近郊などから11家族が移住させられてきた．1978年には，コンポンチャーム州の東部諸地域から500家族が移されてきた．それらの人びとに村を明け渡すかたちで，村落世帯はSR村のサハコーへ移住するよう命じられた．

（出所）2000年7月のサンコー区内各村での聞き取り調査にもとづき筆者作成

辺りに「古い集落(ភូមិបាស់)」あるいは「古い寺(វត្តបាស់)」とよばれる土地区画がある．聞き取りによると，そこには 1940 年代まで居住者がいた．しかし，1950 年代初めに政府からの指示で国道沿いへ家屋を移動させた．いまでは残されたヤシの樹木が往時の人の居住を偲ばせているほか，一部に中国式の墳墓が築かれている [口絵 12・13]．

1950 年代の集落の移動については，プノンペンの南方地域の村落を調査したエビハラも記録を残している．すなわち，彼女の調査村一帯では，流入するヴェトミンに向けた対策として 1940 年代末から 1950 年代半ばの時期に，小規模の村落を統合して幹線道路沿いに移住させる政策がとられた [Ebihara 1968: 59]．サンコー区での集落の移動も同時期の出来事であり，流動化した社会情勢のなかで住民を国道沿いに集めて道路交通の分断を防ごうとする政府の意図にもとづいていたものと考えられる[18]．

ところで，サンコー区一帯には 19 世紀末までに多くの中国人が移住してきていた．その大多数は男性で，地元出身の女性と結婚し，20 世紀初頭には区内の村々で生活するようになっていた．そして，その中国人移民やその子弟の一部は 1940 年代までに首都プノンペンとサンコー区を往復して籾米の卸売りなどの商売をするようになっていた．同じ頃，サンコー区の西隣のストーン郡からプノンペンへ乗り合いのトラックが運行を始めた．その後，1950〜60 年代には道路交通の発達がめざましく，都市の市場に向けて鶏を卸す商いなどをおこなう人びともあらわれた．

その後の 1970 年代の集落の状況については次章で詳しく検討する．表 2-5 が示すように，村落ごとの違いもあるが，強制移住によって住み慣れた村を離れることを余儀なくされたという生活の変化は地域全体に共通している．

ポル・ポト時代以後の地域社会の様子についても，次章以降で詳しく述べる．ただ，サンコー区では 1980 年代を通じて治安の問題が続いた．例えば，

---

18 ただし，サンコー区の住民たちが当時の治安上の危険として指摘したのは，ヴェトミンではなくクマエイサラッ(ខ្មែរសេរី::「自由クメール」の意)である．クマエイサラッという言葉は，カンボジア史においては「反仏闘争をおこなった政治グループ」を指すが，ローカルな村人の語りのなかではただの無頼者の集まりを指している．

1990年には政府軍とクメールルージュ軍のあいだで交戦が生じ，市場と周辺の家屋が焼討にされた．当時のサンコー区の地域社会は，カンボジア国内の首都に近い地域とは明らかに異なった環境にあった．

この時期のサンコー区には，北のダムレイスラップ区などから戦火を逃れて多くの世帯が移住してきていた．それらの避難民は，道路や水路沿いの土地に余裕があったSKH村とPA村に受け入れられた．その一部は1993年の選挙の後に母村へ戻ったが，相当数の世帯がそのままサンコー区の住民として生活している．

（3）社会経済的構造

サンコー区の地域社会は明確な社会経済的構造をもっていた．すなわち，稲作のほかに換金目的で野菜を栽培したり，菓子をつくって売ったり，教師や警官など俸給をもらう職業に就いていたり，金貸しをしたりなどの多様化した就労形態は国道沿いの市場に近い村々── SK村，VL村，SR村など──の世帯で多くみられた．他方で，市場から遠くに位置する村々では，世帯がおこなう生業活動の種類が比較的少なく，稲作と漁業が主だった．

そして，このような生業の差違は経済的な格差と重なっていた．表2-6は，サンコー区のSKH村，PA村，CH村，SR村，SK村，VL村における村落内の家屋数を屋根の建材別に整理したものである．SKH村，PA村，CH村ではトナオト（オウギヤシ，パルミラヤシ）の葉で屋根を葺いた家屋がその過半数を占めていた．それに対し，SR村，SK村，VL村では素焼き瓦で屋根を葺いた家屋が主流であった．後者の3つの村には，レンガとセメントで壁と屋根を造った平屋建ての家屋もあった．残念ながら，表2-6は，サンコー区内の全村の比較とはなっていない[19]．しかしそこからは，国道沿いの市場に近い村々と市場

19　これらの村以外では村長が関連情報を把握していなかった．地域の人びとは，家屋を建てたり修築したりする際に，床材に次いで屋根の建材に優先的に費用をかけていた（壁材が一番後回しである）．よって，屋根の建材は，ポル・ポト時代以後の各村の経済状況を推し量る指標として家屋のおおきさ（床面積）などよりも，有効であると考えられる．

表 2-6　村落内の家屋の屋根の建材別戸数

村名	人口数	家屋数	屋根の建材		
			草葺き屋根	瓦屋根	セメント屋根
SKH	1,989	288	226	62	0
PA	496	79	57	22	0
CH	552	87	48	39	0
SR	1073	160	80	77	3
SK	476	79	3	74	3
VL	868	118	47	69	2

(注) 上記以外の村落では，村長が情報を把握していなかった．
　　草葺き屋根とは，オウギヤシの葉で葺いた屋根を指す．
　　トタン屋根の家屋については，回答がなかった．
(出所) 2000 年 7 月におこなった各村村長への筆者の聞き取り

から遠くに位置する村々という地理的な布置のうえに対照的な結果があらわれている状況がみてとれる．

　すなわち，サンコー区では市場への近接性という地理的な条件のうえに，村落世帯がおこなう生業活動の多様化の程度の違いと経済的な格差の様子が重なっていた．そして，詳しくは後述するように，同様の構造はより広域的な範囲に拡大したかたちでサンコー区の村々とスロックルーの地域 —— サンコー区の北に隣接するダムレイスラップ区やニペッチ区の村々 —— のあいだにも存在した．

　これらの社会経済的構造が具体的にどのようなかたちで成立しており，またそれが人びとの日常生活の世界にどう関連しているのかという点については，第 2 部と第 3 部の各章で具体的に検討する．

　　　　　　　　　　（4）寺院

　調査時のサンコー区には，PA 村と SKH 村にキリスト教（バプティスト）へ改宗した人びとが 15 家族ほど暮らしていた．改宗の時期は 1990 年代末だという．区内にはその他，イスラム教を信仰するチャーム人の一家族が鉄鍛冶を生業として住んでいた．ただしこの家族は，コンポントム州バラーイ郡のチャー

表2-7 サンコー区内の4寺院の概況

寺院名	SK寺	PA寺	PK寺	KM寺
建立年	19世紀	19世紀	1965	1991
再興年	1981	1981	1991	
敷地内の建造物（戸数）	布薩堂(1)，講堂(1)，経堂(1)，モルタル造の僧坊(1)，木造の僧坊(1)，ドーンチーが居住する小屋(1)	布薩堂(1)，講堂(1)，モルタル造の僧坊(1)，木造の僧坊(3)	布薩堂(1)，講堂(1)，モルタル造の僧坊(1)，木造の僧坊(1)	布薩堂(1)，講堂(1)，木造の僧坊(2)
僧侶数	2	8	5	7
見習僧数	22	26	7	10

(注) ドーンチーとは，十戒を把持する女性修行者を指す．
　　僧侶・見習僧数は，ともに2001年の安居期の人数を示す．
　　再興年とは，寺院が止住する僧侶を得た年を指している．
(出所) 筆者調査

ム人の村に家があり，サンコー区では臨時の居住者として扱われていた．

　その他のサンコー区の人びとは上座仏教を信仰する仏教徒であった．彼（女）らは，年中行事の日などに寺院へ行き，集合的な儀礼行為に参加していた．また，結婚式や葬式などの機会には必ず僧侶や見習僧を家に招聘し，儀礼をおこなった．寺院は一切の生産活動を離れて修行生活を送る僧侶たちの生活の場であり，理念上は世俗から切り離された空間であるが，僧侶の生活それ自体が日々の食事の準備を始めとして俗人からの支援を必要としていた．そして，当時のサンコー区には，SK寺，PA寺，PK寺，KM寺の4つの仏教寺院があった．各寺院の建設年，寺院建造物の種類と数，2001年の安居期の僧侶と見習僧の数は，表2-7が示すとおりである．

　SK寺は，国道沿いにある市場の北東，国道から北へ300メートルほど入ったところにあった（図2-2を参照）．市場から国道をさらに2キロメートルほど西へ進むと，ポル・ポト時代につくられた灌漑用の水路と交差する地点がある．その交差点から南へ3キロメートルほど進むとPA寺に到着する．PA寺はPA村に隣接しており，雨期になるとトンレサープ湖の増水が境内の南にまで達していた．残り2つの寺院は，いずれもサンコー区の西部にあった．PK寺は，

さきに述べた国道と灌漑水路の交差点からさらに西へ4キロメートルほど進んだ地点を北へ700メートルほど入った場所にあった．KM寺は，さらに2キロメートルほど西に向かった地点にあった．

20世紀初頭以降のサンコー区の人びとの宗教活動において中心的な役割を果たしてきたのは，SK寺とPA寺である．地元住民によると，この2つの寺は古い．正確な建設年を知る者は誰もいなかったが，遅くとも19世紀末には現在の場所にあり，僧侶が止住するようになっていた．一方で，PK寺は内戦前の1965年にPA寺の住職や僧侶たちの支援のもとで建てられた．

ポル・ポト時代以後，SK寺とPA寺は1981年に止住する僧侶を迎えた[20]．PK寺が僧侶を得て寺院としての機能を十全に回復させたのは，1991年であった．他方，同年にはKM寺が新たに建てられた．

カンボジアの上座仏教寺院の境内には，一般に次のような建物がある．まず，僧侶が食事をとる場所であり，各種の行事において俗人たちが集う場でもある講堂（សាលាឆាន់）がある．次に，結界（សីមា）によって浄化された聖域をもち，得度式の儀礼などで使われる布薩堂（ព្រះវិហារ）がある．さらに，僧侶が寝起きする僧坊（កុដិ）もある．寺院によっては，経典を納める経堂（ហោត្រៃ）やパーリ語の学習棟（សាលាបាលី）といった建物があることもある．調理をおこなう家屋（ផ្ទះបាយ）や，ドーンチー（ដូនជី）とよばれる女性の修行者が住む小屋（គុប）もある．境内にはまた，遺骨を納めるチェディ（ចេតិយ）などもみかける．場合によっては，境内の一部に小学校が併設されている[21]．

表2-7が示すように，サンコー区の4寺院はいずれも講堂，布薩堂，僧坊をもっていた．ただし，SK寺には経堂とドーンチーが居住する小屋もあった．

寺院は，僧侶と見習僧が止住する僧院（monastery）としての性格をもっている．僧侶とは，出家して仏陀が定めた227の戒をまもり，修業生活を送る20

20　第8章で後述するように，俗人による仏教信仰の活動自体は僧侶を欠いた状態のまま1979年の早い時期から再開した．

21　1990年代のカンボジア農村では，仏教寺院の境内に簡素な木造の教室がつくられ，生徒が授業を受けている風景をよくみかけた．しかし2000年代に入ると，国際機関やNGOの援助を得て寺院の外の土地にセメント製の校舎が建てられるようになった．そのため，寺院内に設置された学校の数はおおきく減った．

歳以上の男性である．見習僧はだいたい 14 歳以上で，十戒をまもる．厳密な意味では出家者といえないが，カンボジアではそれに準じた存在として扱われていた．サンコー区の 4 寺院のうち，SK 寺と PA 寺の僧侶と見習僧の数は残りの 2 つの寺院よりも多い．僧侶の数は，PA 寺の方が SK 寺よりも多かった．見習僧については，SK 寺も PA 寺も 20 名以上の数であった．

　寺院は，僧侶の集団であるサンガ (sangha) が仏陀の教えにしたがった修行生活を送る場所として，世俗とは異なった秩序が支配する聖なる空間とみなされていた．そのため，人びとは寺院の境内に入る際に帽子などのかぶり物を頭からはずしていた．また，寺院内での飲酒は禁じられ，注意深く避けられていた．

　しかしサンガは，世俗社会と相即不離の関係にある．さきに述べたように，修行生活を送る僧侶たちは生産活動から離れて乞食に生きているため，俗人からの食物・物品の支援を欠いては生を保つことができない．また，僧侶や見習僧となる男性たちの大多数は一定期間の後に還俗して世俗へ戻っていた．さらに，出家者たる僧侶のものである寺院には，ドーンチーや僧侶の身辺の世話をする少年などの在家者も住んでいた (写真 2-5)．

　サンコー区の 4 寺院はいずれも，地域の人びとの生活に欠かせない社会的交流の場であった．なかでも特に SK 寺と PA 寺は，地域史において格別に興味深いある事件が発生した現場であった．すなわち，この 2 つの寺院は，「新しい実践 (サマイ)」と「古い実践 (ボーラーン)」とよばれる仏教実践の多様性をめぐって，1940 年代以降対立を続けてきた．後述するように，その対立の様相を過去と現在の民族誌的文脈のなかに位置づけて考察する作業は，地域社会に生きる人びとの生活世界についての具体的な洞察を導き出す．

（5）その他

　サンコー区の地域社会に関する若干の付帯情報も述べておきたい．
　まずは，区内の子弟の学校教育をめぐる状況である．調査時のサンコー区には中学校がなく，中学校へ進学した住民の子弟は隣のトバエン区まで 10 キロ

メートル以上の道のりを通学していた[22].ただし,小学校は身近に設置されていた.親たちの多くは,子供らは男女ともに小学校の6年間の教育課程は卒業した方がよいと答えていた.通学のための服やノート,ペンなどの購入費は,小学生で年間13万リエル(約33ドル)ほどかかるといわれていた.

表2-8は調査時のサンコー区にあった8つの小学校の生徒数である.第1学年から第6学年までの全学級をそろえていたのは,SK村とKK村の2つの学校のみだった.その他の小学校に就学した児童は,進級する際に,上級の課程を備えた近隣の学校へ通学先を変える必要があった.それによって通学距離が長くなることを理由に,進学を放棄する生徒もいた.

サンコー区のSK村の小学校は,トバエン区,ダムレイスラップ区,ニペッチ区,トロペアンルッセイ区などコンポンスヴァーイ郡東部の各行政区の小学校を統括する拠点として機能していた(写真2-6).また,教育省がおこなった全国学校コンクールで上位に入賞したこともあった.聞き取りによると,このSK村の小学校は地域の学校のなかでもっとも歴史が古く,1951年に開かれていた[23].ポル・ポト時代以後は,1979年に有志が集まって木材を購入し,校舎

表2-8 サンコー区の小学校の生徒数(2001〜2002年度)

学校が位置する村	校舎の教室数	学年別の生徒数						生徒数合計
		1	2	3	4	5	6	
KKH	3	166 (92)	94 (44)	68 (33)	—	—	—	328 (169)
KK	9	158 (81)	89 (38)	82 (36)	73 (26)	67 (36)	68 (23)	537 (240)
KB	3	94 (39)	87 (42)	54 (23)	31 (13)	—	—	266 (117)
CH	4	110 (59)	50 (27)	80 (37)	41 (19)	39 (15)	—	320 (157)
PA	1	43 (24)	—	—	—	—	—	43 (24)
SKH	4	185 (94)	120 (59)	96 (46)	60 (24)	—	—	461 (223)
SK	17	297 (131)	284 (147)	215 (108)	176 (76)	168 (77)	130 (57)	1,270 (596)
BL	2	84 (40)	—	—	—	—	—	84 (40)

(注)当該する学校で,開講されていなかった学年は記号"—"で示している.
　　括弧内は女生徒の数を示す.
(出所)SK小学校校長氏への筆者聞き取り

22 その後,2003年にはサンコー区内にも中等課程の学校が開かれた.
23 KK村の小学校は1958年に,KB村の小学校も1961年に開かれていたという.

写真 2-5　寺院に集まった出家者と在家者

写真2-6　サンコー区SK村にある小学校の様子

を再建した．区内のその他の小学校も，1980年代の初めには再興した．ただし，PA村とBL村の小学校は1990年代末に開かれたものであった．

表2-9は，調査時のVL村において識字能力を欠いていた村人の性・年齢層別の分布を示す．全体の識字率は9割を超えていた．ただし，女性の方にその能力を欠く人物が多く，50歳以上の年齢層では特にその傾向が顕著であった．男性は伝統的に，出家して僧侶・見習僧となったときに文字を覚える機会を得ることができた．しかし上座仏教は，女性に出家をみとめていない．つまり，公教育が普及するまで，女性が文字を勉強する例は限られていた．他方で，1970年代の社会混乱期に学齢期だった人物のなかには，1990年代になって成人用の識字クラスに出席して文字を覚えた者もいる．

ところで，調査中のサンコー区ではNGOによる活動がそれほど活発でなかった[24]．国際機関やNGOなどによる地域社会への介入が全くなかったわけではない．例えば，乳幼児の体重測定や健康管理，農薬を使わない稲作技術の講習（Integrated Pest Management），井戸掘りや便所づくりなどのプログラムが行政の協力のもとでおこなわれていた．また，洪水によって稲作が壊滅的な被害を受けて自家消費米に事欠く世帯が大量に出現した際には，キリスト教系NGOが集落内外の幹線道路の土盛り作業と引き替えに精米を配るプログラムを危機対処型の救援として実施していた．しかし，総体的にみて，サンコー区は

---

[24] 1990年代のカンボジアにおけるNGO活動は，首都から距離が近い地方に集中していた感がある．

表 2-9 識字能力を欠く村人の性・年齢層別分布（VL 村）

単位：人

年齢層	男性（％）	女性（％）	計（％）
10-19	2 (1.8)	1 (1.1)	3 (1.5)
20-29	1 (2.7)	1 (1.8)	2 (2.2)
30-39	3 (5.2)	6 (13.0)	9 (8.7)
40-49	1 (3.7)	8 (17.8)	9 (12.5)
50-59	0 (0)	9 (27.3)	9 (17.6)
60-69	2 (9.5)	14 (63.6)	16 (37.2)
70-79	0 (0)	6 (85.7)	6 (50.0)
80-89	0 (0)	3 (33.3)	3 (33.3)
合計	9 (2.3)	48 (12.4)	57 (7.4)

（注）就学年齢に満たない10歳未満は対象から除外した．
　　　括弧内のパーセントは各年齢層別の全体人数に占める割合を指す．
　　　各年齢層の男女人数の全体は，次章の表3-2を参照されたい．
（出所）2001年3月の筆者調査

NGOによる活動の積極的な対象ではなかった．

　一方で，サンコー区には内戦以前からサマコム（ សមាគម ）とよばれる組織があり，NGOが今日推奨するのに似たマイクロクレジット活動などをおこなっていた．すなわち，遅くとも1957〜58年頃には，サンコー区のSK寺と「中国廟」（第7章で後述）を中心として，賛同者が供出金を用意し，集めた金を低利で希望者へ貸し出し，その利子として得た現金を寺院や廟の建設資金にあてるという試みが始まっていた．そして，筆者の調査時には，SK寺，SK村の小学校，VL村，SKH村，PA寺などを母体として新たにサマコムが設立され，戦前と同様のやり方でマイクロクレジットの活動をおこなっていた[25]．

25　サンコー区におけるサマコムの活動については興味深い話がある．実は，1990年代初めの一時期，ドイツの政府援助機関であるGTZのコンポントム州事務所が，サマコムを中心としたマイクロクレジット活動の歴史がサンコー区にかつてあったことに注目し，その活性化を意図した支援をおこなった．つまり，GTZは，保健センターとSK村の小学校，そしてVL村を母体としたサマコムの組織化を手助けし，それが米銀行をおこなうための元金を貸し出した．その後のVL村では，事業が順調に拡大し，利子分の籾米を保管する場所に困るよ

サンコー区では内戦前に始まっていたサマコムの活動が，カンボジアのほかの地域においてどの程度みられたのかを判断する資料はいまない．ただし，サンコー区周辺の村々やスロックルーの地域では，これらの活動がほとんどみられなかったようである．この意味で，サマコムを中心とした集合行為が20世紀半ばには存在し，今日も活発であるという地域の状況は，その社会の興味深い独自性を示すものであるといえるかもしれない．現在のカンボジア農村研究は事例に即した事実を積み重ねることが必要な段階にあり，国内の地域的多様性を正面にすえた議論は将来の課題である[26]．

うになった．そこで，米ではなく，現金でのマイクロクレジットに切り換えて，調査時も活動を続けていた．VL村のサマコムは，1990年代末にマイクロクレジットからの利益をもちいて，発電機を購入した．そして，さきの本文中で述べたように，蛍光灯1本あたりひと月4000リエルの契約で，夕方から午後9時までの時間帯に電気を供給する事業を始めた．この事業は，筆者の滞在中は継続していた．しかし，発電機の老朽化にともなって2003年に破綻した．

26　1990年代末以降の現地調査の増加によって，近年，カンボジア農村社会の地域的多様性が徐々に明らかになっている．例えば，従来のカンボジア農村研究者は，メイ・エビハラの記述などにもとづき，カンボジア農村には世帯あるいは家族を超えたところで集合的行為があまりみられないとすることが多かった．しかし，タカエウ州やスヴァーイリアン州では葬儀のために資金を積み立てるサマコムがあると報告されている［矢倉2008］．また，コンポンチャーム州の伝統的な皿池灌漑による乾期稲栽培の受益者組織による協同活動の例も報告されている［小笠原2005］．

第1部
再生の歴史過程を読み解く

第1部の2つの章は，筆者が住み込み，全世帯の悉皆調査をおこなったVL村の集落に分析の視点をおく．そして，20世紀初頭から今日にかけてその村落社会が経験してきた歴史的経験を読み解く．そのために実際に取り上げるのは，人びとの居住の空間としての集落と，生業の空間としての農地（水田）である．この2つの対象に対する人びとの関与の変遷を跡づけ，地域社会の再生の過程を明らかにする．

　前頁の扉写真が示す落書きは，サンコー区SK村の家屋の裏の壁に残っていたものである．1960年代に建てられた2階建て煉瓦造りのその家屋は，それ以前にも何度か訪問したことがあった．しかし，いつも正面からなかに入るだけで裏手に回ったことがなかった．その日は，家でおこなわれる仏教儀礼に招かれ，再訪した．そして少し早く到着したため，料理を作る女性たちと話をしようと裏手に回った．すると，家の外壁に見慣れない落書きがあるのが目に入った．たずねると，ポル・ポト時代にこの家に住んでいた革命組織の誰かが書いたものだという．銃や兵士の姿を留めたその落書きは，20年余り前のポル・ポト時代に地域社会を覆っていた空気を密かによみがえらせているようにも感じた．

　ポル・ポト政権の革命組織がどのような政策をこの地域社会で実施し，いかなる変化をもたらしたのか．集落の地理的・社会的構成の変容を分析する第3章は，ポル・ポト時代のローカルな社会状況の実態と，その経験によっても変わらなかった地域社会の独特な社会的性質を明らかにする．続く第4章は，トンレサープ湖東岸地域という調査地域に独特な自然環境のなかで，ポル・ポト時代にいったん白紙化された農地所有の権利関係がいかに再編されてきたのかを追う．

　以上の2つの章は，19世紀末頃から自然を切り開き，生活の空間を広げてきたサンコー区の人びとの暮らしの営為を具体的なかたちで跡づける．と同時に，ポル・ポト時代以後のカンボジアにおける国家権力と地域社会の関係性の問題にも1つの考察の視点を提示する．2つの章は，また，ポル・ポト政権の支配に巻き込まれる以前の地域社会の過去の状況の再構成もおこなう．それらは，第2部，第3部として後に続く論述に向けた重要な背景知識の説明となっている．

CAMBODIA

第 3 章

集落の形成，解体，再編

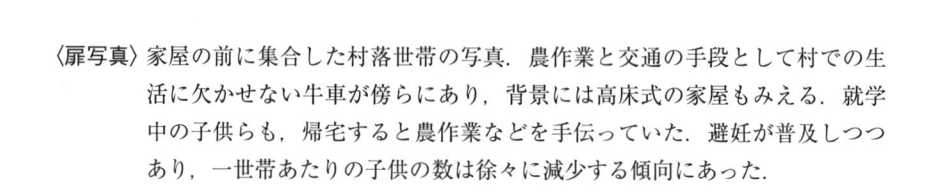

〈扉写真〉家屋の前に集合した村落世帯の写真．農作業と交通の手段として村での生活に欠かせない牛車が傍らにあり，背景には高床式の家屋もみえる．就学中の子供らも，帰宅すると農作業などを手伝っていた．避妊が普及しつつあり，一世帯あたりの子供の数は徐々に減少する傾向にあった．

ポル・ポト政権は，どのようにして地域の人びとの暮らしを変えようとしたのか．本章はこの問いをもっとも総合的なかたちで検討する．また，革命組織が掲げた旧社会の破壊という目標が多大な損失を生み出しながら結局は達成されなかったという事実を，複数の角度から検証する．さらに，サンコー区の地域社会の形成過程を聞き取りで得た資料をもとに20世紀初頭まで遡って再構成し，その特徴を明らかにする．

　1975年4月17日，内戦に勝利した共産主義勢力は首都プノンペンに入城すると，都市のすべての人びとに農村へ移動するよう命じた．戦火に追われた近郊地区の人びとが避難してきていたため，当時のプノンペンの人口は平時の2倍以上の約250万人に膨んでいたという．革命組織はそのすべてに直ちに家を出て街の外へ向かうよう命じた．点滴の針を刺したままの病人や妊婦，老人らが家族に身体を支えられて炎天下を歩いていく様子など，当時の目撃者が後に証言した光景は文字どおりの修羅場であった［例えば，ポンショー 1979］．

　強制移住という政策は，ポル・ポト政権が目指した社会革命の実態を理解する際の第一の鍵である．それはまず，住み慣れた場所から人びとを根こそぎにして彼（女）らの日常生活を一変させた．また，既存の社会的紐帯の分断を進めて政権の支配が個々の身体に直接的におよぶ環境をつくりだした．長期化した内戦によって人びとの生活は1975年以前にもおおきな変化に晒されていた．しかし，ポル・ポト政権の成立とそれに続く強制移住は，さらに大規模で急速な「革命」の始まりを告げるものであった．

　一方で，本章は，1930年前後を起点としてサンコー区VL村の集落の形成過程を跡づける．VL村の集落は，国内外の多様な移民を受け入れて形成されてきた．なかでも，今日の地域社会の特徴を考えるうえでもっとも重要なのは，初期の中国人移民である．中国人のサンコー区周辺地域への移住は，独身男性を中心として遅くとも20世紀初頭には本格化していた．そして，彼らの地域への定着は，ポル・ポト時代以後の地域社会の再生を方向づける重要な社会的特徴を内戦前の地域にもたらしていた．

　本章は次いで，ポル・ポト政権が成立する1年以上前の1974年2月に調査地域で始まっていた強制移住の実態を記述的に分析する．さらに，VL村の村落世帯から得た情報にもとづいてポル・ポト時代の人びとの経験の整理を試み

る．サンコー区は，カンボジア農村の多くの地域と同様，1970年前後にはすでに共産主義勢力の支配下にあった．そして，地域の若者の一部は革命組織の闘争運動へ積極的に参加した．また，革命組織の地元幹部らと積極的に協力関係を築いていた村人もいた．以上からは，都市ではなく，農村の視点からのポル・ポト時代の経験の内実が明らかになる．

　本章は，さらに，1979年以降の集落の再編の様子も検討する．VL村の集落は，1980年代のわずかな期間にその地理的範囲を一気に拡大させた．ただし，かつて強制移住を強いられ，その後集落の景観がおおきく変化したにもかかわらず，社会空間としての集落には一貫した性質がみられた．つまり，結婚後の妻方居住の傾向が，内戦以前から今日まで変わらずに続く社会的特徴として存在した．それは，ポル・ポト政権の支配によっても揺るぐことがなかった地域社会の特質と，そこに生きる人びとの生活の世界を検討する糸口を示している．

3-1　VL村

　図3-1は，現在のVL村の集落の様子である．VL村は，国道沿いの市場を中心とした集落群の東端に位置する．市場からは約1キロメートルの距離がある．隣接する村との境界に指標はない．村の範囲は国道の南北にまたがっている．国道の北には家屋が一列に並んでいる．国道の南は，約200メートルの範囲にわたって屋敷地と家屋が連なっている．集落を南へ抜けると水田に出る．図3-1のなかの○記号が示しているのは，VL村の村長が行政上の連絡を担当する人びとが住む家屋である．以下では，この行政単位としてのVL村を対象として考察を進める．

（1）屋敷地と家屋

　2001年3月の悉皆調査によると，VL村の村長が行政上の連絡を担当する人びとは136の屋敷地に居住していた（写真3-1）．後述するように，1980年代

(出所) 航空写真と歩測にもとづき筆者作成

図3-1　VL村の概略図（2001年3月）

以降に開かれた新しい屋敷地は，幅20～30メートルで奥行きが100メートルの広さのものが多かった．居住歴の古い屋敷地は面積がより小さい．例えば，1930年代に開かれた古い屋敷地の1つは，幅12メートルで奥行きが40メートルの広さだった[1]．

さきに述べたように，VL村には136の屋敷地があった．そして，そのうち127の屋敷地の家屋は1つだった[2]（93％）．その他，8つの屋敷地には2戸の家屋があった．さらに，3戸の家屋をもつ屋敷地も1つあった．つまり，VL村の村人が居住していた家屋の数は計146戸であった．

表3-1はVL村の146戸の家屋の建築年代別の分布である．全体の85％にあたる124戸は，ポル・ポト時代以後の1980年代以降に建てられていた．

家屋には3種類あった．圧倒的に数が多かったのは，高床式の木造家屋で

1　居住歴の古い屋敷地の面積が小さいのは，もともとおおきかった屋敷地を子孫たちが世代を重ねるにしたがって分割したためである．
2　村落の屋敷地内の籾倉の数は59，井戸の数は100であった．

写真 3-1　VL 村内の屋敷地の一例

表 3-1　建築年代別の家屋数（VL 村）

建築年代	家屋数（%）
1940 年代	4　（3）
1950 年代	9　（6）
1960 年代	5　（3）
1970 年代	4　（3）
1980 年代	51　（35）
1990 年代	67　（46）
2000 年代	6　（4）
計	146 (100)

（出所）筆者調査

あった（143 戸．村内家屋の 98％）．その他，煉瓦とモルタルでつくられた 2 階建ての家屋[3]（2 戸）と地面に直に建てられた平屋の家屋（1 戸）もあった．

143 戸あった高床式家屋を柱の建材別にみると，135 戸は地面のすぐ上の部分から木の柱を使用していた[4]．残りの 8 戸は，床下の部分に鉄筋セメント製の基礎柱を設けていた．床の高さは柱の材質にかかわらず 1.5 メートル以上の

3　煉瓦とモルタル造りの家屋は，1962 年と 1969 年に建てられていた．
4　高床式家屋の床面積は，20 平方メートル未満が 11 戸，30 平方メートル未満が 43 戸，40 平方メートル未満が 19 戸，50 平方メートル未満が 28 戸，60 平方メートル未満が 21 戸，70 平方メートル未満が 6 戸，80 平方メートル未満が 8 戸，それ以上の広さのものが 7 戸であった．

ものが多かった．鉄筋セメントの基礎柱をもつ家屋のなかには3メートル以上の高さのものもあった．屋根の建材は，素焼き瓦が98戸（69%），パルミラヤシの葉で葺いたものが35戸（24%）であった．残りの10戸（7%）はトタンであった．

（2）世帯

ところで，カンボジアでは，日本語の「世帯」という言葉が意味する「居住と生計をともにする集団」という生活の単位が，厳密な意味では見当たらない．例えば，高橋美和は，カンボジア農村の家族・親族の構造を分析した論文で，1戸の家屋に共住する人びとの集団を1つの世帯と考えて分析を進めた［高橋 2001: 222-223］．これは，居住の形態を基準とした世帯の定義であった．ただし，高橋も述べているように，カンボジア語にはクルゥオサー (ក្រួសារ) という言葉があり，「わたしのプテァッ（家屋）には2つのクルゥオサーが住んでいる」といった言い方をすることがある．高橋によると，クルゥオサーという言葉は夫婦を単位とする集団概念をあらわす．しかしその表現からは，1つの家に2つの夫婦が住んでいるという居住の状況は理解できても，その2つの夫婦が生計までをともにしているかどうかは分からない．

本書がもちいる世帯の概念は，「ボントゥックが一緒である (បន្ទុកជាមួយគ្នា / បន្ទុកតែមួយ)」とカンボジア語で表現される人びとの集団である．ボントゥック (បន្ទុក) というカンボジア語は，「積荷，（まかされた）仕事，（世話をする）責任・責務，（仕事の）重荷」を意味する．そして，村落における村人の会話で「ボントゥックが一緒である」といわれるときは，経済的な責任を共有している状況を指していた．よって，本書では，1戸の家屋に親夫婦と子供夫婦が共住しており，「わたしのプテァッ（家）には2つのクルゥオサーが住んでいる」という説明があったとして，その子供夫婦が農地などの財を親と共同で利用しており「ボントゥックが一緒である」と回答した場合は，全体を1つの世帯とみなす．一方で，それと同じ居住形態であっても，「ボントゥックが一緒でない」と答えがあった場合は，親と子供夫婦を別々の世帯とみなす．

表 3-2 在村世帯構成員の性別・年齢層別の構成（VL 村）

単位：人

年齢層	男性	女性	計
0–9	109	87	196
10–19	113	87	200
20–29	37	56	93
30–39	58	46	104
40–49	27	45	72
50–59	18	33	51
60–69	21	22	43
70–79	5	7	12
80–89	0	4	4
合計	388	387	775

(注) 男性の出家者はのぞく．
(出所) 2001 年 3 月の筆者調査

　以上の定義にしたがうと，VL 村の世帯数は 149 であった[5]．また，その構成員を数えると，在村者は 775 名であった[6]．表 3-2 は，在村世帯構成員の性・年齢層別の構成を示している．29 歳以下の年齢層は計 489 名であり，村内人口の過半数を越えていた (63％)．つまり，調査時の村落に居住していた人びとの半数以上は，1970 年以降に出生した人物であった．

5　詳細は以下のようになる．まず，VL 村の 127 の屋敷地には 1 つの家屋しかなかった．そのなかで，1 戸の家屋に居住する人びとが 2 つの生計の単位に分かれていたケースが 4 件あった．よって以上から 131 の世帯が確定する．次いで，VL 村には，2 戸の家屋をもつ屋敷地が 8 件あった．そこでは，各家屋の居住者が，それぞれに 1 つの生計単位となっていた．よってそれは，16 世帯である．最後に，屋敷地内に 3 戸の家屋をもっていた一例では，そのうち 2 戸の家屋に居住する人びとが同一生計であった．よって，都合 2 世帯の追加となる．このようにして，VL 村全体の世帯の数は計 149 となる．この世帯数は，予備調査中に村長から聞き取った世帯数（表 2-4 中の VL 村の項を参照）と異なる．その理由としては，時間の経過にしたがった世帯の実数の増減とともに筆者と村長のあいだの「世帯」概念の認識の違いからの影響が考えられる．

6　就学・就労を目的として村外に居住していた構成員を含めた VL 村の村落世帯の人口構成の全体については，第 5 章で詳細を述べる．

表 3-3　世帯の構成形態（VL 村）

世帯類型＼世帯員数	1	2	3	4	5	6	7	8	9	10	計（％）
単　　　　身	3	0	0	0	0	0	0	0	0	0	3　（2）
夫 婦 世 帯	0	3	0	0	0	0	0	0	0	0	3　（2）
欠損家族世帯	0	2	5	3	3	1	0	0	0	0	14　（9）
核家族世帯	0	0	12	14	23	18	7	3	0	0	77　（52）
包摂家族世帯	0	0	3	6	9	10	11	7	5	1	52　（35）
合　　　計	3	5	20	23	35	29	18	10	5	1	149（100）

（出所）2001 年 3 月の筆者調査

　VL 村の世帯をその構成形態に着目して整理すると，表 3-3 のようになった[7]．「単身」とした 3 世帯は，離婚・死別によって夫（妻）を失った 40～60 歳代の既婚者で，いずれも村外に未婚の子供をもっていた．また，「夫婦」世帯のうちの 1 つは，未婚子 1 名が村外で就労中であった．以上の 4 世帯に，夫（妻）を失った女性（男性）とその子供または孫からなる欠損家族型の 14 世帯を加えると，核家族タイプの構成形態を示した世帯数は合計 95 となり，過半数を超えていた（64％）．

（3）双系的な親族の認識

　カンボジア社会は，他の東南アジア低地稲作社会と同様に，双系的な親族組織を特徴とするといわれる [*e.g.* Ebihara 1977: 52-53]．筆者の VL 村における調査でも，夫婦，親子，キョウダイを超えた親族関係が出自原理にもとづく集団として議論される場面はみられなかった．村での日常生活において，親族関係のつながりはクサエ (ខ្សែ:「紐」の意）という言葉で表現されていた．すなわち，結婚式や葬式その他の仏教儀礼をおこなう際に協力する親族の集まりはクロムクルォサー (ក្រុមគ្រួសារ: ក្រុម は「集団・組」の意．គ្រួសារ は，さきに述べたように，「家族」と訳されることが多い）とか，ボーンプオーン (បងប្អូន: បង は「兄姉，

7　ここでの世帯の類型は，前田 [1986] を参考にした．包摂家族型とは，夫婦家族に娘夫婦，孫，親，その他の親族などを加えた構成であり，いわゆる拡大家族，基幹家族などにあたる．

年長者」、ŋSは「弟妹、年少者」の意）といった表現でまず言及された．そしてそのうえで，当事者からみたクサエ ── つまり父方・母方の親族関係の具体的なつながり ── を確認することで，個々の参加者の関係が明らかにされていた．しかし，クロムクルォサーとしてその場にあらわれた集団は，固定した成員権の議論をともなっておらず，状況次第でメンバーが変化していた．

　ただし，定量的な視点から，親族関係におけるいくつかの特徴を傾向として指摘することができる．例えば，表3-3で「包摂家族型」とした52世帯のうち，親あるいは祖父母を構成員に含んだ基幹家族のかたちを示す世帯が31件あったが，そのうちの29件は妻方の両親（または祖父母）と世帯を構成していた[8]．他方，1つの屋敷地に2戸の家屋が存在した8件の事例のうち5件は，親世帯の屋敷地に娘の世帯が別家屋を建てて住むものだった[9]．つまり，VL村の人びとの生計と居住の形態からは，語られる規則ではなく分析的な視点から傾向として読み取ることができる特徴として，妻方親族との関係の密接さを指摘することができた．

（4）過去を知るための2つの資料

　本章は，地理的・社会的空間としてのVL村の集落の変化の過程を分析する．ただし，序章で述べたように，現在のカンボジアではかつての行政文書などの資料が見失われたままであり，文献によって過去の状況を再構成する作業が不可能であった．すなわち，集落の過去の状況を分析するためには，いま生存し

8　以上の29世帯を抽出する際，離婚の後に子連れで生家に戻った結果として3世代の包摂家族型の世帯を構成していたケースは除外した．この29世帯のなかの28世帯は，同一生計かつ同一居住の状態にあった．

9　ここで，1つの屋敷地に複数の親族世帯の家屋が存在する状況を，東北タイ農村での1960年代の調査で水野浩一が主張した屋敷地共住集団の議論［Mizuno 1968］と同一の視点から論じることはできない．詳しくは本章の後半で述べるが，VL村において，1980年代の屋敷地の取得は，親世帯からの相続ではなく，国家からの無償供与（「分配」）が中心であった．今日のカンボジアの村落社会の分析では，社会の内在的な特徴以上に，近年の歴史状況からの影響を十分に考慮しなければならない．

表 3-4　夫婦組の結婚時代別の分布（VL 村）

年 / 時代区分	当該時代中に結婚した夫婦組数（欠損）	該当者の平均年齢
1953 年以前 / 植民地時代	15 (10)	72
～1970 年 4 月 / カンボジア王国	36 (14)	60
～1975 年 4 月 / クメール共和国（内戦期）	16 (5)	52
～1979 年 1 月 / 民主カンプチア（ポル・ポト政権期）	12 (0)	49
～1989 年 4 月 / カンプチア人民共和国（社会主義政権期）	44 (4)	39
～2001 年 3 月 / カンボジア国～カンボジア王国（復興・開発）	59 (6)	30
計	182 (39)	44

(注) 死別・離婚によって現在配偶者を欠いた欠損形態の事例を，計 39 ケース含む．
(出所) 筆者調査

ている住民を対象として彼（女）ら自身の経験と父母・祖父母に関する記憶を聞き取り，そうして得た情報を総合的に検討するなかから何らかの手だてを探るほかになかった．

　本章が以下，集落の過去の状況を明らかにするためにもちいる資料は，主に 2 つである．第一は，今日村落に居住している夫婦のかつての居住経験である．悉皆調査によると，VL 村の 149 世帯には 182 の夫婦組があった（離婚・死別による欠損形を含めている）．それらを結婚時代別に整理すると，表 3-4 のようになった．それによると，1970 年以前に結婚していた夫婦は 51 組（28％），1970～74 年に結婚した夫婦は 16 組（9％）であった．つまり，ポル・ポト時代に突入する前の 1974 年までに結婚していた夫婦は計 67 組であった．そこで，これらの夫婦の 1970 年以降の居住地の変遷を追うことで，内戦およびポル・ポト政権下での人びとの移動経験を具体的に跡づけることが可能である．

　第二の資料は，今日の VL 村内の屋敷地のそれぞれについて聞き取った居住歴を利用するものである．すなわちまず，村内の屋敷地のうち 1970 年以前に人の居住が確認できたものを同定する．そして，そのなかでも 1930 年までに居住者がいた屋敷地を a1～a12，1931～50 年にあらわれた屋敷地を b1～b21，1951～70 年に開かれた屋敷地を c1～c29 と区別して集落の地図上に示すと，図 3-2 が得られる．集落の地理的範囲の拡大過程を示すこの図に加えて，さら

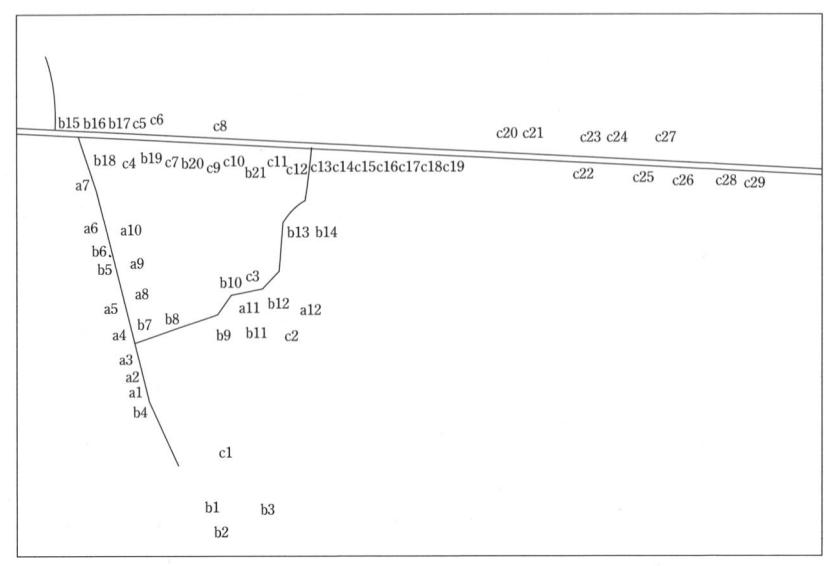

(出所）航空写真と歩測にもとづき筆者作成

図 3-2　1970 年以前に存在した屋敷地の分布（VL 村）

にそれらの個々の屋敷地の「草分け夫婦」[10]の経歴・出自を示す資料を参照すると，社会組織としての集落の特徴とその具体的な発展の過程について歴史的な変化を踏まえた視点からの考察が可能となる．

　VL 村の集落は，過去にどのような人びとが移住することでかたちづくられてきたのだろうか．次節は主に後者の資料をもちいて，その初期の状況の特徴を探ってみたい．

10　ここでの「草分け夫婦」とは，「ほぼ同時に入村した親子を中心とする親族集団の中心の位置を占めていた夫婦」[武邑 1990: 213] を指す．

3-2 集落の形成 —— 1930〜70年 ——

(1)「草分け夫婦」の経歴

　写真3-2は，VL村内でもっとも古い居住歴をもつ屋敷地の現在の様子である．図3-2のなかのa1〜a12の屋敷地が分布する様子から分かるように，1930年以前のVL村では，国道から南へ延びた1本の道沿いに屋敷地が集中していた．

　これらの屋敷地の「草分け夫婦」は，調査時に50〜60歳代であった村人の祖父母の世代にあたる．カンボジアの人びとの親族の系譜関係の認識は一般的にごく浅い．自分の祖父母の死亡年（死亡年齢）や生活史を詳細に記憶している場合は少ない．しかし，複数の回答を照らし合わせることで，出生地および他の「草分け夫婦」との関係を表3-5のようにまとめることができた．

　表3-5の上段は，1930年以前に居住者がいた古い屋敷地の「草分け夫婦」の経歴である．その第一の特徴は，VL村で出生した人物がいない点である．すなわち，当時のVL村の集落はSK村，PA村，SM村といったサンコー区内の他の村々，同区の西に隣接するトバエン区のTB村，PL村，SNG村，そして北東のストーン郡など，VL村から約30キロメートルの範囲内にある複数の村々からの移住者によってつくられ始めたところだった（これらの村々の位置は，図2-1を参照）．サンコー区の人びとによると，VL村に人が住み始めたのはSK村，SR村，SM村などより遅い時期であった．一方で，区内でもっとも古くから人が住んでいたのは，仏教寺院SK寺の西の辺りであるといわれていた．それは今日，SK村の一角に含まれる．

　他方で，表3-5の上段からは，そのうち7組の「草分け夫婦」の配偶者が他の「草分け夫婦」の夫（妻）とキョウダイの関係にあったことが分かる．今日の村人は，これら初期の移住者の個人史をよく記憶していない．しかし，当時の

写真 3-2　1930 年以前に開かれた古い屋敷地の一例

表 3-5　屋敷地記号 a1～a12, b1～b21 の「草分け夫婦」の相互関係（VL 村）

屋敷地記号	夫妻	出生年（死亡年）	出生地	相互関係
a1	夫	—（—）	ストーン郡	弟
	妻	—（—）	トバエン区 SNG 村	
a2	夫	—（—）	ストーン郡	姉
	妻	—（—）	ストーン郡	
a3	夫	—（—）	ストーン郡	兄
	妻	—（—）	—	
a4	夫	—（—）	SK 村	兄
	妻	1891（1983）	国外（中国）	
a5	夫	—（—）	PA 村	
	妻	—（—）	SK 村	姉
a6	夫	—（—）	SK 村	
	妻	—（—）	トバエン区 TB 村	
a7	夫	1905（1976）	SK 村	弟
	妻	1912	トバエン区 TB 村	
a8	夫	1910（1988）	SM 村	兄
	妻	1900（1974）	トバエン区 TR 村	
a9	夫	—（—）	—	
	妻	—（—）	SK 村	
a10	夫	—（—）	PA 村	
	妻	—（—）	SK 村	
a11	夫	—（—）	—	
	妻	—（—）	—	
a12	夫	1922（1998）	—	
	妻	—（1975）	SM 村	妹
b1	夫	—（—）	トバエン区 PL 村	
	妻	—（1976）	VL 村	兄
b2	夫	—（1978）	SK 村	
	妻	—（1978）	VL 村	姉
b3	夫	1916（2000）	SR 村	
	妻	1923	トバエン区 TB 村	
b4	夫	—（—）	SK 村	
	妻	—（—）	VL 村	
b5	夫	—（—）	—	妹
	妻	—（—）	VL 村	
b6	夫	1907（1980）	SK 村	
	妻	—（1940s）	VL 村	姉 弟
b7	夫	1907（1971）	トバエン区 PL 村	妹 兄
	妻	—（—）	トバエン区 BP 村	
b8	夫	—（—）	トバエン区 BP 村	兄
	妻	—（—）	トバエン区 TB 村	
b9	夫	—（—）	—	
	妻	—（—）	VL 村	
b10	夫	—（1954）	SK 村	妹
	妻	1924	SK 村	
b11	夫	1923（1976）	VL 村	弟
	妻	1924	国外（中国）	
b12	夫	—（1944）	SK 村	
	妻	—（1974）	トバエン区 PL 村	妹
b13	夫	1910（1987）	SKH 村	
	妻	—（1980）	SK 村	妹
b14	夫	—（1946）	トバエン区 SNG 村	
	妻	—（1972）	SK 村	妹
b15	夫	1920（1994）	SK 村	
	妻	1931（1991）	KB 村	
b16	夫	1922（1987）	VL 村	
	妻	1928	バラーイ郡	妹
b17	夫	1905（1991）	カンダール州	
	妻	1925	コンポンチャーム州	
b18	夫	1916（1984）	CH 村	姉 兄
	妻	1916（1996）	VL 村	
b19	夫	—（1974）	SK 村	妹
	妻	—（—）	VL 村	
b20	夫	1927（1999）	SK 村	
	妻	1931（1995）	SK 村	
b21	夫	—（1960）	SK 村	異母弟
	妻	1924（1988）	バラーイ郡	姉

（注）矢印付きの線は親子関係，太線はキョウダイ関係を示す．同村への移住後に，離婚・死別～再婚を経て生じた第2夫／第2妻の関係は，省略している．記号 "—" は，不詳であるケースを指す．
（出所）筆者調査

彼(女)らが，親族関係にもとづく情報のやりとりや実際的な援助に支えられて移住してきたことは想像に難くない．また，そこには中国で出生した人物が1名含まれている．

次いで，表3-5の下段は，1950年までに居住者が確認できた屋敷地の「草分け夫婦」の経歴である．そこにはVL村の出生者が9名いる．彼(女)らはすべて，村外から配偶者を得た後に村内に屋敷地を開き，独立していた．また，この時期の「草分け夫婦」には，VL村の西に隣接するSK村の出身者を配偶者とするものが多い．ただし，コンポントム州バラーイ郡，コンポンチャーム州，カンダール州といった国内のより遠方の地域の出身者も含まれている．さらに，ここでも，中国で出生した人物が1名みられた．以上からは，当時のVL村が，隣接するSK村の出身者を主としつつ，より遠方からも移住者を受け入れ，集落の地理的範囲を拡大させていたことが分かる．

時代を下って，1951〜70年の期間に開かれた屋敷地(c_1〜c_{29})に注目すると，その多くは国道沿いに分布していた(図3-2)．このことは，国道沿いの線状集落というVL村の今日の景観が，この時期につくられ始めたものであることを示唆している．

表3-6は，1951〜70年にあらわれた屋敷地の「草分け夫婦」の経歴を，通婚圏のかたちで整理したものである．そこでは，SK村の出身者を配偶者にもつ夫婦の数が非常に多い(24組，83%)．これは，この時期のVL村の集落の形成が，それ以前の時期と同様，西隣のSK村との強いつながりのもとで進んでいたことを示唆する．

以上に検討した資料は，当時のVL村内で親と共住するか，すでにあった屋敷地のなかに別の家屋を築いて生活していた夫婦らを対象としていない．よって，過去の集落の全体を収めた社会組織の再構成とはなっていない．ただし，VL村の集落の形成に関わる基本的な状況を確認するうえでは十分な内容である．

では次に，VL村の集落形成の初期の「草分け夫婦」の移住パターンの特徴を具体的にみてみたい．

表 3-6　屋敷地記号 c1〜c29 の「草分け夫婦」の出生地（VL 村）

妻＼夫	VL 村	SK 村	サンコー区内	コンポンスヴァーイ郡内	コンポントム州内	他州	計
VL 村	1	3	1	1	1	0	7
SK 村	6	4	1	1	2	1	15
サンコー区内	0	3	0	0	0	0	2
コンポンスヴァーイ郡内	0	0	0	0	0	0	0
コンポントム州内	0	3	0	0	0	0	3
他州	0	0	0	0	0	1	1
計	7	13	2	2	3	2	29

(出所) 筆者調査

（2）近距離の移住事例

　まず，VL 村の「草分け世帯」のなかには，比較的近距離の村より移住してきた者が早い時期からいた．そのなかでも，キョウダイ関係にある夫婦がほぼ同時期に移住してきたケースが特徴的である．例えば，ストーン郡チョムナールー（Chamnar Leu）区出身の兄，姉，弟の世帯が隣接する屋敷地で居住を始めた a1，a2，a3 がその一例である．しかし残念ながら，1930 年以前に移入したと考えられるこれらの例については，その移住の経緯を詳しく知る人物が村内に残っていなかった．

　他方で，1930 年以降に東隣のトバエン区から移住してきた b7，b8，b12 の「草分け夫婦」については，村に生存していた子供らが親たちの移住の経緯を覚えていた．図 3-3 は，b7，b8，b12 の「草分け夫妻」の親族関係のつながりを両親とキョウダイの範囲で示したものである．b12 の妻，b7 の夫，b7 の妻，b8 の夫の 4 名はトバエン区の PL 村の出身であり，前者 2 名と後者 2 名は妹と兄の関係にあった．村に生存していた b7 の夫婦の第 2 子（男性，1935 年生）によると，両親の移住の状況は次のようであった．

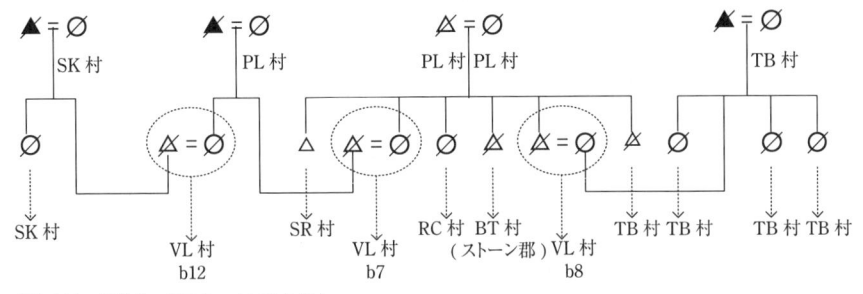

(注) 図中，黒抜きの記号は，中国人を指す．
(出所) 筆者調査

図3-3　b7，b8，b12 の「草分け夫婦」の親族関係と居住村落

「両親は結婚後 PL 村に居住していた．しかし PL 村周辺には当時チャオ (ចោរ：泥棒，盗賊) が多かったため，自分が3歳のとき (= 1938年) に VL 村へ移住してきた．その後，トバエン区 TB 村に居住していた母の兄の夫婦 (b8 の「草分け夫婦」) も父母を頼って VL 村に移住してきた．」

次に，b12 の夫婦の第2子 (女性，1934年生) によると，親世帯の移住の経過は次のようであった．

「両親は結婚後母の出身村である PL 村に居住していた．しかし，チャオプロン (ចោរប្លន់：強盗) が頻繁に出没し安全でなかったため，父の出身村であるサンコー区の SK 村に移住した．そして，後に土地を購入して VL 村へ移ってきた．」

カンボジアでは，仏領期に入ると，領内の道路交通網の整備が進んだ．1930年までには全長約 9,000 キロメートルの道路が整備されていたといわれる [Chandler 1996: 160-161]．サンコー区を横切る国道も，1920年代には使用可能な状態になっていた[11]．ただし，村人らによると，1930年代以前のサンコー区

11　国道の建設は1910年代には始まっていた．VL 村に居住する一女性 (1934年生) によると，彼女の父 (1899年生) は，メコンデルタ地域のスヴァーイリアン (Svay Rieng) 州の出身で，18歳のとき (= 1917年) に国道建設の労働者としてサンコー区にやってきた．そして，その後に地元出身の母と結婚し，SKH 村

第3章　集落の形成，解体，再編　105

の人びとが国道をもちいることは少なかった．例えば，サンコー区からコンポントムまで塩などの物資の買い出しにでかける際は，国道の南の水田地帯を横切ってのびた「旧道」とよばれる別の道を利用していた．雨期には，舟をもちいた水上交通がおおきな役割を果たしていた．しかし，1940 年代にはサンコー区の西のストーン郡を出発してコンポンチャーム州やプノンペンへ向かう乗り合いトラックがあらわれた．その頃から，人びとの生活の道路交通への依存度が高まっていった．

ところで，1930〜50 年代半ば頃のサンコー区での生活に関する地元住民の語りのなかには，森林を根城として出没した強盗・盗賊の話が非常に多い[12]．今日のサンコー区の人びとは，これらの無頼漢をクマエイサラッと称する．クマエイサラッという言葉は，カンボジア史の研究のなかではフランスの植民地支配に抵抗して独立運動を起こしたカンボジア人の政治グループを指す．しかし，サンコー区の人びとの歴史の語りのなかでは，強盗や誘拐を生業とした余所者という意味でしかない．

さきに紹介したように，b7, b12 の「草分け夫婦」の子供らの記憶によると，彼（女）らの両親は，出身村付近の治安の状況を憂慮して VL 村へ移住していた．両親の出身村であったトバエン区の PL 村は，国道から北に離れ，森林に接している．国道沿いの VL 村への移住は，近距離ながら，生活上の不安を確実に軽減するものであったと考えられる．また，当時の VL 村は人口が少なく，屋敷地や水田の取得が比較的容易であったことも，移住を後押しした条件だったと考えられる．

また，図 3-3 の黒塗りの記号が示しているように，b7, b8, b12 の「草分け

に定住したという．
12 デルヴェールは，1947〜54 年の期間のカンボジア農村では，「盗賊が風土病のように荒れ狂っていた」と述べている［デルヴェール 2002: 32］．また，例えば，地元住民の語りには次のような例があった．VL 村出身の区長 NhC 氏の生家は，彼が 14 歳のとき（＝1951 年），牛 2 頭と交換でサンコー区の北のニペッチ区の村から既成の家屋を入手した．そして，村の男たちに手伝いを頼んでニペッチ区の村へ行き，家屋を解体してその建材を牛車数台に積んで運ぶ最中に，途中の森で強盗の集団に拘束され，身代金を要求された．その他，VL 村の集落内にまで強盗が入ってきたという話も複数聞かれた．

夫婦」はいずれも中国からの移民を父としていた．実は，VL 村の集落の「草分け夫婦」のなかには，中国からの移民と系譜上のつながりをもつ人物が非常に多い．では次に，それら中国人の移住の様子を具体的にみてみたい．

（3）中国人の移住事例

表 3-5 には，中国で出生した人物が 2 名みられた．それは，a4 と b11 の「草分け夫婦」の妻であった．図 3-4 は，a4 の妻をエゴとして，夫の両親，夫のキョウダイとその配偶者の親族関係を示したものである．また，b11 の妻をエゴとして，継母とその両親，継母のキョウダイとその配偶者を示すと図 3-5 のようになる．

調査時，a4 の「草分け夫婦」の妻はすでに死去していた．また，孫世代にあたる村内の子孫も移住の経緯について具体的な情報をもっていなかった[13]．しかし，b11 の妻（1924 年生）は村内に健在であった（写真 3-3）．彼女が述べた移住の経緯は次のようである．

「自分は，中国の福建で生まれた．母は早くに亡くなった．その後，歩けるようになったがまだ裸で過ごしていた頃に，父に連れられてカンボジアにきた．父ははじめコンポンチュナンにいた．次にコンポントムへ移って，コンポンコー区（Kampong Kou: サンコー区の南，サエン川沿いの行政区）の村に住み，籾米をコンポンチュナンやプノンペンに船で運び，卸売りする商売を始めた．サエン川の河岸に建てた籾倉は数百タン（ងង: 24 キログラムを指す単位）の籾米を収めることができるおおきさだった．4 人のクマエ（クメール人）を雇っていた．自分が 5～6 歳の頃，父は SK 村の未亡人と再婚した．それを機に，船を売り払ってサンコー区へ移住してきた．継母の父もチェン（中国，中国人）であった．父は鶏の卵を集めて売るなどの商売をして，稲作はしなかった．自分は 17 歳で VL 村出身の

13　a4 の「草分け夫婦」は，中国からの移民を父にもつサンコー区 SK 村出身の夫が中国へ行き，中国人の妻を娶って帰国したものだといわれていた．しかし，孫世代の子孫のあいだでは，その妻の出生地が中国ではなくミャンマーという意見もあった．

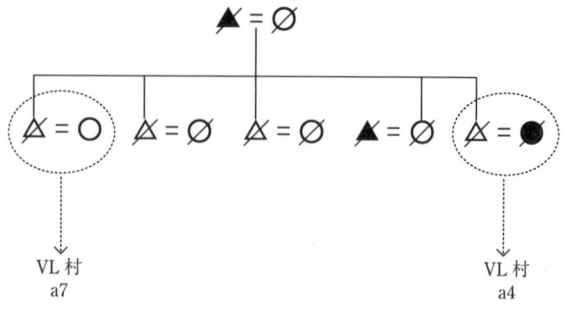

(注) 図中，黒抜きの記号は，中国人を指す．
(出所) 筆者調査

図 3-4　a4 の「草分け夫婦」の親族系譜

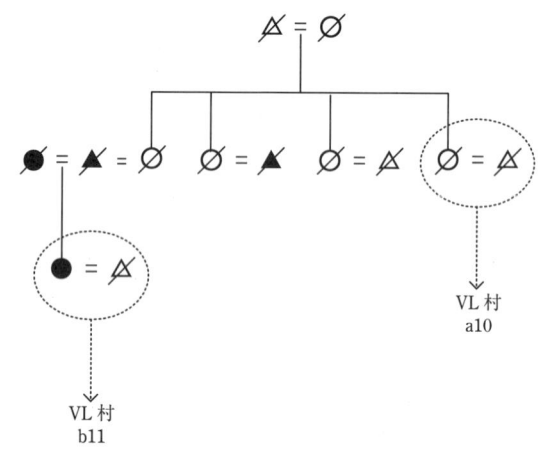

(注) 図中，黒抜きの記号は中国人を指す．
(出所) 筆者調査

図 3-5　b11 の「草分け夫婦」の親族系譜

男性と結婚した．夫は，継母の甥だった．夫方の両親と 1 年間一緒に住んでから，村内に屋敷地を購入し，独立して生活を始めた．結婚するまで，田植えなどしたことがなかった．」

さきに述べたように，VL 村の「草分け夫婦」には，中国からの移民と系譜

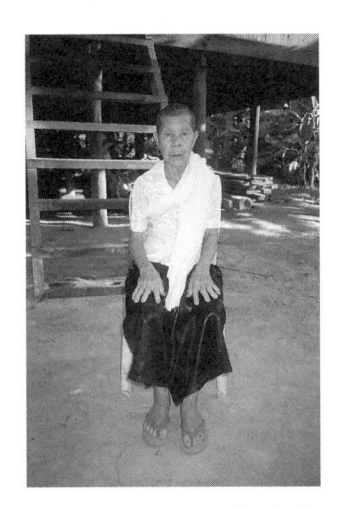

写真 3-3 b11 の「草分け夫婦」の妻（中国出身）

表 3-7 中国からの移民との系譜上の関係（VL 村）

年齢層	人数	中国で生まれた者（%）	親が中国からの移民である者（%）	それ以外の者（%）
30-39	104	0 (0)	4 (4)	100 (96)
40-49	72	0 (0)	3 (4)	69 (96)
50-59	51	0 (0)	5 (10)	46 (90)
60-69	43	0 (0)	4 (9)	39 (91)
70-79	12	1 (8)	6 (50)	5 (42)
80-89	4	0 (0)	1 (25)	3 (75)

（出所）筆者調査

上のつながりをもつ人物が多い．この特徴は，今日の村人の親族系譜の分析によって確認することができる．表 3-7 は，今日の VL 村の 30 歳以上の村人を対象として，本人が中国生まれである例と，親が中国からの移民である人物の数と割合を年齢層別に整理したものである．それによると，70～79 歳の年齢層では半数の村人が中国人の移民を親としていた．また，割合は少なくなるが，30～39 歳の年齢層でも中国人を親にもつ人物がみとめられた[14]．

14 表 3-7 は，父方と母方の双方の祖父母について検討した結果である．ちなみに，検討の範囲を祖父母の世代まで広げて系譜関係を確認してみると，60～69 歳

20世紀初頭以降多くの中国人移民を受け入れてきたという特徴は，VL村だけでなく，サンコー区の他村においても広く当てはまる．例えば，サンコー区の全村を訪問しておこなった村落史の聞き取りのなかで，トンレサープ湖の増水域に近いCH村の老人女性（CH村出身，1918年生）は，次のように話していた．

　　「CH村には，自分が小さかった時分，9家族しか住んでいなかった．そして，そのうち7家族は，チェンが父親だった．その後，1960年代の終わり頃のCH村には，約50家族が住んでいた．そのうちの10家族ほどは，親がユオン（យួន：ベトナム人）だった．ユオンの家族の子供たちは，ベトナム語とカンボジア語の両方を話した．しかし親たちは，カンボジア語をよく話さなかった．これらユオンの家族は，1970年以降にいなくなってしまった．」

　この女性の話は，内戦前のサンコー区に，中国だけでなくベトナムからも移民が来ていたことを裏づけている[15]．
　地元住民の語りの内容を総合的に判断すると，20世紀初頭から半ばまでのサンコー区一帯は，カンボジア人（クメール人），中国人，ベトナム人が混住したクレオール的な環境であった．ただし，今日の地域社会で，そのような特徴が感じられる場面はほとんどない[16]．その原因の1つは，その後のカンボジア国内の政治状況にある．つまり，1970年に成立したロン・ノル政権が，ベトナム人に対して強硬な排斥政策をおこなった[17]．その後のポル・ポト政権も，

　　　の年齢層の43名のうちの9名（21％），50〜59歳の年齢層の51名のなかの16名（31％）が，中国からの移民を（父方または母方の）祖父・祖母としていた．
15　VL村において世帯構成員の親族系譜を聞き取った際は，祖父母の素性について，「川の方から来た（មកពីទឹក）人物」であり「ユオンであった」とか，「ユオンとチェンの混血（កូនកាត់）であった」と話す事例が複数あった．
16　第7章でみるように，中国起源の文化伝統からの影響は今日のサンコー区の人びとの生活の多くの場面で観察できる．しかし，例えば言語の使用においては，中国語やベトナム語を話すことのできる人物は今日ほとんどいない．
17　コンポントムのサエン川の沿岸には，もともとベトナム人の村があった．しかし，かつて住んだベトナム人の家族は1970年代に消え去り，いまはその後に移住してきたクメール人が住んでいる．

前政権の関係者とともに，ベトナム人を粛清殺人の対象とした．このような歴史のため，内戦前のサンコー区に住んでいたベトナム人については，存在が分かっていても，経歴や移住の経緯を探ることが不可能である[18]．

しかし，中国からの移民については，聞き取りで得た情報をもちいて素性をより詳しく探ることができる．

1）2つの移住パターン

VL 村の人びとによると，サンコー区とその周辺地域への中国人の移住には，2つのパターンがあった．第一のパターンは，トンレサープ湖の湖面で生業を営んでいた中国人がサンコー区内の集落に定住したものである．これは，中国からの移民の第一世代であり，70～80歳代の年齢層の住民の祖父母の世代に多くみられた．そして，第二のパターンは，第一世代の中国人移民が地元の女性と結婚した後に生まれた子供の配偶者として，新たに移り住んできた人びとである．この第二のパターンの中国からの移民は，33～78歳の年齢層の VL 村の村人の父親として確認することができた．

中国人の移住状況を知らせる具体例を1つ示したい．図3-6は，筆者の住み込み調査のホストであった CT 氏の世帯の親族系譜である．CT 氏の父親は，1902年に福建省で生まれた中国人であった（図3-6: ②）．移住の経緯は不明であるが，1920年代にはサンコー区に到着していた．当時のサンコー区には，父と同郷の中国人移民がさきに来ていたという．一方，CT 氏の末娘の夫の父親も中国人である（図3-6: ④）．この人物がサンコー区にあらわれたのは1950年代末である．彼は，さきにサンコー区に来ていた中国人移民の娘と結婚しており，第二のパターンの移住者といえる．

VL 村の人びとは，この第二のパターンの中国人の移住を「婿を買ってきたものだ」と説明していた．第一世代の中国人の移民たちは，子どもが生まれる

---

18 これらのベトナム人は漁業を生業としていた．ベトナム人の家族は，雨期のあいだは村で生活していたが，乾期になると洪水林のなかに残された湖沼で漁を続け，村に戻らなかったという．後述するように，現在の VL 村にはベトナム人が1名住んでいる．彼は，1980年代に兵士としてこの地域にやってきたときに地元女性と結婚し，世帯をかまえた．

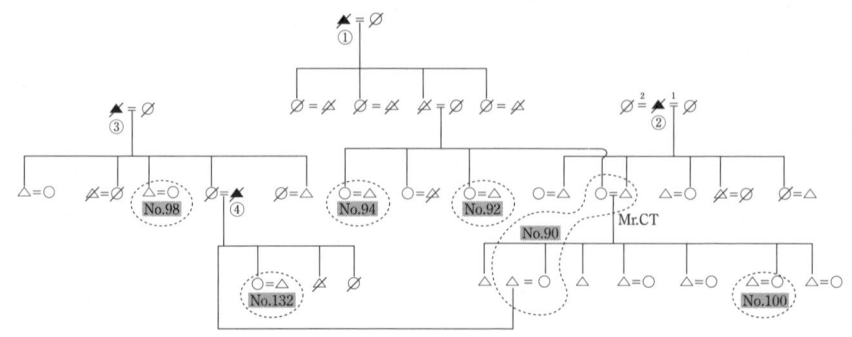

(説明) 系譜図中の中国人移民の経歴
①中国福建省の生まれ．生年不詳．移住経緯は不詳だが，サンコー区の CH 村に住んでいた．稲作のほか，籾米の買い付けなどの商売をしていた．
②中国福建省の生まれ．生年は 1902 年（1970 年，68 歳で死去）．仏領期にカンボジアにやってきた．サンコー区への移住経緯は不詳だが，VL 村には同郷の中国人移民が先にきていたという．
③中国福建省の生まれ．生年は 1910 年（1973 年，63 歳で死去）．1930 年代に，プノンペンから単身サンコー区へやってきた．
④中国福建省の生まれ．生年は 1930 年代？　12 歳で中国を離れてサイゴン（ホーチミン）へ移住した．フランス人の家で働いていた．その後，プノンペンに移住する．そこでサンコー区出身者と出会い，紹介されて VL 村出身の女性と結婚（1957 年）．結婚後しばらく VL 村に留まった後，プノンペンに戻って街頭で菓子を売るなどの商売をしていた．

(注) 図中の黒抜きの記号は，中国人移民を指す．
　　 点線の円は調査時に VL 村に居住していた世帯を，網がけ番号はその世帯番号を示す．
(出所) 筆者調査

図 3-6　CT 氏世帯の系譜図

とき，女子よりも男子の誕生を望んだ．そして，娘が生まれた場合は，その配偶者（夫）として同じ中国人を娶らせる傾向があった．カンボジア人の常識として，結婚には通常結納金のやりとりがある．しかし，第二のパターンの移住を経て婿として迎えられた人物は，中国出身の親がプノンペンなどへ出かけて同郷出身の独身の中国人男性を連れ帰ってきたものであり，何の財産ももたず身体 1 つでやってきた．よって，そのような結婚では，婿が義父に「買われた」のだという．

　中国からの移住者のなかには，さきにみた b11 の「草分け夫婦」の妻の父親のように，子連れでカンボジアにやってきた事例もあった．しかし，大半は男性の独身者であった．彼らの多くは，地元出身の女性との結婚を契機にサンコー区へ定住していた．

２）国道沿いへの再移住

さらに，VL 村の村人の系譜を分析する作業からは，サンコー区内やその周辺の村々にいったん定住した中国人移民が，その後改めて SK 村，VL 村などの国道沿いの村々へ再移住するというパターンが明らかになった．例えば，VL 村に住んでいた一男性（1922 年生）は，自身の父親について以下のように述べていた．

> 「自分は，サンコー区の CH 村で生まれた．父（1883 年生）は，福建からきた中国人であった．父は，カンボジアへきてから，トンレサープ湖で船によって生業を立てていた（រកស៊ីតាមទូក）．自分で漁をしたのか，それとも水運の仕事をしたのかはよく分からない．父は，自分が生まれたとき，コンポンコー区の方に水田を所有していた．父は，サンコー区の SK 村で生まれた母（1882 年生）と結婚してから，CH 村に住んだ．そして，自分が生まれた．しかし，当時の CH 村の周囲は森で，盗賊が多かった．水田はまだほとんど開けていなかった．そこで，自分が 1 歳のとき，母の出身村である SK 村へ移住してきた．」

この男性の父は，中国からの移民であった．そして，結婚後いったん CH 村に定着したが，治安の問題を理由として 1920 年代初めに SK 村へ移住していた．

以上の男性の例は，「近距離の移住事例」としてさきに紹介したトバエン区 PL 村から VL 村への「草分け夫婦」の移住の事例といくつかの共通点をもっている．まず，それらはいずれも，治安の問題という理由によって国道から遠い村を離れ，国道沿いの村へ移っていた．また，それらの「草分け夫婦」は中国人の移民を父としていた．

すなわち，20 世紀前半の時期の SK 村や VL 村には，直接の移住のほか，近距離の他の村々からの再移住も加えて，中国人や中国人を父・祖父にもつ人びとが集まるようになっていたと考えられる．VL 村の集落形成期の「草分け夫婦」のなかには，クマエ（クメール人）であると断言される人物もいる[19]．しかし，コーンチェン（「チェンの子供」）あるいはチャウチェン（「チェンの孫」）と説明を

---

19 例えば，集落形成の最初期のキョウダイ世帯である a1, a2, a3 は，生粋のクメール人であるといわれていた．

受けた人物の数の方が圧倒的に多い．

　そして，中国人や中国人を父・祖父にもつ人びとがこの時期国道沿いの村々に集中して居住するようになった理由としては，2つが考えられる．まず，さきの語りが直接的に示していたように，当時は国道沿いの村々の方が治安が安定していた．そのために，移住は生活上の不安を軽減するための一手段であった．ただし，そこには，さらにまた別の状況との関連が考えられる．

　実は，サンコー区では，同地域に定住した中国人移民が商業取引の従事者（អ្នករកស៊ី / អ្នកលក់ដូរ）になったという語りが広くみられる．例えば，60歳代以上の世代のサンコー区の人びとに対して，かつてこの地域にやってきた中国人の移民のことを話題にすると，「身体1つでやってきて最初は菓子（នំ）をつくった．それを天秤棒に入れて担いで，村々を歩いて売った．金を手に入れると牛車を買い，塩，プラホック（ប្រហុក: 魚を塩漬けにしてつくる発酵調味料），皿，衣服などの品物をそれに積んで遠くの村々まで出かけ，籾米と交換した．そうしてまたたくまに金持ちになった」という定型の人生譚を話すことが多い．中国人の移住者の個々の経歴を検討すると，実際には，稲作や漁業を生業としていた者も多かった．しかし，サンコー区に定住した中国人移民とその子孫の一部が，籾米の売買などを生業として早い時期から富を築いていたことも，また事実であった．彼らは，遅くとも1940年代までには，プノンペンとのあいだを行き来して商業取引をおこなっていた．

　SK村，VL村といったサンコー区の国道沿いの村々には，20世紀の初頭から半ばにかけて，中国人と系譜上のつながりをもつ人びとが多く集まっていた．そして，その一部は，広域的な商業活動に従事していた．このような状況を踏まえると，近距離の再移住を通して国道沿いの村へ住居を移した理由は，中国人同士の情報交換や商業活動をより発達させるためのネットワークの拡大を図ることにもあったと考えられる．

　以上のような地域社会の形成期の特徴が今日のサンコー区の社会状況とどのような関連をみせているのかという点については，世帯・村落間の経済格差を分析する第6章が取り上げる．次は，VL村の集落の「草分け夫婦」に関する資料に戻り，国内の遠方の地域からの移住者についてみてみたい．

(4) 国内遠方からの移住事例

VL村の「草分け夫婦」のなかには，国内の遠方の地域からの移住者もいた．例えば，b17の夫婦である．調査時に村内で暮らしていたその妻（1925年生）によると，夫婦の移住の経緯は次のようであった．

> 「夫 (1905年生，1991年没) は，プノンペンの西にあるカンダール州バエクチャーン (Baek Chan) 郡の出身だった．12歳のときにプノンペンの仏教寺院で得度し，見習僧となった．その後，僧侶として国内の寺院を移り歩き，サンコー区の仏教寺院SK寺に一時止住した．彼は，39歳のときコンポンチャーム州スコン郡の寺院にて還俗した．そして自分と結婚した．さらに，5年後の1950年にVL村へ移住してきた．移住の際は，かつて夫が僧侶としてSK寺に滞在していたときに教えを授けた地元の男性らが，家屋，水田，牛を共同で用意して迎えてくれた．」

上座仏教徒社会において，男性の出家行動が社会的・地理的な移動 (mobility) の機能をもつ点はタイ社会の研究において早くから指摘がある [e.g. Tambiah 1976]．b17の「草分け夫婦」の移住事例は，同様の視点がカンボジア社会を理解するうえでも有効であることを示している．

また，b17の夫婦の移住は，他の移住者を牽引する役割も果たしていた．すなわち，聞き取りによると，その後1952年前後にb17の夫のイトコとメイにあたる親族の3世帯が同じくバエクチャーン郡からサンコー区へ移住してきた．この3世帯はもともとトナオト（パルミラヤシ）の樹液を採集して煮詰め，砂糖をつくる仕事を生業としていた．そして，トナオトの樹木も樹液を煮詰めるためにもちいる薪も，バエクチャーン郡よりもサンコー区の方が格段に豊富であるというb17の夫からの誘いを受けて移住を決断したものだったという[20]．

20　VL村の屋敷地番号c18の「草分け夫婦」の夫 (1932年生) がその当事者である．彼は，20歳のときに，母および男キョウダイ2人とともにバエクチャーン郡

時代を下って，1951～70年に開かれた屋敷地の「草分け夫婦」(表3-6)をみると，そこにも遠方からの移住者の例がある．その一例は，タカエウ州ソムラオン (Somraong) 郡出身の男性 (1933年生) である．聞き取りによると，彼は地元の寺院で得度し，見習僧となって少年時代を過ごした．そして，20歳で還俗した後，警察関係の仕事をしていた母方の伯父を頼ってコンポントムにきた．コンポントムでは，飲食店に住み込んで4年間ほど働いた．そして，知人となった人物に紹介されてSK村出身の女性と結婚し，また結婚後はVL村に土地を買って移住した．

　サンコー区一帯で，タカエウ州出身者と会うこと自体は珍しくない．というのも，サンコー区の東のトバエン区のRC村の辺りから州都コンポントムにかけての国道沿いに位置する村々は，タカエウ州からの移民が中心となって1940年代以降に形成されたものである (集落の分布は，図2-1を参照)．今日それらの村々の人びとに移住の理由をたずねると，タカエウ州よりもコンポントム州の方が土地，魚，薪が容易に入手できたからだという．それは，人口密度の高いメコンデルタ地域から国内のフロンティア地域へという，当時のカンボジア国内の人口移動の潮流を示唆している．当時のトンレサープ湖東岸地域は，人口が少ない未開発地域であった．

　1930～70年を中心としたVL村の集落の形成期の様子は，以上のようであった．サンコー区の地域社会は，20世紀初頭以降多様な移民を受け入れて形成されてきた．そのおおきな特徴は，中国人の移民とその子孫が直接あるいは近距離の村々からの再移住を通して国道沿いに集まっていた点である．また，国内の遠方の地域からの移住の事例は，サンコー区を含むこの地域一帯が20世紀半ば頃まで未開地が多く残ったフロンティア的環境にあったことを明らかにしていた．

> からサンコー区へ移住してきた．母は，b17の夫とイトコの関係にあった．移住当初，彼らはVL村の世帯の屋敷地に家屋を建てさせてもらい，水田を開墾して耕作し，砂糖づくりをおこなった．彼は1956年にバエクチャーン郡へいったん戻り，同郡出身の女性と結婚した．そして，妻を連れてふたたびVL村へ戻ってから村内に屋敷地を購入し，生活を始めた．これらの世帯は現在も，バエクチャーン郡の親類とのあいだに冠婚葬祭の際に招待し合うといった関係を続けている．

では次に，以上のような歴史的状況を経て形成された VL 村の集落が，1970
年代の内戦とポル・ポト政権の支配のもとでどのような変容を余儀なくされた
のかをみてみたい．

3-3 集落の解体 —— 1970～79 年 ——

1970 年 3 月 18 日，シハヌークの外遊中にロン・ノル首相らのグループが
クーデターを敢行した．シハヌークは新政府に対する武力抗争を国民によびか
け，共産主義勢力と手を結んで民族統一戦線を結成した．聞き取りによると，
サンコー区はクーデターの直後から統一戦線の支配下におかれた．一方，直線
距離で 10 キロメートル余りしか離れていない州都コンポントムはロン・ノル
政府軍が拠点を維持した．道路交通が分断され，州都で生活する人びとは空輸
で物資の供給を受けなければならなかった．

サンコー区の住民の語りは，当時，民族統一戦線のなかにクマエソー
(ខ្មែរស: 「白いクメール」の意) とクマエクロホーム (ខ្មែរក្រហម: 「赤いクメール (ク
メールルージュ)」の意) という 2 つのグループがあったことを明らかにしてい
る．前者は，親ベトナムの一派であった．そして，トバエン区の一部の村など
では，1973 年に両者のあいだで大規模な戦闘があった．その後，クマエソー
は姿を消した．これは全国的な現象であったといわれる [*e.g.* Kiernan 1985]．

統一戦線が地域社会でおこなった活動の初期の状況については，よく分から
ない部分が多い．カンボジア国内の他の地方と同じく，サンコー区にも 1960
年代末までに共産主義勢力の活動がおよんでいたことは確かである．かつて
SK 寺の住職だった男性は，1962～63 年頃から時折共産主義勢力の関係者が寺
を訪れ，1967 年には特にその活動へ協力するよう強い働きかけがあったと述
べていた．しかし，ほどなくして SK 寺には共産主義者がいるといった噂が州
都の方面に流れ始めた．そこで，政府の監視を避けるため自分の側から共産主
義者と関係を断ち，それまでに渡された各種の文書も燃やしてしまったとい

う[21].

　他方，1971年には，当時サンコー区にあった小学校で教師をしていた人物の一部が，統一戦線の兵士に拉致されるのを恐れてプノンペンへ立ち去った．同年にはまた，トンレサープ湖の洪水林のなかにあった統一戦線の戦略ルートを分断するために，アメリカ空軍が爆撃を開始した．それを受けて，サエン川沿いのコンポンコー区の村々の住民の一部が，サンコー区へ避難してくるようになった．

（１）チョールチュオ

　1972年になると，統一戦線のメンバーがサンコー区の村々を頻繁に訪れ，歌や踊りを交えた宣伝活動をおこなうようになった．そして，腐敗した政府を倒すことの正義を主張する宣伝に賛同して，統一戦線の活動へ積極的に参加する地元出身者もあらわれた．サンコー区では，これらの人びとをチョールチュオ（ឈរជួរ：「行列につく，列をつくる，軍隊に入る」の意）した者とよんでいた．この時期にチョールチュオして統一戦線の活動へ参加した人物をサンコー区でさがすことは，容易である．ただし，北方のスロックルーの村々と比べると，サンコー区からの参加者はまだ少数であったという．

　VL村では，41〜65歳の年齢層の男女計13名がかつてチョールチュオした人物であるとみなされていた．そのうち8名はチョールチュオした男女からなる夫婦4組であった．彼（女）らは，統一戦線の指示に「服従した」という意味の協力者ではなく，その活動へある程度主体的に関わり，一定の役割を果たした人びとである．

　これらの人びとは，現在，内戦期からポル・ポト時代にかけての自分たちの活動の内容や境遇について多くを語りたがらない．ただし，悉皆調査の際におこなった生活史に関する聞き取りでは，彼（女）らがチョールチュオした経緯とその後の活動の状況について簡単な話を聞くことができた．その内容は，多

21　共産主義勢力による接触は，住職とその周辺の僧侶若干名に限られ，当時寺院に出入りしていた俗人の老人らはそのことを知らなかったという．

様の一言である[22]．例えば，VL 村出身の一女性（1950 年生）は，次のようにその経緯を話していた．

「自分がチョールチュオしたのは，1973 年末である．クマエクロホームがサンコー区の村々にきて，若い男女を集めてスロックルーへ連れていった．全員が行かなければならないといわれた．ただ，お金を払って行かない人もいた．チョールチュオした後は，連れて行かれたスロックルーの方で土木工事をしていた．」

また，VL 村に住むストーン郡出身の女性（1949 年生）は，次のように話した．

「自分は，1972 年にクマエクロホームへ入った．それから，ストーン郡の自分の出身村の付近の村々を訪ね，宣伝という武器（អាវុធឃោសនា）を使って他の若者を勧誘した．」

当時の VL 村から統一戦線の活動に加わった人物が何人いたのかを明らかにする作業は，その出来事からすでに 30 年以上の時間が経過しているため困難である[23]．ただし，次のような方法で推量することができる．まず，今日の VL 村の 149 世帯のなかの 182 の夫婦組（表 3-4）のうち，1979 年以前に結婚していた 79 組を対象としてその親族系譜を検討する．そして，重複がないように注意しながら，当時の VL 村の住民を構成員として含む核家族形態の親族ユニットを抽出する[24]．すると，87 の親族ユニットが確認できた．そして，その

---

22 例えば，これらの人びとがその後のポル・ポト時代を過ごした場所をみても，全く統一がない．すなわちそれは，プノンペンが 3 名，コンポンチャーム州の州都が 1 名，コンポンチャーム州チャムカールー郡が 2 名，そしてサンコー区周辺が 6 名であった．
23 また後述するように，1970 年代初めの時期にチョールチュオした人物のうち相当の数は，ポル・ポト時代とその崩壊直後の時期に死亡または行方不明になっている．このことも，当時の状況を精確に把握することを困難にしている．
24 ここで抽出した核家族型の親族ユニットでは，その構成員のすべてが当時 VL 村に居住していたわけではない．例えば，就学・就労を目的に都市で居住していたり，結婚して他所で独立世帯を形成していたりした子供らが一部に含まれている．また，検討の対象とした 79 の夫婦組のなかには，1972～73 年頃にサ

親族ユニットのなかでチョールチュオした人物を構成員に含むものを数えると，結果は28であった[25]（32%）．

1970年代前半の民族統一戦線の活動に関心を寄せて，カンボジア農村の任意のコミュニティを対象にその関与の実態を探ろうとする試みはほかに例がない．よって，3割程度というVL村における結果をどう評価するのかは，今後の課題である．しかしそこからは，統一戦線による活動が自らのキョウダイや親類を巻き込むかたちで非常に身近に存在していたというサンコー区の人びとの当時の日常生活の特徴を指摘することができる[26]．

（2）強制移住

聞き取りによると，年中行事や各種の宗教儀礼などは1973年まで従来に近いかたちでおこなわれていた．さらに，村人のなかには船でトンレサープ湖南岸のコンポンチュナン州まで行き，塩やガソリン，衣服などの物資をサンコー区へ輸送し，販売していたという人物もいる．空からの攻撃を避けるため，船の航行は夜間におこなった．事前に統一戦線の兵士に連絡を入れ，道中の安全を保障してもらっていた．

しかし，1974年に入ると，サンコー区の住民の生活は内戦下の非常事態に明確なかたちで組み込まれた．最初は統一戦線，次はロン・ノル政府軍によって強制移住が命じられたからである．

1）1974年2月の移住

複数の証言によると，VL村の人びとは1974年2月に統一戦線の兵士に命じられて国道から約7キロメートル北の森林へ移動した（図3-7: ①）．しかし，

ンコー区の他村に住んでいた例も含んでいる．情報不足により状況が不明瞭である若干のケースは，抽出の過程で対象から除外した．
25　そのうち18の親族ユニットは，チョールチュオした人物1名を含んでいた．残りの10の親族ユニットは，構成員のうち2名がチョールチュオしていた．
26　今日のサンコー区の人びとの語りには，チョールチュオした人物に対してクマエクロホームの一員であったというその属性を批判する意見はみられない．革命組織に加わっていた人びとも，近しい親族や友人の1人として語られている．

図 3-7　VL 村帯の強制移住の経路

○：VL 村／下の VL 村のサンコー
●：上の VL 村のサンコー
□：1974 年 2 月の統一戦線の命令による移住先
◎：州都
△：SM 村

ストーン郡
国道 6A 号
トンレサープ湖の洪水林
サェン川
コンポントム

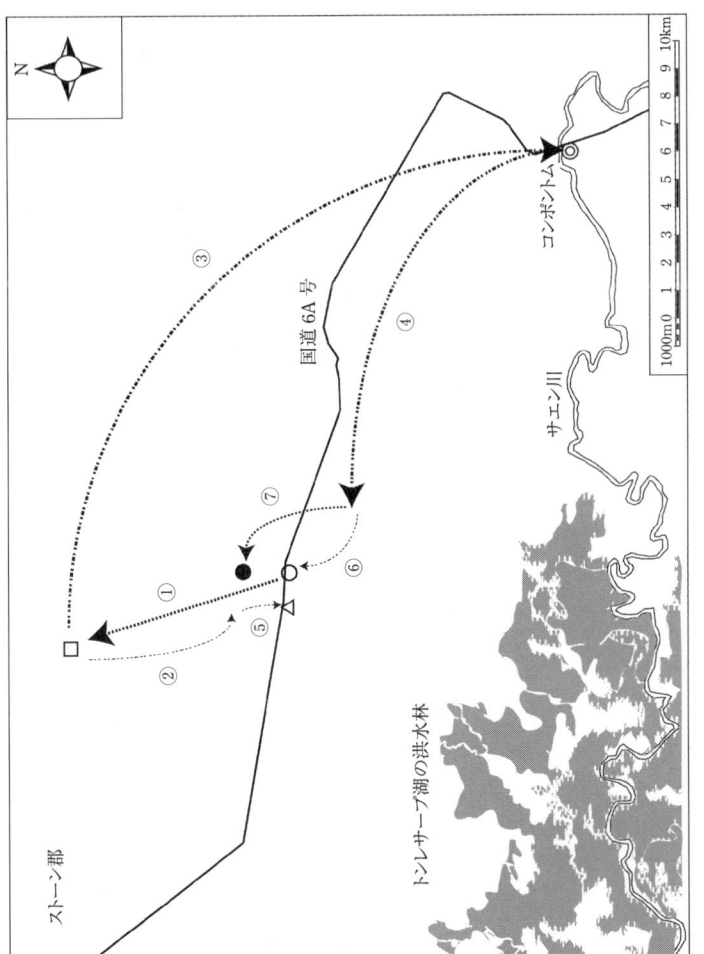

（出所）筆者調査

第 3 章　集落の形成，解体，再編

その約10日後にロン・ノル政府軍の兵士が進攻してきた．そして，今度は逆方向の州都コンポントムへの移動が命令された．このとき，VL村の6世帯は統一戦線側の兵士とともにさらに北方の森林へ向かい，その後もサンコー区の周辺に残った（図3-7: ②）．残りの約60世帯は命令にしたがって州都へ向かった（図3-7: ③）．

内戦下で起こったこの強制移住の戦略的意図は，サンコー区の住民を対象とした聞き取りからは明らかにならない．ただし，ロン・ノル政府軍による突然の進攻と住民に対する州都への強制移住の命令は，サンコー区を越えて北西のストーン郡の村々にまでおよぶ大規模なものだった[27]．政府軍の兵士は，州都では政府が生活を保障すると伝え，その直前の移動後に建てたばかりの簡易な家屋に籾米や鶏などを放置させたまま行動を急がせたという．このようにして，1974年のサンコー区の集落には居住者がほとんどいなくなった．

当時の移住に関する村人の語りをいくつか紹介したい．まずは，州都へ向かわずに，統一戦線側にとどまった男性（1932年生）の話である．

「自分は，1970〜72年のあいだもサンコー区の北のニペッチ区でさまざまな品物（ឥវ៉ាន់ចប់ហួយ）を売る商売をしていた．戦闘が激しくなったので，1973年にいったんVL村へ戻った．そして，1974年2月にクマエクロホームの兵士に命じられてプロフート（Prohut: ニペッチ区よりさらに北に位置するプラサートバラン郡内の地名）からプディーク（Phdiek: プロフートより北のプラサートバラン郡の地名）の辺りへ移動した．もともと，クマエクロホームの兵士には知り合いが多かった．ロン・ノル政府軍がきたのはカンボジア暦のミアック（មាឃ）月の下弦8日目であった[28]．その後，雨期が始まる前にVL村へ戻った．VL村，SK村，BL村の辺りであの年に稲作をしていたのは，自分を含めて7家族だけだった．」

別の女性（1947年生）は，次のように話した．

---

27 1974年2月のロン・ノル政府側による強制移住の実施範囲は，ニペッチ区が北限だったようである．後の聞き取りでは，ニペッチ区の住民はほぼすべて，統一戦線側の兵士と行動をともにしていた．

28 これは，1974年2月15日にあたる．

> 「自分は当時プディークの方にいた．ロン・ノル兵が来たときは，他の村人と離れていた．あの辺りは森のなかなので，2〜3キロメートルも離れたら互いの様子が分からない．クマエクロホームが好きだったわけではない．ただ，皆から遅れてしまったので，残った．」

村人から遅れ，後で追いかけるように州都へ向かった男性（1959年生）もいた．

> 「自分は，1974年の初め頃，クマエクロホームに2ヶ月ほど入っていたが，サンコーの人びとがコンポントムへ向かったのを知って，脱走した．銃と弾薬はロン・ノル政府に差し出せば褒賞がもらえたが，説明が面倒で途中で捨てた．コンポントムでは若い男が強制的に捕まえられ，兵士にさせられた．自分も捕まり，一度はトラックに乗せられて遠くに連れて行かれた．坊主頭にさせられ，名前を書いた板を首に下げて写真を撮られた．軍服も与えられた．すぐに脱走したが，また捕まった．最初に捕まえられたときは嘘の名前を使ったが，2回目には面倒になり，本名で入隊した．そして，コンポンコー区の方で警備の仕事に就いた．規律は，クマエクロホームよりもロン・ノル軍の方が厳しかった．3日間の休暇をもらってその期日内に戻らないと，罰として，前線から20メートルも前に進み出た位置に立って警備をするよう命じられた．クマエクロホームの方はいいかげんで，名前もよく確かめずに銃を与えていた．」

強制移住を命じられたVL村の人びとは，州都へ到着すると，親族や友人のつてを頼ってそれぞれ別々に住処を探した．しかし，政府軍が約束した物資の配給は最初だけで，滞りがちだった．慣れない環境と限られた物資のなかで暮らしを立てなければならかった当時の苦労は並大抵でなかったと多くの人が述べていた[29]．また，さきの男性の話が示していたように，未婚男子の多くが政府軍に捕まえられ，即席の兵士に仕立てあげられた[30]．ロン・ノル政府と統一

---

29 州都では，1年のあいだに物価が酷く上昇したという．例えば，1974年2月に8万リエルだった牛1頭の売値は，1975年初めには30万リエルになった．
30 このような状況のなか，VL村の村人ではないが，州都へ移動した後に出家す

戦線の勢力の拮抗地帯に住まわされ，水田や畑での仕事の傍ら，州都を警備する任務を負わされた人びともいた[31]．

2）1975年4月の移住と人口の政治的類別

1975年4月17日，統一戦線がプノンペンを攻略した．これにより内戦は終息し，コンポントムに移動していたVL村の人びとは母村へ帰ろうとした（図3-7:④）．

地元の人びとは，その後に強制された生活の急激な変化について，当時ある程度の見通しをもっていたようである[32]．VL村の村人の1人は，以後は自分の財産が自由に処分できないと統一戦線の活動へ参加していた友人を通じて聞いていたため，州都から村へ戻る途中に豚を殺して食べてしまったという．また，その後の生活で貨幣が廃止されることを事前に知っていた，と話す村人もいた．

当時のカンボジアの他の地域の住民と同様，サンコー区に戻った人びとはオンカーとよばれた革命組織による経歴調査の対象となった．そして，革命組織は，その結果にもとづいて人びとをカテゴリに分類した．すなわち，1975年4月以前に統一戦線の支配地域で生活していた人びとを「旧人民（ប្រជាជនចាស់）」，それ以後に勢力下に入った人びとを「新人民（ប្រជាជនថ្មី）」と区別した[33]．農村地帯にあるVL村の出身でありながら，ロン・ノル軍が命じ

ることを選んだ人物もいた．僧侶になってしまえば，徴兵の対象とされないからであった．

31　州都の周囲はどこでも，勢力拮抗地域（ខ្សែក្រវាត់）であった．VL村の村人の一部は，ロン・ノル政府から銃の配給を受けたうえでそこに住まわされ，州都を警備する役目を負わされた．

32　サンコー区の北のダムレイスラップ区の出身でVL村に住む一女性（1959年生）によると，彼女の出生村の村人の多くは，1974年2月に州都へ向かわず，統一戦線の指導下に入った．そして村では，1974年のうちから農地が集産化され，共同耕作が始まっていた．VL村の村人たちも，1975年4月以前に，このような生活の変化を伝え聞いていたものと考えられる．ちなみにサンコー区では1976年に始まった共同食堂制も，ダムレイスラップ区の村々では1975年から始められていた．

33　「旧人民」と同義で，「基幹人民（ប្រជាជនមូលដ្ឋាន）」というよび方も広く知られ

た強制移住の結果として1974年の1年を州都で過ごした人びとは，新人民の範疇に入れられた．

サンコー区の人びとは，革命組織がもちいた人口類別として，「全権 (កញ្ចប់)」，「予備 (បម្រុង)」，「依託 (ផ្ញើ)」という3つの範疇についても述べていた．これらの範疇は，旧人民／新人民という区別とともに，ポル・ポト政権下のカンボジアで全国的にもちいられた人口類別であった [*e.g.* Kiernan 1996: 57, 186]．VL村の村人についていえば，1974年2月の時点で州都へ行かず，統一戦線の兵士と行動をともにした人びとが「全権」とみなされた．他方で，1975年4月に州都から戻った人びとは「予備」とされた．また，プノンペンの近郊地区などからこの時期にサンコー区まで強制移住させられてきた人びとが，「依託」としてあつかわれた[34]．

革命組織はその後，類別した範疇にしたがって人びとの居住地を指定した．すなわち，VL村の村人のうち，「全権」の6世帯にはサンコー区のSM村で居住するよう命じた (図3-7: ⑤)．そして，州都から戻ってきた「予備」の範疇の人びとについては，1975年以前の統一戦線の活動への参加者，つまりチョールチュオした人物を世帯構成員に含むかどうかが調べられ，含む世帯はVL村の旧来の集落に (図3-7: ⑤)，含まない世帯は国道から約2キロメートル北の荒蕪地に住むよう命じた (図3-7: ⑦)．

「予備」範疇の世帯をチョールチュオした人物の有無にしたがって二分し，居住地を指定したやり方は，サンコー区内の他村においてもみられた．VL村の事例で確認する限り，その際には親子関係が基準とされ，キョウダイ関係は考慮されなかった．つまり，キョウダイにチョールチュオした人物がいても，自身が結婚して別の世帯をつくっていた場合には，旧来の集落での居住が許されなかった．

その後，革命組織は，集落を意味するプームという言葉ではなく，サハコー

る．

34 当時サンコー区に送られてきた「依託」の人びとには，カンダール州バカエン (Ba Khaeng) 郡などプノンペンの北方の近郊地区の出身者が多かった．これらの人びとは，1979年1月，直ちに出身地へと戻っていった．

という言葉で人びとの居住地をよんだ[35]．VL村の旧来の集落は「下のVL村のサハコー」，国道より北の荒蕪地に開かれた新しい居住地は「上のVL村のサハコー」とよばれた[36]．「上のVL村のサハコー」では，直線状の道に沿って幅25メートルの敷地を区切り，それぞれに間口3メートルで奥行き4メートルの家屋が建てられた．この家屋の列は全部で4列あったという．そこには，VL村のほか北隣のTK村などからも村人が集められていた．

サンコー区では，1976年から共同食堂制が始まった．「上のVL村のサハコー」には，共同食堂が6ヶ所設けられた．村人によると，各々の共同食堂はコーン（កង：「(軍隊の)隊」の意）とよばれた30～32家族からなる集団が利用した．そこから逆算すると，当時の「上のVL村のサハコー」には，およそ180家族が生活していたことになる．サハコーの名称にはVL村の村名がもちいられた．しかし，VL村の出身者はその構成員の一部でしかなかった．

一方で，「下のVL村のサハコー」では，旧来の家屋の一部がそのまま居住にもちいられた．かつての所有者の意向は考慮されず，地元出身の世帯が他地域出身の「依託」範疇の世帯と共住したケースが多かったという．

村人らの話を総合すると，「上のサハコー」と「下のサハコー」のあいだでは，住民の食事や労働の内容におおきな差がなかったようである．箸も立たない水のような薄い粥，飢餓，1日単位で設定された非現実的な労働ノルマ，粛清のため突然連れ去られた親戚や隣人たちといった話題は，ポル・ポト時代を体験したVL村の誰もが話していた．日々の労働は，世帯でなく，年齢・性別に編成された労働班を単位としておこなった．食事も，居住するサハコーの食堂で，決められた時間に同一の食物をとるよう命じられた．ただし，一部の村人は，「下のサハコー」での生活の方が，屋敷地内に有用植物が多かった点で「上のサハコー」より好ましかったと述べていた．

1975～79年には集落の景観も変化した．VL村の集落の現在の様子（図3-1）

35　この種の使用語彙の刷新は，革命政権の常套的政策である．ほかに，親子のあいだのよびかけで「同志」（មិត្ត）という言葉をもちいるなど，多数の例が挙げられる．

36　「上のVL村のサハコー」は，1979年以降放置され，現在はふたたび荒蕪地になっているという．

と，1970年以前の屋敷地の分布状況（図3-2）を比較すると分かるように，ポル・ポト時代のVL村では，集落の南と南西に革命組織の命令で直線状の道が開かれた．この道は，同時期に集落の南の水田につくられた灌漑用の水路（約2メートルの幅）と並行して走るものであった[37]．

3）村落世帯の移住経験の検討

以上のように，VL村の人びとは，ポル・ポト時代が始まる前の1974年から強制移住を命じられ，住み慣れた集落を追われていた．そして，ポル・ポト政権下ではそのほとんどが母村に住むことができなかった．このような村人の移住の経験は，調査時にVL村で生活していた夫婦組を対象とした分析を通して確認することができる．

図3-8は，1974年までに結婚していた67組の夫婦組の1973〜79年の期間の居住地の変遷である．67組のうちの60組は，1973年以前に結婚していた．そのうちの48組はVL村に，12組はVL村の周辺の村々に住んでいた[38]．

当初からVL村に居住していた48組の夫婦の移住の経験を追ってみたい．まず，そのうちの4組（8％）は，1974年に統一戦線の側で生活していた．残りの42組（88％）は，政府軍の兵士の命令にしたがって移動し，州都で生活していた．いったん州都へ移動した後に，キョウダイや友人を頼ってプノンペン，コンポンチュナン州へ移った夫婦も1組ずつみられた[39]．次に，ポル・ポト時代の様子をみると，1974年を州都で過ごした42組の夫婦は，すべてが母村へ帰ろうとした．その後，経歴調査の結果を受けて，34組（81％）が「上のVL村のサハコー」へ，7組（17％）は「下のVL村のサハコー」へ移動した．しかし，残り1組の夫婦の移動は，他のものとおおきく異なっていた．この夫婦

---

37 ポル・ポト時代に生じた地域の景観の変容については，農地を対象とした第4章の記述と考察でも取り上げる．
38 この12組は，1979年以降に近隣の村々からVL村に移住した夫婦である．後述するように，ポル・ポト政権崩壊後しばらくのあいだ，地域では流動的な治安状況が続いた．そのため，人びとは国道沿いに密集して暮らした．12組の夫婦はこの時期にVL村内に移り住み，後に土地を取得して生活の場を移したものであった．
39 この2組の夫婦世帯の移動の手段は，空路であった．

1973年

居住地	夫婦組数
サンコー区 VL 村	48
サンコー区の他村	9
トバエン区の村	3
計	60
1974年中に結婚＝7組	

1974年2月～1975年4月

居住地	夫婦組数
コンポントム	42
統一戦線側	4
プノンペン	1
コンポンチュナン	1
コンポントム	7
統一戦線側	2
コンポントム	2
統一戦線側	1
コンポントム	5
コンポンチャーム	1
プノンペン	1
計	67

1975年4月～1978年12月

居住地	夫婦組数
上の VL 村のサハコー	34
下の VL 村のサハコー	7
プノンペン	1
SM 村のサハコー	3
下の SR 村のサハコー	1
カンダール州～ポーサット州	1
下の VL 村のサハコー	3
下の SK 村のサハコー	2
上の VL 村のサハコー	1
SM 村のサハコー	2
上の VL 村のサハコー	2
トバエン区のサハコー	1
上の VL 村のサハコー	5
プノンペン	2
計	67

1979年

居住地	夫婦組数
サンコー区 VL 村	63
サンコー区 SK 村	3
バッドンボーン州	1
計	67

図 3-8　1975 年以前に結婚した VL 村の夫婦 67 組の居住地の変遷（1973～79 年）

(注) 1979 年、サンコー区 SK 村に帰還した夫婦 3 組は、その後 1982 年、1985 年に各々 VL 村へと移住した。
同年、バッドンボーン州へ向かった 1 組は、1980 年に VL 村へ移住した。
(出所) 筆者調査

は，いったん母村へ戻った後にプノンペンへ移っていた．

　1975年にプノンペンへ向かった夫婦については，個別の事情を説明する必要がある．図3-8を改めてみると，そこには，1974年中に結婚した7組の夫婦の存在が示されている[40]．そのうちの5組は，コンポントムへ移動した村落世帯の成員が州都で結婚したものであった．しかし残りの2組は，コンポンチャーム州とプノンペンというサンコー区から遠く離れた場所で結婚していた．実は，これらの夫婦はいずれもチョールチュオしていた人物である．そして，彼（女）らは，1975年4月以降プノンペンへ移動して工場労働などの仕事に就いていた．つまり，1975年にいったんVL村へ戻ってから，改めてプノンペンへ移動した1組の夫婦は，統一戦線の活動に参加していた子供（娘）が自らプノンペンへ移った後に親世帯をサンコー区からよび寄せたものだった．

（3）ポル・ポト時代の地域社会

　ポル・ポト時代の地域社会の状況を，今日そこで生活している人びとを対象とした聞き取りによって明らかにしようとする作業は，容易でない．まず，現在の人口の過半数は，当時まだひどく幼かったか，その後に出生した人びとである（表3-2）．彼（女）らにとって，ポル・ポト時代は遠い昔の出来事になりつつある．実際，筆者の質問に応えて当時の生活について話す父母たちの傍らで，「お話のように聞こえて，本当のことに思われない」と感想を漏らす若者にも出会った．ポル・ポト時代の経験は，人びとのあいだで徐々に「過去」のものとなろうとしていた．

　他方，サンコー区では，ポル・ポト時代に革命組織の地方幹部であった人物に聞き取りをおこなうこともできなかった．まず，当時の幹部らは，地元出身者ばかりでなかったため，ポル・ポト時代以後の足取りがつかめなかった．また，地元出身者であったとしても，その多くは1979年のベトナム軍の侵攻時にタイ国境付近へ逃走し，そのままカンボジア西部のバッドンボーン州，ボンティアイミエンチェイ（Banteay Mean Chey）州などに生活の場を移していた[41]．

　40　これらの7組の夫婦はいずれも，夫または妻がVL村の出身者である．
　41　これらの人びとは今日，親族の冠婚葬祭の機会などに帰郷してくる．しかし，

1980年代に行方不明となったままの人物も相当数いた．さらに，現在のサンコー区の住民のあいだには，かつての幹部らを探しだそうという積極的な姿勢がみられなかった[42]．

ポル・ポト時代の社会状況については，新人民と旧人民のあいだで生活上明らかな差別がみられたとする意見がある [e.g. Kiernan 1996: 190]．筆者は，サンコー区でポル・ポト時代を過ごした「依託」範疇の人びとから現時点でまだ十分な聞き取りをおこなっていない．そのため，この点は今後の検討課題である[43]．

一方，ポル・ポト時代の全体をみると，1975年の1年間は，サンコー区の人びとにまだ若干の行動の自由がみとめられていたようである．例えば，この時期のサンコー区の一部のサハコーの代表者は，それを構成する各世帯が提供した衣服や貴金属をもってコンポンチャーム州へ向かい，米と交換して戻ってきたという．それは，オンカーの地元幹部の許可を得ての行動であった．

1）強制結婚

ポル・ポト政権の支配の特徴は，人びとの生活の各領域に国家権力が上意下達式の管理を行き渡らせた点にある．当時，居住地や労働の内容を選ぶ自由が人びとになかったことはすでに述べた．食事も，革命組織が管理した．さらに，結婚も革命組織が準備した．これが，ポル・ポト時代の強制結婚とよばれる事例である．

調査時にVL村で生活していた夫婦のうち，12組はポル・ポト時代に結婚していた（表3-4）．表3-8は，それらの夫婦の出身地の分布である．事例数が少

　　　移住先で生活の基盤を築いており，改めてサンコー区に戻ってくる様子はなかった．
42　大規模な仏教行事で，隣接する広い地理的範囲から人びとが寺院に参集したとき，かつて革命組織の地元幹部だった人物が指差されて，「あいつがいるぞ」といったささやきが老人たちのあいだに広がった場面には何度か遭遇した．
43　筆者は2007年に「依託」範疇に分類されてサンコー区へ強制移住させられたプノンペン近郊地区の人びと数名にインタビューした．そこでも，当時のサンコー区における「新人民」と「旧人民」の生活上の区別は，特に問題とされるほどおおきくなかったという意見が主だった．

表 3-8 ポル・ポト時代に結婚した 12 組の夫婦の出生地（VL 村）

妻＼夫	VL 村	SK 村	サンコー区内	コンポンスヴァーイ郡内	コンポントム州内	他州	計
VL 村	2	0	1	0	2 (1)	0	5
SK 村	1	0	0	0	0	0	1
サンコー区内	3	0	0	1	0	0	4
コンポンスヴァーイ郡内	0	0	0	0	0	0	0
コンポントム州内	2 (2)	0	0	0	0	0	2
他州	0	0	0	0	0	0	0
計	8	0	1	1	2	0	12

（注）括弧内は，チョールチュオした人物同士の夫婦の数を示す．
（出所）筆者調査

ないため，革命組織の管理下で準備された結婚事例の一般的な特徴をそこから直ちに導き出すことはできない[44]．ただし，そこには，ポル・ポト時代の強制結婚について従来いわれてきた内容と若干異なるケースもあった．以下，いくつかの事例を紹介したい．最初は，VL 村出身の一男性（1956 年生）の例である．

「自分は，1974 年に父母とともにコンポントムへ行った．捕まって兵隊にされないよう学校での勉強を続けた．1975 年に村へ戻ってからは，兄がチョールチュオしていたので，VL 村の自分の家に父母と一緒に住んだ．1977 年に SK 村の 1 軒の家に集められて結婚した．当日は，27 組の男女がいちどに夫婦となった．ネアックスロック（ អ្នកស្រុក：「地元の人」）も，ネアックプノンペン（ អ្នកភ្នំពេញ：「プノンペンの人」）も混ざっていた．料理は，豚肉，魚を使った 3 品だった．デザートも 1 品あった．酒はなかった．」

---

44 ポル・ポト時代に結婚した 12 組の夫婦のあいだには，チョールチュオした人物と新人民の組み合わせがない．また，ポル・ポト時代に革命組織の命令で結婚した後，1979 年以降に離婚したという事例もない（チョールチュオした人物で，1973〜74 年に結婚していた人物が，1979 年以降に離婚した事例はある）．

革命組織の命令で彼が結婚した相手は，サンコー区のSM村出身の女性（1954年生）だった．彼と女性のあいだに事前の接触は全くなかったという．

ポル・ポト時代に結婚した12組の夫婦のうち3組は，チョールチュオした人物同士の組み合わせである．VL村出身の一男性（1942年生）はその経緯を次のように話していた．

> 「自分は，1972年にクマエクロホームに入った．最初は，クマエクロホームがVL村に設けた詰所 (ប៉ុស្តិ៍) にいた．その後は，トンレサープ湖の洪水林のなかの湖沼で漁をしたりした．トンレサープ湖の方では，一度だけ戦闘に参加した．1974年には，コンポンチャーム州のチャムカールー郡の方へ行き，畑でトウモロコシなどを栽培した．1975年に自分から希望してサンコーへ戻った．そしてその年に，自分と同じく1972年からチョールチュオしていた女性（1945年生）と結婚した．彼女は，コンポントム州ストゥンサエン郡内の村の出身だった．」

この男性の場合も，結婚することになった女性とは事前の面識がなかった．

VL村の村人のなかには，革命組織が当時準備した結婚についての傾向として，金持ち (អ្នកមាន) と貧乏人 (អ្នកក្រ)，肌の白い人 (អ្នកសម្បុរស) と肌の黒い人 (អ្នកសម្បុរខ្មៅ) をかけ合わせたものが多かったという意見があった．ここでいう肌の白い人とは，稲作や漁業ではなく，商業取引を生業としていた比較的富裕な人びとを指す．またそこには，中国人の子孫 (កូនចិន) という含意もある．逆に，肌の黒い人とは，農民であり，クメール人であるという意味である．つまり，当時は，従来の社会状況では結婚する可能性が低かった両者を強引に夫婦としたものが多かったという．

一方で，VL村出身の別の男性（1954年生）は，次のように話していた．

> 「自分は，1975年にコンポントムから戻ってから，上のVL村のサハコーで生活していた．そして，1976年に結婚した．これは，父母が取り決めた (ចាត់ចែង) ものであった．つまり，父母が上のVL村のサハコーの長 (ប្រធាន) に頼んで口を利いてもらった．そして，SK村にて他の20組とともに結婚した．」

この男性が結婚した女性は，彼と同じくVL村の出身であった．革命組織が結婚の行事を準備したという点は他と同じであるが，相手の選択については親の意向が働いていた．男性によると，当時の「上のVL村のサハコー」の長はサンコー区の西のトバエン区の出身者であった．また，サハコー内で所属していたコーンの長は，VL村の出身者であった．彼の父母は，これら地元出身の幹部に願い出て，息子の結婚を手配していた．この事例は，ポル・ポト時代の一種特殊な秩序のもとでも，生活のなかに交渉の余地が残されていた場合があったことを教える．

2）地元出身者と遠方からの移住者
　ポル・ポト時代の体験としてサンコー区の人びとが話す内容は，にわかには信じがたい種類のものである．また，当時の状況については理由がよく分からない部分が多い．ただし，よく分からず信じがたいものであるとして一般化してしまっては，その内部の差違を見過ごすことにもなる．
　当時のサンコー区での人びとの生活を理解するうえでは，地元出身者と遠方からの移住者のあいだの境遇の違いを踏まえることが大切である．例えば，VL村出身の一男性（1952年生）は，ポル・ポト時代の自身の体験を次のように話していた．

　　「自分は，1974年に母やキョウダイとともにコンポントムへ行った．そこでは，州都を警備する仕事に就かされた．3回逃げたが結局捕まって銃をもたされた．1975年にサンコー区へ戻った．そして，経歴の調査でロン・ノル兵だったとみなされてしまった．否定したが，サラーヴィサイ（Sala Visay: プラサートバラン郡内の地名）の監獄へ連行された．そこで拷問を受けたが，自分は否定し続けた．そのまま殺されると思った．でも，サンコー区の親族たちがSK村出身でチョールチュオしていた自分の第一イトコ（បងប្អូនជីដូនមួយ）を通じて交渉してくれたおかげで，1976年にサンコー区へ戻ることができた．しかし，その同じ年に母が連行され，殺されてしまった．母が殺された理由は，分からない．」

　この男性の体験は，ポル・ポト時代のサンコー区で地元出身者とそれ以外の

人びとのあいだにあった境遇の違いを示唆している．すなわち，彼は，地元の革命組織の幹部のなかに親族がいたおかげで生きのびることができた．強制移住を命じられ，遠方から移動してきていた「依託」の範疇の人びとに，この種の社会的な紐帯があったとは考えられない．つまり，ポル・ポト時代の生活では，そのすべてに該当するものではなかったとしても，親族・知人の人間関係の紐帯に頼って交渉をおこなう余地が地元出身者に残されていた．

　上記の男性も，自身は親族の支援によって助かったが，母親は理由が明らかにされないまま殺されてしまった．このように，ポル・ポト時代の人びとの命運の一端が予測不可能な事由の影響下にあったことは事実である．しかし，強制移住の対象にされたとはいえ，チョールチュオした人物を輩出し，出身地の近くで生活を送ることができたサンコー区の人びとと，全くの遠方からの移住者のあいだでは，ポル・ポト時代の経験に異なる部分があったと結論できる．親の意向が結婚の相手を決めたというさきに述べた結婚の事例も，この結論を支持するものである．

（4）死者と隣人間の経験の相違

　ポル・ポト時代のカンボジアの社会状況については，150万人と推定される大量の死者がよく話題となる．サンコー区でも，病死や餓死のほか，意図的な殺人によって多くの死者が生じていた．では，ポル・ポト時代にサンコー区周辺で生じた死者の規模は，いったいどのくらいだったのだろうか．

　1970年代前半にVL村からチョールチュオした人物の数を推量したやり方にならって，その規模を推し量ってみたい．手順としては，まず，1979年以前に結婚していた79組の夫婦から抽出した87の親族ユニットをふたたび対象とする．そして，ポル・ポト時代に死亡した人物を構成員として含むケースがそのなかにどれだけあるのか確認すると，87のうち59の親族ユニット（68％）が該当した[45]．つまり，残りの28の親族ユニット（32％）は，ポル・ポト時代に，

45　ここでは，ポル・ポト時代に消息が途絶え，それ以後今日も生死が分からない人物も死者としてあつかった．ポル・ポト時代から今日まで30年が経つあいだに何も情報がないということは，1979年の前後の時点で死亡していた可能

構成員が亡くなっていなかった．

おおざっぱな推計であるが，以上は，1970年代に存在していたVL村の親族ユニットの約7割が，ポル・ポト時代に生じた死者と何らかの関わりをもっていたことを示す．

それらの死者についての具体的情報は以下のようであった．まず，ポル・ポト時代の死者は，チョールチュオした人物とそれ以外の人びとに大別できる．すると，構成員のなかに死者がいた59の親族ユニットのうち16の事例で，死者はチョールチュオした人物であった（27％）．また，36の親族ユニットにおける死者は，チョールチュオと関係のない一般人であった（61％）．さらに，残りの7つの親族ユニット（12％）には，チョールチュオした人物と一般人の双方が死者として含まれていた．

他方，以上の親族ユニットの構成員のなかのポル・ポト時代の死者の数は，ちょうど100名となっていた．その内訳はチョールチュオした人物が25名，それ以外が75名であった．さきに，87の親族ユニットのなかにはチョールチュオした人物が合計38名いたと述べた．それを踏まえると，チョールチュオした人物の66％がポル・ポト時代に死亡していたという結果が導かれる．

さらに，一般人の死者75名のうち33名（44％）は，意図的に「殺された（ກນເຫລາ）」ものだと説明されていた．特にそのうちの18名は，夫（妻）や子供を含め家族の構成員すべてが「皆殺し」にされていた．このようなケースは，親がロン・ノル政府の関係者であったり，小学校などで教師をしていた人物であったりした場合が多い．そして，以上の33名をのぞいた残りの42名の死因は，事故死，老衰による衰弱死，栄養失調によって身体が浮腫む病による死などであった．そのなかには，ポル・ポト時代に革命組織によって徴兵され，1977〜78年にベトナム国境で生じた戦闘に参加し，死亡した者が8名含まれていた．

以上から，今日VL村に住む人びとの多くが，ポル・ポト時代の死者をその生活史の一部としていることが具体的なデータとして明らかになった．例えば，VL村出身の一男性（1945年生）は，7人キョウダイ（6男1女）の第三子で

性が高い．

あった．そして，彼自身と末弟をのぞく5人のキョウダイと父親をポル・ポト時代に失なった．彼の話では，父親は彼とともに「上のVL村のサハコー」に住んでいた．しかし，1977年にトバエン区の収容施設に連行され，殺された．連行された理由は明らかでない．また，コンポントムで教師をしていた長兄，プノンペンで医者をしていた次兄，プノンペンの学校で勉強中だった弟2名は，いずれも高学歴が仇となってバッドンボーン州などへ強制移住させられ，後に殺されたという．妹は地元にいたが，ポル・ポト時代に熱病に冒され，満足な治療を受けることなく亡くなった．彼は，ポル・ポト時代に失なった家族のことを考えると，いまも怒りで「腹が熱くなる」と語っていた．

　村に暮らす人びとのなかには，この男性と全く異なる立場でポル・ポト時代を過ごした人物もいた．例えば，さきに紹介した男性の家の3軒隣には，1972年にチョールチュオし，ポル・ポト時代をプノンペンで過ごした女性（1945年生）が住んでいた．彼女は，同じくチョールチュオしていたコンポンチャーム州出身の男性と1974年に結婚した．そして1975年に，「下のVL村のサハコー」にいた両親と3名の弟をプノンペンへよび寄せた．プノンペンでは，家族が一緒に住むことはなかった．彼女は縫製工場での仕事に就き，老齢であった父はトナオト（パルミラヤシ）の樹液を煮詰めて砂糖をつくる仕事をした．母はゴザ編み，弟らはそれぞれメコン川の汽船乗務員，製材工場，電線管理の仕事に就いていた．1979年1月にプノンペンが陥落すると，彼女はまずボートでバッドンボーン州へ逃げた．そして，そこで2ヶ月過ごしたなかで夫と別れた．その後，コンポンチャーム州の母の故郷を経由して，1980年にVL村へ戻ってきた．3名の弟のうち，末弟はこの時期に行方不明になった．

　以上の2名の人物のうち，さきに紹介した男性の経験は，革命組織による恐怖的支配というポル・ポト政権について従来からよく報告されている内容を思い起こさせる．他方で，後者の女性の事例は，一種特殊なポル・ポト時代の社会状況のなかでも親子キョウダイの紐帯にもとづく相互支援の働きがあったことを示していた．

　ここで両者の経歴を比べて，政権の支配への関与という点で，前者をポル・ポト政権の支配の「被害者」，後者をその「加害者」の一味と区別することもできる．しかし筆者は，VL村での1年以上の住み込みのあいだ，ポル・ポト時

代にとった各人の行動が公の非難に晒され，村八分のような差別的状況が生みだされた場面を一度も目にしなかった．この事実を踏まえると，両者を安易に加害者と被害者という立場に分けることはためらわれる．

ポル・ポト時代の経験の相違は，その後の地域社会の分裂の原因とはなっていない．サンコー区は，1970年から統一戦線の支配下におかれ，チョールチュオした人物を比較的多く輩出していた．よって，共産主義勢力への共鳴者がもともと多い地域であり，それが原因となって今日ポル・ポト時代の過去が問題となっていないのだと考えることもできる．しかし，管見の限り，ポル・ポト時代にとった各人の過去の振る舞いが公的な場面で問題とされていないという状況は，「新人民」とされた人びとが多い村でも都市でも同じである．確かに，調査中は特に親しくなった村人から，村内の別の人物のポル・ポト時代の行動に対する強い非難の言葉を聞くことがあった．また，別の男性からは，ポル・ポト政権の崩壊直後にサンコー区にいた革命組織の幹部を殺害したという告白を聞いたこともある．しかし，総じて，そのような個人の心中の吐露として過去への批判を聞く機会はきわめて少なかった．

村落生活のなかで確実なことは，ポル・ポト時代の経験がおおきく異なる人びと同士が，隣人として社会的なつきあいを保ち，振る舞っていることである．人びとのあいだのポル・ポト時代の経験の相違を知ったとき，外部者は，革命組織への協力者と被害者といった二分割の構図を思い描き，強調しがちである．しかし，チョールチュオした人物を取り上げてさきに述べたように，革命組織の営みは，彼らの人生・生活の一部でもある．そして，いまカンボジア農村に生きている人びとの生活のなかで，圧倒的な重要性をもつ要素ではない．彼（女）らは，かつての経験の相違をお互いに知っているが，幼馴染や隣人として，相互に関わりを保ちながら生活していた．それは，社会的生物としての人間の「生」の基本的な姿勢を示唆すると同時に，カンボジアの村落社会がそのような事実のうえに成立しているという現実を明らかにしていた．

村落社会は，ポル・ポト時代の清算にではなく連続のうえに成り立っている．このことを踏まえつつ，次は1979年以後の集落の再編の状況を跡づけたい．

3-4 集落の再編 —— 1979〜2001年 ——

1979年1月7日，前年12月にベトナム領内で結成された救国戦線とそれを支援するベトナム軍の攻撃によってプノンペンが陥落した．救国戦線の部隊は，2日と経たずにサンコー区に到達した．革命組織の地元幹部や兵士らはすでに立ち去っており，目立った戦闘はみられなかった[46]．

ポル・ポト政権の崩壊直後のカンボジアを全国的に特徴づけたのは，強制移住の対象とされた人びとが，かつての居住地へ戻ろうとする動きであった．図3-8がさきに示していたように，「上のVL村のサハコー」で生活するよう命じられていたVL村の人びとも直ちにもとの集落へ戻った．VL村以外のサンコー区の村々でも，ポル・ポト政権の崩壊を受けて人びとが強制移住先から帰還した．同時に，遠方からサンコー区へ移されてきていた「依託」範疇の人びとは，徒歩や牛車などで故郷へ向かって帰っていった[47]．人びとのこのような移動は，政府に指導されたのでもなく，当人たちの自発的な意志にもとづいていた．

その後のカンボジアでは，社会主義を掲げた親ベトナムの人民革命党政権と，タイ国境に拠点を定めたポル・ポト派ら反政府勢力とのあいだで内戦状態が続いた．しかし，両勢力は膠着状態にあることが多く，途切れなく交戦が続いたわけではなかった［天川2001a: 45］．そして人びとは，戦闘の巻き添えに

---

46 1990年代にVL村出身の女性と結婚し村内に居住しているスヴァーイリアン州出身の男性（1969年生）が語るポル・ポト政権の支配からの「解放」の様子は，サンコー区のものとはおおきく異なる．彼は，1977年に出身地からポーサット州へ強制移住させられた．1979年1月，ベトナム軍が1キロメートルの距離に迫ったとき，革命組織の地元幹部は，彼を含めたスヴァーイリアン州の出身者を1ヶ所に集め，銃を乱射して皆殺しにしようとした．彼自身は，死者の身体を盾にして逃げることができたために助かったという．

47 親と死に別れて孤児となった人物が，地元の世帯に養子として迎えられたケースはある（VL村では3例）．しかし，大勢としては，「依託」の人びとも含めて，かつての居住地に戻って行った．

される不安を感じながらも，生活の再建に向けて諸々の活動を開始した．ただし，そのなかでは，ポル・ポト政権の支配が残したさまざまな種類・かたちの混乱の収拾をはかる必要があった．VL村の人びとの多くは，1974年以降，自らの屋敷地と家屋から離れて母村以外の場所で生活していた．また，ポル・ポト時代には多数の死者が生じていた．

聞き取りによると，VL村の人びとは1979年1月に母村へ戻ると，しばらくのあいだ国道沿いの土地に集まって身を寄せ合うようにして暮らした．そして，情勢が落ち着き，安全の確認が進んだ後になってようやく，各世帯が個々の屋敷地に分かれて住むようになった．

（1）屋敷地の取得

表3-9は，VL村の149世帯が住んでいた136の屋敷地について，その取得方法を居住者に質問した結果である．本節ではまず，この表に注目して，地理的空間としての集落の再編の特徴をみてみたい．

ところで，社会主義を掲げた人民革命党政権は，1980年代を通して土地の私的所有権をみとめなかった．ポル・ポト時代以後のカンボジアで土地の所有権が法的に承認されたのは，人民革命党が国名をカンボジア国と変更し，社会主義を放棄して体制移行に乗り出した1989年であった［天川2001b: 166］．つまり，ここで論じるポル・ポト時代直後の屋敷地の再取得の動きは，国家の制度から離れて進行した地域レベルの秩序再編の動態の一部であった．

表3-9が示すように，今日のVL村世帯の屋敷地の取得方法には，「再獲得」，「分配」，「購入」，「相続」，「交換」の5種類があった．まず「再獲得」とは，1979年に母村へ帰還した際に，ポル・ポト時代以前に自分自身あるいは近親者が居住していた屋敷地をふたたび取得したものである．その回答数は52件である（38％）．次に，「分配」とは，屋敷地を無償で取得した事例である．聞き取りによると，ポル・ポト政権崩壊後のVL村では，幅20～30メートルで奥行きが100メートルの屋敷地用の土地区画を，村長に願い出ることで無償取

表 3-9　1979 年以降の屋敷地の取得方法（VL 村）

取得方法	回答数（％）
再獲得	52　(38)
分配	43　(32)
購入	21　(15)
相続	13　(10)
交換	3　(2)
その他	4　(3)
計	136 (100)

(出所) 筆者調査

得することができた[48]．これが「分配」とよばれる取得方法である．回答数は 43 件であり，「購入」，「相続」，「交換」といったその他の方法よりも多い（32％）．

　この「再獲得」，「分配」という 2 つの屋敷地の取得方法からは，ポル・ポト時代以後の VL 村の集落の再編が決してアナーキーな状態のなかで進行したのではないことが分かる．すなわち，1979 年の VL 村には，もともとその村に住んでいた世帯がふたたび戻っていた．別言すると，強制移住を命令されるまでその場所に住んでいた人びとが，約 5 年におよんだ中断の後にふたたび集まり，改めて社会生活の構築に乗り出した．そして，その際に人びとは，ポル・ポト時代以前の屋敷地の権利関係を再承認して「再獲得」をおこなった．

　他方，当時の村落では，例えば子供世帯に屋敷地を分配する前に親が死亡し，キョウダイのあいだで相続をめぐる共通の認識がないといったかたちの混乱も生じていた[49]．「分配」という取得方法は，この種の混乱を収拾するうえでおおきな役割を果たした．すなわち当時の VL 村では，上述した屋敷地の「再獲得」

48　屋敷地の無償「分配」に充てられた土地は，クロムサマキ（ក្រុមសាមគ្គី）とよばれた集団農業生産体制（詳しくは，第 4 章を参照）の設立時に行政村へ管理が任されていた農地の一部を転用したものであった．つまり，稲作のために割り当てられた水田のうち，集落に隣接した一帯の筆が，村長らの采配のもとで分割され，希望者に与えられた．

49　VL 村では，ポル・ポト時代に屋敷地・家屋の以前の所有者世帯の構成員のすべてが死亡・行方不明になった事例が 1 件あった．その世帯の屋敷地・家屋には，死亡した所有者夫婦のキョウダイ世帯が 1979 年以降に移り住んだ．

の条件に適わなかった世帯でも，村長に願い出ることで新たな屋敷地を無償で取得する道が開かれていた．

このようにして屋敷地の「分配」を押し進めた当時の村長らの判断が，政府による上からの指示を受けたものであったのかどうかは不明瞭である．しかし，聞き取りによると，VL村だけでなくサンコー区の他の村落でも当時の行政責任者らが村人の申請を広く受け入れ，屋敷地用の土地を与えていた[50]．

「分配」による屋敷地の取得は，VL村では1987年頃に停止した[51]．それ以後は，「購入」，「相続」，「交換」が取得方法の中心となった．屋敷地の「購入」は，1981～82年から取引が始まっていた．当初は，現金でなく金による売買であった．また，「交換」による屋敷地の取得とは，ある世帯が，自分が取得した農地（水田）を他の世帯が取得した農地（水田）と交換し，それを屋敷地として使用するようになった例である[52]．

そして，以上のような経緯を経て，VL村の集落の地理的範囲は急速に拡大した．表3-9が示すように，ポル・ポト時代以後に屋敷地を「再獲得」したという回答は，全体の4割に満たない．つまり，今日村人が住む屋敷地の過半数は「分配」，「購入」，「相続」，「交換」といった方法で1979年以降新しく開かれたものである．そして，それらの新しい屋敷地の大半は，ポル・ポト時代に集落の南と南西に開かれた直線状の道に沿って位置している．写真3-4のような，家屋が等間隔で整然と立ち並んだ集落の景観は，ポル・ポト時代以後のごく最近にあらわれたものなのである．

---

50 コンポンチャーム州およびシエムリアプ州の農村においても屋敷地の「分配」に類似した状況が存在したという．
51 「分配」で屋敷地を取得した事例としては，1988年のケースも1件あった．しかしこれは，妻方の親の世帯が村長に願い出て子供世帯のための屋敷地を前もって確保していたもので，特殊な例であった．「分配」によって屋敷地を取得する道は，大勢として，1987年の時点で閉ざされた．
52 「交換」による取得は，集落に近接した農地（水田）をもつ世帯を相手にしておこなわれた．屋敷地の「交換」の事例に，土地以外の財との取引はなかった．

写真 3-4　1980 年代に集落の南に開かれた新しい屋敷地

（2）妻方居住傾向の継続

　VL 村では，1979 年に移住先から村人が戻った．そして，強制移住を命じられて村を離れる前の権利関係がふたたび承認され，かつての居住者がもとの屋敷地を「再獲得」した．さらに，「分配」によって新たな屋敷地を取得する世帯も多くみられた．そのために集落の地理的範囲が一気に拡大し，景観が一変した．では，社会空間としての集落の再編は，どのような特徴をみせていたのだろうか．
　社会空間としての集落の再編とは，村落社会の組織的な生成に関わる．それはすなわち，構成員が結婚し，その後に生計を独立させて新しい世帯をつくるという村落社会の発展の基本的な局面を指している．そして，結論を先取りしていえば，社会空間としての集落の再編には，内戦の前と後とで一貫したある特徴が働いていた．それは，婚後の居住選択における妻方居住の傾向である．
　表 3-10 は，VL 村の世帯の 182 組の夫婦のうち，1979 年以降に結婚した

表 3-10　1979 年以降に結婚した夫婦 103 組の出生地（VL 村）

妻＼夫	VL 村	SK 村	サンコー区内	コンポンスヴァーイ郡内	コンポントム州内	他州	国外	計
VL 村	28	3	15	12	13	7	1	79
SK 村	1	1	2	0	0	2	0	6
サンコー区内	3	0	1	0	2	1	0	7
コンポンスヴァーイ郡内	2	1	1	0	0	0	0	4
コンポントム州内	3	0	2	0	0	0	0	5
他州	1	0	0	1	0	0	0	2
国外	0	0	0	0	0	0	0	0
計	38	5	21	13	15	10	1	103

(出所) 筆者調査

103 組について夫と妻の出生地を整理したものである．そこでは，妻が VL 村出身であるケースが非常に多い（79 組．77%）．すなわち，ポル・ポト時代以後今日までに結婚した VL 村内の夫婦の大多数は，結婚の後，男性が妻の出身村（VL 村）に移入して生活している．しかし，これはいわゆる通婚圏の分析であり，婚後の居住選択の実態を明らかにするものではない．

婚後の居住選択の問題を考える際には，分析の基準に注意を払う必要がある．なぜなら，妻方への居住を妻の出生村への居住とする場合と，妻の生家での同居とする場合では，同じ資料をもちいていても異なる分析結果が導き出されるからである．

ここでは，妻方（夫方）居住を妻（夫）の生家への同居と考え，村を単位とするのではなく，家屋を単位として分析をおこなう．すると，182 組の夫婦の結婚直後の居住地の選択は，表 3-11 のような結果であった．

表中の①は，182 組の夫婦すべてを対象とした分析の結果である．②と③はそれぞれ，1974 年 2 月に強制移住を命じられる前 —— すなわち，1973 年まで —— に結婚した 60 組と，1979 年のポル・ポト政権崩壊以降に結婚した 103 組

表 3-11 村落夫婦の婚後居住（VL 村）

①全 182 組の分析

居住形態	事例数（%）
妻方	130 （72）
夫方	24 （13）
新居	8 （4）
例外（内戦～ポル・ポト期）	19 （10）
不詳	1 （1）
計	182（100）

② 1973 年までに結婚した 60 組の分析

居住形態	事例数（%）
妻方	44 （73）
夫方	11 （18）
新居	4 （7）
不詳	1 （2）
計	60（100）

③ 1979 年以降に結婚した 103 組の分析

居住形態	事例数（%）
妻方	86 （83）
夫方	12 （12）
新居	5 （5）
計	103（100）

（出所）筆者調査

を対象とした分析の結果である[53]。そこでは，結婚後の居住選択における妻方居住の優越が，1970 年代の前から今日まで一貫した特徴としてあらわれている。

---

53 VL 村には，ポル・ポト時代に結婚した夫婦が 12 組いた（表 3-4）。また，1974 年 2 月の最初の強制移住から 1975 年 4 月にかけての時期に結婚した夫婦が 7 組いた（図 3-8）。しかし，前者は革命組織の管理下での結婚，後者は強制移住先での結婚であり，いずれも特殊な状況下での結婚であったため，ここでは検討対象に含めなかった。

カンボジアの農村社会に暮らす人びとの婚後の居住選択の問題については，内戦以前に調査をおこなったエビハラも考察している．エビハラによると，プノンペン近郊の調査村で収集したサンプル世帯の居住歴と世帯構成の資料を分析した結果として，「もっとも普通なのは，妻方居住傾向をともなった新居居住と選択居住 (ambilocality)」[Ebihara 1977: 64] であった．また，2000年にタカエウ州の稲作村で調査をおこなった高橋美和も，村を単位とした居住選択の分析として，妻方の村落での居住を選ぶ傾向が優越することを報告している［高橋 2001: 233-234］．つまり，婚後の居住選択における妻方居住の傾向は，メコンデルタ地域とトンレサープ湖沿岸地域という地域差，内戦とポル・ポト政権の支配という社会変化の経験の有無にかかわらず，カンボジアの農村社会の組織編成の構造的な特徴だと考えられる．

（3）ポル・ポト時代以後の社会状況

　ポル・ポト時代以後の村落の状況についての理解を深めるため，1979年以降に結婚した103組の夫婦（表3-10）についてもう少し状況をみてみたい．まず，それらの夫婦組が結婚した年を確認すると，年間の件数がもっとも多かったのは1979年であった[54]（11件）．

　今日，ポル・ポト時代直後の1979年にみられた結婚の事例について話すVL村の人びとの表情や言葉は，いま思いだしても楽しいといった幸福感に満ちていた．村での結婚式は，通常，仏教僧侶と年長の親族から新郎新婦が祝福を受ける一連の儀礼行為と，客人を招いてその後におこなう祝宴の２つの部分に分かれている．しかし，ポル・ポト政権が仏教僧侶の強制還俗という政策をとったため，1979年のサンコー区には仏教僧侶がまだいなかった[55]．そこで，同年の結婚式では，地域の年長の男性が僧侶の代わりを務めるかたちで儀礼がおこなわれた．そして，祝宴では，地面にゴザを敷き，バナナの葉のうえに魚の料理をのせ，椰子酒や米の蒸留酒を用意して客人をもてなした．通常の結婚式な

54　もっとも少ない年は1982年であり，3件であった．その他の年ではだいたい4～7件であった．
55　以上の経緯について，詳しくは第8章で述べる．

らば，村の内外にいる貸し道具屋から円卓，椅子，皿などの用具一式を借り出して宴席を準備する．しかし，1979年に，それらの用具を貸し出す者はまだいなかった．また，通常の結婚式の宴会では客人に魚料理を出すことが少ない．人びとは，普段からよく食べる魚ではなく，肉を用意してこそのハレの席であると考えている．しかし，当時はまだ魚しか用意できなかった．

このようにして，1979年に村でみられた結婚式は今日のものとはずいぶん勝手が違っていた[56]．しかし村人たちは，その事例について話す際，それがいかに心を晴れさせ，楽しいものであったのかを思い思いの表現で述べていた．そこには，自由が許されなかったポル・ポト時代から開放され，新しい時代の始まりを祝う人びとの素直な気持ちがあらわれているようだった．

ただし一方で，ポル・ポト時代以後のサンコー区は，その後10年余りのあいだ，内戦という現実のなかにもあった．聞き取りによると，この時期は，18歳以上の男子を対象に結婚する前の18ヶ月の兵役が義務づけられていた[57]．1979年以降しばらくのあいだは，比較的治安が安定していた．1982年には国道沿いに市場が開設された．また，同じ年，サンコー区の仏教寺院ではポル・ポト時代以後最初のカタン儀礼がおこなわれた（カタン儀礼については第9章で詳述）．しかし，1984年頃から，サンコー区の周辺にクメールルージュの兵士が頻繁に出没するようになった．1986〜87年になるとさらに治安が悪化し，VL村の南の水田には，毎日夜になると地雷が埋設された[58]．サンコー区の市場の近くの仏教寺院SK寺では，3階建ての布薩堂の屋上に砲台がつくられた．

56　その後，サンコー区では1981年には仏教僧侶があらわれ，1982年には村内の世帯が結婚式をおこなうための円卓や椅子などの用具を貸し出す商売を始めた．

57　ただし，徴兵には地元の行政責任者を相手として交渉の余地が残されていた．1980年代のカンボジアの憲法は，兵役を市民の義務と定めていた．そして，州・郡の政府が宣伝活動と実地教育を1年に2度おこない，若年男性の徴兵に務めていた．1985年9月には，18〜30歳までの男性を対象に5年間の兵役義務が制度化されたという［Vickery 1986: 124］．

58　地雷は，VL村の南からPA村にかけての水田のなかに埋設された．これは，サンコー区の中心部に対する南から攻撃を防ぐ意図をもっていた．そこでの地雷の埋設は夜間のみであったが，TK村の東の水田地帯では日中も地雷が埋めたままにされた．そのために，放牧中の牛が多数死んだという．

そして，駐留した政府軍とベトナム兵部隊が北の森林と南の洪水林からのクメールルージュの進撃に備えていた．

実際，1989年のベトナム軍の撤退後は，サンコー区で大規模な戦闘がたびたび起こった．1990年にはクメールルージュの部隊が数時間に渡ってサンコー区の中心部を占拠し，市場とその周辺の個人店舗から物品を奪い，家屋を焼きはらう事件が生じた．結局，このような情勢が安定に向かったのは1993年の総選挙の後であった．

当時の社会状況の特徴は，今日の集落の社会組織のなかから探り出すこともできる．まず，さきに挙げた表3-10のなかには国外での出生者が1名いた．それは，ベトナムから移住した男性であった．彼は，1980年代にサンコー区に駐留していたベトナム軍部隊の一員であり，その後VL村の女性と結婚し，村で生活することを選んだ[59]．また，表3-10は，1979年以降に結婚した夫婦のなかの10名の夫と2名の妻が，コンポントム州以外の出身者であることを示していた．実は，その10名の夫のうち5名は，1980年代から1990年代初めにかけてサンコー区に駐留し，警備に就いていた他州出身の兵士たちであった[60]．さらに，その他2名の夫も，結婚を契機としてVL村で暮らすようになった他州出身の兵士が，自分の出身村の親族（男性）をVL村出身の他の女性に紹介したものであった[61]．

---

59 カンボジアでは，ベトナム人に対する敵意と暴力が，政治的情勢の変化のたびに表面化している．しかし，調査時のVL村において，このベトナム出身の男性をあからさまに差別視する行為はみられなかった．

60 カンボジアの人びとは，就学・就労などを理由として出身地を離れて過ごすとき，新たな生活の場においてトア（ពុជ）とよぶ擬制的な親子関係を築くことがある．表3-10に含まれていた他州出身の男性は，兵士としてサンコー区に到着した後にVL村の住民（主に女性）と親しくなり，擬制的に互いを父母，子としてよび合う関係をつくった．そしてその後に，擬制関係のうえで母とよぶ女性の紹介を経て村の女性と結婚していた．

61 残りの3名は，警官としてサンコー区に赴任してきて村の娘と結婚した男性，内戦が始まった1970年から両親とともにSK村へ移住してきていた男性，プノンペン出身でポル・ポト時代に孤児となりVL村の世帯に養取されて育った男性であった．他州出身で，現在VL村に住む女性2名は，ポル・ポト時代に孤児となってからSK村の1世帯に養取されて育てられた女性と，ポル・ポト

（4）社会空間としての集落の特徴

1）屋敷地係争の事例

　ところで，1979年以降すでに20年余が経過していた調査時の村落の日常生活では，1970年代の内戦とポル・ポト政権の支配がもたらした混乱はすっかり終息していたようにみえた．しかし，調査の過程では，大勢としては解決済みとされていた屋敷地をめぐる権利関係の問題が，ふたたび表面化する場面もあった．それは，継母と先妻の子のあいだでもち上がった次のような係争であった．

　係争の被告である女性（1928年生）は，サンコー区SKH村の出身であり，VL村に夫を得て1961年に出身村から移住してきた．女性は初婚であったが，夫は再婚であった．夫はサンコー区BL村の出身で，以前にVL村の女性と結婚し，婚後はその女性の両親から相続したVL村内の屋敷地に居住していた．夫の初婚時の妻は，1954年に病死していた．

　この女性は，結婚後，夫が先妻と住んでいたVL村の屋敷地・家屋で生活した[62]．内戦が始まって以降，1974年2月には州都へ移動した．1975年4月にVL村へ戻ったが，夫と先妻とのあいだの子供のなかにチョールチュオした人物がいたため，「下のVL村のサハコー」の旧来の家屋に居住することが許された．そして，1979年以降もその屋敷地で暮らしていた．

　屋敷地をめぐる係争は，2001年12月に強風で家屋が倒壊したときに始まっ

　　　時代に未亡人となった後にVL村の男性と結婚した女性であった．
62　VL村の村落世帯の系譜分析において，妻方で生活を始めた夫婦の妻が死去し，残された夫が別の女性と再婚した事例では，夫が改めて妻方へ移住したケースが多い．ただし事例数自体が少なく，直ちに一般傾向として指摘をおこなうことは難しい．ここで取り上げた事例の先妻の両親は，VL村の集落形成の「草分け」の第一世代であり，村内に広く土地を所有していた．男性の再婚時，先妻の両親は係争のあった屋敷地に隣接する土地で未婚子（男3名）とともに生活していた．先妻の年長のキョウダイ（男女各2名）は，すでに結婚して村内に独立していた．両親の屋敷地にはその後末子の男子がVL村出身の妻を迎えて居住した．

た．夫は1997年に死去しており，女性は未婚の息子と娘夫婦とともに生活していた．倒壊した家屋は酷く老朽化しており，改築の必要が日頃から話題となっていた．そのため，女性はさっそく新しい家屋を建てようとした．しかし，亡夫と先妻とのあいだの子供がそこに異議を申し立てた．

亡夫と先妻とのあいだには4人の子供（男女各2名）がいた．そのうちVL村に居住していたのは，長女（1949年生）1人であった．彼女は，1970年にVL村出身の男性と結婚し，以後は村内の夫方の屋敷地に住んだ．1974年には州都へ移動した．夫はそこで徴兵されて戦死した．また，第二子も生後まもなく亡くなった．その後，長女は，第一子（女性．1972年生）とともに「上のVL村のサハコー」でポル・ポト時代を過ごした．1979年にいったん村内の夫方の屋敷地に戻ったが，しばらく後に屋敷地の「分配」の希望を村長に願い出て，集落の南の道沿いに新しい屋敷地を取得した．

すなわち，異議を申し立てたとき，長女は，第一子とその夫，孫とともに「分配」によって取得した屋敷地に住んでいた．しかし彼女は，継母が新しく家屋を建てようとしている屋敷地はもともと彼女の生母の両親の所有地であり，よって少なくともその半分を相続する権利が自分にあると主張し，村長に対して家屋の建築を差し止めるよう訴えた．

仲介に入った村長は，長女が1979年以降自らの屋敷地を無償で取得していることを念押ししたうえで，ポル・ポト時代以前の権利関係については政府が権利の保障をおこなっていない現状を説明した．事実として，人民革命党政権は，「1979年以前に効力を有していた土地建物の所有権の無効を宣言すること」および「居住を目的とする土地家屋の所有権を現在の占有者にみとめること」を1989年に法令として通告していた［四本2001: 120］．よって，この法律に照らせば，1979年以降その土地に住み続けてきたという事実をもって，被告とされた女性は訴訟の対象とならなかった．

その後村長は，倒壊した家屋の木材を建材として長女が受けとる代わりに，屋敷地の権利は諦めるという妥協案を示し，両者の意見を調整しようとした．しかし長女は訴えをとり下げず，継母が新しい家屋を建てることを許さなかった．

他方，継母にしても，長女の訴えを無視して新しい家屋の建築に踏み切るこ

とができなかった．このようにもつれた係争の背景には，亡夫と先妻のあいだの子供（長女）が後ろ盾として利用した，村落社会内の力関係があった．

２）妻方親族との紐帯

VL村の社会組織に，妻方親族との関係の重要性を示す特徴がみられたことはすでに述べた．一方で，村人たちは，新婚夫婦への屋敷地の分与について夫方と妻方のどちらの親がおこなうべきかといった規範を明確なかたちで語らなかった．さらに，1980年代のVL村では，親と関係のない「分配」という方法で多くの世帯が屋敷地を取得しており，事例数を単純に比較して相続の状況を分析することも難しかった．

しかし例えば，表3-9で「再獲得」と回答があった52件の屋敷地については，内戦前の状況下での取得方法を検討することができる．すると，妻方親からの相続が24件（46％），夫方親からの相続が17件（33％），夫婦自身の新規購入が10件（19％）であった（残りの1件は，本文中で紹介している係争のケースである）．結果として，わずかであるが，妻方の親族からの屋敷地の相続が夫方よりも優位である状況を示していた[63]．

また，結婚時に妻方の親と共住することを選んだ夫婦は，その後に独立して新世帯を形成する際も妻方の村落にそのままとどまることが多かった．具体的に，1973年以前に結婚した夫婦で妻方居住を選択した44組（表3-11：②）についてみてみると，VL村出身者同士の結婚である7つの事例を除いた37組のうち13組は，1974年に強制移住を命じられるまで妻方の両親との共住を続けていた．さらに，別の11組は，妻方の村落のなかに新しい屋敷地を得て生活していた．一方，妻方の両親との共住を終えた後に夫方の村落へ移動した事例は7件，妻方でも夫方でもない第三の村落へ移住した事例は6件と少なかった．

さらに，1979年以降に結婚した夫婦の事例については，表3-10が妻方の村落での居住が優勢であることを示していた．

---

63 表3-9のなかで13件あった「相続」という回答については，妻方親からの相続が6件，夫方親からの相続が7件であった．調査村における屋敷地の相続の問題に関しては，「分配」による取得の道が閉ざされた1980年代末以降の展開を念頭に，今後も調査を継続する必要がある．

このような VL 村の村落社会の組織的編成についての特徴を踏まえると，事例として紹介した屋敷地の係争において，被告の女性が直面していた困難がより具体的なかたちで理解できる．すなわち，村内には他村の出身である彼女自身の近しい親族はみあたらず，逆に同村出身であった亡夫の先妻の近親者が多数暮らしていた．そして，原告となった長女のオジ，オバ，イトコたちであるそれらの人びとは，みな一様に長女側の訴えを支持していたのである．

　筆者の滞在中は，原告の長女も仲介役を負わされた村長もこの係争を公的な裁判の場にもちだす気配を示さなかった．政府は，ポル・ポト時代以前の権利の保障をおこなわないという姿勢を明確にしている．よって，もしも公的な裁判の場におかれたら，原告の長女の訴えが棄却される可能性が高い．しかし，屋敷地の係争事例が示唆していた内容は，このような仮定としての議論以上のものであった．

　すなわちそれは，カンボジアの村落の秩序構成の一部が，政府の政策や法律にではなく，明文化されていない社会的な規範によって支えられているという現実と，そのなかでは妻方親族との紐帯が非常に重要であることを知らせていた．また同時に，ポル・ポト時代以後の村落社会の再建とは，人びとが身体を寄せ合って生きるなかで必然的に生じる生々しい利害関係に絡む問題であったという事実も具体的なかたちで示していた[64]．1970 年の内戦勃発からポル・ポト時代にかけての特徴的な社会の変化は，約 30 年後の村落のなかにこのようなかたちで根強い影響を残していた．

64　調査期間中の VL 村においてみられた屋敷地の係争は，上述の事例を含めて 2 件あった．本文で取り上げなかった事例は，姉と弟の世帯が，父母の死後に屋敷地の相続をめぐって起こした係争であった．しかし，この場合でも，弟の世帯は 1980 年代の半ばに「分配」を通して自らの屋敷地を取得していた．

CAMBODIA

第4章
農地所有の編制過程

〈扉写真〉自家消費用に栽培する稲が実った集落近辺の水田の様子．カンボジアの人びとの主食は米であり，農村におけるもっとも重要な生業活動は稲作である．ただしそれは，日本の稲作とはおおきく異なり，より自然条件に依存し，粗放的な形態で営まれる．収量が全体的に低いだけでなく，気候の年次変動の影響を直接受け，安定しない．家族の自家消費分の米を確保することは，降雨が安定していれば難しくなかった．1980年代に農村に居住するほぼすべての世帯が農地を取得したが，近年は全国的に土地無し世帯の増加が懸念されていた．

カンボジアの人びとの主食は米である．そして，農村の大部分では稲作がおこなわれている．主食の米を生産する稲作は，カンボジアの農村で暮らす人びとにとってもっとも重要な生業である．人びとが日常食べているのはウルチ米である．よって，ウルチの稲が栽培の中心であるが，菓子や儀礼食をつくるためのモチ米の稲も小さい面積ながら多くの世帯が耕作している．

　農地は，自然と人の営みが交差する場である．集落の地理的・社会的空間の変遷を取り上げた前章の記述と分析は，サンコー区の地域社会の歴史経験の概要を明らかにした．本章はさらに，農地に着目し，地域社会における人びとの活動の歴史をより立体的なかたちで提示することを目指す．前章は，集落の構成員が内戦およびポル・ポト時代の前と後とで連続していることを跡づけた．では，農地はどうだろうか．

　本章が取り上げる農地とは，水田である．VL村の村人が今日耕作する水田は，水文条件や，開墾が始まった時期などにしたがって4種類に分けることができた．サンコー区での稲作は雨期の一期作であり，通常の稲と浮稲の2種類の水稲が栽培されていた．前者は自家消費，後者は換金を目的としていた．通常の稲を栽培する水田は，集落の人口の増加と歩をあわせて20世紀前半より漸次的に拡大してきた．一方，浮稲は，その栽培の歴史自体はかなり古くまでさかのぼることができるが，1953年頃に地域の治安状況が好転してから一気に拡大していた．

　農地を焦点とした本章の記述と分析は，ポル・ポト時代に地域社会が被った変化のおおきさも浮彫りにする．ポル・ポト時代のサンコー区では，他のカンボジアの農村と同様，農地所有に関わる既存の権利関係が白紙化された．革命組織は，灌漑用の堰堤と水路を建設し，国道の南の広い範囲に一辺100メートルの正方形の規格水田を造成した．このような上意下達式の土木工事の実施は，連綿とした地元住民の営みが歴史的につくりだしていた従来の田畦を破壊し，地域の独特な水田景観を一変させた．

　ポル・ポト時代の後，稲作はまず共同耕作のかたちで再開した．すなわち，ポル・ポト政権の後を継いだ人民革命党政権は，クロムサマキとよばれる集団生産単位を設立し，村人が共同で稲作をおこなうよう指導した．しかし，サンコー区を始めとしたカンボジア農村の大多数では，いったん組織化されたクロ

ムサマキがわずか1〜2年後に活動を停止した．つまり，共同所有の対象とされた農地が各世帯に分配され，耕作も1984年前後に個別化し，世帯を単位としておこなうようになった．クロムサマキの早期解散とその後活発化した農地取引の様子は，ポル・ポト時代以後の地域社会の再生という社会過程が，国家による上からの指導だけではなく，ローカルな秩序のなか，その土地に存在したかつての規範に支えられるかたちで進んだ事実を示している．

　カンボジア農村におけるクロムサマキの設立と解散については，それがポル・ポト時代以後の農地所有構造の基礎的状況をかたちづくった点を中心に，天川直子が早くから調査結果を発表してきた[天川 1997, 2001b]．本章の記述と分析は，その天川の指摘の主な部分を踏襲するものであるが，同時に，地域に暮らす人びとがみせていた農地への関わりを，ローカルな自然環境と歴史的事実に関連させて正面から論じる．それは，サンコー区という地域社会の存立基盤をつくってきた人の営みについてのより全体的な理解を導き出すものであり，前章の集落に関する分析とともに，ポル・ポト時代以後の社会再生の歴史過程の検証となっている．

4-1　稲作と農地の現状

　農地は，カンボジア語でスラエ (ស្រែ: 水田) とチャムカー (ចំការ: 畑地) に分けられる．サンコー区の人びとの農業活動の中心は稲作である．同区では，稲作のほか，乾期に水田を利用したスイカ栽培もおこなわれていた．しかし，その耕地はスイカ栽培のときに限ってチャムカーといわれるだけで，通常はスラエとよばれていた．よって，以下の本文中の農地という表現は水田を指しているものと考えてさしつかえない．

　筆者は，プノンペンでバイク・タクシーに乗ると，必ず運転手の出身地を尋ねることにしている．そして，もしも農村から出稼ぎにきていた人物であったら，今年の故郷の稲の状態や昨今の収穫高を話題にする．多くの場合，彼らはタカエウ州やプレイヴェーン (Prey Veng) 州，スヴァーイリアン州など，首都

から比較的近距離にある州の出身である．そして，村に水田を所有しており，農繁期には帰郷して農作業をしている．「雨があったか？(ឋានភ្លៀងទេ?)」，「稲の出来はどうか？(ស្រូវកើតទេ?)」といった質問は，彼ら農村出身者を相手に短い会話を楽しむうえで格好の話題である．ただし，稲の作付け体系や耕作の方法は，自然環境や社会的な条件にしたがってカンボジア国内でも地域ごとに異なっている．

（1）カンボジアの稲作

　表4-1は，2001～02年のカンボジアにおける雨期作の稲の栽培面積を州別に整理したものである．そこからはまず，トンレサープ湖の東岸と西岸に位置する各州で浮稲の栽培面積がおおきいことが分かる．トンレサープ湖の周囲の地形は，中央の湖水を中心とした緩慢な傾斜を特徴とする．しかし，傾斜の程度には差があり，東岸のコンポントム州，西岸のバッドンボーン州，ボンティアイミアンチェイ州を中心とした地域では，北岸のシエムリアプ州，南岸のポーサット州よりも勾配が緩やかである．このことは，雨期の増水がつくりだす一時的な水域の面積が東岸と西岸でより広いことを意味する．浮稲は，洪水の影響を受ける低地で栽培すると1.5～4メートルほどに伸長して生育する．ただし，流れが強すぎない穏やかな増水を必要とする．シエムリアプ州などでは，高平野が湖近くまで迫っており，傾斜が急なため，増水のスピードが速い．よって，東岸や西岸ほど浮稲の栽培が盛んでない．

　表4-1は，浮稲と陸稲以外の通常の水稲についても，種類別の栽培状況を示している．栽培面積がもっともおおきいのは中稲（ស្រូវកណ្ដាល：「中間の稲」の意）で，晩稲（ស្រូវធ្ងន់：「重い稲」の意）が次に続く．表では別にあつかわれているが，浮稲も晩稲である．早稲（ស្រូវស្រាល：「軽い稲」の意）の栽培面積は全体の5分の1ほどである．在来種の早稲には，柔らかくて香り高く美味とされる品種があったが，単位面積あたりの収量が少ないため，あまり普及していなかった．農村の人びとが栽培の主力とするのは中稲と晩稲である．早稲のうち，IRRI品種の占める割合は24%であった．プレイヴェーン州，タカエウ州といったメコンデルタ地域の限られた州でのみ大規模な面積の栽培がみられた．

表 4-1 雨期作稲の種類別栽培面積（2001～02年）

単位：ヘクタール

州/特別市	早稲種 IR品種	早稲種 合計	中稲種	晩稲種	陸稲	浮稲	合計栽培面積
ボンティアイミアンチェイ	505	22,904	61,009	67,717	—	17,480	169,200
バッドンボーン	426	24,251	48,961	103,564	5,574	21,531	203,881
コンポンチャーム	3,265	30,643	41,701	68,762	7,074	4,626	152,806
コンポンチュナン	136	28,336	48,829	14,086	224	2,618	94,093
コンポンスプー	848	24,118	45,853	15,090	370	—	85,431
コンポントム	3,244	19,004	36,530	35,961	2,649	27,127	121,271
コンポート	8,160	10,538	93,650	18,111	642	422	123,363
カンダール	5,799	8,043	15,833	15,489	1,405	4,571	45,341
コッコン	—	1,300	2,280	2,516	1,713	—	7,809
クラチエ	437	4,284	10,515	10,035	1,445	—	26,279
モンドルキリー	—	1,797	2,260	3,967	5,540	—	13,564
プノンペン市	106	630	4,646	1,904	—	125	7,305
プレアヴィヒア	—	468	15,859	973	1,591	—	18,891
プレイヴェーン	32,809	42,494	84,484	73,023	—	108	200,109
ポーサット	393	14,978	25,345	25,163	433	12,809	78,728
ラッタナキリー	—	5,253	7,052	8,662	—	—	20,967
シエムリアプ	1,000	34,172	60,384	66,978	3,797	10,174	175,505
シハヌークヴィル市	100	850	6,464	1,866	391	—	9,571
ストゥントラエン	500	4,311	5,480	6,840	1,918	48	18,597
スヴァーイリアン	3,693	24,524	80,768	40,856	39	—	146,187
タカエウ	31,673	66,413	80,508	15,966	—	4,111	166,998
ウッドーミアンチェイ	—	11,333	14,995	6,968	3,924	—	37,220
カエプ市	10	47	1,910	637	—	—	2,594
パイリン市	—	—	—	128	166	—	294
合計	93,104	380,691	795,406	605,262	38,895	105,750	1,926,004

（注）典拠とした統計資料は，陸稲における早稲と中稲を区別していなかった．
（出所）［Cambodia, DPSICMAFF 2002］

表4-2は，2001〜02年の雨期作の稲の栽培実績である．栽培面積が20万ヘクタールを超えていたのは，バッドンボーン州とプレイヴェーン州であった．両州はともに国内有数の穀倉地帯といわれ，前者はトンレサープ湖西岸，後者はメコンデルタ地域に位置している．ほかに，コンポントム州を含む7つの州も10万ヘクタール以上の栽培面積であった．同年の天災による損害面積は，25万ヘクタール余りであった．典拠とした資料の記載によると，そのうち約19万ヘクタールは洪水，約5万5,000ヘクタールは干魃，約5,000ヘクタールは虫害が原因であった．一部の水田では，災害の後に苗が再移植された．ヘクタールあたりの収量は，全国平均で2トンを下回っていた．

　表4-3は，2001〜02年の乾期作の稲の栽培実績である．コンポンチャーム州，カンダール州，プレイヴェーン州，タカエウ州といったメコンデルタ地域の諸州では，4〜6万ヘクタールの面積の栽培があった．ただし，その他ではごく少なかった．つまり，乾期作の稲の栽培は地域的な偏りがおおきかった．

　カンボジアでは，皿池灌漑を利用した減水期稲（ស្រូវប្រាំង:「水を追いかける稲」の意）の栽培など，伝統的なかたちの乾期稲作もみられる．しかし，近年の主流は灌漑施設の整備を要件としたIRRI品種の栽培であった．そのような灌漑施設は，メコンデルタ地域を中心とした限られた州でしか整備されていなかった．乾期の水稲栽培の収量は，全国平均でヘクタールあたり3トンを超えていた．これは，IRRI品種の導入に支えられた結果である．

　総じて，カンボジアの稲作は，今日も，自然増水や天水を利用した雨期の一期作を中心としている．トラクターの普及は一般的でなく，農作業には役畜を利用する[1]．化学肥料や農薬は市場で購入できたが，利用する農家は少なかった．高収量品種が導入されても，大量の施肥や栽培時の水田の水位調節などの技術が伴わず，期待どおりの収穫をもたらしていないことも多かった．

1　2005年前後から，手押しのトラクターが地方へおおきく普及し始めた．2000〜02年当時は，サンコー区周辺の農村地域全体で，まだトラクターは珍しかった．

表 4-2　雨期作稲の栽培実績（2001～2002 年）

州/特別市	雨期稲					
	耕作面積 (ha)	損害面積 (ha)	再移植面積 (ha)	収穫面積 (ha)	収量 (ton/ha)	生産量 (ton)
ボンティアイミアンチェイ	169,200	12,931	1,490	157,759	2.041	321,912
バッドンボーン	203,881	46,940	0	156,941	2.166	339,905
コンポンチャーム	152,806	18,658	9,000	143,148	2.343	335,444
コンポンチュナン	94,093	5,720	0	88,373	1.771	156,521
コンポンスプー	85,431	2,018	0	83,413	2.176	181,488
コンポントム	121,271	28,477	3,244	96,038	1.992	191,328
コンポート	123,363	9,305	2,637	116,695	1.953	227,929
カンダール	45,341	9,988	5,010	40,363	2.415	97,487
コッコン	7,809	101	0	7,708	1.200	9,250
クラチエ	26,279	10,500	3,197	18,976	1.784	33,844
モンドルキリー	13,564	1,810	0	11,754	1.100	12,929
プノンペン市	7,305	1,450	0	5,855	1.600	9,370
プレアヴィヒア	18,891	929	0	17,962	1.400	25,147
プレイヴェーン	200,109	30,338	14,972	184,743	1.522	281,244
ポーサット	78,728	12,540	1,002	67,190	2.418	162,478
ラッタナキリー	20,967	233	0	20,734	1.300	26,954
シエムリアプ	175,505	5,640	0	169,865	1.822	309,543
シハヌークヴィル市	9,571	2,150	0	7,421	1.500	11,133
ストゥントラエン	18,597	2,722	0	15,875	1.560	24,765
スヴァーイリアン	146,187	12,514	2,119	135,792	1.516	205,847
タカエウ	166,998	34,472	5,373	137,899	1.899	261,885
ウッドーミアンチェイ	37,220	1,157	0	36,063	1.210	43,636
カエプ市	2,594	0	0	2,594	2.140	5,551
パイリン市	294	70	0	224	1.621	363
計	1,926,004	250,663	48,044	1,723,385	1.901	3,275,953

（出所）［Cambodia, DPSICMAFF 2002］

表4-3 乾期作稲の栽培実績（2001～2002年）

州/特別市	乾期稲				
	耕作面積 (ha)	損害面積 (ha)	収穫面積 (ha)	収量 (ton/ha)	生産量 (ton)
ボンティアイミアンチェイ	500	50	450	2.950	1,328
バッドンボーン	2,700	200	2,500	3.000	7,500
コンポンチャーム	43,074	3,074	40,000	2.700	108,000
コンポンチュナン	13,357	957	12,400	2.700	33,480
コンポンスプー	1,000	0	1,000	3.100	3,100
コンポントム	5,200	0	5,200	2.420	12,582
コンポート	3	250	3	2.500	7,500
カンダール	51,000	0	51,000	4.263	217,390
コッコン	0	0	0	—	0
クラチエ	8,364	150	8,214	3.130	25,710
モンドルキリー	0	0	0	—	0
プノンペン市	900	0	900	3.000	2,700
プレアヴィヒア	0	0	0	—	0
プレイヴェーン	60,524	2,174	58,350	3.460	201,891
ポーサット	1,915	0	1,915	2.650	5,075
ラッタナキリー	0	0	0	—	0
シエムリアプ	10,945	945	10,000	2.500	25,000
シハヌークヴィル市	0	0	0	—	0
ストゥントラエン	50	0	50	2.900	145
スヴァーイリアン	13,781	639	13,142	2.686	35,300
タカエウ	50,000	1,520	48,480	2.800	135,744
ウッドーミアンチェイ	0	0	0	—	0
カエブ市	0	0	0	—	0
パイリン市	309	0	309	2.000	618
計	266,869	9,959	256,910	3.204	823,063

（出所）[Cambodia, DPSICMAFF 2002]

（2）サンコー区の自然と稲作

　サンコー区はトンレサープ湖の増水域の外縁に位置している．同区を東西方向に横切って走る国道の南側の土地は，7～9月の3ヶ月を中心として増水の影響を受ける．

　サンコー区での稲作は，カンボジアの多くの農村と同様，雨期の一期作であった．灌漑設備を欠くため，作柄は気象の年次変動におおきく左右されていた．

　栽培される稲は，通常の水稲（普通稲）と浮稲の2種類であった．増水がつくりだす一時的水域のなかでも，水深1メートル以下の外縁部では普通稲が，それ以上の深水域では浮稲が栽培されていた．普通稲は，国道より北に位置し，天水に依存する水田でも栽培されていた．

　普通稲は，5月末に苗床が準備され，通常7月から8月に移植がおこなわれる．収穫は11月に始まる．除草や防虫剤の散布はほとんどみられない．浮稲は，4月に直播され，雨期を通じて増水のなかに放置される．収穫期は12月末から1月である．田の耕起，脱穀などの作業には世帯が所有する役牛をもちいる．ただし，浮稲田の耕起については，大型トラクターを雇っておこなうことも多かった．大型トラクターは，浮稲田の耕起作業が始まる3月末の時期に合わせて，肥沃な土壌を利用した畑作で有名なコンポンチャーム州チャムカールー郡などから運転手とともに移動してきていた．そして，地元の村人のなかの仲介者が前もって集めておいた希望者の名簿を頼りに，ヘクタールあたり5～7万リエル（約1,540～2,150円）の価格で浮稲田の耕起を請け負っていた．価格には，仲介者の手数料が含まれていた．また，何年か続けて耕作した水田よりも，新規に開拓した水田の方が高い料金だった．それは，雑草の根が繁茂して土が堅くなっているためだといわれていた．

　サンコー区において，2種類の稲は栽培の目的が異なっていた．基本的に，普通稲は自家消費，浮稲は売却を目的として栽培していた．しかしもちろん，自家消費分以上の普通稲の収穫があった場合には，余剰を売却し，現金化していた．逆に，普通稲が不作の場合には収穫した浮稲を自家消費に当てることも

あった．

カンボジアでは，かつて浮稲を主食としていたという村の報告もある［清野 2001］．しかし，サンコー区一帯では，浮稲は硬くてまずい米と評価されており，昔から換金を目的に栽培されてきた．サンコー区の稲作従事世帯が理想としていたのは，普通稲の収穫で主食の米を自給し，別に浮稲の収穫を売却することで諸々の家計支出を支える現金を得ることであった．

VL村の老人男性の1人は，あるとき，「普通稲の田を耕作しても，浮稲田を棄ててはいけない」と話していた．彼によると，これは，「稲作をしても，畑を棄ててはいけない」というカンボジアの農村に広く知られた格言を，サンコー区の状況にあわせて言い換えたものであった．そこからは，稲作従事世帯にとっては2種類の稲の双方が重要であるというローカルな認識が理解できる．

（3）VL村の稲作の概況

自ら稲作をおこなう世帯の数は，年によって変化した．例えば，VL村の場合，1999年度は122世帯，2000年度は120世帯，2001年度は117世帯が自ら稲作をしていた．年ごとの増減があったものの，総じて，村内のほぼ8割の世帯が稲作をおこなっている状況だった．後に述べるように，この地域では，雇用した労働力をもちいて大規模な面積の水田を経営する地主はほとんどいなかった．村落世帯の家計における稲作の重要性については，次章で詳しく検討する．

1）役畜

表4-4は，VL村の世帯の家畜の所有状況を示す．牛と水牛は稲作に不可欠な役畜である．2000年前後のサンコー区では，当時のカンボジア農村の大部分と同じく農作業の機械化が進んでいなかった．牛車の牽引や犂を使った田起しの作業は，牛か水牛を2頭1組でもちいておこなっていた（写真4-1）．

牛を所有していたのは，109世帯であった（73%）．所有頭数は村全体で490頭だった．ただし，そのすべてが農作業に使えるわけではなかった．村人によ

表 4-4　家畜所有世帯数・実数（VL 村 149 世帯）

家畜の種類	所有世帯数（%）	実数（1 戸当平均 / 幅）
牛	109 (73)	490　(4.5/1～19)
水牛	14　(9)	48　(3.4/2～7)
豚	93 (62)	384　(4.1/1～27)
鶏	122 (82)	943 (7.7/1～200)
家鴨	40 (27)	192　(4.8/1～16)

(出所) 筆者調査

ると，牛は，よく世話をしたとしても5歳以上になるまで十分な力がない．また，基本的に，農作業にもちいるのは雄だけだった．490頭のうち，農作業に使うことができた雄の成牛は214頭であった（44%）．

　牛の入手方法は，①親世帯からの分与，②購入，③牛小作の3つであった．牛の売買は非常に慎重におこなわれていた．1990年代末から全般的に値上がり傾向だといわれていたが，生後1年に満たない子牛が約20万リエル（約6,200円），2歳を超えると最低でも40万リエル，成牛の雄になると80～100万リエル以上の値で取り引きされていた．結婚後に親世帯から牛の分与がなかった新婚夫婦は，婚礼の祝儀（ជំនូន）の金をもちいて若い牛を買うことがよくあった．結婚後に親と共住し，何年か後に別世帯として独立する頃には，その牛が農作業に使える成牛となっていた．

　牛小作はプロヴァッ（ប្រកាស់）とよばれ，基本的に雌の成牛を対象としておこなわれていた[2]．所有者は，小作の世帯に牛を託し，日々の世話を任せる．そして，新たに仔牛が産まれた場合にどうするかを所有者と小作とで事前に話し合い，1頭目は持ち主で2頭目が小作，あるいは雄ならば小作で雌ならば所有者というように，順番や性別を基準にルールを決めていた．2001年のVL村では19世帯が牛小作に関わっていた．内訳は，貸し手が11世帯（1～8頭），小作が8世帯（1～3頭）であった．

　牛小作は，牛を購入する資金がない世帯にとって，時間がかかっても確実に

2　プロヴァッという言葉は，水田の分益小作にも使われる．プロヴァッダイ（ប្រកាស់ដៃ）（「手をプロヴァッする」の意）という言い方は，田植え作業などの労働力の互酬的な相互支援の関係（日本の「結」に類似したもの）を指していた．

写真 4-1　浮稲田での収穫を終え，牛車で集落へ帰る人びと

写真 4-2 水牛を使った牛蹄脱穀の様子

牛が手に入れられるというメリットがあった．一方で，貸し手にも利点があった．牛の世話は，食べさせる草や水の準備，放牧時の誘導など，力仕事ではないが非常に時間のかかる作業である．その仕事をうけもつのは，通常適齢期の子供（男子が主）であった．しかし，適当な子供がいない場合は，大人が時間と労力を割いて世話するしかなかった．つまり，労働力が不足しがちな世帯にとって，普段使わない牛は手元におかずに預けてしまった方が得策であった[3]．

水牛は，牛よりも飼育頭数が少なかった[4]．所有者も村全体で 14 世帯しかいなかった（9％）．水牛は，牛と異なり，3 歳過ぎから雌雄を問わず農作業に使うことができた．よって，実数の 48 頭のうちの半数以上の 31 頭が農作業に使われていた（65％）（写真 4-2）．水牛の力は，牛よりも強いといわれていた．そのため，取り扱いには牛以上の注意が必要だった．また乾期には，水場の確保など牛よりも世話がかかった．

調査中，サンコー区では，牛と水牛の盗難事件がたびたび起こっていた．多くは，増水が引いた後の浮稲田など，集落から遠い場所で牛や水牛を放牧していた最中に生じていた．村人によると，それは専門の牛泥棒の仕業であり，盗

---

3 乾期のあいだだけ，数頭をまとめて有料で世話を委託する場合もあった．昔は，乾期になると，そのようにして集められた牛が，サンコー区の南にあるコンポンンコー区内のトンレサープ湖の洪水林近くの草地に数百頭単位で集団をつくる光景がみられたという．

4 聞き取りでは，1950 年代の VL 村では牛より水牛の方が多かったという．近年の水牛の減少の理由は明らかではない．

まれた牛はタイに売られていくのだという．役牛は貴重な財産であり，盗まれたときの世帯の落胆は非常におおきい．

表4-4が示しているその他の家畜についても簡単に説明しておく．豚の飼育は換金が目的である．詳しくは次章で述べるが，子豚を買ってきて80キログラム程度にまで育てて売却することが一般的だった．鶏の飼育も，基本的に売却を目的としていた．卵は食べずに孵化させる．放し飼いで手間はかけない．ただし，年中行事の際には自家消費することもあった．家鴨には食肉用（ຕາມຕົວ）と採卵用（ຕາມຫູ）の種類があった．このほか，VL村内には220匹の犬と131匹の猫が飼われていた．

2）農機具

農作業のために水田や畑へ行ったり，薪をとりに疎林地帯へ移動したりする際には，2頭の役牛に曳かせた牛車に乗ることが一般的であった．サンコー区の水田や森には，日本の農道のような道がない．道らしきルートはあったが，人や動物の通行によって自然につくられたものであり，雨期になると地表に水が流れて小川になっていた．地面が削られて歩きにくくなると，翌年は傍らに別の道ができあがっていた．

牛車は，専門の技術をもつ村人に頼んでつくってもらうか，中古を購入していた．新品の牛車1台は20〜30万リエルで取引されていた．VL村では，108世帯が牛車を所有していた（72％）．2台所有するケースも10世帯あり，村内の実数は118台であった．牛車の荷台は幅が80センチメートル，長さ180センチメートルほどのおおきさであった．車輪の半径は60センチメートルほどであり，水たまりや段差を容易に超えて前へ進むことができた．

農繁期のVL村では，水田に向かう人びとが牛に対してかけるかけ声と，牛車の車輪がきしむ音が夜明け前から響いていた．調査時のサンコー区では，農作業以外の移動手段にバイクや自動車がもちいられることが多くなっていた．しかし，スロックルーの村々からサンコー区の市場を訪れていた人びとの一部や，コンポンチュナン州からの素焼き壺の行商隊などは，牛車を使って遠距離を移動していた．

稲作にもちいる農機具としては，犂（ຣຫັນ）と馬鍬（ເຣາຄັ）も欠かせない．

牛車の牽引と同様，犂をもちいた田起しも2頭曳きの役牛の力でおこなっていた．犂は107世帯が所有していた (72%)．そのうち11世帯は2台所有しており，実数は118台であった．馬鍬も同程度の数の世帯が所有していた．

　農機具は，牛とともに，必要に応じて親族などから借り出して使うこともできた．しかしその場合は，まず所有世帯の農作業が終わるまでまたねばならず，耕作の時期に遅れが生じていた．

3）水田の種類

　VL村の人びとは，立木や沼，微妙な土地の起伏，高低差を指標とした固有の地名をもちいて個々の水田の筆について話していた．しかし同時に，カテゴリーとしての水田の分類も意識していた．その1つは，「下の田（ស្រែក្រោម）」/「中間の田（ស្រែកណ្ដាល）」/「上の田（ស្រែលើ）」という相対的な土地の高低を基準とした区別であった．そのそれぞれは，低位田／中位田／高位田と言い換えることができた．他方で，「原野の田（ស្រែវាល）」/「里の田（ស្រែស្រុក）」という，集落からの近接性にもとづく区分もあった[5]．以下では，集落近くで普通稲を栽培する田を「里の田」，深水域の浮稲田を「下の田」とよぶことにする．

　この住民自身がもつ水田の区別に，水文条件，栽培品種，土壌肥沃度の各点からの評価を加えると，VL村世帯が耕作をおこなっていた水田は，図4-1および表4-5に示した4種に分けられた．

　里の田は，国道を境として里の田Aと里の田Bに分けられた．里の田Aは，国道の北に位置した．VL村の集落から1キロメートル以上の距離があり，1筆あたりの面積が小さかった．里の田Bは，国道から南へ約2キロメートルの範囲に広がっていた（写真4-3）．集落の近くでは10アール程度の小さな筆が主であったが，集落から遠ざかるにつれて1筆あたりの面積がおおきくなっていた．

　集落近くの小さい筆は，多くの場合，雨期の初期に苗床としてもちいられていた．苗床の準備が始まる頃は，牛がまだ比較的自由に放牧されている．集落

　5　ヴィアル（វាល）というカンボジア語は「野原，原っぱ」，スロック（ស្រុក）という語には形容詞として「(野生に対して) 家畜となった，人に飼い慣らされた」という意味がある．

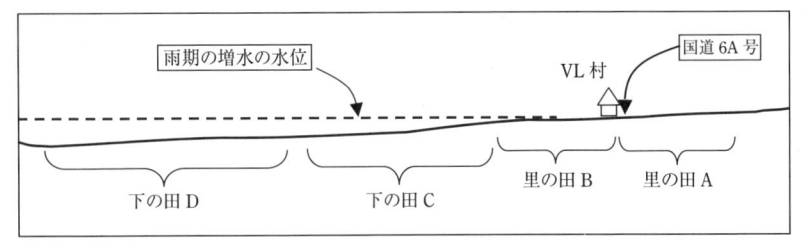

```
                雨期の増水の水位                      VL村   国道6A号
      ┌──────────────┐                    ┌──┐
      │              │                    │  │
──────┘              └────────────────────┘  └──┐
                                                 └──────
       └──────┬──────┘ └────────┬─────────┘ └─┬─┘ └─┬─┘
            下の田 D          下の田 C      里の田 B  里の田 A
```

(出所)筆者作成

図 4-1　VL 村世帯が耕作する 4 種の水田

表 4-5　4 種の水田の特徴

	下の田 D	下の田 C	里の田 B	里の田 A
立地	国道の南，約 7〜9km	国道の南，約 3〜5km	国道の南，約 2km まで	国道の北
土壌肥沃度	良	瘠薄	良	中程度
水条件	増水（約 3〜4m 以上）	増水（約 2〜3m）	天水＋増水（1m 前後）	天水依存
品種	浮稲	浮稲	普通稲	普通稲
一筆面積	大	大	中〜小	小
収量性	高	低	最高	中

(出所)筆者調査

から遠く離れた水田に苗床をつくると，目が行きとどかず，牛に苗を食い荒らされることがあった．

　里の田 A と里の田 B のあいだには，水文条件という重要な違いがあった．国道の南に位置する里の田 B は，トンレサープ湖の増水の影響を直接受けていた．一方で，国道の北にある里の田 A は，天水のみに依存し，増水の影響を受けなかった．

　下の田は，下の田 C と下の田 D の 2 種類に分けられた．下の田 C は，里の田 B が切れたあたりからさらに 0.5〜1 キロメートルほど南に下った地点から始まった[6]（写真 4-4）．雨期の増水は水深 2 メートル程度であった．土壌は肥沃

---

[6] 里の田 B と下の田 C のあいだには，雨期にも冠水しない土地の高み（ទួល）があった．そこでは，10 アール程度の小面積の区画ごとに所有権が定まっていた．しかし，筆者の調査中は，野菜やスイカの栽培が時折おこなわれていたほか，大部分は放置されていた．この土地は，農地としての性格が水田と基本的に異

第 4 章　農地所有の編制過程

写真 4-3 集落に近接した普通稲田での田植えの様子（里の田 B）

写真 4-4 浮稲田における収穫の風景（下の田 C）

なるため，本章では検討のなかに含めない．

でなく，浮稲を栽培するためには1ヘクタールあたり最低50キログラムの化学肥料を施肥する必要があるといわれていた．

　下の田Dは，集落から7～9キロメートルほど南に位置した．雨期の増水は3～4メートルの水深になっていた．土壌は肥沃であり，施肥の必要がなかった．下の田Cと下の田Dは，後に述べるように，開墾の歴史もおおきく異なっていた．

4）水田所有の概況

　調査時のサンコー区では，農地をめぐる所有関係が認識され，売買もおこなわれていた．ここでいう農地所有の権利とは占有権を意味している．カンボジアには，使用行為によって土地の境界を区切って占有を主張する「鋤による獲得」の原則という慣習法的な土地権の認識があった［デルヴェール 2002: 513-515］．これは，植民地期に西洋近代的な土地所有の概念が現地の法体系に導入された後も，継続使用によって保障される民法上の権利としてみとめられていた［天川 2001b: 157-158］．1980年代の人民革命党政権は社会主義政策をとり，土地の私的所有をみとめなかった．その後，1989年の体制移行のあとで，屋敷地の所有権，耕地の占有権，プランテーションや森林開発に関連したコンセッションが法的に承認された．しかし，測量にもとづく土地登記，土地所有証書の発行などの事業は一向に進んでいなかった．つまり，カンボジア農村の生活の大部分は，継続的な使用行為によって占有を主張する慣習法的な土地所有の認識にもとづいていた［天川 2001b: 166-168］．

　表4-6は，以上のような基本状況を踏まえたうえで，所有する水田の面積規模をVL村の各世帯に質問して得た回答である．里の田と下の田を区別するとともに，面積を4段階に分けて示してある．世帯を単位とした所有面積の平均は，里の田（里の田A＋里の田B）で1.3ヘクタール，下の田（下の田C＋下の田D）で1.8ヘクタール程度であった．

　以下では，このような特徴を示すVL村の世帯の水田所有が，近年の社会変動のなかでいかに形成されてきたのかを記述し，考察する．まず次節では，水田の開墾の歴史とポル・ポト政権の支配に起因する変化について述べる．

表4-6　世帯あたりの所有水田面積（VL村）

A. 里の田　　　　　　　　　　　　　　　　　　　　　　　　　　　単位：アール

面積	世帯数	所有面積の平均	内訳	
			里の田A	里の田B
① 0	12	0	0	0
② 1～100	59	68.8	18.5	50.3
③ 101～200	52	155.3	64.9	90.4
④ 201～	26	288.5	98.6	189.9
計	149	131.8	47.2	84.6

B. 下の田　　　　　　　　　　　　　　　　　　　　　　　　　　　単位：アール

面積	世帯数	所有面積の平均	内訳	
			下の田C	下の田D
① 0	42	0	0	0
② 1～200	59	131.3	55.8	75.6
③ 201～400	31	298.5	103.2	195.3
④ 401～	17	576.2	195.6	380.6
計	149	179.9	65.9	114.0

（出所）筆者調査

4-2　水田の開墾とポル・ポト時代の変化

（1）水田の開墾

　VL村の世帯が耕作していた4種類の水田は，それぞれ開墾の時期が異なっていた．

　すでに述べたように，60歳代以上の村人らの回想によると，彼（女）らが幼かった頃，サンコー区の集落では居住地のすぐそばまで森林が迫っていた．そ

して，森林には象や鹿などの大型動物が頻繁に姿をみせていた．1930年のVL村には12の屋敷地が開かれていた（前章，表3-5）．そして，日本軍が進駐してきた1945年頃には20戸余りの家屋があった．その後，カンボジアがフランスの植民地支配から独立した1953年末には約40戸，内戦が勃発した1970年には65戸に集落の家屋数が増えていた．

VL村の草分け世代の人びとは，集落のすぐ南にある里の田Bのエリアに水田を開き，普通稲を栽培していた．1945年頃の耕作の範囲は，集落の南約1キロメートルに達していたという．当時，水田のなかに立木が多く残っていた．しかし，1950年代になるとそれらの立木が消えた．1960年代末には，国道の南約2.5キロメートルの地点にまで水田の範囲が拡大した．ただし，開墾は，水条件の良い低地を選んで進められており，所々に未耕地も残っていた．さらに，国道の北に位置する里の田Aのエリアでは，TK村の村人が開墾の主体となっていた．当時のVL村に，里の田Aの一帯に水田を開く世帯は少なかった．

総じて，自家消費米を生産する里の田は，集落の周囲から開墾が始まり，人口の増加にしたがって徐々に面積を拡大していった．これは，VL村以外の村でも同じであった．例えば，VL村の北にあるTK村での聞き取りによると，1945年頃に同村の村人が耕作した里の田は，集落の北約100メートルまでの範囲だった．しかし，1960年代末には，1キロメートルまで拡大していた．VL村の南東約2キロメートルに位置するAM村でも，1920年頃の里の田は集落の周囲100メートルの範囲に限られていたが，1950年代半ばには，同村の北側800メートルの範囲まで拡大していたという[7]．

他方で，下の田の開墾が進んだ歴史過程については，若干不透明な部分がある．60～70歳代の複数の老人男性の証言では，彼らが下の田の開墾を本格的に始めたのは1953年頃であった．ただし，そのとき開墾に赴いた土地には，ずっと以前におこなわれた耕作の痕跡が残っていたという[8]．

7　AM村における普通稲田の開墾は，北へ向けて進んだ．同村の南は，100メートルほどの地点から浮稲田になる．

8　VL村で暮らすサンコー区SR村出身の老人男性（1929年生）は，幼少時に，「象に荒らされて困って浮稲の栽培をやめた」と大人たちが話していたことを覚え

前章で跡づけたように，20世紀前半のサンコー区一帯には強盗が頻繁に出没し，治安が安定していなかった．集落を取り巻く自然環境は現在とおおきく異なり，人口が格段に少なかった．1953年はカンボジアがフランスの植民地支配から独立した年であり，地域の情勢が安定へ向かった1つの契機であった．浮稲の栽培は，サンコー区一帯でおそらくかなり昔からみられた．しかし，時々の情勢の変化にしたがって放棄と再開を繰り返してきた．そして，もっとも近年の転換として，1953年頃から栽培が盛んになった．

　下の田の開墾に関する以上のような歴史過程については，傍証もある．前章で触れたように，サンコー区には20世紀の早い時期から籾米や森林産物（ツタや樹脂の類）をプノンペンなどへ卸売りすることを生業とする人びとがいた．調査時にSK村に居住していた老人男性の1人（1925年生）は，内戦以前のサンコー区でその種の商売を手広くおこない，財を成したことで名を知られた人物であった．彼の説明によると，彼が20歳過ぎに商売を始めた頃，商いの中心はスロックルーの森林地帯の村々で産出された普通稲の籾米の買い付けであった．そして，サンコー区などで栽培される浮稲の籾米の商いは，それより後の時期に始まったものだという．1950年代に拡大に転じたサンコー区の下の田の開墾は，地域経済を外部と結びつけるこのような地元商人の存在によっても支えられていた．

　改めて整理すると，内戦以前のVL村の村人は，里の田Bのエリアの水田で普通稲を栽培し，下の田Dの一帯で浮稲田を耕作していた．当時，里の田Aのエリアで水田を開墾する世帯は少なかった．下の田Cのエリアの土地は，ヴィアル植生の特徴である草地のまま放置されていた．

　残念ながら，内戦以前のVL村の世帯がおこなっていた水田耕作の規模については推定が難しい．当時は水田が課税の対象とされていたため，土地台帳があったはずである[9]．しかしその所在は不明である．また，以下で具体的に跡

　　　ているという．
9　村人の話によると，州から派遣されてきた役人が行政区の助役とともに水田を歩いて目算で面積を推定し，浮稲田の場合はヘクタールあたり25リエル，普通稲の田場合はヘクタールあたり20リエルの税を徴収していた．フランスの植民地支配下では，水田だけでなく屋敷地や自転車なども課税対象であった．

づけるように，一部では水田の筆の形状がポル・ポト時代におおきく変化してしまった．よって，水田区画に着目して過去の所有関係を洗い出す作業は不可能だった．

参考情報として，内戦以前の所有水田についての聞き取りでもっともおおきな面積を挙げた VL 村の世帯を紹介する．その世帯は，SK 村出身の男性（1935 年生）と VL 村出身の女性（1939 年生）の夫婦からなっていた．2 人は 1960 年に結婚し，夫方の両親と 4 年間共住した後，VL 村内に屋敷地を購入して移住した．そして，独立した際に夫方の親から 10 ヘクタールの下の田と 3 ヘクタールの里の田，妻方の親から 1 ヘクタールの里の田を相続した[10]．サンコー区の他の村での聞き取りでも，内戦以前は数ヘクタールを超える大規模な面積の浮稲田を所有・経営していたと述べる例が多くみられた．1960 年代までのサンコー区では，人口に比べて農地に比較的余裕があったと考えられる．

（2）ポル・ポト時代の変化

1970 年 3 月に内戦が始まると，道路交通が分断されて米は流通販路を失なった．また，統一戦線が戦略ルートを開いていたトンレサープ湖の洪水林のなかへロン・ノル政府を支援したアメリカ軍が空から攻撃を加えた．そのため，洪水林に近い浮稲田での耕作は停止した．1974 年 2 月になると，サンコー区の住民の大半はロン・ノル政府軍の命令にしたがってコンポントムへ移動した．同年のサンコー区では，普通稲を栽培する水田の大部分が耕起されずに放置された．

10　これらの水田面積は，目算によって各人が回答してきたものである．今日のサンコー区では，村人たち自身がアール／ヘクタールを単位として水田の面積を認識している．しかし，内戦以前のサンコー区では，アール／ヘクタールを単位とした面積の認識は薄かった．その代わりに普通稲を栽培する水田の広さについては，「200 束の苗を植えられるだけの広さ」といった表現をもちいていたという．

1）農業土木事業

　ポル・ポト時代のサンコー区でみられた稲作は，世帯を単位としておこなわれてきた伝統的な形態とおおきく異なっていた．ポル・ポト政権は，稲作の拡充を強力に推し進めた．国家計画は水田1ヘクタールあたり3トンの籾米の生産を基本目標とし，さらにヘクタールあたり6〜7トンの籾米の生産を可能とする二期作の範囲を毎年拡大させると主張した[11]［Chandler *et al.* 1988: Document 3］．そして，性・年齢別の労働組を編制し，各労働組の仕事の内容を革命組織が管理・指示した．

　労働組を単位とした農作業は，動員した大量の労働力を一斉に単一の作業へ向かわせることを特徴としていた．1日単位でノルマが設定され，その達成をめざしてときに夜半まで作業が続けられた．また，労働組は，地理的に広い範囲を移動して活動した．例えば，雨期の初めには壮年男性の労働組のメンバーが動員され，300台もの犂をもちいて早朝から夜半までひたすら田の耕起作業をおこなった．サンコー区の水田でその作業を終えると，次は隣の行政区へ移動して同じ作業をおこなった．そして，その後を追うようにして若年女性を中心とした別の労働組が移動し，各地の水田で田植えを一斉におこなった．

　聞き取りによると，各種の労働組のなかでもコーンチャラート（កងចល័ត：「機動隊，遊撃隊」の意）とよばれた20〜30歳代の男女を主体とした組に課された仕事は，もっとも過酷だった．コーンチャラートは，農繁期には農作業をおこなった．しかし，その主たる仕事は，二期作の拡大という政権が掲げた目標を実現するための農業灌漑用の堰堤や水路の建設工事だった．VL村出身でコーンチャラートに参加した人びとの多くは，最初コンポントムの南にあるパンニャーチー（Panhnha Chi: ストゥンサエン郡内の地名）で堰堤（ទំនប់）を建設する仕事に就いた．そして，それが1976年に完成すると，別の場所での工事に就くよう命じられた．

11　ポル・ポト政権は，米，ゴム，森林産物などを輸出しており，取引先は中国が多かった［Kiernan 1996: Chap 9］．サンコー区の人びとによると，ポル・ポト時代の稲作の作柄は毎年非常に良かったという．しかし，収穫した籾米のほとんどはトラックで何処かへ運ばれていった．その行き先の1つは中国であったと考えられる．

革命組織が命じた次の土木工事は，サンコー区から約 20 キロメートル北上した地点を流れるストーン川の流れを遮断する堰堤と，そこに貯めた水を南のサンコー区へ導く灌漑用水路の建設だった．堰堤と水路の建設は 1977 年に始まった[12]．工事に参加した村人らによると，堰堤から水路へ放水する箇所（水路の取水口）を建設する工程では事故が頻発し，死者が出た．そして，動員した人びとに過酷な作業を強いた結果，わずか半年後の 1978 年 2 月 1 日に堰堤と水路の建設が完了した[13]．1978 年の雨期には一時試験的に稼働した．

　サンコー区では，この灌漑用水路の建設にさきだって，1975 年に，国道の南に位置する里の田 B のエリアで水田区画の改変がおこなわれた．まず，VL 村の集落のすぐ南に，国道に平行するかたちで東西約 3 キロメートルにのびる幅 5 メートルの水路が掘られた．その 1 キロメートル南，2 キロメートル南にも同じ規格の水路が掘られた．そして，3 本の水路のあいだに一辺が 100 メートルの正方形の規格水田が造成された．つまり，さきに述べた堰堤と灌漑用水路の建設は，この規格水田に乾期の灌漑用水を供給することを目的としていた．ただし，その本格的な運用の前にポル・ポト政権が崩壊してしまった．

2）景観の変化

　ポル・ポト政権は，カンボジア全土で大規模な農業土木工事を推し進めた．その政権期間中に築かれた幅 5 メートル以上の水路網は，全長 1 万 4,430 キロメートルに達するといわれる［清野 2001］．また，その一部は土木工学の基礎にかなっており，今日も使用されている［川合 1996］．

　しかし，多くの労力と人命を費やしてサンコー区の北方に建設された堰堤と，そこからサンコー区へ向けられた灌漑用水路は，ポル・ポト時代以後全く使われてこなかった．すなわち，堰ができたことで水没したストーン川の上流地域の村々の住民が，ポル・ポト政権の崩壊直後に水路の取水部を破壊した．そし

12　VL 村の村人の一部によると，ストーン川を堰き止めるこの土木事業は，クメールルージュによって 1973 年から計画され，一部着工されていたという．しかし，その詳細は確認できていない．

13　この堰堤の建設工事で男性が 1 日に負わされたノルマは，3.5 立方メートルの土を積むことであったという．

てその後，修理されずに放置されてきた．水路については，側壁をコンクリートで固めたものでないため，歳月の経過にしたがって崩壊が進みつつある．サンコー区の区長らは，もしもこの堰と水路を再整備して使用することができたら，サンコー区区内の住民におおきな利益をもたらすと述べていた．しかし，調査時にはまだ実現していなかった[14]．

写真4-5は，1992年に撮影されたサンコー区の航空写真である．写真の左よりの位置に，東西に走る国道と交差するかたちで南北方向に延びた白い線がみえる．それが，ポル・ポト時代に築かれてその後放置されてきた灌漑用水路である．さらに，写真からは，国道を挟んで南北に位置する水田の形状の違いも明瞭にみてとれる．

今日の里の田Bのエリアの水田景観は，ポル・ポト時代に造成された100メートル四方の画一的な区画が基礎となっている．聞き取りによると，内戦以前のその場所には，サンコー区の人びとの連綿とした稲作の営みがつくりだした不規則なかたちの大小の筆があった．水田の開墾は，水条件の良い低地から始まり，その周囲へ徐々に拡大するかたちで進んだので，所々に未耕地も残っていたという[15]．しかし，今日の里の田Bの景観は，畦が直線的に走るほかには変化がほとんどない．それは，人びとの生活様式と歴史的な営みを無視して画一的な計画を押しつけた，ポル・ポト政権の支配の特徴をいまに伝えている．

ジャーナリストの清野真巳子は，1990年代にカンボジア農村を訪れ，ポル・ポト時代に浮稲栽培の放棄を命じられた村を見出した．そして，ポル・ポト政

14 このポル・ポト水路と堰堤は，地元の要請を受けて外部資本が介入し，筆者の調査後に改修が始まった．2008年2月に訪問したところ，一部未完成ながら水路としての機能を取り戻しつつあった．また，2009年の雨期に訪れると，里の田Bのエリアで東西方向に走っていた水路がふたたび整備され，灌漑用の用水が供給されるようになっていた．このような最近の変化については，今後詳しく調査する予定である．

15 里の田Bのエリアには内戦以前，水が溜まりやすい低所があった．しかしその場所は，今日，見分けがつかない．村人らは，その地形変化の理由を「土が盛りあがった」（ដីឡើង）からだと説明していた．ポル・ポト時代に水田区画が改変されたことで表土の移動が促され，徐々に土地の起伏自体が小さくなったのではないだろうか．

写真 4-5　サンコー区の中心部の航空写真

（注）左側に南北へ走るポル・ポト時代に造られた水路がみえる
（出所）Finmap Strip 50/8632（1992 年 12 月撮影）を筆者がトリミング

権は改良品種の二期作を重視し，粗放性を理由に浮稲の栽培を禁止していたと報告した [清野 2001]．サンコー区でも，当時は浮稲の栽培がおこなわれず，下の田は放置されていた[16]．

4-3 ポル・ポト時代以後の農地所有の編制

（1）クロムサマキの設立と解散

1979年1月にポル・ポト政権が崩壊すると，サンコー区の住民はサハコーから母村へ戻った．1978年の雨期に栽培した稲がそのときちょうど収穫期を迎えており，人びとは早い者勝ちでそれを刈りとったという．その後，同年の雨期の稲作の準備に入る前にクロムサマキが組織された[17]．

クロムサマキについては，カンダール州の稲作村と畑作村で調査をおこなった天川直子の先行研究がある[18] [天川 1997, 2001b]．クロムサマキは，人民革命党政権が1979年より実施した農地と労働力の集団化を基軸とする生産単位の組織化政策であった．その設立は，各村に10前後の世帯からなる班を組織することから始まった．そして，各班に農地を割り振り，生産活動を請け負わせた．収穫物は，労働の供出量にしたがって班内の世帯で分配されることになっ

---

16 調査地周辺の一部の地域では，ポル・ポト時代のあいだも浮稲が栽培されていたという．しかし一般に，ポル・ポト政権は伝統的なかたちの稲作でなく，灌漑二期作を重視していたといえる．

17 正式にはクロムサマキ・ボンコーボンカウンポル（ក្រុមសាមគ្គីបង្កបង្កើនផល）とよばれ，「生産増大団結班」と訳すことができる [天川 1997: 25]．

18 ヴィヴィアン・フリングス（Viviane Frings）もクロムサマキについて早くから論じている [Frings 1993, 1994]．しかしそれは，政府文書を中心とした文献資料の検討であり，農村の実地調査にもとづく報告ではない．天川の研究は，クロムサマキの解散に始まるカンボジア農村の農地所有の基本的な構造の解明を目的としたものである．そのため，調査村の歴史経験の個別的特徴を捨象している [天川 2001b: 156]．

ていた.

　クロムサマキは，第一に共同労働，第二に農地の共同管理，第三に労働力の供出量にしたがった収穫物の分配を特徴としていた．しかし，天川によると，全国の大多数の農村では1980年代半ばまでにクロムサマキによる集団耕作が停止した．つまり，請け負った農地が班内の世帯間で分配され，世帯を単位として個別に耕作をおこなう内戦以前の稲作の形態が復活した．

　サンコー区の各村でも，10前後の世帯からなる班がつくられ，郡政府から行政区へ，行政区から行政村へ，行政村から班へと割り振られた農地の耕作を請け負った．表4-7は，サンコー区の各村を訪問し，村長と老人世代の村人数名から村内のクロムサマキの設立と解散の状況について聞き取った内容である．そこからは，共同労働というクロムサマキの第一の特徴が，当時の社会の現実的な要請に応えるものであったことが理解できる．

　すなわち，1979年のサンコー区では，役牛が顕著に不足していた[19]．よって，個々の世帯が独立して耕作をおこなうことは不可能だった．他方，農地の共同管理と班単位での収穫の分配という第二と第三の特徴は，村での実情と関連が薄かったためか，早くから停止した．サンコー区の村の多くでは，1983年に農地が世帯間で分配された．また，1986年前後に耕作作業も個別化した．

　VL村では，1979年に10の班がつくられた．さきに述べたように，カンボジア農村での畜力による車の牽引や農地の耕起作業は，雄の成牛か，雄または雌の水牛を2頭組み合わせたかたちでおこなう．しかし当時，役牛は1つの班に4〜6組しか存在せず，世帯を単位とした耕作は無理だった．一方で，村内の各班は，1981年の雨期作の開始前に請け負った水田を班内の世帯のあいだで分配した．このような農地分配は，区長へ知らせずに暗黙の了解のうちにおこなった．

　VL村の村人たちは今日，「クロムサマキからクロムプロヴァッダイになった」とこの変化を説明する．プロヴァッダイとは，田植えや稲刈りの作業においてカンボジアで伝統的にみられた互酬的な労働力交換の方法を指す．当時，

19　牛不足は，当時のカンボジアで全国的な問題であった [Vickery 1986: 140]．

表4-7 サンコー区各村におけるクロムサマキの設立と解散の状況

村名	クロムサマキの班数と役牛数 (1979年)	クロムサマキの解散時期	農地分配の基準と方法	分配対象
KKH	14班 (18〜22世帯) 役牛数=不詳	1983年に集団耕作を停止。1987年に完全に農地を分配	国道の北と南の水田を区別し、世帯構成員を数えて各々13〜14a/人の面積を分配	普通稲田
KK	13班 (12〜16世帯) 役牛数=不詳	1981年に、班毎で水田の分配を開始し、同年内に分配を終了	国道北の居住世帯へ国道北の普通稲田を、国道南の居住世帯へ国道南の普通稲田を、世帯の構成員を数えて分配した	普通稲田
KB	14班 (15〜20世帯) 役牛数=不詳	1979年より農地を分配したが、収穫は共同、労働力の多寡を考慮。1986年の増加後、1986年には完全に個別化	(不詳)	普通稲田
SKH	13班 (29〜33世帯) 役牛数=3〜4組/班	1982年の雨期作の開始時に水田を分配し、翌1983年初に収穫から農地の所有者が受け取った。	村長と班長が住民を連れて水田を歩き、大体で分けた。水田に余裕があったので、1979年以来の新参者による平等にした	普通稲田
SKP	4班 (15〜25世帯) 役牛数=3〜5組/班	1983年の雨期作を始めるとき、農地を分配した。1986年は労働の共同もなくなり、完全に個別化	各世帯に。1975年以前の所有者田をとった	普通稲田
CH	4班 (5〜12世帯) 役牛数=0〜4組/班	1983年に農地を分配した。1984年には、役牛不足が続いていたが、労働も奴隷も個別化	村の北の普通稲田は、1975年以前の所有者が各自が再取得した。村の南の浮稲田は、最初班ごとに分配してから、世帯に分配した。分配の基準は不詳	普通稲田・浮稲田
PA	10班 (9〜11世帯) 役牛数=2〜3組/班	1983年の雨期作の開始前に農地分配をおこなう、1984年に個別化	不足し、助け合う必要があった。役牛も牛車は、すべての班で。1983年に農地を分配したが、役牛と牛車は、個人口規模も以前と変わらなかった。すべての班で各世帯の取り分を算出した後に、くじ引きをおこなって、田地の広さを以前と変わらなかった	普通稲田・浮稲田
SM	13班 (20〜40世帯) 役牛数=0〜3組/班 労働も個別化	1983年の雨期作の開始前に農地分配をおこない、1984年に個別化	構成員を数えて各世帯の取り分を算出した後に、くじ引きをおこなって、くじ引きをやり直した	普通稲田
SR	12班 (10〜15世帯) 役牛数=0〜5組/班	1983年に農地を分配	村の耕作を請け負った水田をくじ引きで班ごとに分割し、班の中で世帯の構成員数を数えて均等にし、面積を決定した。浮稲田についても、班に割り当てた区画を、班内の世帯で分配した	普通稲田・浮稲田
SK	3班 (12〜13世帯) 役牛数=3組/班	1982年末には完全に農地を分配を終了	世帯構成員を数えて分配農地を決定した。くじ引きで分配農地を決定した	普通稲田
VL	10班 (12〜13世帯) 役牛数=4〜6組/班	1981年の雨期作開始前に、1984年には耕作形態も個別化	基本的に世帯構成員数にしたがって分配面積を決めたが、不満が出た場合は世帯を単位として均等に2度目の分配をおこなう班もあった	普通稲田
BL	5班 (15世帯) 役牛数=3〜5組/班	1981年の雨期作開始前に、農地を分配を開始し、1985年に役牛が同じく、耕作も個別化	世帯を単位として均等に分けた。分配の対象は普通稲田のみで、浮稲田は自由獲得にさせた	普通稲田・浮稲田
TK	4班 (9〜10世帯) 役牛数=2〜3組/班	1983年の雨期作開始前に農地の分配をおこなった	班ごと、世帯構成員数にしたがって分配面積を決めた	普通稲田
AM	3班 (11〜12世帯) 役牛数=5〜8組/班	1985年の雨期作開始前に農地を分配した	村の北の普通稲田は世帯構成員数にしたがって、村の南の浮稲田は世帯員数にしたがって分配	普通稲田・浮稲田

(出所) 筆者調査

農地は世帯へ分配されたが，役牛の不足はまだ続いていた．そこで，役牛を使った作業だけは労働力交換の伝統にもとづいておこなった．その他の作業は世帯ごとに個別化しており，収穫物も各々の農地の所有者が独占的に受け取った．VL村では，その後1984年までに役牛が増え，農作業も世帯ごとに個別の形態 (ចាស់ចាស់) でおこなわれるようになった．つまり，稲作の実践が世帯を単位とした伝統的なかたちへ戻った．

VL村でつくられたクロムサマキの班が農地を分配した際にもちいた基準と方法は，里の田Bを例にとると表4-8のようであった．クロムサマキ解散時の農地の分配については，前もって1人分の面積を決めておき，それに構成員の人数をかけて世帯ごとの取得面積を決定した事例が多く知られている［天川 2001b: 152］．しかしVL村では，構成員数を問題とせず，世帯を単位として均等に分けた班もあった．

当時VL村の第10班で班長を務めていた男性によると，彼の班の農地分配は，各世帯の代表者を集めて分配方法について話し合うことから始まった．そして，班が耕作を請け負った水田のうち，里の田Aについては幅7メートル長さ80メートルの区画を1人分と決め，構成員数にしたがって世帯別の取得面積を計算した．他方，里の田Bの分配面積については，構成員数が5名以上の世帯は1ヘクタール，5名未満の世帯は0.5ヘクタールとした．その後，世帯の代表者が一緒に水田を歩き，話し合いとくじ引きによって取得する筆の割り当てを決定した．

表4-8が示すように，VL村内には一度おこなった分配を後にやり直した班もあった．関係者のあいだの合意を重視しており，方法は柔軟であったといえる．

（2）村落間の差違とその背景

他方，農地分配の実態については，村落間の違いもある．ポル・ポト時代以後の農地分配の際は，1975年以前の権利関係が考慮されなかったとする報告

表 4-8 里の田 B の分配の方法と基準（VL 村）

班番号	分配の方法と基準
1	世帯構成員の人数にしたがって分配したところ不満がでてやり直した．2度目は世帯を単位として均等に分配
2	世帯を単位として分配
3	世帯を単位として分配
4	世帯を単位として 66 アールずつ均等に分配
5	世帯を単位として分配した．良田は 3 世帯で 1 ヘクタールを分割．その他は 1 世帯あたり 50 アールを分配
6	世帯を単位として分配
7	世帯構成員の人数にしたがって分配
8	世帯を単位として分配
9	世帯を単位として分配
10	世帯を単位として，構成員が 5 人以上の世帯は 1 ヘクタール，5 人未満の世帯は 50 アールを分配

(出所) 筆者調査

が従来多かった[20]［天川 2001b: 161-165］．サンコー区でも，大多数の村では水田の権利関係をめぐる連続性がみられなかった．しかし，SKP 村，CH 村，PA 村では，1975 年以前の所有水田を世帯がポル・ポト時代以後にふたたび取得したという説明があった．実は，それらの村落の付近の水田は，ポル・ポト時代に区画がさほど変化していなかった．VL 村の南に位置する里の田 B のエリアの水田のように，もともとの田畦が消え去り，水田区画が一変してしまった場合には，以前の権利関係を同定する作業は不可能であった．ポル・ポト時代以後の農地所有の編制過程を論じる際には，地域社会の内部における多様性を細かく考慮する必要があるといえる．

他方，分配の対象となった農地の種類についても村落間で違いがあった．すなわち，表 4-7 が示すように，大多数の村落ではクロムサマキの解散時の農地分配は里の田が対象だったと説明があった．しかし，CH 村，PA 村，SR 村，AM 村の村長らは，普通稲田だけでなく浮稲田も分配の対象であったと述べて

---

20 ポル・ポト時代前後の農地所有の連続を指摘する少数の事例報告として，谷川 [1997]，小笠原 [2005] がある．

いた.

　クロムサマキの設立の際に政府が共同耕作を命じた農地は，制度上，それぞれの地域の「主要な農地」に限られていたといわれる［天川 2001b: 161］．例えば，稲作が農業活動の中心である村落では，水田以外の菜園や果樹園が共同耕作の対象とされなかった．よって，浮稲田が分配の対象でなかったと答えたサンコー区の村落では，そもそもそれがクロムサマキの耕作の対象とされていなかったと推測することもできる．しかし，当時のサンコー区で区長を勤めていた人物によると，1979 年のサンコー区では，普通稲田（里の田 A ＋ 里の田 B）と浮稲田（下の田 D）の両方を耕作するよう区内の全村のクロムサマキに対して指示が出されていた．

　浮稲田をめぐる以上の見解の相違には，地域のローカルな歴史状況が関連している．まず，浮稲の栽培は 1970 年に内戦が勃発してから早い時期に停止していた．ポル・ポト時代にもおこなわれなかった．つまり，約 10 年にわたる耕作の停止によって，浮稲田はすっかり荒廃し，原野に近い状態に戻っていた．さらに，VL 村の村人の説明によると，ポル・ポト時代以後のサンコー区では 1979 年から 1983 年のあいだ，政府が大型トラクターを無償で提供するかたちでクロムサマキの班による浮稲田の耕作がおこなわれた．しかし，村によっては，労働力の不足などを理由に浮稲を栽培しない班も多かったという．

　一方で，サンコー区では 1981 年頃から乾期にスイカが広く栽培されるようになった．スイカの栽培は，クロムサマキの共同耕作の対象ではなく，世帯の独立経営でおこなわれた．また，政府によるトラクターの提供は 1984 年から有償化されてしまった[21]．さらに，サンコー区一帯では 1980 年代半ばに治安が悪化し，集落から遠い森林地帯に出かけた住民がクメールルージュの兵士に拘束され，身代金を要求される事件がたびたび起こった．前章で述べたように，1986～87 年の時期は VL 村の南の水田地帯に夜間だけ地雷が埋設されていた．

　すなわち，ポル・ポト時代以後のサンコー区では，当初浮稲田の耕作が一部でしかおこなわれていなかった．1980 年代半ば以降には，治安の問題が深刻化したために，クメールルージュの兵士が行き来するトンレサープ湖の洪水林

21　1984 年は，村ごとに 1～2 ヘクタールの共有地を設定するなど，人民革命党政権が新たな農業政策を実施した年だといわれている［Frings 1993: 39］．

に隣接した浮稲田へわざわざ出かけ，耕作をおこなう住民も少なかった．

　今日，サンコー区の住民の大多数は，彼（女）らのポル・ポト時代以後の浮稲田の取得は「開墾[22]（ចាប់：「掴む」の意）」によるものだと述べている．つまり，ポル・ポト時代以後のサンコー区の浮稲田は，「鋤による獲得」の原則という慣習法的な占有権の認識を基礎としつつ，以上に述べたようなローカルな歴史状況のなかで進んだ再開墾の実践にもとづいて所有関係が定まった[23]．

（3）1980年代の地域社会と国家

　ポル・ポト時代以後の農地所有の編制過程においては，まず，クロムサマキの設立という国家の政策が果たした役割のおおきさを評価することができる．それは，人口規模から測ってほぼ平等な面積の水田を国家が主導するかたちで村落に割り振った[24]．ポル・ポト時代には住民が強制移住の対象となり，多数の死者が生じていた．また，VL 村の周辺などでは旧来の田畦が壊され，画一的な水田区画がつくられた．よって，1970年代より前の所有関係を確認して農地の再取得をおこなう作業は，事実上不可能であった．クロムサマキの設立は，地域社会でみられたこのような混乱の収拾におおきく貢献した．

　しかし他方で，サンコー区の事例は，農地をめぐる所有関係の再編の具体

22　「開墾」は，ハエク（បើក：「引き裂く」の意）とも表現される．
23　聞き取りによると，1979年のクロムサマキの設立の際，コンポンスヴァーイ郡の郡政府はサンコー区の北のダムレイスラップ区の住民にも浮稲田を割り当てた．しかし，ダムレイスラップ区からサンコー区の浮稲田までは最低でも10キロメートルの距離があり，耕作に訪れる人はほとんどいなかった．その土地は，その後サンコー区の人びとによって開墾され，今では所有関係が確立している．
24　例えば，里の田Bについていえば，クロムサマキの設立時にVL村は500メートル，TK村は100メートル，SK村は270メートル，SR村は500メートルの東西幅で，等しく南北約2キロメートルの範囲の耕地が上からの命令で割り当てられた．クロムサマキの班数（表4-7）をみると，VL村が10班，TK村が4班，SK村が3班，SR村が12班であり，割り振られた耕地面積と班数の割合としては，SK村が突出している．ただし，SK村に割り振られた水田は集落の南約1キロメートル付近から水条件が悪くなり，稲作の適地ではなかった．

な過程が国家による政策的な指導とは別のかたちで進行していたことも示していた．すなわち，政府が指導したクロムサマキの共同耕作は短期間で停止した．そして，村落の人びとは話し合いによる合意を基本として農地を分配した．人民革命党政権は当時政策に反してクロムサマキの解散が進む農村の状況を十分に把握していた［天川 1997］．しかし，政策からの乖離に対して抑制策を打ち出すことはしなかった．

1980 年代のサンコー区の社会状況においては，18 歳以上の未婚男性に対する徴兵やコープラム (កូប្រាម) とよばれた公共事業への労働力の徴用[25]，そして地元に駐屯した政府軍とベトナム軍の部隊のための食料の炊き出しといった点で，国家が地方の行政責任者を通じて強制力を発揮していた側面が確認できる．政府とポル・ポト派ら反政府勢力とのあいだには，内戦が継続していた．よって，国家が第一に重要視したのは国防であった．政策としてのクロムサマキが目指していた国民生活の向上や，社会主義イデオロギーに即したより好ましい社会の実現という目標は，より優先度が低かったと考えられる．

農村で進んだクロムサマキの解散に対する政権の黙認姿勢は，ポル・ポト政権下での生活に対する人びとの心情を参照点として理解することもできる．古田元夫が指摘するように，人民革命党政権の政策の実施には，ポル・ポト政権とのあいだに差異を強調する必要が条件づけられていた[26]［古田 1991: 612］．別言すると，人民革命党政権の支配の正当性はポル・ポト政権を打倒したという歴史に負っていた．そして，国民から支持を得るためにはポル・ポト時代の生活を連想させるような国家による社会の管理を一辺倒に推し進めることができなかった．そこで政権は，国防などをのぞいた人びとの生活再建の実際的な領域については，指針を示しつつも地域社会ごとの対応に任せ，政策との乖離を黙認した．以上のように考えると，クロムサマキの解散に対する政権の黙認姿勢は，地域社会に生きる人びとの生活に対して介入と放任のアンビバレントな位置取りを迫られた当時の国家の独特な性格を反映していたものといえる．

1980 年代の地域社会と国家の関係についての以上の議論は，第 8 章におい

---

25 当時，コープラムとよばれる労働力の徴用の対象となったサンコー区の人びとは，タイ国境付近で道路建設の工事に就いていた．
26 天川［2001a: 44］も，古田元夫のこの指摘に同意している．

ておこなう仏教実践の変容についての考察と関連している．ポル・ポト政権は，政権期間中に国内の仏教僧侶のすべてを強制的に還俗させた．人民革命党政権は，1979年以降の早い時期に仏教僧侶を復活させる政策をとった．しかし，それと同時に，出家行動に対して強い統制を課した．国内でゲリラ戦が続くなかで僧侶が増加することは，兵士として徴兵すべき男性人口の減少を意味した．よって，出家行動の自由化を政府が政策としてみとめることはできなかった．ただし，ポル・ポト政権が否定し，断絶させた仏教信仰の復活を支援することは，支配の正当性を国民にアピールするという国家のねらいにかなった行動だった．

4-4 所有農地の分析

　サンコー区におけるポル・ポト時代以後の農地所有の編制過程は，クロムサマキの設立という国家政策によって最初の方向を与えられた．まず，今日の里の田の所有関係の編制は，クロムサマキの解散時におこなわれた農地分配を出発点としていた．そしてその後は，地域に生きる人びと自身の判断にしたがったかたちで個々の権利関係が定まった．他方，下の田に関しては，「鋤による獲得」を原則とした「開墾」が基本であった．では，このようにして農地所有が定まった後の近年の農地取引はどのような特徴を示しているのだろうか．
　VL村に暮らす世帯の所有水田の面積規模は，さきに表4-6で示したとおりである．所有面積の平均は，里の田（里の田A＋里の田B）で1.3ヘクタール，下の田（下の田C＋下の田D）で1.8ヘクタール程度であった．ここで，里の田（里の田A＋里の田B）と下の田（下の田C＋下の田D）を区別し，取得方法別に世帯の所有水田の面積を整理すると表4-9および表4-10が得られる．

表 4-9　里の田の取得方法別所有面積の規模と世帯数（VL 村）

取得方法	所有面積規模				世帯数（合計）	
	階層①	階層②	階層③	階層④		
分配	0	27	19	2	48	102
分配＋相続	0	2	2	0	4	
分配＋相続＋購入	0	1	0	0	1	
分配＋購入	0	0	16	20	36	
分配＋購入＋交換	0	0	3	2	5	
分配＋交換	0	1	5	0	6	
分配＋交換＋開墾	0	0	0	1	1	
分配＋開墾	0	1	0	0	1	
相続	0	13	1	1	15	35
相続＋購入	0	13	5	0	18	
相続＋交換	0	0	1	0	1	
購入	0	1	0	0	1	
非所有	12	0	0	0	12	12
計	12	59	52	26	149	

（注）里の田の階層は，①ゼロ／② 1～100 ／③ 101～200 ／④ 201 アール以上を指す．
（出所）筆者調査

（1）「里の田」の取得方法

　現在，里の田の筆は畦によって境界が明確に区切られている．里の田 B の水田は，VL 村の人びとによってもっとも早い時期から開墾されていた．一方，里の田 A を耕作する人は，内戦以前の VL 村にはほとんどいなかった．

1 ）「分配」：クロムサマキと第二世代の出現

　表 4-9 が示す里の田の取得方法についての回答で圧倒的に多かったのは，クロムサマキの解散時に農地を取得した「分配（របបគ្រួសារ）」である（102 世帯，69%）．この回答率の高さは，クロムサマキの設立と解散が今日の世帯の水田所有の基礎をつくっている事実を裏づけている．VL 村では，クロムサマキの

表 4-10 下の田の取得方法別所有面積の規模と世帯数（VL 村）

取得方法	所有面積規模				世帯数（合計）	
	階層①	階層②	階層③	階層④		
分配	0	1	0	0	1	
開墾	0	39	20	13	72	
開墾＋購入	0	1	0	2	3	83
開墾＋相続	0	0	5	1	6	
開墾＋相続＋購入	0	0	1	0	1	
相続	0	15	2	1	18	
相続＋購入	0	1	2	0	3	24
購入	0	2	1	0	3	
非所有	42	0	0	0	42	42
計	42	59	31	17	149	

（注）下の田の階層は，①ゼロ／②1〜200／③201〜400／④401 アール以上を指す．
（出所）筆者調査

解散時に独立世帯として村内に存在した世帯はすべて，何らかのかたちで農地の分配を受けた．逆にいえば，表4-9で「分配」という回答を示さなかったのは，クロムサマキの解散時に村にいなかった世帯である．その多くは，農地分配がおこなわれた後に結婚して独立した農地取得の「第二世代」［天川 2001b: 183］の世帯である．

「分配」が唯一の里の田の取得方法であると回答した世帯の所有面積の平均は 113 アールであった．「分配」による取得後に，子供世帯への分与や売却によって面積を減少させた世帯もあった．150 アールよりおおきい面積の里の田を「分配」によって取得した世帯は，当時の地域で行政・警備の役職や学校教師を務めていた俸給として別途水田を得たものか，農地分配について班内で話し合った際，里の田 B の一帯で取得する水田の面積を小さくする代わりに，里の田 A のエリアでよりおおきな面積の土地区画を取得した世帯であった．

2）「交換」：村落間の農地の移動と生産性の認識

里の田の取得には，「交換 (đổi)」という回答もあった．その最初の事例は，1985 年にみられた．それは，VL 村の世帯と TK 村の世帯のあいだで前者が

「分配」によって取得した里の田Ａの筆を後者が取得した里の田Ｂの筆と交換した取引だった.

　このような取引は，クロムサマキの設立時の農地区画の割り当てが瓦解を始めた状況を示唆している．前節で述べたように，クロムサマキが設立された際に，村内の各班が耕作を請け負った農地は政府の通達で上意下達式に割り当てられていた．すなわち，農地分配によって世帯が取得した水田は，当該世帯が所属したクロムサマキの班の耕作地として指定を受けていた場所に限定されていた．その結果として，VL村の世帯は，内戦以前に耕作が一般的でなかった里の田Ａのエリアにも水田をもつようになった．TK村の世帯も，同様の理由で里の田Ｂに水田を取得し，耕作をおこなうようになった．そして，この２つの村の世帯の一部が，自分の居住地に近い場所の水田の面積を拡大させることを意図し，他方の村に近い所有水田との交換を申し出た.

　「交換」という回答を示した13世帯のうち8世帯の取引は，TK村の世帯を相手として里の田Ａの筆と里の田Ｂの筆を交換していた[27]．TK村から里の田Ｂの水田までは１キロメートル以上の距離があった．よって，VL村世帯とTK村世帯のあいだの里の田Ａと里の田Ｂの「交換」には，通作距離を問題とした交換分合の性格を指摘することができる．ただし，この種の「交換」をおこなったのはVL村の世帯の一部でしかないことにも注意する必要がある.

　実は，次章で詳しく述べるが，里の田Ｂの生産性は４種の水田のなかでもっとも高い[28]．VL村とTK村の人びとは，このことを十分に認識している．実際，TK村のなかには，里の田Ａの水田を拡大するために里の田Ｂの筆を手放すのは損な取引であるという意見も多かった．これは，通作距離よりも生産性を重視した選択を意味する.

　他方，VL村の世帯が里の田Ａのエリアに水田を所有することには，洪水時

27　ほか５件の「交換」の取引はVL村の世帯のあいだでおこなわれていた．その多くは，集落から遠い水田と「交換」で集落近くの水田を獲得したものであり，以後その土地を屋敷地として使用していた.

28　次章で述べるが，好適な天候に恵まれた1999年の場合，１ヘクタールあたりの収量は里の田Ａが0.99トン，里の田Ｂが1.39トン，下の田Ｃが0.82トン，下の田Ｄが1.28トンであった.

のリスク回避という側面があった．村人は，里の田Aの水田の生産性が通常の条件下では里の田Bよりも劣ることをみとめていた．しかし，里の田Aはトンレサープ湖の増水の影響を受けなかった．よって，メコン川からトンレサープ湖にかけて大洪水が起こり，里の田Bで栽培された普通稲が増水に飲み込まれて全滅してしまったような年にも，一定の収穫が期待できた．

3）「相続」：妻方相続の傾向

「相続（ឯកសិទ្ធិឬកម្មាយ）」は，農地分配が終わった後に独立した新しい世帯が，親世帯などから水田の分与を受けたケースである．この取引は39世帯が回答した．新婚夫婦は，結婚後妻方あるいは夫方の両親と一定期間共住して同一生計を営むことが多い．そして，その後に生計を独立させる際に，農地などの財の分与がおこなわれていた[29]．VL村の世帯による里の田の「相続」の事例では，妻方からの相続が数のうえで優勢であった．つまり，夫方親からの相続が7世帯（18％），妻方親からが24世帯（62％），夫方と妻方の双方の親世帯からが6世帯（15％），親以外の妻方の親類からの相続が2世帯（5％）であった．

前章で述べたように，カンボジア農村の社会編成においては，結婚後の居住選択などの点で妻方親族とのあいだに深い関係があることがみとめられた[*e.g.* Ebihara 1977]．里の田の「相続」の事例においても同様の特徴が指摘できる．

「相続」を里の田の唯一の取得方法とした15世帯の所有面積の平均は59アールであった．それは全体の平均より明らかに小さい[30]．

29　サンコー区では，結婚後に子供世帯が生計を独立させる時期や，親が子供へ財産の分与をおこなう時期についての規則が，明示的に語られることがなかった．例えば親世帯は，長子などが結婚して独立生計を形成しても，年少のキョウダイが多い場合には，正式な財産分与の時期をさき延ばしにすることが多かった．つまり，独立した子供世帯に所有農地の一部を無償で使用させながら，権利の分与についてはまだ明言しないやり方をとっていた．表4-9は，「分配＋相続」という方法で里の田を取得した世帯があることも示していた．これらの世帯は，クロムサマキの解散時に自らの農地の「分配」を受けていた．しかし，後に，他のキョウダイへ親世帯が財産の分与をおこなった際に，改めて親から農地を「相続」した例であった．

30　「相続」による里の田の取得を回答した世帯には，2ヘクタール以上の面積を所有する事例が1件あった．これは，VL村の南東のAM村出身者が母村で結婚

4）「開墾」：開墾余地の早期消滅

　「開墾」とは，「鋤による獲得」の原則にしたがった土地権の主張である．この方法を回答したのは2件だけだった．そのいずれも，1980年代の初期に里の田Aの北方の疎林を開墾し，後に水田としたものであった．聞き取りによると，疎林においても1980年代半ばには所有関係が定まり，新規開墾の余地がなくなった．

5）「購入」：所有面積拡大の主要方法

　「購入 (ទិញ)」は61世帯が回答した．複数回の取引をおこなった世帯もあり，取引件数の合計は97件であった．最初の取引は1985年で，金による売買だった[31]．1987年からは，現金による取引が始まった．すでに述べたように，ポル・ポト時代以後のカンボジアで国家が土地所有に法的承認を与えたのは，人民革命党政権が体制を移行させた1989年であった．しかし村では，水田の「購入」取引がそれ以前から始まっていた．この事実は，慣習法的な占有権の認識にもとづく土地所有の認識こそが，ポル・ポト時代以後のカンボジア農村における農地取引の基礎をつくってきた事実を例証している．

　「分配」を受けた後に，「購入」の取引を重ねた世帯の所有面積は，2ヘクタール以上の面積の階層に集中していた．「分配」には時期的に間に合わなかった第2世代の世帯のなかでも，「相続」に「購入」の取引を重ねた世帯の所有面積は比較的おおきい．「購入」は，クロムサマキ解散後に里の田の所有面積を拡大させようとした世帯がとった主要な方法であった．

6）「非所有」：ポル・ポト時代以後に独立した夫婦の世帯

　VL村内の12世帯は里の田を「持っていない (គ្មាន)」と回答した．その内訳は，一度相続した田を売却してしまった2世帯，独立世帯をつくってからまだ親から水田の分与を受けていない8世帯，1980年代に村に不在だった1世帯，そ

　　した後に移住してきたケースであり，VL村の一般的な状況を反映するものでなかった．

31　1985年には，最初の「交換」の取引がおこなわれた．屋敷地については，1981〜82年から「購入」取引がみられた（第3章を参照）．

して2人の妻をもつ男性の第2妻の世帯であった[32]．それらはいずれも，ポル・ポト時代以後に結婚し，独立した夫婦の世帯であった（結婚時期は，1979年が1件，1980年代が3件，1990年代が8件であった）．

（2）「下の田」の取得方法

下の田は，1筆あたりの面積が里の田に比べておおきい．田畔はつくられていないか，目立たない．下の田Dは1950年代から開墾が始まった．ただし，内戦勃発以後は長期にわたって放棄され，いったん草地へ戻っていた．一方，下の田Cの辺りは内戦以前ヴィアル植生の特徴である草地のまま放置されていた．そして，1980年代の初めに化学肥料を多用する乾期のスイカ栽培の耕地として開墾され，その後肥料の残余分を利用するかたちで浮稲が栽培されるようになった[33]．

1980年代初めの時期のスイカ栽培は，クロムサマキの対象ではなく，個々の世帯が独自におこなった．スイカ栽培は，1990年代になって天候不順に影響された不作が続き，その後衰退した．調査時，下の田Cの耕地では，ヘクタールあたり50キログラムの化学肥料をもちいて浮稲だけを耕作する世帯が大多数を占めていた．一部の世帯は，下の田Dを利用してスイカを栽培していた．

1）「分配」：例外的な取得方法

「分配」による下の田の取得という回答は，1件しかなかった．それは，1980

---

32 カンボジア王国憲法は一夫一婦制を採用している（第45条）．VL村内で，2人の妻をもつ重婚の事例は1件のみであった．男性と妻らの意見にしたがい，本書では別生計の2世帯としてあつかった．彼（女）らは1つの屋敷地に家屋を2棟隣り合わせに建てて暮らしており，村人のあいだに違法性についての議論はなかった．第一妻の世帯は水田を所有して稲作をおこない，第二妻は菓子づくりなどで暮らしを立てていた．

33 サンコー区では，1980年代になるまで化学肥料の使用がみられなかった．1980年代には，政府の主導で浮稲の新品種が導入されるなど，化学肥料の使用のほかにも新しい農業技術が地域にもたらされた．

年代にサンコー区の西隣のトバエン区にある中学校で教師を務めた人物が，その俸給として下の田を取得していたケースであった．

２）「開墾」：「鋤による獲得」と開墾余地の縮小
　表4-10において多数を占めているのは，「開墾」という回答であった．前節で述べたように，下の田の取得方法として「開墾」という回答が多いことには地域の1980年代の状況が関連している．
　「開墾」のみによって下の田を取得したという72世帯の所有面積の平均は，265アールであり，全体の平均を上回っていた．下の田の「開墾」は，その多くが，1980年代から1990年代初めの時期におこなわれた．1990年代半ば以降に結婚した世帯が，「開墾」によって下の田を取得したケースもあった．しかし，少数であり，取得した筆は浮稲栽培の適地でなかった．
　サンコー区の住民によると，浮稲の栽培では，土地の肥沃度とともに雨期の初めにもたらされる増水の水質が重要であった．雨期の初期に下の田に押し寄せる増水には，南のトンレサープ湖から洪水林を経て直接北上してくる「黒い水 (ទឹកខៅ)」と，東の河川（サエン川）の氾濫がもたらす「白い水 (ទឹកស)」の2種類があった．そして，「白い水」が最初に到着した場合には良好な生育が期待できるが，「黒い水」がさきの場合は稲の根が腐るなどの被害が生じるといわれていた．「黒い水」は，「塩辛い水 (ទឹកប្រៃ)」，「臭い水 (ទឹកស្អុយ)」ともよばれていた．1990年代になって世帯が「開墾」した下の田は，この「黒い水」の被害を受けやすいエリアに位置していた．
　「開墾」による下の田の取得は調査時も可能であったが，占有の進展にともなって次第に困難になっていた．

３）「相続」：妻方相続の傾向
　下の田の「相続」は28世帯が回答した．内訳は，妻方の親・親族からが16世帯（57％），夫方親からが5世帯（18％），妻方と夫方の双方の親からが7世帯（25％）だった．ここでも，里の田の場合と同様，妻方からの相続が優勢であった．

第4章　農地所有の編制過程　｜　195

４）「購入」：マイナーな取得方法

　下の田の「購入」の回答は 10 件しかなかった．回答した世帯の所有面積は必ずしもおおきくない．すなわち，下の田については，里の田と異なり，「購入」が所有面積拡大の主要方法となっていなかった．最初の取引は，1990 年にみられた．

５）「非所有」：主要な取得方法の性格の違い

　下の田を「持っていない」と回答した世帯の数は 42 世帯だった．そのうち 25 世帯は，1980 年代以降に結婚した夫婦だった．また，そのなかには 1980 年代に下の田を「開墾」して耕作していたと話す世帯もあった．しかし，そのような世帯では，構成員の死亡や老齢化で労働力が減少したことなどを理由に，下の田における耕作を途絶えさせてしまっていた．かつての耕作地は，今ではその後に「開墾」した別世帯が所有地として権利を主張するようになっているという．

　下の田を「持っていない」と回答した世帯の数は，里の田に比べて格段に多い．その理由の 1 つは，下の田と里の田のあいだの主要な取得方法の性格の違いにある．すなわち，里の田の場合は，村落の成員であるという所与の条件にもとづく取得（つまり，「分配」）が主であった．しかし，下の田の取得方法の中心である「開墾」は，明確な耕作意欲をもつ世帯にのみ可能な方法であった．さらに，食べるための米を生産する里の田と売るための米を生産する下の田というそれぞれの水田で栽培される 2 種類の稲の性格を考えると，下の田の耕作（＝所有）よりも里の田の耕作を重視する村落世帯の選択は，理にかなったものと考えられた．

第2部
地域生活の基盤を探る

第2部は，現在の地域社会に暮らす人びとの生活そのものを取り上げる．第1部は，サンコー区の地域社会の歴史経験の分析であった．それに対し，第2部は，現状の分析に紙幅の大半を費やす．ただし，地域社会の特徴をより広い時空間のなかに位置づけて理解しようという関心は共有しており，最終的には地域の人びとの現在の生活が過去の状況とどのように関わっていたのかという問題を追求する．

　第5章は，VL村で収集した資料にもとづき，村人たちが調査時におこなっていた生業活動と家計の実態を分析する．外部者のなかには，カンボジア農村の人びとの生活を自然とともにある自給自足的な暮らしのなかにあるとみる傾向があるかもしれない．確かに，村落世帯が主要な生業とする稲作と漁業は自家消費と直結している．しかし，村人の生計の手段は非常に多様であり，そのなかには外部経済との接合点に立つことを成功の必要条件とするものもあった．さらに近年は，出稼ぎという新しい活動がいままでにない家計のかたちを村落に生みだしていた．調査時の地域社会はグローバル化時代の入口にさしかかったところであり，そこで観察した生業活動の様子は，いままでにないかたちで急速に進む社会経済的変化の事実を知らせていた．

　続く第6章は，地域社会における人びとの生活の世界を経済格差を焦点として分析する．農村の人びとの日常的な行動はさまざまなかたちでの他者との交流を含んでいる．経済格差は，その交流の場面において，自己と他者のあいだの差違を目にみえるかたちで映し出していた．第6章は，まず調査時のサンコー区でみられた世帯・村落間の経済格差の実態を分析する．さらに，ポル・ポト時代以後今日までにそのような格差が再現してきた過程について考える．それは，経済格差を鍵としてサンコー区の地域社会の今日と過去のあいだのつながりを考察する試みであると同時に，地域社会に暮らす人びとの相互行為を分析する第3部に進むのための基本的な枠組みを導き出す．

〈扉写真〉サンコー区SKH村の国道沿いのカラオケ屋で歌に興じる区長氏．調査時，カラオケのVCDを流して客をよび，商売をしていたのは区内でこの一店舗しかなく，夕方頃には男たちが集まっていた．日曜日には，タイでおこなわれるキックボクシングを映すテレビの前に男が群がり，賭けをしていた．プノンペンから放送されるテレビ映像の受信状況が悪いなか，州都のビデオレンタル屋からテープを取り寄せて香港やタイのドラマなどを夜にみせ，金をとる世帯もあった．

CAMBODIA

第5章

生業活動と家計の実態

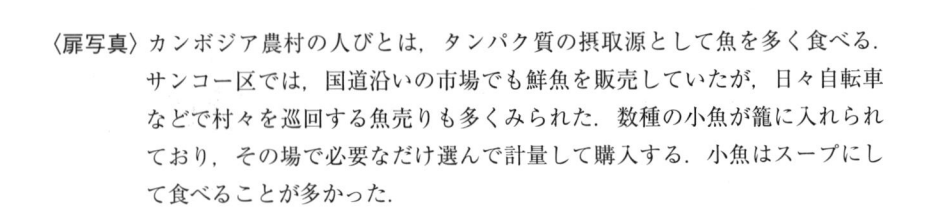

〈扉写真〉カンボジア農村の人びとは，タンパク質の摂取源として魚を多く食べる．サンコー区では，国道沿いの市場でも鮮魚を販売していたが，日々自転車などで村々を巡回する魚売りも多くみられた．数種の小魚が籠に入れられており，その場で必要なだけ選んで計量して購入する．小魚はスープにして食べることが多かった．

生業は生存を維持するための第一の活動である．またそれは，人びとの生活を理解するうえでの基本的な課題である．本章は，VL村で得た資料をもとに，さまざまな方法で暮らしを立て生活を向上させようとしていた村人たちの生業の取り組みを記述的に分析する．サンコー区の村々に暮らす人びとにとってもっとも重要なのは，主食の米を生産する稲作であった．ただし，地域の稲作は生産が安定していなかった．特に2000～01年の2年間は，不順な天候に影響されて壊滅的な収穫状況だった．そのような困難な状況のなか，村人はどのようにして生存を維持しようとしていたのだろうか．

　東南アジアの農村社会の世帯は多就労形態の生業を基本とする．VL村内では，雑貨販売，鶏や魚の仲買，籾米・金貸し，養豚と酒造，椰子砂糖づくりなどの稲作以外の各種の生業がみられた．単一の生計手段に専業化した世帯は少ない．多くの場合，世帯は複数の活動をかけもちしている．ただし，一部に商業取引のみで暮らしを立てている人びともいた．本章は，それらの生業活動の営みを記述的に分析し，カンボジア農村に今日暮らす人びとの生活の具体相を明らかにする．

　本章の記述的分析はまた，経済活動の拡大と多様化が進むカンボジア農村の今日的状況も明らかにする．VL村では，1995年に精米機が導入された．1998年には，地域の村々から鶏を買い集めて首都へ卸す仲買や，若年女性による縫製工場への出稼ぎが始まった．縫製工場への出稼ぎはその後急速に参入者を増やし，出稼ぎ先から村への給料の送金が村落世帯の家計の新しいかたちを生み出した．他方，2000年には，VL村からプノンペンへ向かうマイクロバスが毎日運行されるようになった．

　本章の記述的分析は，復興期からグローバル化時代へ移行する過程のカンボジア農村の実像を明らかにしている．カンボジアの農村部の多くの地域では，1993年の統一選挙以降急速に経済活動が拡大・多様化した．NGOなどによる草の根の援助活動も一気に広がった．森林に接した僻地の農村でも，1998年前後には治安が安定した．それ以後は都市などからの移住者を受け入れ，マクロな経済状況との結びつきを深めている．首都と地方都市を連結する幹線道路沿いに位置するサンコー区の地域社会で2000年前後に観察した生業の変化は，それ以後今日までカンボジア農村の他の地域社会で急速に進んでいる社会の変

化を先取りして示している.

5-1 　世帯と生計手段

　以下の文中での金額は，特に断らない限り2001年の時点の価格を示している[1]．当時の換金率はおおよそ3,900リエルが1米ドル，1米ドルが120円であった．よって，1円は32.5リエルに相当した．
　当時のサンコー区における物価を考える基準として実例を少し挙げておく．バナナをモチ米で包んで焼いた10センチメートルほどの長さの粽（チマキ）は，道ばたで1つ100リエル（3円）で売られていた．サンコー区の市場で売られていたクイティウ（កុយទាវ）とよばれる汁ソバは1杯あたり1,000〜1,800リエル（31〜55円），市場近くの屋台での散髪代（男性）が1回あたり1,500リエル（46円）だった．また，ガソリンの値段は1リットルあたり1,800〜2,000リエル（55〜62円）だった．

（1）生計単位としての世帯

　本書はこれまで，「ボントゥックが一緒である」と村人が答えた集団を世帯として考察をおこなってきた．ボントゥックというカンボジア語は，「積荷，（まかされた）仕事，（世話をする）責任・責務，（仕事の）重荷」の意味であり，それが一緒であるとは経済的な責任をともにすることを指していた．そして，

---

[1] VL村での聞き取りによると，1998〜99年頃と調査時（2001年）とでは，米，豚肉などの必需品の値段が異なっていた．例えば，1998〜99年頃に1タウ（តៅ：12キログラム）の籾米は8,000〜9,000リエルであり，1キログラムの豚肉は4,000リエルの値が相場だった．しかし，調査時には，1タウの籾米の価格は4,000リエル前後，1キログラムの豚肉の値段は2,200リエル前後で取引されていた．2〜3年前より籾米の価格が下がっていたのは，2000年にカンボジア農村を広く見舞った大洪水が人びとの生活に与える影響を考慮して，政府が籾米の国外への輸出を禁止する政策をとっていたからであった．

この世帯の概念は，仕送り・送金といった関係を出身世帯とのあいだに保ちながら就学・就労のために村外で生活していた人びとも世帯の構成員としていた．本章では，村落世帯がおこなう生業活動と家計の状況を分析する．そのなかでは，就学・就労を目的として村外に居住しつつ，経済的なつながりを村落の世帯と維持していた人びと（村外世帯構成員）も，在村世帯構成員（村内居住者）とともに検討の範囲に含める．

村外世帯構成員を含めた VL 村の村落人口は表 5-1 のようであった．在村世帯構成員が 775 人だったのに対し，村外世帯構成員は 144 人だった（村外人口率は，15.7％）．村外世帯構成員は青年層に多く，特に 20〜24 歳の年齢層ではその率が 50％を超えていた．後に詳しく述べるが，村外人口のこのような年齢層別の分布はごく近年につくりだされたものであった．

（2）生計手段の種類

カンボジアで出会った人に対して「ロークシーアヴェイ？（រកស៊ីអ្វី?）」と尋ねると，複数の仕事の名前が答えとして返ってくる．ロークは「探す」，シーは「食べる」を意味するカンボジア語の動詞である．エイとは，疑問代名詞であり，ここでは手段を質している．この質問文は，履歴書のなかの「職業」といった項目が意味する抽象的な職務の種類ではなく，人びとが日々の暮らしを立てるために営んでいる具体的な仕事の内容を尋ねている．

表 5-2 は，VL 村の各世帯で「ロークシーアヴェイ？」と質問して得た，仕事の内容と回答数を整理したものである．1 世帯あたり 4 件までの複数の回答をみとめており，村内でみられた生計手段の種類を幅広く明らかにしている．

表 5-2 では，稲作という回答がもっとも多く，149 世帯のなかの 128 世帯が答えていた（86％）．人びとの主食は米であり，米を生産する稲作は村落で営まれる生業活動の中心だった．稲作に次いで多かったのは養豚であり，24 世帯が回答していた（16％）．調査時の VL 村では，93 世帯が豚を飼育していた（表 4-4）．世帯あたりの飼育頭数には 1〜27 頭の幅があった．数頭以上の豚を飼育する世帯では，その世話が日々の労働のかなりの部分を占めていた．

表 5-2 はさらに，仕送り，学校教師，酒造といった生計手段によって暮らし

表 5-1　村落世帯の人口構成（VL 村）

年齢	在村構成員（人）			村外構成員（人）			村外人口率（％）
	男性	女性	計	男性	女性	計	
0-4	40	29	69	0	0	0	0
5-9	69	58	127	0	0	0	0
10-14	76	52	128	0	3	3	2.3
15-19	37	35	72	22	38	60	45.5
20-24	17	29	46	26	22	48	51.1
25-29	20	27	47	11	9	20	29.9
30-34	27	23	50	3	2	5	9.1
35-39	31	23	54	3	3	6	10.0
40-44	13	23	36	1	1	2	5.3
45-49	14	22	36	0	0	0	0
50-54	8	18	26	0	0	0	0
55-59	10	15	25	0	0	0	0
60-64	11	16	27	0	0	0	0
65-69	10	6	16	0	0	0	0
70-74	4	4	8	0	0	0	0
75-79	1	3	4	0	0	0	0
80-84	0	2	2	0	0	0	0
85-90	0	2	2	0	0	0	0
計	388	387	775	66	78	144	15.7

（注）男性の出家者は除いている．
　　　村外人口率とは，世帯構成員数全体に対する村外構成員の割合とする．
（出所）2001 年 3 月の筆者調査

を立てる世帯が村内に相当数いたことも知らせている．

　本章は以下，この表が示す村落世帯の生計手段の多様さに留意しながら，VL 村の人びとが営んでいた生業活動と家計の実態を検討する．では，もっとも回答数が多かった稲作の現状からみてみたい．

表 5-2 主な生計手段 (VL 村，149 世帯)

仕事の名称	回答数
稲作	128 (1)
畑作・野菜栽培	3
漁業	6
養豚	24 (2)
椰子砂糖づくり	4
薪売り	1
酒造	11 (5)
大工	8
牛車づくり	1
裁縫	6
氷の行商	1
魚の行商	2
菓子・粥の販売	7
もやし売り	2
魚の仲買	2
鶏の仲買	2
牛の仲買	2
市場での商い	6
雑貨店経営	7
精米機の運用	6
精米販売	2
籾米仲買	2
金・籾米貸し	9
自動車による運搬業	2
バイクによる運搬業	2
ビデオ機レンタル	1
自転車修理	1
写真撮影	1
楽師	2
絵師	1
アチャー	1
金細工職人	1
教師	14 (4)
役人	6
警察官	2
雇用労働	0
仕送り	22 (3)

(注) 各世帯 4 件までの複数回答にもとづく．
　　括弧内は，回答数上位 1 ～ 5 位を示す．
　　アチャーとは，仏教儀礼の司祭役を指す．
(出所) 筆者調査

5-2　生業としての稲作

　前章で述べたように，稲作に従事する世帯の数は毎年変化していた．VL村では，1999年は122世帯，2000年は120世帯，2001年は117世帯が自ら稲作をおこなっていた．そのうち3年間を通して稲作をしていたのは109世帯（73％）であった．

　表5-2では，128世帯が稲作を主な生計手段として挙げていた．しかし，実際に稲作をおこなう世帯はそれよりも少なかった．これは，資金不足や農繁期に労働力が確保できなかったなどの理由で一時的に耕作を停止した世帯がいたためである．

（1）農地の所有と耕作

　今日のVL村における水田所有と稲作の概況をみてみたい．世帯が所有する里の田と下の田の面積規模の対応を前章の表4-6がもちいた4段階の区分にしたがって整理すると，表5-3のようになる．

1）土地無し世帯

　表5-3からは，里の田も下の田も「持っていない」と回答した土地無しの世帯がVL村内に11世帯いたことが分かる（7％）．11世帯のうちの7世帯は，まだ親から農地を相続していなかった．しかし，その他の2世帯はいったん相続した里の田を売却してしまい，土地無しになっていた．水田の売却は，世帯構成員の病気治療費の捻出が理由であった．所有した里の田を近年売却したVL村内のその他の世帯の例でも，大多数が，売却して得た金を病気治療のために使っていた．

　調査時のVL村で，村落世帯が緊急時に現金を入手する方法は，無償援助や無利子の借金を親族に頼むことができなければ，財産を売却するか金貸しから

表 5-3　里の田と下の田の所有面積規模の対応（VL 村）

下の田＼里の田	階層①	階層②	階層③	階層④	計
階層①	11	14	14	3	42
階層②	0	29	22	8	59
階層③	1	13	8	9	31
階層④	0	3	8	6	17
計	12	59	52	26	149

(注) 里の田の階層は，①ゼロ／② 1～100 ／③ 101～200 ／④ 201 アール以上を指す．
　　下の田の階層は，①ゼロ／② 1～200 ／③ 201～400 ／④ 401 アール以上を指す．
(出所) 筆者調査

借金をするほかになかった．ただし，村内外の金貸しから借金した場合には，120％という高い年利が加算されていた．そのため，いったん借りた金の返済は容易でなかった[2]．

カンボジアの農村地帯には金融機関のサービスがまだ普及していなかった[3]．サンコー区では，仏教寺院や小学校を母体としたサマコムとよばれる組織がマイクロクレジットの活動をおこなっていた．そこでの利子率は，後述するように，個人経営の金貸しよりも低かった．しかし，取引の機会が年2回の決済時に限られていたために，病気治療などの緊急時の現金の借入は村内外の金貸しを利用することが多かった．

ただし，土地無し世帯でも稲作をおこなう方法があった．サンコー区では，無償貸与 (ឲ្យ)，チュオール小作 (ជួល)，プロヴァッ小作の3種類の農地貸借の形態があった．チュオール小作は定額小作，プロヴァッ小作は分益小作である[4]．2000年を例にとると，土地無しの11世帯のうち7世帯は各種の貸借関

2　個人経営の金貸しが課す120％という高い年利は，カンボジア農村に広く共通してみられる [*e.g.* Yagura 2005a]．

3　2000年頃から，土地などを担保に経済活動の資本金の貸し付けをおこなう民間金融機関がコンポントム州の州都付近にあらわれた．しかし，サンコー区の村々ではまだほとんど活動がなかった．

4　両者には，収穫物の分配の方式のほか，耕作の方法上の違いもあった．チュオール小作の場合は，農地所有者は土地を貸し出すだけだった．それに対し，プロヴァッ小作の場合は，農地のほかに種籾，畜力も農地所有者が提供することが

係を通じて水田を確保し，稲作をおこなっていた[5]．他方，残りの4世帯はそれぞれ，自転車をもちいた魚の行商，菓子づくり，警官としての給料と酒造および養豚，養豚と市場での豚肉販売といった生計手段によって暮らしを立てていた．

２）所有と耕作

　VL村の世帯が2000年におこなった水田耕作の概況は表5-4のようである．同年に水田を耕作した世帯の，世帯あたり耕作面積の平均は里の田で1.5ヘクタール，下の田で2.3ヘクタール程度だった．また，所有水田面積と耕作水田面積の対応を世帯別に里の田と下の田を区別して整理すると，表5-5のようになった．

　里の田に関する所有と耕作の状況を示す表5-5で特徴的なのは，水田を所有しない世帯よりも耕作をしない世帯の方が格段に多いことである（非所有の12世帯に対して非耕作が35世帯．約3倍）．ただし，2ヘクタールよりおおきな面積の里の田を所有する世帯については，その7割近くが同じ規模の面積を耕作していた．

　前章で述べたように，VL村に住む世帯の里の田の所有面積の平均は1.3ヘクタールであり，2ヘクタール以上の里の田をもつ世帯はクロムサマキの解散時におこなわれた農地分配以後に「購入」を主な方法として所有面積を拡大させた世帯であった．つまり，表5-5は，それら「購入」によって所有面積を拡大させた世帯の多くが所有水田を自作していたことを示している．以上からは，「購入」による里の田の所有面積の拡大が，水田を集積したうえでそれを貸し出して地主＝小作の関係を展開することを目的とするのではなく，自ら耕

　　　あった．
5　2000年に水田経営をおこなった土地無し7世帯の農地貸借の形態は，親族からの無償貸与による里の田と下の田の耕作（2世帯），無償貸与による里の田のみの耕作（1世帯），チュオール小作による里の田と無償貸与の下の田の耕作（1世帯），無償貸与とチュオール小作による里の田の耕作（1世帯），チュオール小作による里の田の耕作（1世帯），プロヴァッ小作による里の田の耕作（1世帯）だった．7世帯のすべてが里の田を耕作していたのに対し，下の田を耕作したのは3世帯のみだった．

表 5-4　世帯あたりの耕作水田面積（VL 村, 2000 年）

A. 里の田　　　　　　　　　　　　　　　　　　　　単位：アール

面積	世帯数	耕作面積の平均	内訳 里の田 A	里の田 B
①　0	35	0	0	0
②　1～100	41	72.6	19.3	53.3
③　101～200	51	150.1	54.4	95.7
④　201～	22	270.0	96.8	200.2
計	149	115.2	38.2	77.0

B. 下の田　　　　　　　　　　　　　　　　　　　　単位：アール

面積	世帯数	耕作面積の平均	内訳 下の田 C	下の田 D
①　0	56	0	0	0
②　1～200	54	133.8	62.3	71.5
③　201～400	29	308.1	78.1	230.0
④　401～	10	544.5	242.0	302.5
計	149	145.0	54.0	91.0

（出所）筆者調査

作する水田の面積を広げることをねらいとしていたことが指摘できる[6]．

　粗放的な形態でおこなわれていたサンコー区の稲作では，作柄が自然条件の変動におおきく影響され，収量が安定していなかった．地元の富裕世帯の行動として農地を集積したうえに地主＝小作関係を広げて経済的利益を得ようとする傾向がみられなかった理由の1つは，この収量の不安定さにある．

　他方，下の田についても，耕作しない世帯の数が所有しない世帯の数よりも多いが，その割合は低かった（非所有42世帯に対して非耕作が56世帯．約1.3倍）．また，里の田の場合よりも下の田の方が所有面積と耕作面積の相関の程

---

[6] VL村の里の田の「購入」取引の一部は，借金時に担保とした水田がその後に質流れした事例も含んでいた．ただし，金貸しを営む世帯から聞いた話では，このような場合でも目的は現金による利子の回収にあり，農地の集積ではなかった．

表 5-5 世帯あたりの所有／耕作水田面積の対応 (VL 村, 2000 年)

A. 里の田

所有＼耕作	階層①	階層②	階層③	階層④	計
階層①	5	7	0	0	12
階層②	18	29	11	1	59
階層③	10	4	35	3	52
階層④	2	1	5	18	26
計	35	41	51	22	149

B. 下の田

所有＼耕作	階層①	階層②	階層③	階層④	計
階層①	32	9	0	1	42
階層②	20	32	7	0	59
階層③	1	10	18	2	31
階層④	3	3	4	7	17
計	56	54	29	10	149

(注) 里の田の階層は，①ゼロ／② 1～100／③ 101～200／④ 201 アール以上を指す．
　　下の田の階層は，①ゼロ／② 1～200／③ 201～400／④ 401 アール以上を指す．
(出所) 筆者調査

度が高かった．

　下の田に関する所有と耕作との割合が比較的高く符合している状況には，下の田の取得方法についての特徴が関わっている．前章でみたように，村落世帯による下の田の取得は「開墾」を主な方法としていた．そして，「開墾」という行為自体が，当事者に明確な耕作の意欲があることを前提としていた．よって，その手段で得た水田の所有と耕作の相関が高いことは当然であった．

　ただし，4 ヘクタール以上のおおきな面積の下の田を所有する世帯については，同程度の面積を耕作する割合が比較的少なかった．下の田については，今日も限定的ながら新規開墾の余地が残されていた．また，大型トラクターを雇って短期間に大面積を耕起することもできた．つまり，所有する農地や役牛がなくても，現金さえあれば比較的容易に下の田の耕作面積を拡大させることができた．

しかし，後に示すように，サンコー区では近年浮稲の不作が続いていた[7]．そのなか，大規模な面積の下の田を所有する世帯の多くは，不作の場合の損失を抑えることを優先し，実際の耕作を所有水田の一部に限定するようになっていた．つまり，近年の下の田の耕作は，どちらかといえば投機的な試みとしての性格を強くしていた．

3）所有・非耕作世帯

2000年に実際に耕作されていた里の田と下の田の面積は表5-6のようであった．同年のVL村では，30世帯が水田を耕作していなかった．その30世帯の水田所有の状況，主な生計手段，世帯構成の特徴を悉皆調査で得た資料にもとづいてまとめると，表5-7のようになった．

30世帯の内訳は，水田非所有の4世帯（世帯番号38，60，88，123）と所有の26世帯に分けられる．水田を所有しながら耕作しなかった26世帯のうち15世帯は，母子家族であったり，構成員が老齢であったり，教師といった時間的に拘束される職業をもっていたりして，世帯内の労働力の不足が明らかであった（世帯番号41，50，73，75，91，98，116，119，120，122，124，127，133，141，142）[8]．実際に，これら15世帯のうちの7世帯は，前年の1999年と翌年の2001年の少なくとも一方の年に所有水田を自ら耕作していた（世帯番号50，75，119，120，124，133，142）．そして，聞き取りでは，労働力が確保できる限り，所有する水田は自分で耕作すると述べていた．

しかし，世帯内に十分な労働力があるにもかかわらず，所有する水田を自ら耕作しない世帯もあった．それは，稲作以外の生業活動に力を注ぐことを理由として水田の耕作を停止した世帯である[9]．具体的にみると，表5-7の世帯番

---

7 村人たちの説明では，近年の下の田における浮稲栽培の不作の原因は，ポル・ポト時代前後の土木事業の影響で，雨期に下の田へ流れてくる増水の方向が以前と比べて変わってしまったことにあった．つまり，サエン川の「白い水」の流れが悪くなり，「黒い水」の被害をうけることが多くなった．

8 世帯番号41，91，98，119，120，124，141の世帯が所有する水田を耕作しなかった理由としては，世帯内の労働力の不足とともに，稲作以外の生業活動への参加が考えられた．

9 表5-7の30世帯のうち，経済的困窮による資金不足（下の田の耕起のために

表 5-6　世帯が耕作した里の田／下の田の面積の対応（VL 村，2000 年）

下の田＼里の田	階層①	階層②	階層③	階層④	計
階層①	30	11	11	4	56
階層②	2	20	26	6	54
階層③	2	7	11	9	29
階層④	1	3	3	3	10
計	35	41	51	22	149

(注) 里の田の階層は，①ゼロ／②1～100／③101～200／④201 アール以上を指す．
　　下の田の階層は，①ゼロ／②1～200／③201～400／④401 アール以上を指す．
(出所) 筆者調査

　号 87, 90, 99, 111, 128, 140 の 6 世帯は，クロムサマキの解散時に里の田を「分配」で取得して，ポル・ポト時代以後の一時期は実際に稲作をおこなっていた．しかし，早い例では 1990 年以前に稲作をやめ，他の生業活動を中心とするようになった．さらに，世帯番号 100, 104, 126, 132 の 4 世帯は「相続」によって里の田を取得した比較的若い世帯であったが，水田の取得後自ら耕作をおこなうことは稀で，もっぱら他の生業活動をおこなっていた．

　表 5-7 の 30 世帯のうち 20 世帯は，1999～2001 年の 3 年間を通して水田を耕作していなかった．ここで，その 20 世帯のうち土地無しであった 4 世帯を除いた 16 世帯と，水田を実際に耕作したその他の村落世帯とを区別して，両者のあいだの所有水田の面積規模を比較すると，表 5-8 のような結果となった．そこには，実際に自ら耕作をおこなう世帯の所有水田面積が，耕作しない世帯よりもおおきい傾向がみとめられる．

　ポル・ポト時代以後の人びとの生活の再建において，生業としての稲作が担った役割の重要さは疑いようがない．前章でみたように，1980 年代のクロムサマキの設立と解散によって，当時村落に居住していた世帯のすべてが，面積の大小はあっても等しく農地を所有するようになった．そして，主食である

──────────

トラクターを雇う費用，種籾の購入費など）を耕作を断念した理由として挙げていたのは，世帯番号 34 の 1 世帯のみである．この世帯は，筆者の調査中のほとんどの期間，村に不在であった．つまり，子供を村内の親類世帯に預けて，夫婦はトンレサープ湖の洪水林のなかの漁場へ出かけていた．

米を自給するために稲作をおこなった.

　ただし，1990年代に入ると，農村世帯の経済活動が多様化へ向かい始めた. サンコー区に住む大多数の人びとは，現在でも自ら水田を耕作して自家消費米を自給することを理想としている. しかし，地域社会には，稲作をやめて他の生計手段に暮らしの手だてを求める世帯もあらわれた[10]. 農地（水田）を所有しながら耕作しないVL村の世帯の存在は，以上のような生活の歴史的変化のなかで生まれたものであった.

（2）不安定な米生産

　では，VL村の人びとがおこなっていた稲作は，人びとの米の消費量に見合うものだったのだろうか. 聞き取りによると，VL村の村人は成人1人あたり1日に400グラムの精米を消費していた. ここで核家族型7人世帯の事例を仮定すると，その世帯は1日におよそ3キログラムの精米を消費すると考えられる. 1年間の消費量は籾米でおよそ70タンに相当する[11]. カンボジア農村では，仏教寺院でおこなわれる各種の行事や村内での仏教儀礼，葬式などに参加する際に，ビニールの小袋に精米を入れて持ち寄り，金銭とともに僧侶や主催者に差し出す行為が習慣としてある. そこで，このような社会生活を営むための必要分を加算すると，7人世帯が1年間生活するためには約100タン（約2,400キログラム）の籾米が必要であった.

　すでに述べたように，サンコー区の地域社会の人びとは普通稲と浮稲の2種類の稲を栽培していた. そして，普通稲の収穫を自家消費米としてもちい，別途栽培した浮稲の収穫を売却して日々の生活に必要な現金を得ようとしていた. しかし，灌漑設備が未整備であったため，稲の生育は不安定な雨期の降雨

10　天川直子は，彼女の調査村でみられた分益小作の背景として，「農地分配によって元来『非農家世帯』であった世帯にも農地が分配されゆえに発生した現象」［2001b: 186］と指摘している.

11　VL村の1世帯が1999年に500ドルで購入した精米機（中国製）は，64％の精米率であるといわれていた. この精米率にしたがうと，70タンの籾米からは1075.2キログラムの精米が得られた. これは，1日あたり3キログラムの精米を消費する世帯の，358.4日分の米の消費量に該当した.

表 5-7　水田耕作をしなかった

世帯番号	水田耕作への参加			里の田の所有状況		下の田の所有状況	
	1999 年	2000 年	2001 年	所有	取得方法	所有	取得方法
34	×	×	○	○	相続, 購入	○	相続
38	×	×	×	×	—	×	—
41	×	×	×	○	相続, 購入	○	相続
50	×	×	○	○	分配	○	開墾
60	×	×	×	×	—	×	—
73	×	×	×	○	分配	×	—
75	×	×	○	○	分配	×	—
87	×	×	×	○	分配	×	—
88	×	×	×	×	—	×	—
90	×	×	×	○	分配	○	開墾
91	×	×	×	○	分配	○	開墾
98	×	×	×	○	分配, 交換	○	開墾
99	×	×	×	○	分配, 交換	○	開墾
100	×	×	×	○	相続	○	開墾, 相続
104	×	×	○	○	相続	○	相続
111	×	×	×	○	分配	×	—
116	×	×	×	○	分配	○	開墾
119	×	×	○	○	相続	○	相続
120	○	×	○	○	相続, 購入	×	—
122	×	×	○	○	分配, 購入	○	開墾
123	×	×	×	×	—	×	—
124	○	×	×	○	分配	×	—
126	○	×	×	○	相続, 購入	○	相続
127	×	×	×	○	分配	×	—
128	×	×	×	○	分配	○	開墾
132	×	×	×	○	相続	×	—
133	○	×	×	○	分配, 購入	×	—
140	×	×	×	○	分配	○	開墾
141	×	×	×	○	分配, 相続	×	—
142	○	×	×	○	分配	×	—

(注)　水田作付け・所有の状況と世帯の特徴については，2001 年 3 月時点の情報にもとづいている。
　　　世帯構成員については，在村者のみを数え，出稼ぎなどで不在の人数は除外している。
　　　世帯類型も，在村者のみによる構成形態を示す。
　　　夫婦の数には，離婚・死別による欠損形を含めている。
　　　夫・妻の年齢について，記号 "—" は，離婚・死別により配偶者が不在の状況を示す。
(出所)　筆者調査

30 世帯（2000 年）の概況

主な生業活動	世帯構成員数	世帯類型	夫婦数	夫・妻の年齢
稲作，漁	7	包摂家族	1	35・30
自転車での魚の行商	3	母子家族	1	―・30
雑貨販売	3	母子家族	1	―・27
稲作，仕送り	3	包摂家族	1	―・76
菓子づくり	3	母子家族	1	―・45
稲作	4	包摂家族	1	67・61
稲作	4	包摂家族	1	65・61
稲作，市場での商い，金・籾米貸し	5	核家族	1	47・43
警官（夫），養豚，酒造	4	核家族	1	34・29
自動車での運送業，雑貨販売，金・籾米貸し	6	包摂家族	2	63・61／33・28
稲作，魚仲買い（一部加工販売）	6	包摂家族	2	78・69／―・36
稲作，籾米仲買い，金・籾米貸し	3	核家族	1	58・53
小学校教師，市場での商い，自転車修理	7	包摂家族	2	61・58／38・35
自動車での運送業，雑貨販売，養豚	5	核家族	1	42・40
雑貨販売	3	核家族	1	29・24
雑貨販売，薬販売，縫製請負い	7	包摂家族	3	―・88／―・56/31・26
稲作，小学校教師（娘）	3	包摂家族	1	―・72
稲作，精米業，養豚，酒造	3	包摂家族	1	28・28
稲作，小学校教師（夫），市場での商い	4	核家族	1	31・21
稲作	1	単身	1	60・―
養豚，豚肉販売	5	核家族	1	29・26
仕送り，金・籾米貸し	4	包摂家族	1	―・64
稲作，養豚，豚肉販売	5	包摂家族	1	29・28
仕送り	2	夫婦家族	1	66・51
行政区役人（夫），養豚，酒造	6	核家族	1	56・46
豚肉販売，金・籾米貸し	4	核家族	1	38・35
稲作，仕送り，アチャー	4	包摂家族	1	61・60
雑貨販売，バイクによる運送業，養豚	5	核家族	1	43・39
小学校教師（妻），養豚，酒造	2	夫婦家族	1	42・36
養豚，酒造	2	母子家族	1	―・65

表 5-8　所有・耕作のタイプ別の所有水田面積（VL 村）

単位：アール

所有・耕作のタイプ	世帯数	総所有面積の平均	内訳	
			里の田	下の田
土地無し	11	0	0	0
所有・非耕作	16	271.3	106.9	164.4
所有・耕作	122	350.0	146.9	198.1
計	149	311.6	131.8	179.9

(出所) 筆者調査

に依存していた[12]．つまり，その作柄は気象の年次変動の影響を直接に受けて安定していなかった．

　VL 村における 1999～2001 年の米（籾米）の収量を水田の種類別に整理すると，表 5-9 のようであった．これは，収穫期から 1 ヶ月以上たった後の聞き取りで得た情報にもとづくもので，坪刈りあるいは籾倉に収める前の実地計量という農業研究の一般的な方法にしたがったものではない．しかし，VL 村における近年の米生産の概況を知るためには十分な資料である[13]．表 5-10 および表 5-11 としてまとめたコンポントム州の州都周辺の同時期の気象データと合わせて，その特徴を簡単にみてみたい．

　まず，1999 年は順調な天候のもとで耕作が進んだ．浮稲田の耕起が始まる 4 月には早くも雨期の初めの降雨があった．普通稲の苗床の準備が終わった 6 月以降も，十分な量の雨に恵まれた．他方で，サンコー区における浮稲栽培で

12　今日のサンコー区では，乾期稲の栽培がほとんどおこなわれていない．前章でみたように，ポル・ポト時代に建設された灌漑水路も調査時は利用不可能な状態だった．

13　ここで算出した反収は，標準誤差が一様に小さい．調査地域の水田は微地形に乏しく，各類型の水田のあいだに外見上の地形的な差異はほとんどない．ただし，村人たちによると，そのなかでも肥えた土地と痩せた土地の区別があった．また，苗床の準備や田植え作業の実施日，そして稲の種類は世帯で異なっていた．これらの差違は，いずれも世帯あたりの収穫量に影響をおよぼしているものと考えられるが，ここでは検討の射程外とする．筆者が関心を寄せるのは VL 村の稲作の米生産の不安定さであり，その大要は表 5-9 によって十分に理解できる．

表 5-9　水田の種類別の反収（VL 村，1999～2001 年）

水田の種類		里の田 A	里の田 B	下の田 C	下の田 D
1999 年（豊作）	耕作世帯数	73	111	56	58
	平均 t/ha	0.99	1.39	0.82	1.28
	標準誤差	0.06	0.04	0.06	0.07
2000 年（大洪水）	耕作世帯数	74	104	65	71
	平均 t/ha	0.91	0.03	0.44	0.36
	標準誤差	0.04	0.01	0.06	0.04
2001 年（干魃）	耕作世帯数	72	100	72	79
	平均 t/ha	0.54	0.60	0.10	0.14
	標準誤差	0.04	0.04	0.03	0.03

（出所）筆者調査

は，サエン川の氾濫がもたらす「白い水」の早い到来がまち望まれていた．同年のサエン川の水位変化は 4 月から 6～7 月にかけて段階的に上昇を示しており，その増水は浮稲の生育にとって好ましいタイミングで「白い水」をもたらしたと推測できる．結果として，1999 年度は 3 年間のうちでもっとも良好な作柄であり，村人も「豊作であった」と口々に述べていた．1 ヘクタールあたりの反収（籾米）は里の田 B が 1.39 トンでもっとも高く，次いで下の田 D の 1.28 トンが続いた．一方で，4 種の水田のなかで最低の反収は下の田 C であった．

　続く 2000 年は，カンボジア，ラオス，タイ，ベトナムを含むメコン川流域の全体が広く大洪水に見舞われた．サエン川は 7～10 月の 4 ヶ月間を通して 13 メートルを超える高水位になった．そのために，トンレサープ湖の増水とサエン川の氾濫の影響下にある里の田 B，下の田 C，下の田 D の各エリアの水田ではおおきな被害が生じた．なかでも，里の田 B の普通稲は長期にわたって増水に飲み込まれ，壊滅的であった．ただし，里の田 A の水田ではほぼ前年並みの収穫が得られた．

　2001 年も天候不順が作柄に悪影響を与えた．普通稲については，6～7 月の降水の不足がおおきな問題だった．普通稲の田植えは，通常苗床に種籾を播種してから 1 ヶ月半後に始まった．しかし同年は，水田を耕起し，馬鍬をかけたあとに降雨不足が長く続き，田植えを始めることができなかった．結局，田植

表 5-10 コンポントムにおける月別降水量 (1999〜2001 年)

単位：ミリメートル

	1	2	3	4	5	6	7	8	9	10	11	12	年間降水量
1999	2.5	0	6.2	227.2	266.4	207.2	167.1	140.7	177.4	232.6	357.5	88.7	1,873.5
2000	0	1.0	0	93.7	141.2	336.4	282.2	211.1	337.7	243.2	58.6	6.9	1,712.0
2001	5.9	0.2	193.9	4.7	227.7	173.7	65.5	236.5	160.2	419.2	109.4	3.0	1,599.7
平均	1.0	1.0	25.0	100.0	170.0	209.0	163.0	193.0	307.0	246.0	78.0	11.1	1,501.4

(注) 計測地はコンポントム州の州都である。
平均は、1981 年から 2001 年までの 20 年間のデータにもとづいて算出した。
(出所) コンポントム州政府、水資源部門において入手した資料にもとづき筆者作成

表 5-11 サエン川の月別水位 (1999〜2001 年)

単位：センチメートル

	1	2	3	4	5	6	7	8	9	10	11	12
1999	635	553	532	646	913	1,188	1,009	1,167	1,185	1,271	1,240	1,045
2000	859	686	582	759	909	1,099	1,298	1,295	1,344	1,343	1,223	1,044
2001	861	694	628	586	641	833	1,200	1,274	1,324	1,317	1,206	1,019
平均	748	609	554	573	641	822	995	1,144	1,254	1,281	1,114	937

(注) 計測地はコンポントム州の州都である。
平均は、1981 年から 2001 年までの 20 年間のデータにもとづいて算出した。
(出所) コンポントム州政府水資源部門において入手した資料にもとづき筆者作成

えは9月に入ってからおこなわれた．しかし，苗床へ播種してから約3ヶ月経った苗は50センチメートルを超える丈になってしまっており，移植後の生長が悪かった．浮稲については，播種した籾が発芽した頃に降雨が不足し，生長が滞った．さらに，6月以降に稲の生長以上の速さで進んだ増水も被害をもたらした．

結局，VL村における稲作は，1999年の豊作の後，2000年と2001年は大洪水と干魃に見舞われ，凶作だった．

図5-1，図5-2は，以上の3年間のVL村における米生産の状況を，世帯を単位として整理したものである．各年の分析では，その年に稲作をおこなっていなかった世帯を除外してある．また，里の田Aと里の田Bの水田からの収穫は「普通稲」，下の田Cと下の田Dからの収穫は「浮稲」として一括して集計した．

まず，図5-1からは，2000年に普通稲の栽培をおこなった世帯のうち38世帯で収穫が全くなかったことが分かる．同年は，その他の39世帯の収穫も20タン以下と非常に低い水準だった．また，2001年には，収穫がゼロである世帯の数こそ減ったものの，計82世帯が40タン以下という自給にほど遠い収穫量だった（同年の稲作従事世帯の73％）．

続いて図5-2をみると，2000年と2001年の両年は浮稲もたいへん悪い収穫状況だったことが分かる．2000年は14世帯，2001年は39世帯が下の田の耕作からの収穫が皆無だった．

これまで繰り返し述べてきたように，サンコー区で稲作に従事する世帯は，普通稲の収穫で自家消費米を自給し，浮稲の収穫を売却することで日々の生活に必要な現金を得ることを理想としていた．しかし，2000〜01年の米の生産は理想にほど遠い状況だった．聞き取りで得た世帯別の収穫量を総計すると，豊作であった1999年のVL村全体の普通稲の収穫は籾米8,556タン（約205トン）であった．これは，1日あたり400グラムの精米を消費する成人1,406名分の年間消費量に相当する．一方で，2000年と2001年の普通稲の収穫の総量は，それぞれ成人378名と612名分の年間消費量にしかならない．

結局のところ，調査中のサンコー区において筆者は，見渡す限りの田で稲穂が重く垂れた豊かな収穫期の風景を一度もみることがなかった．そしてその代

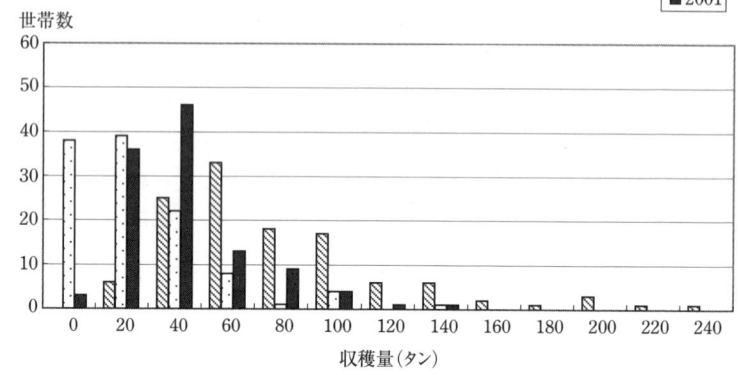

図 5-1　世帯別の普通稲収穫量の分布（VL 村，1999〜2001 年）

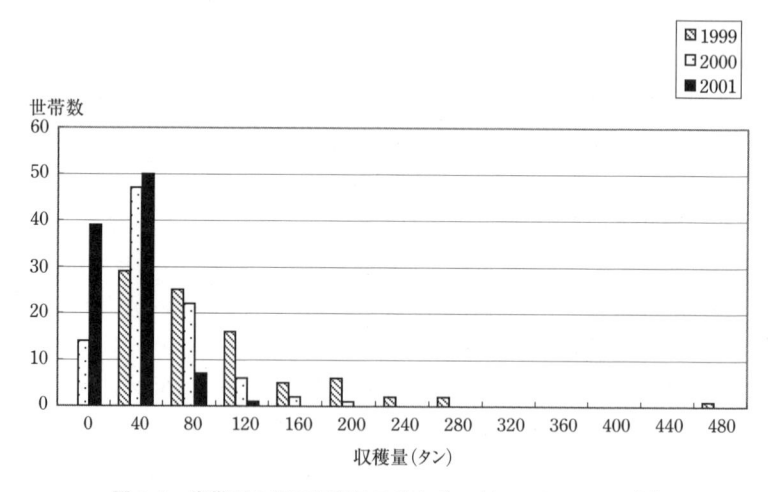

図 5-2　世帯別の浮稲収穫量の分布（VL 村，1999〜2001 年）

わりに，自家消費米の欠乏と生活の窮状を訴える村人の嘆きを繰り返し聞くことになった．

（3）自家消費米の確保

表5-12は，1999～2001年の3年間を通して稲作に従事した109世帯を対象として，2000年の収穫期から2001年の収穫期までの1年のあいだ自家消費米が欠乏した月がどれだけ続いたのかを尋ねた結果である[14]．全体のうち，35世帯（32％）が，2000年の収穫米を消費したり前年度の収穫分を2年にわたって食べ継いだりして自家消費米を自給していた．一方，残り7割近くの世帯は自給できていなかった．特に，そのうちの33世帯（30％）はほぼ1年を通して自家消費米の調達に苦心していた．

不作によって困窮した村落世帯の自家消費米の調達にはさまざまな方法があった．以下では，事例世帯を取り上げてその様子を紹介する．文中で言及する米の収穫量は，特に断らない限り籾米での重量を示している．

1）浮稲米を食べて過ごした世帯

まず紹介するのは，夫（1970年生），妻（1973年生）と5歳から10歳までの子供3名からなる核家族型の5人世帯の1つである．この世帯は，2001年はずっと浮稲米を食べて過ごした．世帯は，里の田Bの普通稲田を1ヘクタール，下の田Dの浮稲田を2.25ヘクタール所有していた．1999年は，下の田Cのエリアに位置する2ヘクタールの浮稲田を妻方の両親から無料で借り，耕作した．その代わり，下の田Dの浮稲田は1ヘクタールしか耕作せず，残りの1.25ヘクタールは放置した．1ヘクタールの普通稲田からの収穫は60タンであった．

---

[14] 稲作従事世帯のなかには，早稲種と中稲種，晩稲種を組み合わせて耕作するケースが多い．当然ながら，早稲種を栽培した世帯は，中稲種しか栽培しなかった世帯よりも2～3ヶ月早い時期に収穫を得ていた．よって，年間を通した自家消費米の自給・欠乏の月数は，世帯間を横断して単純に比較できるものではない．しかし，ほぼ1年（11～12ヶ月間）のあいだの自家消費米にこと欠いたと答えた世帯が表5-12で明らかに多い点は，注目に値する．

表 5-12 自家消費米の欠乏月数別の世帯数（VL 村）

欠乏月数	世帯数
0	35
1〜2	9
3〜4	13
5〜6	7
7〜8	10
9〜10	0
11〜12	33
不詳	2
計	109

(注) 検討したのは 2000 年の収穫期から 2001 年の収穫期までの 1 年間である
　　対象は 1999〜2001 年の 3 年間を通して稲作に従事した 109 世帯
(出所) 筆者調査

　また，下の田 C と下の田 D において耕作した浮稲田からも計 90 タンの収穫を得た．

　2000 年は，所有する普通稲田（里の田 B）の 1 ヘクタールと浮稲田（下の田 D）の 2.25 ヘクタールのすべてを耕作した．また，前年と同様，下の田 C の浮稲田 2 ヘクタールを両親から借りて耕作した．里の田 B の水田は，田植えが終わった後に増水に飲み込まれ，収穫がなかった．しかし，浮稲田からは計 100 タンの収穫を得た．そこで，2001 年は年間を通して浮稲米を食べることにした．妻は，「食べ慣れた普通稲の米に比べると硬くまずいが，世帯に老齢者がいないので問題ない」と話していた．

　若年者が中心の世帯では，この事例のように浮稲米を自家消費用に充てて 1 年を過ごしたケースが多くみられた．もしも老齢者がいた場合は，若干のモチ米を混ぜて炊くなど調理に工夫が必要であった．ほかに，取引価格が高い普通稲の収穫を売却し，その現金でより安価な浮稲の籾米を嵩増しして購入したと

いう例もあった[15]．さらに，嵩を増やすために，ご飯でなく粥を炊いて食べ続けたという対応も聞かれた．これらはいずれも，消費の方法を工夫することによって非常時を乗り切ろうとした戦略であった．

　他方，栽培した米の収穫が自家消費分に満たないことが判明した後，周辺地域の農家から1年分の消費量の籾米をまとめて購入したという例も多かった．地域社会で流通していた米の価格は，毎年雨期に入る頃から上昇していた．このような米価格の季節変動を考えると，資金がありさえすれば，1年分の消費米を収穫期にまとめて購入してしまった方が得策である．しかし，その資金を欠く場合には，小売価格の上昇を危惧しながら少量ずつ精米を買い継いでしのぐほかなかった．

２）早稲種の栽培を拡大した世帯

　生産の工夫によって危機に対処しようとした例もあった．例えば，夫（1968年生），妻（1971年生）と1～10歳の子供3名からなる核家族型5人世帯の1つは，里の田Ａのエリアに1.38ヘクタール，里の田Ｂの一帯に0.5ヘクタールの普通稲田を，また下の田Ｃの辺りに1.3ヘクタール，下の田Ｄのエリアに0.7ヘクタールの浮稲田を所有していた．この世帯は1999年に所有水田のすべてを耕作し，57タンの普通稲と100タンの浮稲の収穫を得た．この収穫は世帯の1年の生活に十分な量であった．

　2000年も所有水田のすべてを耕作した．しかし，里の田Ｂの水田で栽培した稲が全滅したため，普通稲の収穫は里の田Ａの水田から得た25タンのみであった．また，下の田Ｄの水田で栽培した浮稲は全滅した．下の田Ｃの一帯の浮稲も生長が悪く，7タンしか収穫がなかった．

15　2001年度のサンコー区における精米の小売価格は，浮稲ならばキログラムあたり500リエル前後，普通稲ならキログラムあたり570～700リエル前後であった．一般に，浮稲の方が普通稲よりも安かった．また，普通稲のなかでも，「ジャスミン」（ផ្កាម្លិះ）とよばれた早稲種は，キログラムあたり1,000リエル程度の高値がついた．他方，同年の村内には少数ながら，単価の安い浮稲を売却し，得た現金で普通稲の精米を買い直して消費していた世帯もあった．これは，量的には減少することを容認しつつ，より美味な米を食べることを求めた行動であった．

収穫期の後，まず約6トンの普通稲の籾米を妻方の両親から借りた．しかし，それも9月には底をついた．その後は，小売りの精米を購入した．ただし，自家消費米が欠乏することは早くから分かっていたため，2001年は里の田Aの水田に早稲種を多く作付けした．そして10月末にその収穫を得たため，同年の精米の購入期間を約2ヶ月に押さえることができた．
　生産の工夫としては，浮稲田の耕作面積を通常より拡大する選択もあった．浮稲の生長が順調であれば，いつもより多い収穫を売却することができ，現金の増収が見込める．この選択の背景には，資金の投入次第で浮稲田の耕作面積を比較的容易に拡大させることができた浮稲栽培をめぐる地域の状況があった．つまり，浮稲田の耕起作業は1ヘクタールあたり5万リエル前後の料金で大型トラクターを雇っておこなうことができ，また村内には浮稲の栽培を一時的に休む世帯が多く，1年に限った約束で水田を無償で借り受け，耕作することが容易であった．
　しかし，図5-2が示しているように，2001年の浮稲の収穫は2000年よりも悪かった．すなわち，危機打開のために2001年に浮稲田の耕作面積を通常より拡大させた世帯は，意図に反して窮状をますます深めることになった．

3）役牛を売却して米の購入にあてた世帯

　所有財産を売却して得た現金で自家消費米を購入した世帯もあった．拡大家族型の4人世帯の1つは，夫（1978年生），妻（1968年生），妻の母（1939年生）と3歳の息子から構成されていた．世帯は，里の田Bのエリアに0.75ヘクタールの普通稲田を，下の田Cの一帯に0.75ヘクタールの浮稲田を所有していた．1999年は所有水田のすべてを耕作し，普通稲を40トン，浮稲を40トン収穫した．しかし，同年には子供が病気を患い，その治療費を工面するために普通稲の収穫を30トン以上売却した．その後は，浮稲米を食べて過ごした．しかし，まもなくそれも底をついた．そこで，収穫期に2倍の量を返す約束で隣人から10トンの籾米を借り入れた．
　2000年は，所有する水田のほかに，里の田Bのエリアにある0.7ヘクタールの普通稲田を村内の別世帯から定額小作の契約で借り受け，耕作した．しかし，同年の里の田に栽培した水稲は全滅した．下の田Cの浮稲田からも20ト

ン余りの収穫しかなかった．定額小作の契約は，収穫後に10タンの籾米を水田の所有者にわたす約束であった．しかし，水田の所有者は，同年の里の田Bの水田で普通稲を栽培した世帯が一様に収穫を得ていないことを了解しており，小作料を求めなかった[16]．

この世帯は，2000年の収穫期の後，所有していた4頭の水牛のうち幼い2頭を手元に残し，それまで農作業にもちいていた2頭を130万リエル（4万円）で売却した．そしてその金で借金を返済し，残りは自家消費米の購入に充てた．しかし，それも十分ではなく，2001年にはふたたび5タンの籾米を隣人から借り入れ，消費した．

2000～01年のVL村で，自家消費米を購入するために牛・水牛を売却した事例は4件あった．稲作をおこなう世帯にとって，役牛は水田に次ぐ大切な財産である．その売却は，世帯の経済的困窮の深刻さを示している．

自家消費米は，事例の世帯のように，「借り入れ」を通して調達することも可能だった．しかし，翌年の収穫期には100％の利子分を加えて返済せねばならず，清算が容易でなかった．

4）スロックルーの村へ行き交換によって籾米を得た事例

ダムレイスラップ区やニペッチ区など，サンコー区の人びとがスロックルーとよぶ北方の森林地帯の村へ行き，交換によって籾米を入手した例もあった．その1つは，夫（1952年生），妻（1952年生），5～18歳の子供4名からなる核家族型6人世帯である．この世帯は，里の田Aのエリアに10アール，里の田Bの一帯に75アールの普通稲田と，下の田Cの辺に100アール，下の田Dに150アールの浮稲田を所有していた．そして，1999年は里の田Aの筆をキョウダイに無償貸与した以外，すべての所有水田を耕作した．収穫は，里の田Bの75アールの水田から70タン，下の田Cと下の田Dの浮稲田から計140タンであった．この年は，自家消費米に困ることがなかった．

2000年は，所有水田に加えて里の田Aのエリアの水田40アールを無償で借り入れて耕作した．しかし，全体で11タンの普通稲と10タンの浮稲しか収穫

---

16 同年のVL村内では，他の小作の事例でも，貸し手（水田所有者）が強圧的に賃料の支払いを求めるケースはみられなかった．

がなかった.

　そこで，この夫婦は，2000年12月から2月にかけてサンコー区の北のダムレイスラップ区の妻の出身村へ行き，ノムバンチョッ(នំបញ្ចុក)とよばれる菓子をつくって過ごした. それは，精米を粉にして水を加えて練って寝かせたものを径2ミリメートルほどの穴を無数に開けた器具をもちいて熱湯のなかに押しだし，軽く湯がいたものである. 見かけは日本の素麺に似ている. 一般には，ほぐした魚の肉を入れたココナツミルク風味の汁をかけて食べる.

　夫によると，1キログラムの精米からは2キログラムの菓子をつくることができた. そして，ダムレイスラップ区の村では，5キログラムの菓子か，3キログラムの菓子とかけ汁のセットを，1タウ (12キログラムの重量の単位. 1タンの半量) の籾米と交換することができた. 籾米1タウは，精米機にかけるとだいたい8キログラムの精米になった. そして，その精米を使ってふたたび菓子をつくり，籾米と交換した. 夫婦は，このようにして菓子と籾米の交換を繰り返し，3ヶ月の間に約30タンの籾米を蓄え，持ち帰った.

　妻の出身村の付近には池があり，かけ汁をつくるための魚は自分で網を引いて獲った. よって，菓子づくりのために購入したのは塩や砂糖などの調味料だけだったという. ただし，妻の出身村には製粉機を備えた家がなく，石臼をもちい，昔ながらの方法で精米を粉にするしかなかった[17]. 夫は，石臼をまわす腕がどんなに疲れても，夜半まで作業を続けたとその苦労を語っていた. ノムバンチョッは，サンコー区では1杯200〜500リエル (碗のおおきさによって料金が変わる) の値段であり，朝食として好んで食べられていた. また，家庭で仏教儀礼をおこなうとき，客人をもてなす食事としてもよくつくられていた. しかし，ダムレイスラップ区では，平日から手間をかけてこの菓子をつくる者が少なく，つくれば買い手に困ることがなかったという.

　この世帯は，手間と引き換えにかなりよい効率で米の量を増やしていた. VL村内で日常的にこの菓子をつくって販売していた世帯によると，サンコー区での値段は菓子10キログラムあたり5,500リエル程度であった. 菓子は，1キログラムあたり500リエルの値で購入した精米をもちいてつくっていたの

---

[17] VL村では1世帯が製粉機を所有していた. また，SK村など近隣の村にも製粉機をもつ世帯がいた.

で，すべて売り切った場合，元手のほぼ倍の現金が手に入る計算だった（1キログラムの米からは2キログラムの菓子ができる）．しかし，ダムレイスラップ区においては，2.5キログラムの精米からつくった菓子5キログラムが8キログラムの精米と交換されていた．VL村内での取引よりも，交換の効率が格段によい[18]．

　要するに，サンコー区とスロックルーの村々のあいだでは生活様式と物価の違いが顕著だった．さきの世帯は，この地域間のギャップのうえに効果的に労働力を投入して米を確保した例だといえる[19]．村内には，他にも少数ながら，衣服や魚の発酵調味料を持ってスロックルーの村へ行き，籾米と交換してきたという例があった[20]．これらの事例は，サンコー区の人びとが歴史的に築いてきた地域間の社会的交流の特徴を具体的なかたちで知らせている．

　以上，VL村における稲作と米生産の状況を1999～2001年の期間を中心に分析してきた．そこからは，普通稲の収穫を自家消費にあて，浮稲の収穫を売却して現金を得るという稲作従事世帯の理想には程遠い状況があらわれていた．さらに，一部の世帯は2年続きの凶作によって困窮をおおきく深めていた．

　しかし，村の人びとが日々の暮らしを支えるためにおこなっていた生業活動は，稲作だけではない．次は，本章が冒頭で示した表5-2にふたたび視点を戻し，VL村内でみられた稲作以外の生業活動について検討する．

18　スロックルーとサンコー区のあいだの交換率の違いは，他の例でもみられた．例えば，プラホックとよばれる魚の発酵調味料の交換は，サンコー区ではプラホック4キログラムが1タウの籾米と等価として取引されたのに対して，スロックルーではプラホック3キログラムが1タウの籾米と交換できたという．

19　サンコー区の北にあるスロックルーの村々の水田は，トンレサープ湖の増水の影響を受けない．よって，それらの村には洪水の被害がなく，2000年も良い作柄の収穫だったことも背景としておさえておく必要がある．

20　例えば，VL村の1世帯はニペッチ区に出かけて衣服，プラホックと籾米を交換していた．この世帯の妻は，1990年代初めの時期にニペッチ区へ出かけて行き，衣服を籾米と替える商売をした経験があり，かねてから知り合いを多くもっていた．

5-3　稲作以外の生業活動

(1) 資本利用型 (長期) の活動

　表5-2は，VL村の村人がおこなう多種多様な生計手段を示していた．そのなかには，比較的おおきな資本金をもちいて，長期的に活動することから利潤を得る種類のものがあった．
　その筆頭は，2世帯がおこなっていた自動車による運送業であった．そのうちの1世帯は，調査時，サンコー区とプノンペンのあいだをほぼ毎日往復していた．プノンペンまでの料金は1人片道8,000〜1万リエル (約250〜300円) であった．荷物だけの運搬も引き受けていた．通常朝7時前に，運転手の家に集合した人びとを乗せて出発していた．運転手はまた，途中の道ばたで車をまつ人をみかけると，そのたびに車を停めて値段交渉をした．そして，できるだけ多くの客を集めようとしていた．プノンペンへ到着するのは正午頃であった．人と荷物を積み直してから来た道を戻り，村に帰り着くのは早くても午後4時過ぎだった．
　この世帯は，かつて1999年に韓国製のトラックを3,000ドル (36万円) で購入した．そして，コンポントムとのあいだを毎日1回往復していた．さらに2000年になると，そのトラックを1,000ドルで売却し，別途2,000ドルを新たに加えて韓国製のマイクロバスを買った．目的地をプノンペンに変えたのはそれからであった．
　もう一方の世帯は，トラックを使ってサンコー区とコンポントムのあいだを運行していた．コンポントムまでの片道料金は1人あたり2,500リエル前後 (約77円) だった．こちらも早朝7時前にサンコー区を出発した．コンポントムに着くと，市場付近で乗客をおろし，正午前にはふたたびサンコー区へ戻っていた．このトラックは，サンコー区の内外の仏教寺院で大規模な行事が催される

写真 5-1 仏教行事に参加する人びとを乗せた地元のトラック

際など,一定数の乗客がそろう機会には目的地を柔軟に変えて,人と物を運んでいた(写真 5-1).

　この世帯が運送業を始めたのは 1998 年である.その年に購入した 1 台目のトラックは,2000 年に 1,400 ドルで売却した.そして,別の韓国製トラックを 2,500 ドルで購入していた.

　運送業のほか,雑貨の販売も一定額の資本金を必要とする活動であった.調査時の VL 村では,7 世帯が雑貨屋を開いていた.しかし,そのうち 3 世帯は,居住する家屋の前に建てた小さな壁なしの小屋で駄菓子,タバコ,調味料や洗剤の小袋などを売るだけだった(写真 5-2).その他の 4 世帯の雑貨販売はより規模がおおきく,居住家屋とは別に建てた小屋に,乾電池,ノート,ペン,皿,鍋,ビニール紐,ロウソク,灯油などの各種の商品をとりそろえ,訪れる村人に売っていた.

　それらの世帯はいずれも,州都コンポントムに知己の商店をもっていた.そして,最初はそれらの商店からツケで商品を村へ持ち帰り,後日代金をもってふたたび州都の商店を訪れ,ツケを返済していた.ツケの返済は,新たな商品の仕入れを意味した.

　砂糖や食用油などは,ビニールの小袋に詰め替えて 100〜200 リエルの求めやすい値で売っていた.村内で最大の規模の雑貨屋の資本金は,300 万リエル

第 5 章　生業活動と家計の実態 ｜ 229

写真5-2 集落のなかにある雑貨屋（奥は居住する住居，手前左は籾倉）

程度（約9万2,300円）であった．この店では，各種の雑貨のほかに市販の薬剤を多くそろえ，村人に販売していた．

　東南アジアの稲作農村において村のなかの富裕世帯を見極めるときは，精米機の所有が1つの指標になるといわれる（写真5-3）．しかし，VL村の状況は少し異なっていた．VL村では，11世帯が精米機を所有していた．精米機が初めて村に導入されたのは，1995年であった．その購入価格は600ドルだった．しかし，調査時には1台あたり400ドル前後にまで値下がりし，所有世帯が増えていた．精米機を所有する世帯はすべて，高床式家屋の床下に機械を設置し，小規模なかたちで運用していた．精米機の所有者は，村人がもちこんだ籾米を無料で精白してあげるだけでなく，副産物の糠を1キログラムあたり150リエルの値で買い取っていた．買い取った糠は，所有者自らが豚の飼料などとして利用していたほか，希望者に1キログラムあたり300リエルの値で販売していた．

　精米機を所有していた11世帯のなかで，2世帯は精米の小売もおこなっていた．すなわち，収穫期に籾米を購入して備蓄しておき，精製後にキロ量りの精米として販売する．精米の価格は，季節によって変動した．ただし，普通稲の米は1キログラムあたり500〜700リエル，浮稲の米は1キログラムあたり500リエルがだいたいの相場だった．精米の小売をおこなうこれらの世帯で

写真 5-3　中国製の精米機

も，精米機は高床式家屋の床下などに無造作に設置されており，別に建物を建てて精米所として商売をするかたちではなかった．

表 5-2 には，魚や鶏の仲買という生計手段もあった．魚の仲買を営む世帯の多くは，早朝 CH 村，PA 村など漁業従事者が多いサンコー区内の村々をバイクで周回し，知り合いの家から鮮魚を買い集めた[21]．買った魚は，サンコー区の市場で売ることもあったし，自転車やバイクでサンコー区内の各村や隣のトバエン区の村々を回って販売することもあった．さらに，購入したライギョやナマズを塩・砂糖をまぶしたうえで天日にさらして干し魚をつくったり，プラホックとよぶ発酵調味料に小魚を加工したりして販売する世帯もあった．

鶏の仲買は，魚の仲買に比べて活動の規模がおおきかった．VL 村では，2 世帯がその商売をしていた．世帯は，サンコー区内だけでなく，隣接する他の行政区にまでバイクで出かけて村々を巡回し，体重 800 グラム以上の鶏を買い集めていた．家にはおおきな鶏小屋をつくり，常時 200 羽ほどが飼育できるよ

---

[21] 魚の仲買のなかには，自転車の荷台に鮮魚を入れた籠を載せ，小規模に商う者もいた．その場合の魚は，サンコー区の市場で 10 キログラムを 2 万リエル程度（約 615 円）で購入されていた．そして，西隣のトバエン区まで足を伸ばして村々の軒先を自転車で走って，声がかかるのをまち，売りさばいていた．そのようにして得られる 1 日の利益は，2,000 リエルほどだったという．

うになっていた．そして，2〜3日に一度の頻度で，総重量200キログラム前後の鶏をまとめてプノンペンの市場に卸していた．村での買い付け価格は1キログラムあたり4,000〜4,400リエルであった．市場へ卸す際の価格は5,000〜5,400リエル前後であった．

鶏の仲買業に必要な資本金は100万リエル程度（約3万800円）であった．両世帯は，1998年からこの商売を始めていた．当初は，サンコー区とプノンペンの市場とのあいだも自分でバイクを運転して往復していた．しかし，片道200キロメートル以上の距離を頻繁に往復することは困難であったため，2000年から方法を変えた．つまり，明け方4時にバイクで州都へ行き，そこで鶏を車に積み替え，首都へ運ぶようになった．

VL村には，牛の仲買が生計手段であると答えた世帯もいた．しかし，実際に活動している様子はなかった．牛の売買・運搬には，行政区長と警察の認可が必要で，証明書の携帯が義務づけられていた．魚，鶏，豚の仲買と運搬には煩雑な書類の手続きが必要なく，気軽に参入することができた．

さらに，カンボジア語でボンダッとよばれる籾米や現金を貸して利息を取る商売も，一定額の資本金を要件とした活動だった．ボンダッの商売を営む世帯のなかには，収穫期に籾米を大量に購入しておき，米価格の上昇をまって卸売りする商売を併せておこなうケースもあった．

ボンダッにしても籾米の買いつけにしても，豊富な資金力を生かした商売であった．ただし，ボンダッの商売には，さきにみた雑貨販売と同様，世帯ごとで経営規模の差が著しかった．また，その取引の実態は把握が困難であった．というのも，ボンダッをおこなう世帯は一般に，自らの経営状況を公にしたがらず，筆者が質問を重ねても具体的に取引の内容を教えるケースがなかった．

ボンダッの貸し借りの基本的なルールは単純であった．籾米の取引の場合は，次の収穫期をまって貸した量の2倍の返済が求められた．貸してから返済までの期間の長さは，問題とされていなかった．ボンダッの対象は籾米だけではなかった．1袋50キログラムの化学肥料（4万2,000〜5万5,000リエル＝約1,290〜1,690円）をボンダッの取引の対象とした場合は，収穫期に8タンの籾米が代価として徴収されていた．さらに，現金の場合は，1万リエルの貸与につき収穫期に1.5タンの籾米が要求されていた．現金については，1万リエルにつき

1ヶ月あたり1,000リエルの利子を計算して，現金で返済することもできた．

返済時の籾米の計量は，借り手の立会いのもとで貸し手が持参した木製の枡を使っておこなわれていた．木製の枡は，12キログラムを指す重量単位であるタウという名称でよばれていた．ただし，自家製であり，貸し手によって大小の違いがあると信じられていた．貸し手は，取引の際に，「うちのタウはどこよりも小さい」といった表現をもちい，計量の正確さと商売の誠実さを借り手にアピールしていた．また，「おおきすぎるタウをもちいると，翌年から借り手が来なくなる」と述べて，取引相手との関係が損なわれないよう注意を払う必要を強調していた．タウのおおきさには，現実として，季節と貸し手によって12〜15キログラムの幅があるといわれていた．

現金の借り入れに加算される120％という高い年利と，借り入れた籾米の倍量の返済というボンダッの取引のルールは，カンボジアの農村で全国的にみられる状況であった [e.g. Yagura 2005b; 矢倉 2008]．

サンコー区では，小学校や仏教寺院を母体としてつくられたサマコムという組織によってマイクロクレジットの活動もおこなわれていた（写真5-4）．そこでは，現金1万リエルの貸与に対して，6ヶ月後の返済時に1,800リエルの利子が加算されていた[22]．VL村でも多くの世帯が，ボンダッの取引よりも利子率が低いこれらの借り入れを利用していた．しかし，その機会は半年に一度の決済時に限られ，必要なときに速やかに現金が得られるものではなかった．そこで，「ボンダッで借り入れてコメを1年食べるのは，2年食べるに等しい」と話し，その返済の困難さを重々承知していながらも，困窮世帯の多くが村内外の籾米・金貸しと取引関係をもっていた．

ただし，ボンダッによる取引の利子率や返済方法の決定には，親族関係の有無，借入額の大小，取引の長期化，貸し手の酌量などにもとづき，交渉の余地

---

[22] これらのサマコムの活動で得られた利益は，小学校や仏教寺院の建造物の再建事業などに充てられていた．調査時にSK寺を中心として組織されていたサマコムでは，300万リエルほどの元金を，1年に1回希望者に貸し出し，回収していた．そして，毎年50万リエルほどの現金を利益として得て，寺院建造物の建造資金として使っていた．サマコムの活動からの利益を建造物の建設資金として使うことは，戦前の1960年代に布薩堂を建設した当時からみられたことだという．

写真 5-4 小学校を母体に組織されたサマコムによるマイクロクレジット
　　　　 活動の集金日の様子

が残されていた[23].

（2）資本利用型（短期）の活動

　村人の生業活動には，ある程度の資本金をもちいつつ基本的に1年以内に利益の還元が明らかとなる種類のものもあった．その代表は，養豚であった．さきに述べたように，VL村の62％の世帯は豚を飼育していた．世帯あたりの飼育頭数の平均は4.1頭だった（写真5-5）．豚は，生後1ヶ月以上経ったものを1万5,000～2万リエル（約460～615円）で購入していた[24]．そして，8～12ヶ月のあいだに80キログラム前後の体重まで育てて売っていた．売買は，仲買人が売り手の家を訪れて1頭ずつ計量しておこなっていた．取引価格は，豚肉の

23　例えば，VL村のある親族のあいだでは，1万リエルの現金が月500リエルの利子の計算で貸されていた．
24　豚は飼育の途中で死んでしまうことも多い．よって，資金のある世帯は成育しておおきくなった豚を4～5万リエルの値段で購入し，リスクを回避しようとしていた．

写真 5-5　換金を目的とした豚の飼育

市場価格にしたがって頻繁に変動した．2001年3月頃の豚肉価格は1キログラムあたり2,500リエル前後であり，80キログラムの豚が20万リエル（約6,150円）で取引されていた．仲買人は，ピックアップトラックの荷台に数頭をまとめて横倒しに積み込み，プノンペンまで運んでいた．

豚の飼料としては，薄くスライスしたバナナの茎に米糠を混ぜて臼で突いたものが一般的であった．しかし，それ以上に好まれていたのが酒粕であった．

「酒づくりに利益は豚だけ」とは，養豚と酒造を組み合わせておこなっていた世帯が共通して支持していた意見である．例えば，4頭の豚を飼育していた1世帯では，毎日8キログラムの精米（浮稲米）を炊いていた．そして，1キログラムあたり3,100リエルで購入したベトナム製の麹を適量混ぜて発酵させ，酒を蒸留していた（写真5-6）．蒸留後に残った酒粕は，豚に与えた．酒は3～4日で30リットルになった．それを牛車に載せて隣の行政区まで運び，1万5,000リエルで売った[25]．その金で，ふたたび精米を購入し，酒をつくり酒粕を豚に与えた．2000年の1年間この作業を繰り返し，豚2頭を育てて売却した．そして，

25　酒の値段は，場所によって30リットルあたり1万2,000～1万5,000リエルの幅があった．村内で小売したり仲買人をまって売ったりするよりも，自分で遠方に運んで行って売却する方が，より高い値がついた．

第5章　生業活動と家計の実態 | 235

写真 5-6　炊き上がった酒造用の浮稲米に麹を混ぜて広げる

45万リエル（約1万3,850円）の現金を得た．

　自分の家で収穫した浮稲米を酒造用の米に充てることができた場合は，利益がよりおおきくなる．ただし，すでに述べたように，筆者の調査中は浮稲の不作が続いていた．そのような状況のなか，村内には酒造用の精米の購入費を金貸しから借り入れてまで酒造と養豚を続ける世帯があった．つまり，酒造と養豚の組み合わせは，手間はかかるが確実に利潤を生み出す活動であると考えられていた．

　短期の資本利用型の生業活動としては，スイカ栽培についても触れておく必要がある（写真5-7）．サンコー区のスイカ栽培は，1981年頃に化学肥料が普及するとともに始まった．調査時は2ヶ月半で成熟する種類のものが栽培されていた．時期は，11〜1月に水はけのよい土地の高み（ເນີນສູງ）でつくる方法と，2〜4月に湿り気のある低地（ເນີນຕ່ຳ）でつくる方法があった．VL村では，2〜4月の時期に浮稲田の一部をもちいて栽培する世帯が多かった[26]．果実は，サ

26　11〜1月の時期のスイカ栽培は，里の田Aとその北の疎林の境界付近の畑地でみられた耕作であり，VL村では従事者が少なかった．

写真 5-7　乾期に浮稲田にて栽培されたスイカ

ンコー区の市場で個人が売る場合もあった．しかし一般的には，プノンペンやコンポントムからやってきた仲買人に畑をみせて，個数を数えずまとめ売り (លក់ដៃ) していた．

　スイカ栽培にはかなりの額の現金が投入されていた．1999 年 2～4 月に 50 アールの土地でスイカを栽培した例では，牛車 6 台分の牛糞（1 台分を 1 万リエルで購入），3 袋の化学肥料（計 15 万リエルで購入），1 缶半の種（1 缶を 1 万リエル余りで購入），1 瓶の農薬（3,000 リエルで購入）をもちいた．しかし，収穫の直前に雨が降り，果実が割れてしまったため売り物にならなかった．結局，約 25 万リエル（約 7700 円）の損になった．

　一方で，2001 年 2～4 月に 50 アールの土地でスイカを栽培し，75 万リエルの現金を手にした世帯もあった．この事例では，牛糞を 18 台（自前）と化学肥料を 3 袋（計 14 万リエル），種を 2 缶（2 万 8,000 リエル），農薬（5 万リエル）を投入していた．さらに，出荷時は，畑（浮稲田）から村まで果実を運ぶ必要があったため，牛車で一往復するのに 5,000 リエル払う約束で村人を雇い，計 28 台分（12 万 5,000 リエル）の支出があった．しかし，それらを差し引いても約 40

万リエル（約1万2,300円）が手元に残ったという[27]．

　総じて，50アール程度の農地でスイカを栽培し，出来がよく，売却のタイミングにも恵まれたときには，150万リエルを越える額の現金が手に入っていた．化学肥料や種などは，ひとまずツケで買っておき，収穫後の売上で返済することができた．よって，村には，少しくらいなら借金を重ねてでもスイカ栽培に挑戦しようとする世帯が多かった．

　ただし，スイカ栽培は失敗したときの損失もおおきかった．実は，サンコー区では1994年から1997年にかけて毎年季節外れの雨に見舞われ，そのせいでスイカの不作が続いた．最終的に100万リエル以上の借金を抱え，最後は牛や水牛を売却して借金を返したという村人もいた．このことを受けて，挑戦したい気持ちをもっていてもとりあえずは「様子をみる（ចាំមើលសិន）」と述べ，栽培を一時的に控えている世帯もいた．

　短期の資本利用型の生業活動としては，モヤシやバナナの販売もあった．モヤシは，1キログラムあたり2,400リエルの緑豆を州都でまとめて購入しておき，毎日1キログラム分の豆を発芽させて市場で売っていた．すると，5,000リエルの粗収入が得られた．バナナは，コンポンチャーム州などから業者がトラックで運んできたものを50房あたり1万7,000〜1万8,000リエルで購入していた．熟成をまって村内で販売すると，1房あたり500リエルの値がついた．

（3）労働力利用型の活動

　村での生業には，資本よりも労働力の利用を特徴としたものもあった．その代表は椰子砂糖づくりである．原料の樹液を採取するトナオトの樹が林立した風景はカンボジア農村の原風景といわれ，国内の多くの地域でみられる．トナオトの樹は人が植えたものである．所有関係が定まっており，相続の対象にもなる．VL村では4世帯が椰子砂糖づくりをしていた．活動は，11月から5月頃まで乾期を通じておこなわれていた．

　夫（1970年生），妻（1980年生）と2歳の娘からなる核家族型3人世帯の1つは，

　27　この事例では，自前で用意していた牛糞を費用として計算していない．

3年前の結婚の直後から椰子砂糖づくりを始めていた．1年目は36本，2年目は30本，3年目にあたる2001年の乾期は23本のオウギヤシの樹を利用していた．樹の所有者には，1シーズンの利用料として5キログラムの椰子砂糖をわたしていた．
　明け方，夫は順々に樹をめぐって樹冠まで登り，先端を切った花梗にかけられた竹筒を回収する．竹筒には，花梗の切り口からにじみ出た樹液が溜まっている．樹液が溜まった竹筒を回収すると同時に，空の竹筒を新たに据えつけ，樹を降りる．天秤棒で竹筒を担いだ夫が帰ってくると，妻が竹筒の樹液を鍋にあけて火にかける．樹液が煮立った後に30分ほど攪拌すると，半固形の砂糖が得られる．夕方，夫はふたたび樹液を集めに出かける．
　乾期の最初の3ヶ月は樹液の量が多く，1日に約20キログラムの砂糖ができた．4月を過ぎると樹液が減り，精製量も半減した．1キログラムあたりの椰子砂糖の値段は，乾期のあいだは700リエル程度であったが，雨期の初めには1,000リエル，雨期の終わりには1,200リエルまで上昇した．樹液は椰子酒に加工し，村内で売ることもあった．
　椰子砂糖づくりは，熟練次第でおおきな利益が見込める生業だといわれていた．しかし，朝から夜まで身体を休める暇がなく，過酷な労働であった．また，10メートルほどの高さの樹冠まで繰り返し登り降りする作業は事故が絶えなかった．樹齢が古く樹高の高い樹の方が樹液がよく出る．樹液を集める際は，花梗の先を毎日新しく切る．この作業を1日でも怠ると，樹液の出が悪くなるといわれていた．
　採集した樹液を煮詰める作業には，1ヶ月あたり5立方メートル程度の薪が必要といわれていた．よって，シーズンオフの雨期は薪を集めて保管しておく作業で忙しかった．ときには，トラックを貸し切って遠方の森林に出かけ，倒木などを荷台いっぱいに集めていた．樹液を溜めるための竹筒は，1本あたり500リエルの値で村内で購入できた．朝と夕の1日2回の筒の交換を考えると，30本のトナオトの樹を利用するためには約100本の筒が必要だった．諸々の経費を差し引いた利益は，事例世帯の場合，1年あたり約70万リエルであったという．
　屋敷地での野菜の栽培も，労働力の利用を中心とした生業活動であった．家

の裏手の小さな区画を利用してナス，キュウリ，トウガンなどを栽培するときは，灌水作業を毎日絶やさずにおこなう必要があった．朝に市場まで運んで販売し，1日あたり3,000〜4,000リエルの粗収入を得ていた世帯もあった．しかし，大多数の村落世帯にとって，野菜の栽培の主要な目的は自家消費であった．

労働力を利用した生業活動として，賃労についても述べておきたい．田植えや稲刈りの1日あたりの労賃は，雇い主が3食分の食事を提供した場合は2,000リエル，2食分だけなら2,500リエルであった．牛をもちいた水田の耕起作業には，朝から正午までの活動で6,000リエルが支払われていた．収穫期に刈り取った稲を浮稲田から集落まで牛車で運搬する作業には，1往復あたり5,000〜6,000リエルが支払われていた．家屋の建設作業には1日あたり3,500〜5,000リエル，結婚の儀礼につきものの音楽を奏でる楽師として雇われた場合は1昼夜の演奏につき1人あたり1万〜1万2,000リエルの現金を得ていた．

以上に述べた労賃との比較のため，公務員の月給についても述べておく．調査当時，サンコー区の小学校に勤めていた教師の月給は，7万リエルの基本給に子供手当（1名につき月2,500リエル）や木曜日の定例会議の手当（4ドル）が加えられ，計11万リエル程度（約3,380円）が多かった．警察官の月給は6〜8万リエル（約1,850〜2,460円），区長の月給は2万7,000リエル（約830円）であった．村長にも，月あたり2万2,000リエル（約680円）の手当が支給されていた．ただし，警察官と区長については，各種の証書を発行する際に依頼者から手数料をとるといったかたちで給与以外の収入があった．

（4）村外人口との結びつき

本章はこれまで，VL村の村内でみられた稲作とそれ以外の生業活動について述べてきた．村落で暮らす世帯の多くは，稲作を中心としつつ，同時に多様な生業をおこなっていた．そして，それらの世帯の一部は，近年生計の基盤を村の外部へ移すようにもなっていた．

表5-13は，就労を目的として村外に住む構成員をもったVL村の世帯の数を就労者の人数別に示している．村落の149世帯のうち68世帯（46％）では，構成員の一部が村外で働いていた．さきに示した表5-2では，22世帯（15％）

表 5-13 村外就労者数別の世帯数（VL 村）

村外就労者数	世帯数
0	81
1	34
2	22
3	11
4	1
計	149

(出所) 筆者調査

が「仕送り」を世帯の生計手段として挙げていたことを考えると，実際は想像以上に多くの世帯が村外での就労者と経済的な結びつきをもっていたことが分かる．そこから，VL 村の村落世帯の家計において，村外人口との結びつきが年々重要になっている状況が理解できる．

他方，表 5-14 は VL 村の村外人口（村外世帯構成員）の内訳を整理したものである．まず，就学目的で村外に住んでいた者は 15～20 歳前後の年齢層の男性が中心であった．その多くは州都コンポントムに住み，中学校や高校に通っていた[28]．また，就労者については，首都プノンペン近郊の縫製工場で働く 15～24 歳の年齢層の女性の数が圧倒的に多かった（写真 5-8）．

娘を縫製工場へ出稼ぎに送っていた世帯の家計状況をみてみたい．拡大家族型 5 人世帯の一例では，世帯主の女性（1951 年生，寡婦）が長女（1973 年生，寡婦）とその子供 3 名と一緒に住んでいた．世帯主の女性はほかに未婚の子供が 3 名おり，次女（1979 年生）は 1998 年から，三女（1983 年生）は 1999 年から，次男（1977 年生）は 2001 年 1 月よりプノンペンの縫製工場に働きに出ていた．世帯を訪問したときは次女が病気療養のために村へ戻ってきていたため，出稼ぎ先での生活や仕送りの状況について具体的な様子を尋ねることができた．

---

28 村外の就学者のほとんどが男性である理由としては，カンボジアにおけるジェンダー観との関連が挙げられる．しかし同時に，同世代の女子にはプノンペンの縫製工場で仕事を探す道が開けていたという状況も考慮する必要がある．実際，いったん高校に入学した後に世帯の経済状況の悪化を受けて中途退学し，工場に働きに出た女子の事例も VL 村ではみられた．

第 5 章 生業活動と家計の実態 | 241

表 5-14 村外人口の内訳 (VL 村)

(1) 男性

年齢	就学	縫製工場へ	タイへ	その他	計
10-14	0	0	0	0	0
15-19	16	0	3	3	22
20-24	7	5	3	11	26
25-29	0	1	4	6	11
30-34	0	1	0	2	3
35-39	0	0	2	1	3
40-44	0	0	0	1	1
計	23	7	12	24	66

(2) 女性

年齢	就学	縫製工場へ	タイへ	その他	計
10-14	2	0	0	1	3
15-19	2	34	0	2	38
20-24	2	20	0	0	22
25-29	0	7	0	2	9
30-34	0	1	0	1	2
35-39	0	2	0	1	3
40-44	0	1	0	0	1
計	6	65	0	7	78

(出所) 2001 年 3 月の筆者調査

　次女が仕事に就いた工場では，約 1,200 人の労働者が働いていた．作業は 42 人構成のグループを単位としておこない，1 月あたりの基本給は 45 ドルであった[29]．その他，皆勤手当が 5 ドル，仕事の評価にしたがったボーナスが 5〜10 ドル支払われていた．午前 7〜11 時，12〜16 時と定められた勤務時間のほか，通常は 21 時まで自主的な残業があった．残業には時給 1,150 リエル (約 35 円) の手当がついた．

　次女と三女は，他の VL 村出身者の 4〜5 名 (同性) と工場の近辺に月あたり

---

[29] この世帯の三女が働いていた工場は，姉の勤め先とは別である．しかし，基本給や仕事のノルマ，労働環境などに大差はなかったという．

写真 5-8　プノンペンの出稼ぎ先へ出発する若年女性たち

25 ドルの家賃の部屋を共同で借りて住んでいた．朝食は市場などで買ってすますことが多かったが，昼と夜の食事は基本的に自炊していた．そのため，母親は毎月 25 キログラムの精米と薪，干し魚などを，娘 2 人のもとへ送っていた．さらに，2～3 ヶ月に一度は娘の様子を確めるためにプノンペンへ行っていた．

　さきに，VL 村とプノンペンとのあいだを往復するマイクロバスの運送業について述べた．実は，その商売はサンコー区一帯から縫製工場への出稼ぎ人口の増加を受けて始められていた．車は，プノンペンに着いても市内には停車せず，縫製工場が林立する郊外地区へ向かう．親たちが利用していたのはこの車であり，よく知らぬプノンペンの街に不安を感じることもなく，まっすぐに娘のもとへたどり着くことができた．さらに，自ら足を運ばずとも，運転手を通じて子供の体調などの情報を把握することもできた．娘から親への手紙や仕送りの現金は，この運転手を通してやりとりされていた．

　VL 村出身の若年女性が縫製工場へ出稼ぎに行き始めたのは，1998 年である．そしてその数は，以後急速に増加した．当初，親の側には，年若い娘を見知らぬ土地へ送り出すことにおおきな抵抗があったという．上京してから 2～3 ヶ月は，各工場を訪問して雇用の機会をまつことも多かった．そのため，出発前には当座の生活資金を用意しておく必要があった．しかし，首尾よく仕事に就きさえすれば，村内の金貸しから準備資金を借りていたとしても確実に返済ができた．そして実際，調査時の VL 村では，多くの世帯が準備資金を金貸しか

第 5 章　生業活動と家計の実態

ら借り入れてでも娘をプノンペンに送り，工場での仕事に就かせようとしていた．

ここで紹介した事例世帯は，2000年10月から2001年2月までの5ヶ月間に，計465ドル（5万5,800円．月平均で1万1,000円余り）の送金を娘2人から得ていた[30]．事例ごとに違いがあったものの，縫製工場で仕事に就いた娘からはおおよそ1月あたり30～70ドルの送金が期待できた．村落に残った父母やキョウダイが1ヶ月の生活で支出する現金額は，それで十分にまかなうことができた．経済的に余裕がある世帯では，それらの送金を家の改築，土地の購入，井戸の掘削などに使っていた．さらに，就労者である娘自身のために，指輪や首飾りなどの金細工の装飾品を購入する世帯も多かった．親元を離れ，出稼ぎ生活を送る彼女らも，カンボジア正月（ចូលឆ្នាំខ្មែរ）とプチュムバン祭（បុណ្យភ្ជុំបិណ្ឌ）の年中行事の際には村へ帰省してきた[31]．そのとき，もしも自分たちの働きの成果を具体的なかたちでみることができなければ，新たに工場へ向かう意欲もなくなるだろう，と村で生活する親たちは述べていた[32]．

他方で，表5-14はVL村の男性がタイへ出稼ぎに出ていた事実も示している．それらの事例はすべて，パタヤー（Pattaya）を目的地とし，大型漁船に労働者として乗り込んでいた．インドネシアやマレーシアの海域へ数ヶ月単位の長期の出漁をおこなう漁船を選んで乗り込む場合が多く，大多数は1年で帰国し，村に戻っていた．

このタイへの出稼ぎも，VL村では1998年前後に始まっていた[33]．合法的な手続きを経て越境するものではなく，国境を取り巻く情勢の間隙を縫うかたち

30　5ヶ月間の送金の内訳は，90ドル，150ドル，85ドル，80ドル，60ドルであった．これは，娘2人があわせて送ってきた金の額である．

31　カンボジア正月は4月中旬，プチュムバン祭とよばれるカンボジア仏教最大の年中行事は9～10月の時期におこなわれる．プチュムバンの儀礼期間は2週間におよび，最終日を挟んだ3日間が祝日となっていた．その時期は，官公庁も私企業も休業していた．

32　貴金属の購入には貯蓄行動の意味もある．カンボジア農村では，調査時，農民を対象にした銀行などの金融機関の活動が普及していなかった．そのため，貴金属の購入は貯蓄行動としてもっとも一般的なものだった．

33　サンコー区内の一部の村では，もっと早い時期から村落男性のタイへの出稼ぎが始まっていたという．

でおこなわれていた．近年は，いったん帰国した者が再出発する際に別の村人が追従し，次第に人数を増やしていた[34]．交通費，紹介料等の諸経費を除き，300万リエル（約9万2,300円）の現金をもって帰郷した例もあったが，不測の事故にあったという話もよく聞いた[35]．プノンペンの縫製工場では男性労働者の雇用が少なく，村の男性にとっての魅力的な出稼ぎ先はこのほかにない状況だった．

5-4 世帯の1ヶ月あたり現金消費支出

　以上に述べてきた各種の生業活動の資本金や生産物を販売する金額が，世帯の家計に対してもつおおきさを推し量る目安として，世帯の1ヶ月あたりの現金消費支出の規模について事例を挙げておきたい．依拠する資料は，筆者がVL村の21世帯に記入を依頼した家計簿である[36]．そのなかから，世帯の構成員数，構成形態，就学者の有無などの点を考慮して4つの事例世帯A〜Dを選び，2001年9月18日〜10月18日の31日間の現金消費支出について資料をまとめた．それを，食費，嗜好品代，日用品代，教育費，医療費，宗教，その他の項目別に整理すると表5-15のようになった．
　4世帯は，すべて稲作をおこなっていた．さらに，世帯Aは椰子砂糖づくり，世帯Bは養豚と酒造，世帯Cはバナナの揚げ菓子の販売，世帯Dは菜園

34　タイへ向けて出発する際は，路銀と諸々の紹介料として40万リエルほどの資金を準備する必要があるといわれていた．その準備金を村内の金貸しから借り入れる例も多かったが，1年後の帰国時にまで返済が延びるため，利子分だけでも相当な金額になっていた．

35　事故のほかに，仲介者にだまされて給料をもらえなかったり，帰郷前の交遊・娯楽に多額の出費を重ねたり等々の理由で，家族のもとにごく少額の現金しかもち帰らなかったという話を多く聞いた．

36　村長との協議のもとでVL村から21世帯，PA村から10世帯を抽出し，ノートとペンを渡して2001年9月から約半年のあいだ世帯内の日々の仕事内容と現金収入・支出の情報を記すよう依頼した．

第5章　生業活動と家計の実態

での野菜栽培などの生計手段をもっていた．ただし，これら生業活動のための支出は，表5-15では集計の対象としなかった．

まず，1ヶ月の現金消費支出の総額は3万9,000～24万7,600リエル（約1,200～7,620円）であった．事例世帯のあいだの構成員数には3～7人と幅があったため，支出の総額に倍以上の開きがあることは当然であった．ただし，食費が支出総額の50％以上を占めた点はすべての世帯に共通していた．

食費のカテゴリに含まれた精米の購入費については注意が必要であった．世帯Dは，検討の対象とした1ヶ月のあいだに130キログラムの精米を8万1,200リエル（約2,500円）で購入していた．しかし実は，世帯Bも2001年は2ヶ月のあいだ自家消費米が欠乏し，米を購入していた．ただ，購入が他の期間であったため，家計簿には計上されていなかった．他方，世帯A，世帯Cは自家消費米の自給ができていた．

食費に関しては，魚の購入額の割合がおおきい点も特徴的である．カンボジア農村の人びとが，肉類よりも魚類からタンパク源を摂取している点は広く知られる事実である．その見解はここでも裏づけられている．

事例とした4世帯のなかで，1ヶ月の現金消費支出額がもっともおおきかったのは世帯Dであった．世帯Dの在村世帯構成員は世帯主の女性（1952年生，寡婦）とその父（1927年生），12歳から18歳までの子供4名，女性の病死した妹の娘（10歳）であり，拡大家族型の7人世帯だった．この世帯には成長期の子供が多かった．そのため，1ヶ月に約75キログラムの精米を消費した．2000年に世帯がおこなった稲作は，壊滅的な収穫状況だった．そこで，2001年の1年のあいだは計30タンの籾米と600キログラムの精米を購入した[37]．子供たちは就学中であり，教育費，日用品代といった項目の支出も多かった．

しかし，世帯Dからは長男（1972年生）がタイへ，3女（1979年生）と4女（1981年生）が縫製工場へ出稼ぎに出ていた．長男はここ4年ほど音信不通であった．

---

[37] 世帯Dの世帯主の説明では，2000年の収穫期のすぐ後，まず30タンの籾米を20万リエルで購入した．そして，しばらくはその籾米を精製して消費していた．それが底をつくと，小売の精米を1キログラムあたり550～600リエルの値段で購入して消費するようになった．最終的に，この世帯が同年の自家消費米を確保するために支出した現金額は約53万リエル（約1万6,310円）であった．

表 5-15　世帯の 1 ヶ月あたり現金消費支出（VL 村）

単位：リエル

支出項目	世帯情報	世帯 A 村内人数・3 人 核家族型	世帯 B 村内人数・4 人 （就学者＝2） 核家族型	世帯 C 村内人数・5 人 拡大家族型	世帯 D 村内人数・7 人 （就学者＝5）／ 村外人数・3 人 拡大家族型
食費		27,900	32,800	37,700	141,900
	米	2,600	6,500	0	81,200
	魚	15,300	6,700	17,500	22,400
	肉類・卵	4,700	700	4,500	1,200
	野菜類	900	3,100	2,900	5,100
	果物	0	1,700	2,800	2,300
	香辛料・調味料	3,500	14,100	7,900	27,200
	その他	900	0	2,100	2,500
嗜好品代		3,100	14,100	5,500	15,600
	酒	400	0	0	0
	タバコ	500	10,300	0	3,100
	キンマなど	0	0	0	3,800
	副食・菓子類	2,200	3,800	5,500	7,200
	その他	0	0	0	1,500
日用品代		3,200	11,100	14,800	66,000
	灯油	0	1,500	700	6,000
	洗剤	300	500	800	4,800
	衣料	0	4,000	1,800	4,500
	その他	2,900	5,100	11,500	50,700
教育費	学費・文具等	0	9,600	0	18,100
医療費	薬の購入等	1,500	300	300	6,000
宗教	寄進等	3,300	4,000	1,500	n.a.
その他		0	600	1,000	0
計		39,000	72,500	60,800	247,600

(注) 対象期間は，2001 年 9 月 18 日から 10 月 18 日の 31 日間である．
　　表示は市場からの購入品の項目・金額であり，自給分は含まない．
(出所) 筆者が記入を依頼した家計簿の情報による．

しかし，2人の娘からは毎月70〜80ドルの送金があった．結局のところ，この送金のために，世帯の経済状況は世帯主の女性が強調するほど困窮した様子ではなかった[38]．

すでにみたように，2000年から2001年にかけての2年間はサンコー区の全域で稲作が不作だった．そして，どの村を訪ねても村人が経済的な困窮を訴えていた．しかし，VL村では，乾期に入ってから家屋の改築を始めた世帯もあり，悲壮な雰囲気は少なかった．すなわち，そこには，サンコー区の地域社会に新たに出現した家計のかたちがあった．つまり，村内でおこなう生業によって目立った現金収入が得られなくても，娘が1人プノンペンの縫製工場で働いていれば，村内の父母やキョウダイの日々の生活に心配はないという現実があった．これは，近年のカンボジアの農村経済の新しい展開を示すものであった．

調査時の地域社会では，縫製工場への出稼ぎという1990年代末に始まった新しい生計手段がさまざまなかたちの変化をもたらし始めていた．VL村で悉皆調査をしていたとき，「縫製工場は残酷（កាចណាស់）だ」という言葉を耳にした．それは，20歳代前半で離婚し，幼児を親に預けて工場へ出稼ぎに出た娘をもつ女性が，事情を知らない孫をあやしながら話した言葉であった．孫が母親に会うことができるのは，1年に2度の年中行事の機会しかなかった．生活の助けになるとはいえ，縫製工場がなかったら出稼ぎでこのように長く家を空けることはなかった．しかし，わずかな機会に首都から村へ帰省してきた娘たちはみな一様に，溌剌とした表情をみせていた．それは，自分こそが世帯の経済的基盤を支えているという自負を感じさせるものであった．

また，2001年のVL村では，村の娘が出稼ぎ先で知り合った男性を親に紹介し，結婚する例が生まれ始めた．そのケースでは，妻方の親が住むVL村で結婚式をおこなった後，新郎新婦はふたたびプノンペンへ戻り，工場での勤務を続けることが多かった．若年女性による出稼ぎの拡大は，通婚圏の拡張というかたちで村落社会に最初の変化を与え始めた．この動きに続いて，今後は家族

---

38 世帯Dは，2001年に集落に近接した25アールの水田を155万リエル（約4万7,690円）で購入していた．この取引は，娘からの仕送りによって実現していた．

内での女性の地位や役割などにもおおきな変化が生まれるものと考えられる．

CAMBODIA

第6章

経済格差の再現

〈扉写真〉1960年代に建てられたレンガ・セメント造りのVL村内の家屋．この家を建てた夫婦の夫は外部の出身で，サンコー区の小学校で教師をしていた．妻はVL村の出身で，その父は1940年代以降の同村内でもっとも活動的にボンダッの取引をおこなっていたとされる人物だった．夫はポル・ポト時代に死去し，妻はプノンペンの子供たちと生活していたために，調査時は空き家になっていた．ポル・ポト時代以降のVL村には，このようなモダンな家を建てる世帯がまだあらわれていなかった．

本章のねらいは，調査地域の人びとの生活の変遷をより広い時空間のなかに位置づけて理解することにある．前章は，VL村の村人の経済生活の現状を記述的に分析した．そこでは，地域の人びとの生活が1990年代末に至って都市との結びつきを深め，新しい変化が地域社会に生み出されつつある状況が明らかになった．しかし，地域の生活が都市との結びつきを深めたのはこれが初めてではない．地域史を振り返ると，20世紀初めには水運による都市との行き来があり，籾米などの産物が船で運送されていた．1940年代には都市と地元を定期的に結ぶ車輌（トラック）が走り始めた．そして，1960年代までにはその新しい交通手段を頼りとした鶏の仲買などの商売が始まっていた．

　本章は，世帯・村落間の経済格差へ焦点を絞る．以下ではまず，調査時のVL村の世帯のあいだに存在した経済格差をめぐる状況を概観する．そこからは，ポル・ポト時代以後に経済的な成功を収め，村落内で富裕であるとみなされるようになった世帯がいずれも，商業取引を中心に生業を組み立てていた事実が明らかになる．ここでいう商業取引とは，ボンダッとよばれた籾米の信用取引やその買い付けを指す．そして本章は，それら富裕世帯の家族史を検討し，世帯の中心人物が内戦の前に都市への進出や同種の商業取引の経験を積んでいたことを指摘する．つまり，ポル・ポト時代以後のカンボジア農村で経済的な成功を収めた世帯には，ポル・ポト時代以前に習得したかつての知識と経験を生かすかたちで商業活動を展開させることに成功した者がいたのである．

　本章はさらに，世帯間の格差をめぐる以上の議論をより広い地理的範囲を射呈とした問いへと発展させる．それはすなわち，地域社会内の村落間の経済格差という問題である．具体的には，区内の複数の村で得た資料をもちいて，国道沿いにある村と国道から遠い村という地理的構図のもとでサンコー区の社会経済的構造を実証的に跡づける．さらに，そのようなかたちで村落間の格差が出現した背景を地域史のなかに探る．

　第3章でみたように，サンコー区は20世紀初頭から中国人の移民を多く受け入れていた．そして，それらの中国人移民とその子孫の一部が籾米の買い付けや信用取引をおこなって富を蓄積し，この地域の社会経済的構造の基礎をつくっていた．その過去の状況がサンコー区の人びとの今日の経済活動の歴史的な経路であると考えると，世帯・村落間で今日顕在化している経済格差の実態

は内戦以前の地域の歴史的状況の検討がなくては理解ができないといえる．

6-1 　生業活動の時代変遷

　まず，VL 村の人びととの 1970 年代以降の歴史経験を振り返り，その特徴を再確認したい．彼（女）らの大多数は，1974 年 2 月に 2 度の強制移住を命じられた．最初は統一戦線による国道の北約 7 キロメートルの森林への移動であり，次はロン・ノル政府軍によって命じられた州都コンポントムへの移動であった．この 2 度の移動はいずれも慌ただしくおこなわれ，人びとは牛車に積めるだけの荷物しかもてなかった．

　統一戦線の勝利によって内戦が終息すると，人びとはいったん母村へ戻った．しかし，すぐに新たな強制移住が命じられた．まず，ポル・ポト政権の革命組織が人口を政治的基準によって類別し，統一戦線の活動への参加者を構成員としてもたない世帯の人びとに対して，国道の北約 2 キロメートルに位置した荒蕪地のなかに新しい居住地を開いて住むよう命じた．それまで使われていた貨幣は紙くずになった．農地，役牛，農機具などの生産財は集産化された．鶏や豚なども所有者の手を離れて革命組織の管理下におかれた．衣服や貴金属など，身の回りに携帯できた財の一部は所有が許されていた．しかし，1976 年に共同食堂制が始まると鍋や食器も接収された．ポル・ポト政権は，家族から労働組やサハコーといった人工的な集団へ社会生活の単位を移した．そこでは，個々人の生きるうえでの目的や価値の追求ではなく，国家が策定した計画の達成が生活の目標とされた．

　1974 年から 1979 年にかけて，VL 村の村人たちはそれまでの生活で蓄積した財産の多くを失った．このことは，サンコー区のほかの村々に住んでいた人びとも同様であった．1974 年からポル・ポト時代にかけての強制移住の経路や実施の時期については，村ごとの違いがあった．しかし，度重なる移住と革命組織の支配によってそれまで所有していた財産のほとんどを失ったという経験は，人びとのあいだに共通していた．

1979年1月にポル・ポト政権の支配が終焉を迎えると，人びとは母村へ戻った．そして，そのときからふたたび個々人が独自の判断で生活の目標を追求するようになった．聞き取りによると，人びとはまず収穫期を迎えていた水田で稲刈りをおこなった．ポル・ポト政権によって接収されていた役牛や農機具，生活用品は，以前の所有者が同定できる限り，もとの所有者の手に戻った．
　生活は食糧の確保を第一の要件とする．人びとの主食の米を生産する稲作は，クロムサマキという共同耕作のかたちで再開した．クロムサマキは，社会主義を掲げた人民革命党政権の政治的方針に沿った政策であった．他方，当時の農村には役牛の不足といった現実的な問題があり，世帯を単位とした稲作の実施が不可能だった．クロムサマキによる共同耕作は，このような当時の社会の現実にかなったものであったが，すぐに消滅した．VL村では，1981年にクロムサマキを構成した班の内部で請け負った農地が分配された．そして，1984年には個々の世帯が独立で耕作をおこなうようになった．

（1）自転車キャラバン

　サンコー区の人びとは，ポル・ポト時代以後の早い時期から，稲作以外の手段でも暮らしを立てようとしていた．そのことを典型的に示すのは，タイ領内の国境地帯の市場を目的地とした自転車キャラバンであった．VL村の一男性（1954年生）は，その様子を次のように話していた．

　「1979〜81年にかけて，3度，自転車に乗ってタイ国境へ行った．オースヴァイ（Or Svay: タイと国境を接したボンティアイミアンチェイ州の地名）まで自転車で行ってタイの領内へ入り，テトロン布，タバコ，サンダルを買った．自分が行ったのは皆よりも遅い方だった．義兄らと計17人のグループをつくって行った．でも，道中に強盗が増えたのでやめた．その後，自転車ではなくプノンペンから鉄道に乗ってスヴァーイシソポン（Svay Sisophon: 現在のボンティアイミアンチェイ州の州都）とのあいだを2往復した．道中では，タバコや金が現金の代わりであった．当時はサンコー区でも，自転車で行き来する人は金を，地元の人

は精米を現金の代わりに使っていた[1].」

　タイ国境をめざした交易活動への参加者は，最初に 10〜20 人程度の人数の集団をつくった．そして，自転車に乗ってサンコー区を出発し，タイ国境をめざした[2]．約 1 週間の道のりを経て国境に着くと，タイ領内の市場へ入り，持参した貴金属（金）と交換で，布，巻きタバコ，サンダルなどを入手した[3]．その後，仕入れた品々を自転車の荷台に積み，ふたたび 1 週間かけてサンコー区へ戻った[4]．そしてさらに，サンコー区からコンポントムの州都やコンポンチャーム州のメコン川東岸，プノンペンの市場まで自転車で品々を運び，貴金属と交換した[5]．最初にタイ国境へ向かって出発してから積荷を処分してサンコー区に戻るまで，約 1 ヶ月の日数を費やしたという．

　自転車キャラバンは，世帯の男性成員がおこなった．ただし，興味深いことに，村にはその活動に参加しない男性もいた．VL 村では，42 歳から 69 歳までの年齢層の男性 13 名がかつてこの活動に参加したと答えていた．この人数は，同村の 40〜69 歳の年齢層の男性人口（66 名）の約 2 割に相当する．つまり，VL 村内にはこの活動に参加しない男性の方が多かった．

　遠征した回数については，一度きりの参加が 2 名，6 度も行き来した例が 1 名あった．その他はみな 3〜4 度の参加であった．そして，自転車キャラバンへの参加者は，全員が，あの商売はよく儲かったと述べていた．1 往復して積荷を処分すると，平均で 1〜3 チー（1 チーは 3.75 グラムの重さ），多いときは 5 チー

1　VL 村の村人らによると，サンコー区で貨幣が流通を始めたのは 1982 年である．プノンペンでは，1979 年から貨幣の流通が始まっていた．しかし，農村部への浸透は遅く，当初は精米か金が交換の媒体となっていた．

2　参加者のなかには，当初自転車をもたない人びともいた．しかし，そのような人びとも，金を持参して国境へ行けばタイの市場で自転車を購入することができた．

3　例えば，タバコ（Smith という銘柄）1 カートンは 1.5 フン（約 0.9 グラム）の金と交換されていたという．

4　自転車に積載した荷物は，1 台あたり 100 キログラムを超えていたという．

5　タイ国境からコンポンチャーム州へ運ばれた物品は，ベトナムのマーケットに向けて流通していったといわれている．

の金が利益として手元に残った[6]．しかし，この活動には事故の可能性がつきまとっていた．強盗に遭遇し，仕入れのために持参した貴金属や仕入れた品々をすべて失ったという例もあった．最終的に，道中の治安が悪化した1981年以降，この活動は停止した[7]．

このような自転車キャラバンの活動は，ポル・ポト時代以後の早い時期から人びとが積極的に生活再建に取り組んでいた事実を示唆している．この種の活動をおこなったのはサンコー区の人びとだけではなかった．聞き取りによると，サンコー区より東のコンポントム州の各地域やコンポンチャーム州でも，自転車でタイ国境へ赴いて物資を仕入れ，それを転売することで利益を得ようとした人びとがいた．国道6号線はそれらの人びとが行き来する主要な通路であった．

そして，サンコー区のSK村を中心とした国道沿いの集落群ではこの時期，自転車で行き交う人びとを相手に粥や菓子を売る商売が始まった．今日のサンコー区の国道沿いにある市場は1982年に開設されたものである．それは，タイ国境とのあいだを往来する人びとを相手とした商売が活況を呈しているのをみて，郡政府が区に市場の開設を進言したことに端を発する．自転車キャラバンはこのようにして，それに参加せずサンコー区に残っていた人びとのあいだにも新たな経済活動の機会を生みだした．

（2）スイカ栽培

1980年代に地域の人びとがおこなっていた生業活動としては，稲作，自転車キャラバンに次いで乾期のスイカ栽培もよく話題となる．サンコー区でのスイカ栽培は，1981年前後に始まった[8]．そして，当初の数年間は天候に恵まれ

6　1980年9月にカンボジアを訪問した本多勝一によると，当時のプノンペンの公共事業職員の月給は90〜100リエルだった．そして，数人の世帯がプノンペンで暮らすためには1月あたり300リエルが必要だったという．また当時は，1チーの金が250〜280リエルで取引されていた［本多 1981: 21］．

7　VL村の一男性は，タイ国境に通じる道の端に多数の死体が供養されずに転がっているのをみて，この活動から身をひく決心をしたという．

8　サンコー区においては，化学肥料の使用も同じ頃に始まった．

て豊作だったうえに売価が安定しており，おおきな利益をあげた世帯が多かった．例えば，VL 村の村人の 1 人は当時のスイカ栽培で 700 リエルの利益を得て，牛を 2 頭購入することができたと話していた[9]．

　1980 年代のカンボジアの国内経済については情報が少ない．よって，当時のスイカ栽培が地域にもたらした経済的効果を精確に評価することはできない．ただし，VL 村には，世帯が今日居住する家屋が 1984～85 年頃にスイカ栽培で得た金によって建てられたものであるという例が複数あった．このことは，スイカ栽培が当時の世帯の家計におおきな影響を与えていたことを間接的に示している．1981 年前後，稲作はまだクロムサマキの共同耕作のもとでおこなわれていた．また，社会主義時代の国内の米の流通は，政府による買い上げと専売というかたちで統制されていた．しかし，スイカは当初から個々の世帯が自由に栽培し，売却していた．政府による関与が生み出したこのような違いも，人びとのスイカ栽培への参入意欲を後押ししていたと推測できる．

　スイカ栽培は，乾期に浮稲田を利用しておこなわれていた．第 4 章で述べたように，サンコー区の国道の南 3～5 キロメートルのエリアの土地（「下の田 C」）はこの時期にスイカ栽培のための耕地として開墾が始まった．そして，スイカ栽培のために投入した化学肥料の残余を利用するかたちで雨期に浮稲が栽培されるようになった．

　スイカ栽培は，化学肥料の購入など一定額の資金の投入を必要とした．そして，天候と売却のタイミングに恵まれた場合はおおきな利益を世帯にもたらした．しかし，筆者が調査をおこなった 2000～01 年の時期の VL 村ではスイカ栽培をおこなう世帯の数がそれほど多くなかった．下の田 C の農地でも，ほとんどの世帯が，スイカでなく浮稲のみを栽培していた．実は，サンコー区では 1994 年から 1997 年まで天候の不順が続き，スイカ栽培が不作に終わった．そのために多額の借金を抱え，その後栽培を差し控えるようになった世帯がいた．ただし，それらの世帯は，時機をとらえてふたたびスイカ栽培をおこないたいという意欲もみせていた．

9　先の注記で紹介した本多勝一が報告する換金レートに即して計算すると，この村人がスイカ栽培から得た利益は，2 チー以上の金に相当する．

（3）1990年代の多様化

　1980年代のサンコー区の社会情勢は，首都周辺などと異なって非常に流動的であった．1979年からしばらくは，クメールルージュの兵士の姿をみることがなかった．しかし，1984年頃から状況が変化し，1986年にはクメールルージュの兵士が地元住民を誘拐する事件なども起こるようになった．そして，1989年にベトナム軍がカンボジア国内から撤退すると，サンコー区内で政府軍とクメールルージュのあいだの戦闘が生じた．1990年にはクメールルージュがサンコー区の市場とその周辺の家屋を焼き払う事件が起こった[10]．1980年代末から1993年までのVL村には，村にいるのは日中だけで，夕方から州都へ移動して夜を過ごす人びともいた．

　しかし，このように不安定な治安状況のなかでも，村人たちは生活を向上させる手段を積極的に探っていた．例えば，VL村のある男性（1964年生）は，1980年代後半，トンレサープ湖の洪水林のなかの漁場とサンコー区のあいだを牛車や自転車に魚を積んで往復し，売りさばく商売をした．そして，その商売で稼いだ金で1992年に屋敷地と家屋を購入した．彼によると，魚を運ぶ道中でクメールルージュの兵士と遭遇し，20万リエルの現金を要求されたこともあった．しかし，クメールルージュのなかには地元出身者がおり，交渉の余地があった．また，湖から魚を運ぶ商売は，その種の危険があったからこそ高い利益をもたらした．

　このような商いの経験やさきに紹介した自転車キャラバン，スイカ栽培についての話からは，当時のサンコー区の人びとが個々人の意欲にしたがってさまざまな種類・かたちの生業活動をおこなっていたことが分かる．政府とポル・ポト派ら反政府勢力とのあいだでゲリラ戦が続いていた1980年代のカンボジア農村の社会状況については，閉鎖的で暗澹とした様子を想像しがちであった．しかし，実際は違っていた．

10　クメールルージュは，この市場の焼討の際に，市場やその周辺の個人店舗から各種の商品をごっそり奪っていったという．すなわち，戦争という名目のもとでの強奪が目的とされ，日常化していた．

その後1993年に統一選挙がおこなわれると，サンコー区の社会情勢は安定した．そして，国道沿いの地域の人びとの経済活動は一気に拡大と多様化へ転じた．前章で述べたように，VL村では1995年に精米機が導入された．1998年からは鶏の仲買や，縫製工場への出稼ぎといった都市に支えられた活動も始まった．

すなわち，1980年代のVL村には，旺盛な行動力でもって村の外へ，地域の外へと経済活動を展開させようとする人びとが多数いた．1979〜81年にみられた自転車キャラバンという活動は，そのことをもっとも具体的なかたちで知らせていた．そして，そのような人びとは1990年代になると，安定を迎えた地域のなかでいっそう活発に経済活動をおこなった．

では，以上に整理した生業活動の変遷を念頭におきながら，今日のVL村の世帯のあいだで顕在化した経済格差の問題を考えたい．本章の冒頭で述べたように，ポル・ポト政権の支配はそれまでに蓄えていた財産の多くを人びとの手から失わせた．つまり，人びとのあいだにもともと存在していた経済的な格差は，強制的なかたちでいったん平準化された．しかし，その支配が終焉してから20年余が経った調査時は，世帯間の経済格差がふたたびあらわれていた．では，その格差は，どのような世帯がいかにして経済的成功を収めたことで顕在化したのだろうか．

6-2 　世帯間の経済格差 ── VL村の場合 ──

（1）富裕世帯は誰か？

調査時のVL村の世帯間でみられた経済格差の実態をまず明らかにしたい．東南アジアの農村世帯のあいだの経済格差を測る方法としては，世帯が居住する家屋の建材と床面積に着目して比較する方法がある [*e.g.* 加納1994]．しかし，VL村では，ポル・ポト時代以前に建造された家屋の方がそれ以後に建てられ

たものより床面積がおおきい傾向があった．ポル・ポト時代以前に建造された家屋は，現在そこに住む世帯の経済力を反映したものとはいえない．よって，家屋に注目する方法は，ポル・ポト政権が崩壊した後現在までにかたちづくられた経済格差の問題を考えるうえで適当でない．

そこで，世帯が所有する高額の消費財を指標として外見上の富裕度を測る方法をとることにする．指標財は，カラーテレビとビデオである．VL村の世帯が所有していた代表的な動産の種類とその所有状況は，表6-1のようであった[11]．カラーテレビは7世帯が所有していた．白黒テレビを所有する世帯の数はその倍であった．一方，ビデオは3世帯が所有していた．調査時のコンポントムやプノンペンの市場においては，カラーテレビが200ドル前後，白黒テレビが約100ドルで取引されていた．ビデオの価格も約100ドルであった．

VL村の世帯がおこなう生業のなかでは，稲作が何よりも重要であった．よって，稲作の実施と富裕度（指標財の所有）との関係をまずみてみたい．

VL村の1世帯あたりの所有水田面積（里の田＋下の田）の平均は3.1ヘクタールであった．そこで，この平均よりも広い4ヘクタールの面積を基準として，それ以上の面積の水田を所有する世帯を抽出する．条件に該当したのは，42世帯であった．そして，その42世帯の指標財の所有状況を確認すると，表6-2のような結果であった．表には，指標財としたカラーテレビとビデオのほか，バイク，エンジン，白黒テレビの所有状況も比較を意図して併記してある．

表6-2は，42世帯のほとんど（40世帯．95％）がカラーテレビとビデオの両方を所有していなかったことを示している．また，バイク，エンジン，白黒テレビといったその他の財についても，それぞれ12世帯（29％），7世帯（17％），7世帯（17％）しか所有していなかった．表はさらに，テレビやバイクといった財を所有する世帯が，養豚，酒造，精米業などの稲作以外の生計手段をもっていたことも明らかにしている．以上からは，富裕であること（高額消費財を所

---

[11] 表6-1が示す動産の購入金額は次のようであった．牛車＝約60ドル，舟＝約50ドル，エンジン＝210〜335ドル，精米機＝350〜600ドル，車＝2,000ドル以上，バイク＝古いものは200〜400ドル（状態の良いものは1,000ドル以上），自転車＝約40ドル，ラジオ＝5ドル，白黒テレビ＝約100ドル，カラーテレビ＝約200ドル，ビデオ＝約100ドル．

表 6-1　VL 村世帯の動産の所有状況

品目	所有世帯数（％）	実数（1戸当個数）
牛車	108 (72)	118 (1〜2)
舟	5 (3)	5 (1)
エンジン	19 (13)	20 (1〜2)
精米機	12 (8)	12 (1)
車	2 (1)	2 (1)
バイク	43 (29)	47 (1〜2)
自転車	129 (87)	185 (1〜5)
ラジオ	93 (62)	94 (1〜2)
白黒テレビ	17 (11)	18 (1〜2)
カラーテレビ	7 (5)	7 (1)
ビデオ	3 (2)	3 (1)

(出所) 筆者調査

有すること）と所有水田の面積がおおきいことが必ずしも関連していないことが分かる．他方，そこからは，稲作以外の生計手段をもった世帯こそが目立ったかたちで高額の消費財を所有しているという別の傾向がみてとれた．

　そこで次に，2つの指標財のどちらか一方でも所有している世帯を村全体から選びだし，それらの世帯の構成形態と従事していた経済活動の種類をまとめると，表6-3のような結果であった．該当した7世帯のうちの3世帯はカラーテレビとビデオの両方を所有していた．ただし，世帯番号148の世帯はビデオ機のレンタルを生業としており，ビデオは生産財として位置づけられていた[12]．表6-3はまた，7世帯のうち4世帯が，水田を所有しながらその耕作をせず，稲作以外の多様な生計手段に依拠して生活していたことも示している．

12　ビデオ機は，結婚式の主催者や大規模な行事をおこなう寺院などが，集まった人びとに娯楽を提供する目的でレンタルしていた．寺院でおおきな行事があるとき，伝統的にはジケー (ຈີເກ) とよばれる伝統劇の劇団が招聘され，夜通し演目を披露していた．しかし近年は，香港映画などのビデオをその代わりに流すことが多かった．

表 6-2 水田所有面積 4 ヘクタール以上 42 世帯の動産所有状況

No.	世帯番号	世帯主性別	世帯主年齢	世帯人数	所有水田面積	指標財（個数）		その他の所有財（個数）			稲作以外の主な生計手段
						カラーテレビ	ビデオ	バイク	エンジン	白黒テレビ	
1	128	M	56	6	1300	0	0	1	0	1	区役人（区長），養豚，酒造
2	49	M	45	6	1020	0	0	0	0	0	裁縫
3	135	M	69	4	1006	0	0	0	0	0	仕送り
4	27	M	59	5	990	0	0	0	0	0	仕送り
5	68	M	46	8	781	0	0	0	0	0	牛車づくり
6	76	M	56	5	770	0	0	1	0	0	精米業，仕送り
7	134	M	44	5	760	0	0	0	1	1	郡役人，養豚
8	114	M	61	6	755	0	0	1	0	1	精米業，金貸し，籾米の買付け
9	109	M	53	9	720	0	0	0	0	0	
10	7	F	50	6	700	0	0	0	0	1	仕送り
11	69	M	37	6	680	0	0	0	0	0	仕送り
12	116	F	72	3	680	0	0	1	0	1	教師
13	10	M	49	6	676	1	0	1	0	0	養豚，酒造，精米業
14	67	M	54	4	651	0	0	0	0	0	村長，仕送り
15	2	M	64	6	650	0	0	0	1	0	仕送り
16	72	M	40	7	650	0	0	0	0	0	牛の仲買
17	146	M	53	5	597	0	0	0	1	0	野菜栽培，仕送り
18	107	M	69	8	583	0	0	0	0	0	大工，楽師
19	44	M	66	6	580	0	0	0	0	0	
20	147	F	58	7	580	0	0	1	0	0	養豚，酒造，裁縫
21	4	M	54	8	570	0	0	0	0	0	
22	61	M	35	5	550	0	0	0	0	0	漁業
23	138	M	70	6	548	0	0	1	1	0	養豚，酒造
24	42	M	45	10	540	0	0	0	0	0	教師
25	103	M	59	9	520	0	0	1	0	1	菓子販売，絵師
26	33	F	73	5	518	0	0	0	0	0	
27	40	M	69	5	505	0	0	0	1	0	
28	32	M	43	5	500	0	0	0	0	0	区役人（秘書），養豚，酒造
29	81	M	38	4	500	0	0	0	0	0	
30	35	M	24	2	485	0	0	0	0	0	
31	8	M	38	6	480	0	0	0	0	0	養豚
32	45	M	64	6	460	0	0	1	0	0	金貸し
33	136	M	69	6	456	0	0	1	0	0	菓子販売
34	83	M	55	4	450	0	0	0	0	0	
35	129	M	64	6	450	0	0	0	0	1	雑貨店
36	31	F	49	7	443	0	0	0	0	0	仕送り
37	105	M	39	9	440	0	0	0	0	0	木工，楽師
38	113	M	62	6	431	0	0	0	0	0	菓子販売
39	51	M	36	7	420	0	0	0	0	0	椰子砂糖づくり，仕送り
40	11	M	50	3	410	0	0	0	0	0	仕送り
41	137	M	36	6	410	0	0	0	1	0	警官，養豚
42	148	M	39	5	405	1	1	1	1	0	養豚，酒造，精米業，ビデオ機レンタル

(出所) 筆者調査

表 6-3 指標財（カラーテレビ、ビデオ）を所有する7世帯の一覧

No.	世帯番号	世帯主性別	世帯主年齢	世帯類型	世帯員数	水田所有と作付け	指標財（個数） カラーテレビ	ビデオ	その他の所有財（個数） バイク	エンジン	白黒テレビ	稲作以外の主な経済活動
1	10	M	49	核家族	6	所有・作付け	1	0	1	0	0	稲作、養豚、酒造、精米業、大工
2	86	M	47	核家族	5	所有・作付け	1	0	1	0	0	稲作、市場での商売、金・籾米貸し、籾米買い付け
3	90	M	63	拡大家族	6	所有・非作付け	1	1	1	2	0	自動車運送業、雑貨販売、金・籾米貸し、籾米買い付け
5	98	M	58	核家族	3	所有・非作付け	1	1	1	1	0	稲作・金・籾米貸し、籾米買い付け
7	100	M	42	核家族	5	所有・非作付け	1	0	1	0	0	自動車運送業、雑貨販売、精米業、金・籾米貸し、籾米買い付け
15	140	M	43	核家族	5	所有・作付け	1	0	1	1	0	雑貨販売、精米業、酒造、養豚、ワニ養殖
17	148	M	39	核家族	5	所有・作付け	1	1	1	1	0	稲作、養豚、酒造、精米業、ビデオ機レンタル

(出所）筆者調査

(2) 富裕世帯の生業活動

　所有財という外見上の特徴から測った世帯の富裕度についての結果は，村人たち自身の評価とも重なっていた．人びとは，金持ちである富裕世帯の人びとをネアックミアン (អ្នកមាន) あるいは単にミアン (មាន) とよんでいた[13]．そして，表6-2に名前が挙げられていた世帯はいずれもVL村内外の人びとからミアンと評価されていた．

　ところで，ミアンと誰かを評価するときの基準は何かと人びとに尋ねると，「稲作をしない」，「毎日肉を食べている」，「世帯の外からお手伝いを雇っている」，「仏教儀礼を盛んにおこなう」といった生活様式に関する特徴が挙げられた．そしてそれに続き，ミアンとは何を仕事とする人なのかと尋ねると，ネアックロークシー (អ្នករកស៊ី：「商売人」) だという答えが返されてきた．

　ネアックロークシーとは，商業活動に従事する人物を指す言葉である．それは，稲作従事者であるネアックスラエ (អ្នកស្រែ：「稲田の人」) や，漁業従事者を指すネアックネサートトレイ (អ្នកនេសាទត្រី：「魚を漁する人」) といった表現と対比して使われていた．表6-3の7世帯は，精米業，市場での商い，雑貨の販売などの商業活動をおこなっていた．さらに，そのうち4世帯は，ボンダッとよばれる籾米・金貸しと籾米の買い付けをおこなっていた．以上の事実からは，経済的な成功を収めて今日のVL村で金持ちになっている世帯は，ネアックスラエではなくネアックロークシーであるという結論が導かれる．

　では，それら富裕世帯は，ポル・ポト時代以後どのようなかたちで生業活動を展開させてきたのだろうか．次は，事例世帯の主要人物の生活史をポル・ポト時代以前から今日まで通して確認し，その特徴を検討する．

(3) 富裕世帯の経歴

　VL村内の富裕世帯の事例として以下で取り上げるのは，カラーテレビとビ

13　ミアンという単語の第一の意味は「有る，所有する」という動詞である．

デオの両方を所有していた世帯番号 90 と 98 の 2 世帯である（表 6-3）[14]．

1）CT 氏世帯の事例

　世帯番号 90 は，実は，調査中に筆者がその家に住み込んでいた CT 氏の世帯である．よって，世帯構成員の過去の経歴と現在の生活について他の世帯よりも詳細な情報がある．

　2001 年の CT 氏の世帯は，CT 氏（1937 年生）と妻（1940 年生），末娘（1973 年生）と夫（1968 年生），そして男女 2 人の孫からなる拡大家族型の構成であった．また，トバエン区 ChhT 村出身の女性（1979 年生）を雇って同居させ，家事と子供の世話を任せていた[15]．

　CT 氏の世帯は，里の田 A の一帯に 20 アール，里の田 B のエリアに 50 アール，下の田 C の場所に 1 ヘクタールの水田を所有していた．しかし，稲作は，1980 年代末からやめていた．近年，所有する里の田は親族ではない VL 村の村人に一括して定額小作の契約で貸し出していた．一方，下の田 C の浮稲田は放置していた．CT 氏自身は，1990 年代初めに生業から引退した．それ以後は，末娘夫婦が活動の中心となってきた．筆者の観察では，末娘夫婦は自動車による運送業，雑貨販売，籾米・金貸し，籾米の卸売り，養豚など，多くの生業活動をおこなっていた．

　この世帯の親族系譜図は，さきに第 3 章のなかで示した（図 3-6）．CT 氏の子供のうち，長子（男性，1959 年生，既婚）はプノンペンに住み，農林水産省の役人をしていた．第二子の女性（1962 年生）は 1979 年に結婚し，VL 村内に住んでいた．第三子と第四子（ともに男性で既婚，1965 年生と 1968 年生）は 1990 年代半ばよりモンドルキリー（Mondol Kiri）州へ移住して，州都の市場で商売

14　世帯番号 148 の世帯もカラーテレビとビデオをもっていた．しかし，本文中で述べたように，この世帯はそれを商売の道具として使っていた．よって，世帯番号 90，98 の世帯とは所有の意味合いが違うため，ここでは取り上げない．

15　手伝いの女性の仕事は，炊事と洗濯が主であった．しかし，屋敷地内の菜園での香菜類の栽培や豚への餌やりなどもおこなっていた．衣食については CT 氏の世帯が負担していた．また，CT 氏の妻は時折小遣いを渡していた．VL 村内には，住み込みの手伝いを雇った世帯が CT 氏世帯のほかにも 4 件あった．そのうちの 1 つは，表 6-3 中の世帯番号 140 の世帯であった．

をしていた[16]．第五子（男性，1970年生，未婚）はプノンペンで長子の家族と同居し，長子と同様，農林水産省で働いていた．第六子はCT氏が同居する末娘であった．末子の第七子（男性，1977年生，未婚）は，当時海外へ留学中であった．同居する第六子をのぞく6人の子供のうち，結婚を経て独立しVL村内で生活していたのは第二子（女性）だけであった．この第二子の世帯も，表6-3に含まれる世帯の1つであった（世帯番号100）．

CT氏の生活史のなかから生業活動に関連した内容を内戦以前，内戦期，ポル・ポト時代以後に分けて整理すると，次のようであった．

「父は中国人だった．フランス統治期に福建からカンボジアにきた．当時のサンコー区には中国人が多くいたが，金持ちと貧乏人がいた．金持ちは1日中家で過ごしていた．父はそうではなく，貧しかった．牛の扱いを知っており，自分で稲作をしていた．

母は，サンコー区のSK村で生まれた．母の父も福建から来た中国人であった．生家は貧しかった．母は商売も少ししたが，父とともに稲作をしていた．

21歳（＝1958年）のとき，VL村出身の女性と結婚した．以後は，妻方の両親と一緒に暮らした．妻の両親の水田を耕作するほか，自ら開墾して水田を増やした．当時は雨期に稲作をしたが，乾期は特に何もしなかった．

25歳（＝1962年）になって商売を始めた．近隣の村々から鶏を買い集め，国道を通る乗り合いの車に鶏を積んでいき，プノンペンの中央市場の横で売った．もう稲作は熱心にせず，1年を通してこの商売をした．

1960年代半ばから籾米の卸売りをするようになった．11月から1月まではスロックルーの村々をまわって雨期作の稲の籾米を買い付けた．1月から2月までは南の田に出かけ，浮稲の籾米を買った．浮稲の籾米の買い付けは3月上旬まで続いた．年間にだいたい2,000～3,000タンの量の籾米を商った．籾米は，現金で

---

16 第三子と第四子がモンドルキリー州へ移住したのは，長子の手引きによる．長子は，現在プノンペンで勤務しているが，以前モンドルキリー州の農林水産省管轄機関に配属されていた．そして，土地を購入し，コーヒーなどを栽培するプランテーションを開いた．第三子と第四子は，長子の仕事を手伝うかたちで移住し，その後自ら商売をおこなうようになった．

買い付けたほか，塩やプラホック，衣服などを持参し，収穫期に籾米で返済すると約束してわたす信用貸しの方法でも集めた．買い集めた籾米は，屋敷地に建てた籾倉に保管し，雨期の中頃に米価格が上昇するのをまってからプノンペンへ運んで売った.」

　CT氏は最初，稲作を主な生業としていた．しかし1960年代に鶏の仲買を始め，プノンペンとサンコー区のあいだを行き来するようになった．その後，サンコー区の北のスロックルーの村々に出かけて籾米を買い付け，ボンダッの取引をおこなった．
　次に，CT氏の内戦期の生業活動は以下のようだった．

　「サンコー区には，1970年からクマエクロホーム（クメールルージュ）がいた．クマエクロホームにはサンコー区の出身者もいたが，スロックルーの村々から来た者の方が多かった．自分は，それまでにスロックルーの村々を歩いて商売していたので，幹部（ឆ្នំកំ：「おおきな人」の意）にも知り合いがいた．1972年頃，VL村の自分の家はクマエクロホームの兵士の詰所のようだった．彼らには食事や酒をふんだんにご馳走した．
　1972～73年初めにかけて，5トンの荷を積むことができるおおきさの船を友人4名と共同で用意し，トンレサープ湖を横切ってコンポンチュナンまで物資の買い出しに行った．衣服や塩などを運ぶと原価の倍で売ることができた．事前に，日頃食事と住居の世話をしていたクマエクロホームに手紙を書いてもらった．そして，その手紙を前もって船で通過するあたりのクマエクロホームに送っておいた．だから，道中の安全に心配はなかった．ただ，昼間はアメリカ軍の飛行機に攻撃されるおそれがあったので，夜間にしか船を動かせなかった．」

　CT氏は，1970年に内戦が始まってからも積極的に商業活動をおこなった．そして，その便宜を得ることを意図して，サンコー区にいたクメールルージュの幹部や兵士に住居や食事，生活必需品などを提供し，良好な関係を築いていた．その際は，それ以前から商売のためにスロックルーの村々を歩き，その地

域の人びとに知り合いを多くもっていたことが有利に働いていたという[17].

そしてCT氏の世帯は，活発に商業活動をおこなったために1960年代末には富裕世帯として目立つようになっていた．しかし，1974年の強制移住と1975～79年のポル・ポト政権の支配のあいだにほぼすべての財産を失った．CT氏の世帯は，1974年に州都へ移住したため「新人民」とみなされた．そして，統一戦線の活動へ参加した者が世帯内にいなかったため，「上のVL村のサハコー」でポル・ポト時代を過ごした．

ポル・ポト時代以後のCT氏の生業活動の取り組みは，以下のようである．

「1979年に，VL村内の男たちを誘って自転車でタイ国境へ行った．国境を越えて，市場で布やタバコを買い，コンポンチャーム州まで運んで売った．4往復した．しかし，1981年にはやめた．当時は，稲作も一所懸命におこなった．稲の出来は良かったが，政府が価格を決めており，売っても安かった．乾期にはスイカ栽培をした．スイカ栽培で得た金で建材を買い，1984年に家を建てた．

1986年になると，妻が病気で倒れた．その治療のため1987年に村を離れてプノンペンへ行った．そこで家を買い，以後10年ほどのあいだプノンペンで暮らした．村では，子供らが養豚やボンダッをおこなっていた．自分がプノンペンへ行ってしまってからは，稲作をやめた．1990年に末娘が結婚すると，翌年には牛もすべて売ってしまった．牛車だけは1台残した．しかし，使うことが目的ではない．これは，自分がつくったもので，その出来映えを孫にみせるために保管してあるだけだ．」

---

17 CT氏が1960年代から築いてきたスロックルーの人びととの関係は，ポル・ポト時代においても彼の生活を助けるように働いたといえないだろうか．しかし，CT氏自身はこの意見を否定していた．内戦期に住居や食事を提供したクメールルージュの幹部や兵士らは，ポル・ポト時代になると掌を返したように冷たかった．また彼は，経済的成功によって金持ちとみなされたことで粛清殺人の対象となる危険性が高いことを意識し，殺されてしまうのではないかという恐怖を常に感じていたという．CT氏によると，彼がポル・ポト時代を生き残ることができたのは，牛車づくりや大工の仕事の技量が評価されたからであった．

ポル・ポト時代以後，CT 氏は稲作をおこなった．スイカ栽培もした．そして，自転車キャラバンへ参加し，ボンダッの取引も再開した．さらに，妻の病気治療を契機として，1987 年にプノンペンへ向かった．
　この CT 氏のプノンペンへの進出について考える際には，当時のカンボジア国内の社会状況について補足の説明をしておく必要がある．実は，ポル・ポト時代以後のカンボジアにおける社会の再建には，農村部と都市部とで 1 つのおおきな違いがあった．すなわち，農村部ではポル・ポト時代以後に過去の居住者が帰還したが，都市部においてはかつての居住者の帰還がそれほど多くなかった．事実として，今日のプノンペンの土地区画・建築物の大多数は，内戦以前の所有者とは何の関係もない人びとによって 1979 年以降のある時期に占拠され，そのことをもってポル・ポト時代以後の所有権が確定している[18]．
　調査中，筆者は，プノンペンの CT 氏の長男の家を何度か訪問した．長男は，プノンペン市内の 2 ヶ所に住居を所有しており，その 1 つに住んでいた．いずれも，市の中心部近くの幹線道路に面した 3 階建ての建物の一角であった．CT 氏によると，今日長男が管理するそれらの住居は，彼が 1987 年にプノンペンへ進出した際に購入したものであった．当時のプノンペンでは，おそらく，住居の購入・占拠がごく簡単であった．
　続けて，CT 氏の末娘によると，1990 年代の世帯の生業活動は次のようである．

　「自分は，結婚前からいままで田仕事をしたことがない．兄や姉はしたことがある．1990 年に結婚した後，酒造と養豚をした．ボンダッも始めた．ボンダッの取引相手はサンコー区内にもいるが，スロックルーの村々の方が多い．特にダムレイスラップ区の村人のなかに多い．

[18] 1980 年にカンボジアを訪ねた本多勝一は，かつての所有者に関係のない人びとがプノンペンの建物に住み始めた様子を報告している［本多 1981］．人民革命党政府は，1989 年に「1979 年以前に効力を有していた土地建物の所有権の無効を宣言すること」および「居住を目的とする土地家屋の所有権を現在の占有者にみとめること」［四本 2001: 120］を法令として通告した．よって，1979 年以降にプノンペンで建築物を占拠した人びとには，今日正式な所有権がある．

1995年頃に精米機を買った．しかし，しばらくして売却した．1998年にトラックを買って，州都とサンコー区のあいだを往復する運送業を始めた．2000年にそれを売り払い，マイクロバスを買ってプノンペンとのあいだを往復するようになった．車の購入資金は長兄などから借りた．現在は自動車の運送業，雑貨販売，ボンダッ，籾米の卸売り，養豚をしている．」

筆者は調査期間中，CT氏の末娘夫婦がおこなう経済活動を間近に観察した．末娘夫婦の生業は，父親のCT氏がかつてしていたのと同様，商業取引が中心であった．取引の範囲は村落の内部にとどまらず，その外へと広がっていた．まず，スロックルーの村々に住む人びとを相手として，ボンダッの取引をしていた(写真6-1)．また，自動車の運送業によって，プノンペンとも行き来していた．

通常，夫は日の出前に起床していた．そして7時前にはマイクロバスでサンコー区を出発し，プノンペンへ向かった．主な乗客は，縫製工場へ向かう若年女性と，そのようにして出稼ぎに出た娘を訪ねようとする親たちであった．末娘は，車の出発を見送った後，お手伝いの女性に洗濯と当日の仕事の内容を指示していた．それから市場へ魚や野菜を買いに出かけた．買い物から帰ると，食材をお手伝いにわたして，昼食のための料理の準備を指示した．それ以後は，豚に餌をやったり，家屋の前に建てた雑貨販売の小屋で調味料，乾電池，ロウソク等々を買いにきた人びとの相手をしたりして過ごした．雑貨を売る仕事は，小学校から帰ってきた子供たちも手伝っていた．日によっては，朝からバイクに乗ってスロックルーの村へ出かけて行った．夫がプノンペンから戻ってくるのは，日が暮れる頃であった．

家には実に多くの来客があった．雑談のために立ち寄った人びとのほか，金を借りる交渉のために訪ねてくる人びともいた．それは，VL村の村人の場合もあるし，スロックルーの村々の人であることもあった．スロックルーからきた人びとについては，以前に借りた金の返済の時期を延ばすことを交渉したり，新たに金を借りる相談をもちかけたりするだけのことも多く，訪問の度に借金を重ねて帰るわけではなかった．末娘によると，彼女の取引相手はダムレイスラップ区に特に多かった．それは，父親のCT氏がその一帯の村々に内戦以前

写真 6-1　スロックルーの村々にて回収した籾米を袋に詰め直す

からの知り合いを多くもっていたからだった.

　CT 氏の家では，スロックルーの人びととの交流が他のかたちでもみられた．例えば，お手伝いとして雇われていた女性の出身村（ChhT 村）も，サンコー区の人びとがスロックルーとよぶ地域にあった．女性は，年給 20 万リエル（約 6,135 円）の約束で CT 氏の家に住み込んで働いていた．しかし，家屋の改修などを理由にその母親が末娘夫婦から借金を重ねていたため，年給が女性の手元に残る様子はなかった．また，12 月から 1 月の稲の収穫期にはスロックルーの村から 1 ～ 2 名の若年女性がよばれてきて，しばらく家に住み込んだ．収穫期になると，末娘夫婦はバイクやマイクロバス，そしてときにトラックを雇ってスロックルーの村々を回り，1 年のあいだに貸し付けた現金や肥料の代金を籾米のかたちで取り立てていた．スロックルーから連れてこられた女性は，そのようにして集められた籾米を日光にさらして乾かし，籾倉に収める作業を手伝っていた（写真 6-2）．

　さらに，マイクロバスを使った運送業もスロックルーの人びととの関係によって支えられていた．すなわち，2000 年前後からはスロックルーの村々か

写真 6-2 回収した籾米を日光で乾かすために雇われたスロックルー出身の女性

らもプノンペンの縫製工場へ出稼ぎに出る若年女性が増えた．彼女らは，仕事を探しに行ったり，帰省を終えてふたたび仕事に出かけたりする際に，まず出身村から CT 氏の家にきて一泊し，翌朝マイクロバスに乗ってプノンペンへ向かっていた．その父母らが娘たちの様子をみに行く際も，CT 氏の家に泊まり，その車に乗って行った．末娘の夫は，スロックルーの村々出身の娘たちの名前や出身世帯の様子をよく知っており，必要であれば給料を預かって親元に届ける役割も果たしていた．そして，もしもその親が借金をしていたら，タイミングを見計らって返済を要求していた．

　CT 氏の末娘夫婦がおこなっていた以上のような経済活動は，利潤の計算にもとづき，利益の獲得を目的としていた．しかし，取引相手とのあいだには，効率の追求に限定されない人間的な関係が維持されているようだった．例えば，翌朝プノンペンへ向かうために泊まり込んだ娘らを始めとして，家を訪れた人びとは必ず食事へ誘われた．また，夫は肥料袋などに入れた薪や精米を親から託されると，無料で出稼ぎ先の娘のもとに届けていた．さらに，ボンダッの取引の返済分の籾米を計量するときは，もちいる枡のおおきさについて相手が不満を抱かぬよう，取引関係の維持のための注意を十分に払っていた．

　もちろん，CT 氏の家を訪れた人びとのなかには，食事を勧められても固辞

してその席につかない人もいた．また，VL 村には，CT 氏の末娘がおこなっていた籾米・金貸しの取引は，同じような取引をおこなう他の村落世帯よりも「厳しい (gṇ̊)」ものであると述べ，そのやり方の冷酷さを非難する声もあった．しかし，末娘夫婦の商業取引は，表面上だけだとしても，相手の人格を基本的に尊重し，長期的な視点からの経済効率と信頼のバランスを維持することに配慮していた．その性質は，われわれがよく知る近代的な金融機関がおこなう取引などとは異なっていた．

2) NgL 氏世帯の事例

　世帯番号 98 の NgL 氏の世帯の生業活動については，悉皆調査の過程で以下のような情報を聞きとることができた．

　NgL 氏 (1940 年生) は，サンコー区 SK 村の出身だった．調査時，彼は妻 (1945 年生．SK 村出身) と末子 (第七子，男性，1986 年生) の 3 人で VL 村に住んでいた．NgL 氏によると，今日の世帯の生計手段は稲作，ボンダッ，籾米の買い付けであった．世帯は，里の田 A の一帯に 50 アール，里の田 B のエリアに 62 アールの水田を所有していた．近年，普通稲田は賃労の契約をしたサンコー区の KK 村の村人を使って耕作していた．その際は，NgL 氏が所有する牛と農機具を使った．そして農繁期には，若年男性が 1〜2 人住み込んで農作業を手伝っていた．NgL 氏の世帯は，下の田 D の辺りに浮稲田を 2 ヘクタール所有していた．しかし，1990 年代半ばに自ら耕作することをやめ，それ以後は VL 村の村人に無償で貸していた．

　NgL 氏世帯には子供が 7 人いた．長子 (男性，1967 年生，未婚) はプノンペン大学を卒業し，教育省で働いていた．第二子 (女性，1970 年生，既婚) はプノンペンの市場で商売をするサンコー区出身者の息子と結婚し，以後は夫方で暮らしていた．第三子 (男性，1972 年生，未婚) はプノンペン農業大学を卒業して農林水産省に入り，役人をしていた．第四子 (女性，1976 年生，既婚) はプノンペンで役人をしている母方の第一イトコと結婚して，夫方で生活していた．その他，第五子 (女性，1979 年生，未婚) と第六子 (男性，1981 年生，未婚) も，プノンペンにいる姉 (第二子) の家族のもとに住み込んでいた．つまり，当時の NgL 氏の子供らは，末子を除いてすべてプノンペンで生活していた．

NgL 氏によると，彼の生い立ちは以下のようだった．

「父親は，福建から来た中国人だった．母は，サンコー区 SK 村の生まれだった．ただし，母の父は，カンボジア語よりも中国語の方が流暢な人物だった[19]．自分が生まれた後，両親は稲作と商売を生業としていた．食べ物に事欠くような状況ではなかったが，貧しかった．

20 歳（＝1960 年）になってから，親元を離れてプノンペンへ行った．そして，雇われ運転手になった．乗り合いタクシーを運転してプノンペンと地方の街を往復し，売り上げの一部を車の所有者からもらう約束だった．

この仕事を続けながら，26 歳のとき（＝1966 年），SK 村の女性と結婚した．結婚後は妻をプノンペンに連れて行き，運転手を続けた．

1970 年に戦争が始まると，タクシーの商売ができなくなった．そこで，妻と子供を連れてサンコー区に戻った．SK 村にあった生家にはキョウダイが住んでいたので，VL 村に土地を買って住んだ．1974 年にはコンポントムへ行き，ポル・ポト時代は『上の SK 村のサハコー』で過ごした．

1979 年に，VL 村の自分の屋敷地に戻った．そして，オースヴァーイまで自転車で 6 往復した．良いときは 1 往復で金 5 チーの利益が出た．しかし，1981 年にはやめた．稲作のほか，市場ができてからは区内のほかの 2 世帯と輪番で豚肉の販売を始めた．3 日に一度まわってくる自分の当番の日までに豚を用意しておき，屠って肉を売る．屠殺は人を雇っておこなった．この商売は 1994 年まで続けた．この商売が忙しかったので，スイカ栽培は一度もしたことがなかった．

1984～85 年は強盗に 2 度家を襲われ，蓄えていた金などを奪われた．

1990 年代になってから，ボンダッや籾米の買い付けを始めた．取引の相手は，サンコー区の KB 村や KK 村に多かった．トバエン区の村々にも多い．最近は 1 年に 600～1,000 タンほどしか商わない．以前は，浮稲米だけで 5,000 タンほど商った年もあった．その当時の浮稲米は 15 タンが約 1,000 リエルで，値段が高かった．金 1 チーが 300 リエルだったから，全部で 3 チー以上に相当した．いまは浮稲米の値が下がり，15 タンでも 1 チーくらいの値にしかならない．」

---

19 NgL 氏は，この母方の祖父が，中国人の移民であったのか，中国人移民を父としてカンボジアで生まれた人物であったのかは分からないという．

NgL氏の内戦以前から今日にかけての生業活動の変遷は，以上のようであった．

　では次に，以上に紹介したCT氏およびNgL氏の過去の経歴と，その世帯が今日おこなう生業活動の特徴をあわせて検討し，今日の経済的成功の要因と背景を考えてみたい．

（4）成功の要因と背景

1）都市への進出と商売の経験

　まず，CT氏とNgL氏の内戦以前の経歴には2つの共通点があった．第一の共通点は，都市への進出である．CT氏については，最初は鶏の仲買，次に籾米の卸売りという商売のためにプノンペンとサンコー区のあいだを行き来していた．他方で，NgL氏は独身時からプノンペンへ出かけて自動車の運転手をしていた．そして，第二の共通点は商業活動の経験を積んでいたことであった．CT氏については，そもそも都市へ進出した行為自体が商業取引を目的としていた．NgL氏が就いたタクシーの運転手は，車の所有者とのあいだの雇用関係が基本だった．しかし，給料は歩合制であり，NgL氏が個人としていかに多くの客をみつけ取引をおこなうかが重要であった．それは，客との駆け引きや人間関係の結び方といった商業取引に必要な経験をNgL氏に積ませるものであったと考えられる．つまり，CT氏とNgL氏はどちらも，内戦以前に商業取引の経験と感覚を培っていた．

　そして，ポル・ポト時代以後の両氏の生業活動の展開は，以上の内戦以前の経験を基礎としていた．例えば，自転車キャラバンがそうであった．CT氏は4度，NgL氏は6度それに参加した．6度というNgL氏の参加回数は，同時期にその活動へ参加したVL村の村人のなかで最多のものである．

　すでに少し触れたように，1979年のVL村には自転車キャラバンに参加しない男性も多かった．そのような男性に不参加の理由をたずねると，村を離れて遠くに赴き，商業取引をするという行動への躊躇を述べていた．一方，内戦の前から都市へ進出し，商売を経験していたCT氏やNgL氏などにその種の戸惑いはなかった．

NgL 氏の世帯では，調査時も NgL 氏自身が中心となって生業活動をおこなっていた．一方で，CT 氏の世帯では，1990 年代初めから活動の中心が末娘夫婦へ移った．そして，都市への進出と商売の経験という特徴は CT 氏の末娘夫婦が今日おこなう生業活動を理解するうえでも非常に重要であった．

　まず何より，末娘夫婦の今日の生業活動は都市へ進出したキョウダイによって支えられていた．具体的には，プノンペンで役人をしていた CT 氏の長男氏が，車の購入資金を用意するなどのかたちで末娘夫婦の生業に関わっていた[20]．VL 村のなかには，プノンペンに住むキョウダイや親類をもつ世帯がほかにもあった．それらの世帯も，都市居住者からさまざまなかたちの支援を受けていた[21]．しかし，自動車の購入資金を提供するといった高額かつ直接的な支援は他の世帯ではみられなかった．CT 氏の末娘夫婦の活動は，さらにマイクロバスを利用した運送業においても都市と結びついていた．

　商売の経験という側面は，籾米の買い付けやボンダッという取引を末娘夫婦が大規模におこなっていた点と関係がある．末娘は，筆者が質問しても，ボンダッの取引相手の数や収穫期におこなった籾米の買い付けの量を教えてくれなかった．しかし，その屋敷地に建てられた籾倉は，小さく見積もっても 1,000 タンの容量が収まる VL 村内で最大のものだった．そして，その取引の主要な相手がスロックルーの人びとであったことは，さきに述べたとおりである．

　籾米の買い付けやボンダッという経済活動の成功の鍵は，資本金の規模とともに，いかにしてその取引の関係を広げ，継続させるかにかかっていた．この点で，CT 氏の末娘夫婦はその活動を始める以前から他の世帯よりも有利な立場にあった．すなわち，そこには，父親の CT 氏が築いたかつての取引関係を子供が基盤として受け継いだという側面が指摘できた．例えば，スロックルーの村々から借金の相談に訪れた人が CT 氏の家に姿をみせると，直接の交渉相手は末娘であったが，CT 氏も，「おまえは誰の子供だ？」といった質問をしながら会話に加わっていた．また彼は，内戦前はダムレイスラップ区の村々の村

20　CT 氏の第二子の世帯（世帯番号 100）も，VL 村で自動車の運送業をしていた．その車両の購入資金も，長兄から借り入れたものであった．
21　表 6-3 の他の 2 世帯（世帯番号 86，140）も，プノンペンに親類縁者をもっており，常日頃から人の往来がみられた．

人すべての顔を知っていたものだと常々自慢気に話していた.

　CT氏のことを前から知っていたスロックルーの人びとにとって，末娘夫婦は初めて会ったときから見知らぬ存在ではなかった．そして実際，CT氏の末娘夫婦が今日おこなっている籾米の買い付けやボンダッの取引の相手は，ダムレイスラップ区の村人が中心となっていた．スロックルーの村々に住む取引相手と世帯との関係を，CT氏の時代から末娘の時代にかけて逐一照合して確かめたわけではないが，父が先鞭をつけていたという条件が，取引の交渉術やその方法の習得においても，取引相手との関係の構築という点においても，末娘夫婦の立場を他の世帯より有利なものとしていたことは間違いなかった．

２）ライフサイクル

　CT氏の世帯は，内戦期とポル・ポト時代に中断を挟み，世代を交代させながら籾米の買い付けやボンダッの取引を一貫しておこなってきた．しかし，VL村のなかには，このような生業活動の継承が実現しなかった世帯もあった．すなわち，内戦以前のVL村には，CT氏のほかにもスロックルーの村々で籾米の買い付けやボンダッをおこなう世帯があった．しかしそれらの世帯のなかには，ポル・ポト時代以後に商業活動をおこなっていない例があった．その理由としては，「2世がいつも成功するわけではない」という一般的な道理が示す商業取引の才覚に関する個人レベルの優劣の問題がまず考えられるが，一方で，広い意味でのライフサイクルや個人の判断との関連も考慮する必要があった．

　例えば，PR氏の世帯の事例である．PR氏（1931年生）はサンコー区SK村出身で，22歳のときにVL村出身の女性と結婚し，以後同村に住んだ．PR氏が説明するところでは，彼が籾米の買い付けとボンダッを始めたのは1950年代であり，CT氏よりも早かった．そして，塩，プラホック，衣服などを籾米と交換する取引の相手を特にニペッチ区の方面に多くもっていた．PR氏はさらに，内戦の開始から1972年までのあいだもニペッチ区に住み込み，その商売を続けていた．

　PR氏は，CT氏と同様，内戦以前にスロックルーの村々を広く歩いて商業活動をおこなっていた．しかし彼は，1979年の自転車キャラバンには一度し

か参加しなかった.その代わりに,村にとどまって稲作とスイカ栽培をおこなった.PR氏は,1982年から結婚式の宴席などでもちいる椅子や机を貸し出す商売を始めた.だが,村の外へ,サンコー区の外へと出かけて,ボンダッなどの商業取引の関係を積極的に広げることはその後ほとんどして来なかった.

調査時のPR氏は,妻(1937年生),第十一子である末娘(1982年生)とその夫(1972年生),孫1人と暮らしていた.PR氏の末娘が結婚したのは1998年であった.それ以降,世帯の生業活動の中心は末娘夫婦に移ったが,稲作が主であった.PR氏の第九子(女性,1973年生.離婚)と第十子(女性,1977年生.既婚)の世帯も結婚後しばらくしてからVL村内の別の屋敷地に移り,生活していた.第九子は雑貨の販売や金貸しをしていたが,規模が小さく,取引相手はVL村内にとどまっていた.第十子の世帯の生業は稲作が中心であった.つまり,VL村内に住むPR氏の子供らは,かつての父親と異なり,籾米の買い付けやボンダッの商業活動を手広くおこなうようになっていなかった.

PR氏の世帯は,内戦前,村内でも有数の富裕世帯であった.CT氏は,自身の生活の変遷を振り返ったときに,PR氏に比べて自分は「運がなかった(ឣក់សំណាង)」と述べていた.彼によると,現金での買い付けやボンダッの取引を通して籾米を集め,プノンペンに卸売りする商売を彼が始めたとき,PR氏は一足早く同じ活動をおこなっており,ひとかどの財産をすでに築いていた.そして自分も,PR氏などの行動をみてこれから商売に精を出して金持ちになろうとした.しかし何年も経たないうちに内戦とポル・ポト時代を迎え,すべてを失ってしまった.だから,金持ちとして余裕のある生活を送った期間が内戦前にPR氏よりも短かったという点で,運がなかったのである.

このようなCT氏の語りは,生業にかける彼個人の強い姿勢とともに,PR氏が内戦以前にかなりの経済的成功を収めていたことを裏づけている.しかし,PR氏がポル・ポト時代以後におこなってきた生業活動の取り組みは,CT氏と比べると明らかに消極的なものである.また,今日の村人はPR氏世帯を特に富裕な世帯とみなしていなかった[22].

結局,CT氏とPR氏のあいだのポル・ポト時代以後の生業の取り組みの違

---

[22] PR氏の世帯は,生産財として牛車2台とエンジン1台をもっていたが,バイク,テレビ,ミシンなどは所有していなかった.

第6章 経済格差の再現 | 279

いは，両者のライフサイクルと関連させて考える必要があるように思われる．PR 氏は，CT 氏よりも早い時期に籾米の買い付けなどを始めていた．つまり，両者を比べると，PR 氏の方が年齢的にも生業活動への取り組みのうえでも 1 つ上の世代であった．実際，CT 氏は会話のなかで，PR 氏を同世代（ເຈີນກຄິ່ງ）ではなく 1 つ上の世代の人としてみなしていた．ポル・ポト時代が終わった 1979 年に，CT 氏は 42 歳，PR 氏は 48 歳であった．また，さきに取り上げた NgL 氏は 39 歳であった．

　今日の村落で，人びとの暮らしを観察すると，30～40 歳代のときは子供がまだ小さい．それは，家族を養うことを第一の目標としてもっとも精力的に生業活動をおこなう時期である．1980 年代の CT 氏と NgL 氏は，ちょうどその働き盛りの年齢であった．他方で，村の生活では，50 歳を過ぎた頃には成長した子供たちが生業の一端を担い始める．すると，多くの場合，親たちは仏教寺院の活動に参加し，在家戒をまもる生活に移行することを考え始める[23]．つまり，50～60 歳代の村人の生活は，30～40 歳代の人びととは別の人生の局面にあるものと考えられる．

　もちろん，年齢は 1 つの指標に過ぎない．また，生活を人生の階梯にしたがってどのように変えていくかは，各人それぞれの判断にもとづく．そして，PR 氏についてここで追加して述べる必要があるのは，彼が 1980 年代にサンコー区の市場の西にある小学校の再建に尽力していたことである[24]．その小学校は，もともと 1951 年に開かれたものであったが，ポル・ポト時代に建物が破壊されてしまっていた．そこで，地元住民が供出した米を売って得た金で建材を買い，1979 年に校舎を建てた．しかし，それも 1988 年に壊れてしまったため，もう一度地元の人びとから資金を集め，校舎を建て直した[25]．PR 氏は，この 2 度にわたる小学校の校舎の再建にて指導的な役割を果たした人物の 1 人

23　ライフサイクルと仏教の信仰活動の関連については，第 7 章にて改めて検討する．

24　PR 氏の長子（男性，1953 年生．SR 村に居住）は，1980 年代からこの小学校で教師をしている．

25　この小学校は，1994 年以降，国際機関やフン・セン首相名義の支援を受けてコンクリート製の校舎をもつようになった．

だった[26]．1980年代のPR氏の行動には，以上のように，地域社会内の社会事業への積極的な参加という側面があった．そして，このような行動は，同時期のCT氏やNgL氏の生活にはみられなかった．

以上からは，今日の村落にあらわれた世帯間の経済格差や生業活動の取り組みの違いは，内戦以前の商業取引の経験の有無といった個人的な性質とともに，ポル・ポト時代以後に迎えた個々人のライフサイクルの階梯や，それに関連した生き方の選択と関わる複合的な現象であったことが分かる．CT氏やNgL氏がその後に収めた経済的成功についても，当人が1980年代にちょうど働き盛りの年齢であったという点を理解しておくことが大切である．

6-3 村落間の経済格差

前節までの記述と分析は，ポル・ポト時代以後のVL村において経済的成功を収めた世帯が稲作でなく商業取引に従事していたことと，なかでも特に富裕であった世帯が内戦以前から同種の商業活動をおこなった経験をもっていたことを明らかにした．また，今日の世帯間の経済格差の問題は，個々人がポル・ポト時代以後に迎えたライフサイクルの階梯といった問題とも関連していることを指摘した．

本節では，より空間的な視野を広げ，サンコー区の地域社会の村落間の経済格差について考えてみたい．CT氏，NgL氏らの例のように，VL村内の富裕世帯は籾米の買い付けやボンダッの商業取引を営むことで財を成していた．そしてそれらの取引の範囲は，一村落にとどまらず，広い地理的範囲におよんでいた．よって，それらの富裕世帯の生業活動の実態をよりよく理解するためにも，彼（女）らの居住村が位置するサンコー区の全体の社会経済的な構造との関連を確認する必要がある．

---

26 PR氏は，調査時，小学校の名誉委員としての肩書をもっていた．そして，学校で何らかの行事がある際は，毎回特別に招待を受けて，敬意を示されていた．

すでにみたように，サンコー区の 14 の行政村は，国道沿いに位置した村々と区の西端から南東方角にのびる線状の土地の高みのうえに位置した村々の 2 つのグループに分けられた．そして，国道沿いの村々とトンレサープ湖の増水域に近い村々という地理的な構図のうえに，生業活動の多様性をめぐる差違がみられた．本章がここまで扱ってきたのは，国道沿いの市場近くに位置した VL 村である．そこには，稲作を基本としながら，多種多様な手段で暮らしを立てる世帯が多く存在した．しかし，トンレサープ湖の増水域に近い村々では，稲作を除くと，漁業が唯一無二の卓越した生計手段となっていた．また，村落生活の様式も違っていた．
　次は，筆者が訪問調査をおこなった PA 村で得た資料をもちいて，トンレサープ湖の増水域に接する村落での人びとの生活状況と，そこでの漁業に頼った生計の実態をみてみたい．

（1）PA 村の村落社会 ── VL 村との比較 ──

　PA 村は，市場から南西に 4 キロメートルほど，国道からは南へ 2 キロメートルほどの地点にあり，仏教寺院 PA 寺に隣接している（図 2-2）．PA 村の集落は，外見上 2 つに分かれていた．まず，PA 寺の西側から北側を取り囲むようにして 45 の屋敷地があり，48 戸の家屋が建っていた．この部分は，塊状集落の景観を呈していた．また，それらの屋敷地の大多数は内戦以前に開かれたものであった．一方で，PA 寺の境内の北側の門から北東へ延びた道を 200 メートルほど行くと，ポル・ポト時代に建設された水路に突き当たった（写真 6-3）．その水路沿いには計 36 の屋敷地が開かれており，38 戸の家屋があった．この部分は，水路に沿った線状集落の景観であり，1980 年代に出現したものだった．
　PA 村は，周囲を水田で囲まれていた．ただし，その様子は VL 村とおおきく異なっていた．すなわち，PA 寺に接した塊状集落のすぐ南には，普通稲田ではなく，浮稲田が広がっていた[27]．このことは，PA 村の村人の生活がトンレサープ湖の増水の影響をより直接的なかたちで受けていたことを示唆する．実

　27　集落の北側の水田では普通稲が栽培されていた．PA 村のほか，CH 村，AM 村でも，集落のすぐ南から浮稲田が始まっていた．

写真6-3 トンレサープ湖の雨期の増水を湛えたPA村付近のポル・ポト水路の様子

第6章 経済格差の再現

際，PA 村の村人の生活環境を観察すると，そこには VL 村とは異なった側面がいくつかみられた．例えば，雨期に PA 村を訪れると，高床式家屋の床下に蚊帳が張られているのをよくみかけた．これは，床下で夜を過ごす牛が蚊に襲われるのを防ぐための工夫であったが，VL 村では全くみられなかった[28]．他方で，PA 村の家屋の床下や軒先には，VL 村であまりみない種類の大型の網や竹籠などの漁具が積みあげられていた．さらに，PA 村の村内の雑貨屋の軒先では，村の男たちが朝から車座になって酒を飲んでいることがよくあった[29]．彼らは，夜明け前から漁に出ており，朝までに一仕事終えていた．このような光景も VL 村にないものだった．

調査によると，2001 年の PA 村の世帯数は 94 であった．各世帯の在村構成員の数は 2〜12 名までの幅があった．平均は，VL 村と同じく 5 名程度であった．世帯の構成形態は核家族型が 69 世帯（73％），拡大家族型が 20 世帯（21％），夫婦世帯が 5 世帯で，単身世帯はなかった[30]．

表 6-4 は，調査時の PA 村の人口構成である．在村構成員が 500 名であったのに対して，村外構成員は男女あわせて 25 名であった．村外人口率は 4.8％であり，VL 村に比べて格段に低かった[31]（VL 村では 15.7％．表 5-1 を参照）．村外に住んでいた 25 名のうち，就学者は 15〜19 歳の年齢層の男性 2 名のみであった．その他の 23 名は就労を目的として村外にいた人物であったが，プノンペンの縫製工場への出稼ぎは 15〜29 歳の年齢層の女性 7 名のみに限られていた．

VL 村では，縫製工場へ出稼ぎに行く者が若年女性を中心として急速に数を増やしていた．そして，稲作の不作が続くなか，働きに出た娘からの送金を頼りとして生活を維持する世帯が多くみられた．しかし，PA 村においては，そのような家計のかたちがまだ少なかった．

表 6-5 は，動産の所有状況を VL 村と PA 村の世帯で比較したものである．

---

28 蚊帳を用意する以外に，夕方から焚火を焚き，煙によって蚊を遠ざけようとする世帯も多かった．
29 VL 村で村の男たちが酒を飲み始めるのは，普通，夕方からである．
30 PA 村の 69 の核家族型世帯には，母子世帯が 5 ケースと父子世帯が 3 ケース含まれている．
31 ただし，その比率が 15〜29 歳の年齢層でもっとも高い点は VL 村と同じである．

表 6-4 村落世帯の人口構成（PA 村）

年齢	在村構成員（人）			村外構成員（人）			村外人口率（％）
	男性	女性	計	男性	女性	計	
0–4	32	26	58	0	0	0	0
5–9	37	40	77	0	0	0	0
10–14	36	38	74	0	0	0	0
15–19	29	26	55	8	2	10	15.4
20–24	21	26	47	5	5	10	17.5
25–29	10	10	20	1	3	4	16.7
30–34	15	21	36	1	0	1	2.7
35–39	13	14	27	0	0	0	0
40–44	12	11	23	0	0	0	0
45–49	8	13	21	0	0	0	0
50–54	3	14	17	0	0	0	0
55–59	7	5	12	0	0	0	0
60–64	6	4	10	0	0	0	0
65–69	2	9	11	0	0	0	0
70–74	3	3	6	0	0	0	0
75–79	5	1	6	0	0	0	0
計	239	261	500	15	10	25	4.8

(注) 男性の出家者はのぞく．
村外人口率とは，世帯構成員数全体に対する村外構成員の割合とする．
(出所) 2001 年 5 月の筆者調査

そこからは，工業製品の普及率が PA 村で低いことが分かる．自転車は，7 割以上の世帯が所有していた．しかし，バイク，ラジオ，テレビ，ミシンといった品目の普及率は，軒並み VL 村より低かった．

他方で，生産財の所有についても，2 つの村の世帯のあいだに対照的な特徴がみられた．すなわち，稲作などの農作業に不可欠である牛車は VL 村では 7 割以上の世帯がもっていたが，PA 村では 5 割に満たなかった．代わりに，トンレサープ湖の増水域で漁業をおこなうのに欠かせない舟については，PA 村では約 5 割の世帯が所有していたのに対し，VL 村では非常に少なかった．

表 6-6 は，PA 村の世帯に尋ねた生計手段の種類を示す．PA 村でも，VL 村

表 6-5　世帯別所有財産の比較（VL 村と PA 村）

品目	VL 村 所有世帯数（普及率，%）	PA 村 所有世帯数（普及率，%）
車	2 (1)	0 (0)
バイク	43 (29)	8 (9)
自転車	129 (87)	72 (77)
ラジオ	93 (62)	34 (36)
テレビ	23 (15)	7 (7)
ミシン	19 (13)	1 (1)
時計	85 (57)	22 (23)
鋤	107 (72)	63 (67)
牛車	108 (72)	42 (45)
舟	5 (3)	48 (51)
エンジン	19 (13)	13 (14)

(注) テレビは，白黒テレビとカラーテレビを合わせた数である．
(出所) VL 村では 2001 年 3 月，PA 村では 2001 年 5 月の筆者調査

表 6-6　主な生計手段（PA 村）

項目	回答数
稲作	82 (1)
畑作・野菜栽培	4
漁業	69 (2)
養豚	4 (4)
酒造	1
魚の行商	5 (3)
菓子の販売	3
魚の仲買	2
牛の仲買	1
雑貨販売	3
精米機の運用	1
警察官	1
雇用労働	4 (4)

(注) 各世帯 4 件までの複数回答にもとづく．
　　括弧内は 1〜4 位までの順位を示す．
(出所) 筆者調査

と同じく，8割以上の世帯が稲作を主な生計手段として挙げていた．ただし，PA村では，全体の73％にあたる69世帯が漁業という手段を同時に回答していた．VL村で多くみられた養豚や酒造といった答えは，PA村で少なかった．さらに，学校教師，籾米・金貸し，籾米の買い付けといった回答は皆無だった．

PA村の村落社会と村人の生活は，以上のように，VL村とは明らかに異なった環境のなかにあった．まず，国道から離れて立地していたうえに，ラジオやテレビがあまり普及しておらず，都市の文化や国政の動向といった外部世界の情報に接する機会がVL村に比べて少なかった．そして，生業活動では，漁業がおおきな比重を占めていた．さらに，籾米・金貸しといった商業取引を中心に暮らしを立てようとする人びとの姿が，村内にほとんどみられなかった．

ところで，PA村の村人に，稲作と漁業のどちらがより重要な生業かと質問すると，稲作である，とそのほとんどが答えていた．「魚だけを食べて生活することはできない」，「稲作がうまく行けば食べる米に困らない」，という意見がその理由であった．生きるうえでの稲作の重要性は，VL村の世帯と同様，PA村の世帯にとってもおおきかった．しかし，2000～01年の時期にPA村の世帯がおこなった稲作は，前章でみたVL村の状況と同じく，壊滅的だった[32]．

事実として，調査期間中のPA村では，漁業に全面的に頼って暮らしを立てる世帯が多かった．すなわち，世帯の男性成員が漁に出て，彼らがもち帰った魚を売り，その金を自家消費米の購入その他の現金消費支出に充てていた．

（2）漁業に頼った生計

サンコー区において，漁業は年間を通しておこなわれていた．ただし，特に盛んであったのは，12月から3ヶ月ほど続く減水期と5～7月の増水期であった．魚は，トンレサープ湖の雨期の増水にしたがって，湖から洪水林を経て浮稲田へ移動していた．普通稲田のなかに進入することもあった．そして，乾期

32　PA村の世帯が耕作する水田は，VL村を中心としてみた水田類型の「里の田B」「下の田C」「下の田D」の各エリアの水田と水条件が同じである．よって，2000～01年の収穫状況は推して量ることができる．実際，調査期間中のPA村では稲作の不作を嘆く村人たちの声が絶えなかった．

に入り減水が始まると，増水域で成育した魚が洪水林のなかに残る湖沼へ向かってふたたび移動を始めた．人びとは，これらの魚の動きを予測して，ナイロン製の刺し網や竹製の筌をもちいて漁をしていた[33]．

　PA 村では，48 世帯が舟を所有していた．6 メートル前後の長さの手こぎ舟が多く，船外機は 4 世帯しか所有しなかった．普通，1 艘の舟に持ち主のほか 2〜5 名が乗り込んで出漁し，各々のしかけを順にまわっていた．船外機つきの舟の場合は，所有者以外の者がガソリン代を負担していた．刺し網は市販の製品を購入してもちいていた．網目の粗密にしたがって，2 万 3,000〜3 万リエル（約 700〜920 円）の価格の幅があった．筌や魚道をさえぎるために水中に立てる柵などは，10 センチメートル程度の太さの竹を 1 本 2,000〜3,000 リエルで購入してきて自作していた（写真 6-4）．刺し網は約 3 年，竹製の筌は 1 年で新しいものに取り替える必要があった．

　表 6-7 は，PA 村の 3 つの世帯 E〜G が 2001 年の 9 月から 10 月までの 31 日間に漁業に出て得た漁獲量と，その販売金額などの情報である．そこからは，漁に出ることが必ずしも現金の獲得に結びついていなかったことが分かる．つまり，いずれの世帯も，出漁日数に対して販売日数の方が少なかった．自家消費分以上の漁獲を得て販売することができたのは，世帯 E と G の場合，出漁日の 6 割程度であった．

　また，販売した魚の量と収入のあいだに単純な相関がないことも分かる．これは，魚の売買価格がその種類と販売場所によって変化していたためである．サンコー区の市場での価格を例として挙げると，10 センチメートルほどの小魚の一種（ត្រីកញ្ចក់：*Mystus singaringan*）は 1 キログラムあたり 1,000 リエル，ナマズの一種（ត្រីអណ្ដែង：*Silure clarias*）やライギョの一種（ត្រីរ៉ស់：*Ophiocephalus striatus*）は 1 キログラムあたり 2,500〜3,000 リエルの値がついていた[34]．他方，村内で近隣の村人や訪問してきた仲買人に売った場合には，魚の種類にかかわらず，キログラムあたり 100〜200 リエルほど市場での取引時より価格が低かった．

33　一般に，増水期には刺し網，減水期には筌をもちいる．筌をもちいる場合には，魚道を遮る竹製の柵をあわせて設置する必要があった．

34　これらは一般的な目安であり，実際の取引価格は季節によっても上下していた．

写真 6-4　漁具づくりをする PA 村の男性

表 6-7　1ヶ月の漁業活動による収入の事例 (PA 村)

	世帯 E	世帯 F	世帯 G
出漁日数	26	29	25
販売日数	16	27	15
販売重量	43.5kg	75.5kg	44kg
販売場所 (日数)	村内 (16)	市場 (1), 村外 (10), 村内 (16)	村外 (2), 村内 (13)
合計販売金額 (リエル)	31,500	84,300	59,000

(注) 対象期間は，2001 年 9 月 18 日から 10 月 18 日の 31 日間である．
(出所) 筆者が記入依頼した家計簿への記載情報による．

写真 6-5　PA 村からサンコー区の中心部まで魚を運んで小売りする

　世帯 F と世帯 G では，妻か娘が魚を入れた籠を自転車の荷台に取りつけて市場まで運び，売っていた（写真 6-5）．一方で，世帯 E では，妻（1975 年生）が幼児の世話に忙しく，村外にまで魚を運ぶ余裕がなかった．そのため，販売した魚の重量は世帯 G とほとんど変わらないのに，得た現金の額が少ない．

　表 6-8 は，表 6-7 と同じ期間の世帯 E〜G の 1 ヶ月の現金消費支出を項目別に整理したものである[35]．その 2 つの表を比べ，漁業活動からの粗収入と世帯の消費支出とのあいだのバランスをみると，1 ヶ月の支出額を漁業活動のみで得ることができていたのは世帯 F だけであった．世帯 E は，日用品として調理用鍋を 3 万リエルで購入した．そのうえに，子供の病気治療として薬代 1 万 5,800 リエル（約 490 円）を支出していた．これらの項目を考慮しなかったとしても，まだ支出額の方が粗収入の額よりもおおきい．世帯 G については，精米 100 キログラムの購入（5 万 7,000 リエル = 1,754 円）という 1 項目の支出だけで，粗収入のほぼすべてを費やしていた[36]．

　事例とした 3 世帯の以上のような家計の状況は，漁業よりも稲作の方が生

35　表 6-8 は，稲作，漁業，その他の生産活動に関連する支出額を検討の対象から除外している．
36　世帯 E と F でも，検討した 1 ヶ月の期間の後に自家消費用米を購入していた．

表6-8 世帯の1ヶ月あたり現金消費支出（PA村）

単位：リエル

支出項目		世帯情報 世帯E 村内人数・5人 （就学者＝1） 核家族型	世帯F 村内人数・4人 核家族型	世帯G 村内人数・8人 （就学者＝2） 拡大家族型
食費		21,800	23,000	69,200
	米	0	0	57,000
	魚	400	700	0
	肉類・卵	6,400	700	600
	野菜類	2,700	2,600	1,900
	果物	1,000	1,500	0
	香辛料・調味料	11,300	17,500	9,700
	その他	0	0	0
嗜好品代		21,700	8,400	22,500
	酒	0	0	500
	タバコ	3,600	2,100	0
	キンマなど	200	2,000	0
	副食・菓子類	17,900	4,300	21,100
	その他	0	0	900
日用品代		32,900	5,800	5,800
	灯油	1,400	900	800
	洗剤	0	1,200	0
	衣料	0	0	5,000
	その他	31,500	3,700	0
教育費	学費・文具等	300	0	4,100
医療費	薬の購入等	15,800	6,400	2,500
宗教	寄進等	14,500	10,000	3,000
その他		0	100	4,200
	計	107,000	53,700	111,300

(注) 対象期間は，2001年9月18日から10月18日の31日間である．
　　表示は市場からの購入品の項目・金額であり，自給分は含まない．
(出所) 筆者が記入依頼した家計簿への記載情報による．

業として重要であると述べていたPA村の村人たちの意見を裏づけていた．PA村の世帯が小規模に営んでいた漁業は，稲作によって自家消費米が確保できていた場合には日々の消費支出をまかない，また場合によっては貯蓄にまわすための現金を得る手段として優れたものであった．しかし，それのみに頼って生活する場合は，その日の暮らしの維持以上の現金収入を期待することがむずか

しかった.

　調査時のサンコー区では，魚の種類や販売場所，季節の推移にしたがった売価の変動もあったが，だいたい1キログラムの魚を売って得た現金で3〜4キログラムの精米を入手することができた．これは，数名の世帯が1日に消費する米として十分な量であった．ただし，漁獲量を年間通して安定させることは困難だった[37]．さらに，人びとの生活は，食べるための米以外にもさまざまな支出を必要としていた．例えば，病気治療といった不測の事態に備えるためには，常日頃から余剰を蓄えておく必要があった．そして，漁業によって得た現金をその蓄えにまわすためには，稲作によって自家消費米を確保していることが最低限の条件であった．

　また，他方の現実として，サンコー区における稲作は，気象の年次変動におおきく影響され，収量が安定していなかった．

　サンコー区の人びとがおこなっていた漁業の，生業としての実態を精確に評価するためには，世帯を単位とした漁業活動と家計の状況をより長い期間にわたって観察する必要がある．ただし，表6-5が示していたように，PA村の村落社会とそこでの村人の生活は，国道沿いの市場近くにあるVL村などとおおきく異なっていたことは明らかである．PA村においても，漁だけでなく，魚の卸売りといった商業取引に関わる世帯は比較的富裕な様子だった．しかし，そのような世帯も，籾米の買い付けなどを生業としていたVL村の富裕世帯と比べると，生業の規模の点でも所有財産の点でも明らかに見劣りした．

37　本文中で述べたように，漁獲量には季節的な変動が著しかった．また近年は，魚類資源の減少が急速に進んでいた．PA村やVL村の人びとの説明によると，トンレサープ湖の洪水林のなかの湖沼には，1980年代初めまで獲りきれないほどの魚が溢れていた．しかし，その後急速に魚類資源が減少した．1990年代には，自動車のバッテリーをもちいて電気ショックを与える機器をもちいた漁法が広まった．それからは，一部の人物が禁漁期間をまもらず幼魚を残さず取り尽くすようになった．調査時，この漁法は禁止され，警察の取り締まりの対象になっていた．しかし，サンコー区の一部の村ではまだおこなわれていた．

(3) 経済格差の再現

1) 経済格差と社会的交流

　ところで，PA 村の村人は，「わたしたちの暮らしは，ネアックプサー (អ្នកផ្សារ：市場の人) とは違う」とよく述べていた．彼（女）らがネアックプサーという言葉をもちいて指していたのは，SK 村，SR 村，VL 村といった市場近くの村に住む人びとであった．

　世帯が所有する動産の種類と数の比較を通してさきに示したように，PA 村と VL 村とでは村落社会の社会経済的な水準が異なっていた．そして，サンコー区の地域社会の全体を俯瞰すると，その格差は，市場近くの国道沿いの村々と市場から遠い村々という地理的な配置に対応するかたちであらわれていた．本書が，世帯を単位とした経済状況の資料を提示できるのは，VL 村と PA 村のみである．しかし，VL 村に住み込む前の予備調査の過程では，サンコー区の全村を訪問し，村長とその他の村出身の老人たち数名を対象として聞き取りをおこなった．その作業からは，以下のような資料を得た．

　まず表 6-9 は，いま村落内でおこなわれる結婚式の祝宴 (កម្មវិធី) に招かれるとしたら，村の人びとは祝儀 (ចំណងដៃ) として平均いくらの現金を新郎新婦にわたすのかという質問を各村で繰り返して得た回答結果である[38]．そこからは，適切と考えられた祝儀の金額が村落間で異なっていることが分かる．もっともおおきな金額を挙げたのは SK 村の人びとであった．つまり，SK 村では，女性ならば 1 万リエル（約 308 円），男性ならば 1 万リエル以上の額の祝儀をもっていくことが一般的だといわれていた．また，市場近くに位置する SM 村，SR 村，VL 村でも，男性の場合には 1 万リエル以上の額が普通であると説明があった．しかし，それ以外の村々では 2,000〜1 万リエルという回答であっ

38　表 6-9 中の 5 つの村では，男女のジェンダーが区別されず，同じ金額が答えられていた．しかし，その他の多くの村では，世帯の男性が出席した場合は，女性よりもおおきい額の祝儀を出すべきだといわれていた．その理由としては，男性の方が女性よりも多く飲み食いするから，男性の方が小さい金額だと恥ずかしいから，という 2 種類の説明があった．

表 6-9　結婚式の祝宴に出席する際の祝儀の金額

村名	金額
KKH	2,000 リエルから 5,000 リエル．10,000 リエル出す人は少ない
KK	2,000 リエルから 5,000 リエル．10,000 リエル出す人は少ない
KB	2,000 リエルから 10,000 リエル
SKH	3,000 リエルから 5,000 リエル
SKP	女性なら 3,000 リエル以上．男性なら 5,000 リエル以上
CH	女性なら 3,000 リエルから 5,000 リエル．男性なら 5,000 リエルから 10,000 リエル．夫婦で参加するなら 5,000 リエル以上
PA	4,000 リエルから 10,000 リエル
SM	女性なら 5,000 リエル以上．男性なら 10,000 リエル以上
SR	女性なら 5,000 リエル以上．男性なら 7,000 リエルから 10,000 リエル
SK	女性ならちょうど 10,000 リエル．男性なら 10,000 リエル以上
VL	女性なら 7,000 リエル以上．男性なら 10,000 リエル以上
BL	女性なら 3,000 リエル以上．男性なら 5,000 リエル以上
TK	女性なら 3,000 リエル以上．男性なら 5,000 リエル以上
AM	男女ともに 3,000 リエルから 7,000 リエル．10,000 リエル出す人は少ない

(注) 回答は，各村の村長と老人数名から得られたもの．
(出所) 2000 年 7 月の筆者の訪問調査

た．

　他方，予備調査では，結納金 (លុយបណ្ណាការ/ថ្លៃផ្លូវ：結婚に際して男側が女側に渡す金) の額についても各村で質問を繰り返した．そしてそこでも，SK 村における回答がもっともおおきい金額を示していた．すなわち，近年の SK 村でみられた結婚の例では，300 万リエル程度（約 9 万 2,300 円）の額の結納金がやりとりされることが普通であり，400 万リエルを超えなければ「おおきい」とみなされないといわれていた．しかし，サンコー区の他の村では，だいたい 50〜200 万リエルくらいが相場という回答であった．

　カンボジア農村において，祝儀をもたずに結婚式へ参加することは考えられない．通常，宴席の入り口には，新郎新婦とその介添人を務める若年男女が正装して立っている（写真 6-6）．そして，訪れた 1 人 1 人の客人に挨拶し，食事の席へ招き入れる．参加者は，その場に到着して，最初の新郎新婦へ挨拶をす

写真 6-6　結婚式の宴席の入口で招待した客人を出迎える新郎新婦

るときでもよいし，食事を済ませてから帰る前にでもよいが，入り口付近に備え付けられた机でまつ係の者に祝儀をわたす．係の者は，封書を受け取ると直ちに開封し，客人の名前と金額をノートに書き入れる．祝儀の情報が記されたノート自体は新郎新婦が保管するものであったが，書き入れる作業は多くの人びとに囲まれた場所でおこなわれていた．そのため，誰がどの額の祝儀をわたしたのかはすぐに人びとの知るところとなっていた．

　カンボジア農村では，葬式の際も金銭の授受がみられた．しかし葬式の場合は，主催者からの事前の誘いといったことと関係なく，思い立った者は誰でも参加できた．そして，その場での金銭の授受は，「功徳を積む」という上座仏教に特徴的な宗教的観念にもとづく行為としておこなわれていた．また，葬式の場でその金額が記帳されることもなかった．しかし，結婚式は別であった．結婚式は，新郎新婦だけでなく両親や親族にとっても滅多にないハレの席であった．そのため，日常的につきあいが濃い村内だけでなく，遠くの村々の遠い親戚や友人へも明確な意志にもとづく招待の声がかけられていた．そして，招待を受けた側は，たとえ家計が苦しく面倒だと思っても，当事者との関係を大切にしたいと願うのならば出席しなければならないという感情が働いていた．

第 6 章　経済格差の再現　｜　295

宴席は，ご馳走と酒をふんだんに飲み食いできる楽しい場であったが，家計の状況によってはつらい場でもあった．そしてさらに，面目が左右される場でもあった．例えば，筆者がVL村である結婚式の宴席に参加していたとき，祝儀の金額を書き込む机のまわりには，複数の新婦の親族の姿があった[39]．そして，あまりに低い祝儀の額がわたされると，当人がいなくなったあとで「どこの誰だ？」と声があがり，「SKP村ならしかたない」，「恥ずかしい (ខ្មាស់គេ)」と陰口がたたかれていた．

　以上に挙げた複数の事実は，「わたしたちの暮らしは，ネアックプサーとは違う」というさきに紹介したPA村の村人の言葉を具体的なかたちで裏づけている．地域社会を構成する各村落に住む人びとの日常生活は，親族関係，経済活動や宗教活動などを通して，隣接する他の村落や市場を含めた広い範囲を活動の場としていた．そして，人びとは，自らと隣人とのあいだの生活の違いを各種の社会的交流の機会を通じてよく認識していた．

　そして，このような村落間の経済格差は，サンコー区の地域社会の全体を俯瞰すると，その生業構造の特徴と重なっていた．表6-10は，区長氏から得た情報をもとに，サンコー区の人びとが2000年に耕作した水田の面積を行政村別に整理したものである[40]．そこからは，SKH村，SKP村，CH村，PA村，SM村，SK村，BL村，AM村では浮稲の栽培が積極的におこなわれていなかった様子がみてとれる．例えば，KKH村は，サンコー区の村のなかで2番目に人口が多く，551ヘクタールの普通稲田と500ヘクタールの浮稲田を耕作していた．しかし，区内でもっとも人口が多いSKH村では，普通稲の栽培面積は500ヘクタールを超えていたが，浮稲田の耕作面積が50ヘクタールしかなかっ

39　サンコー区と違い，スロックルーの村々では，結婚式の祝儀を受け取る場所を2ヶ所用意すると聞いた．つまり，新婦と新郎の客人は別に数えられ，新郎の友人は新婦の側の机において祝儀をわたす．このようにすると，新郎と新婦のどちらの客が多くの金額をもたらしたのかが分かる．サンコー区でも，以前はこのようなかたちの祝儀の受け取り方がみられたという．

40　この資料は，雨期の半ばに各村の村長が報告してきた数値を区長氏が集計したものである．筆者の観察によると，村長らは，村落世帯の作付けのおおよその状況を報告している．ただし，村ごとの概況の違いを示す点では検討に耐えうるものである．

表 6-10　行政村別の耕作水田の面積 (2000 年)

単位：ヘクタール

村名	人口	普通稲田	浮稲田
KKH	1,834	551	500
KK	1,587	553	500
KB	1,812	571	210
SKH	1,989	552	50
SKP	492	134	60
CH	552	171	100
PA	496	146	80
SM	1,841	382	130
SR	1,073	236	360
SK	476	106	40
VL	868	111	255
BL	569	139	44
TK	512	54	135
AM	395	93	26
計	14,496	3,799	2,490

(出所) サンコー区区長氏への筆者聞き取り

た．SKH 村の村人は，浮稲田の栽培に非常に消極的であった．

　実は，浮稲田の耕作面積の規模は，各村の世帯が選択する生業活動の種類とその組み合わせに関連していた．事実として，トンレサープ湖の増水域に直に接した SKP 村，CH 村，PA 村，AM 村と，国道沿いに位置する SKH 村，SM 村，BL 村では，漁業を熱心におこなう世帯が多かった．サンコー区において，浮稲が換金を目的として栽培されていたことはすでに述べた．そして，漁業も，現金収入をもたらした．つまり，浮稲の栽培に対する意欲は，同じく現金収入をもたらす他の生計手段との組み合わせによって村落ごとに異なっていた．

　表 6-10 ではまた，SK 村における浮稲の栽培面積も顕著に小さい．SK 村には，市場がある．そして，商業活動に関わる世帯が多かった．そのような世帯も当然浮稲の栽培に熱心でなかった．

２）歴史と村落間の経済格差

　サンコー区の村落間に表面化していた経済的な格差は，地域社会の生業構造の特徴と関連してあらわれていた．ポル・ポト時代以後の地域社会においては，稲作でも漁業でもなく，商業活動に従事した世帯こそが顕著な経済的成功を収め，富裕世帯となっていた．

　サンコー区内の SK 村，SR 村，VL 村に商業活動の従事者が特に多いことは，地元の住民自身がみとめていた．なかでも SK 村は，特別な性格を示す村落であった．例えば，同村の村長の話によると，1980 年代前半の SK 村には，クロムサマキの共同耕作が停止し，班内の世帯間で農地を分配しようとしたとき，「商売が忙しい」という理由でそれに加わらなかった世帯がいたという．また，1979～81 年にみられた自転車キャラバンには SK 村内の 90 パーセントの世帯が参加したともいわれていた．サンコー区では，全体としては，稲作や漁業を中心として自給自足的な色彩の濃い経済生活を送る人びとが今日も多かった．しかし SK 村では，ポル・ポト時代以後の早い時期から商業を中心として暮らしを立てる人びとが活発に活動していた．

　サンコー区の人びとが営む商業活動には，さまざまな種類があった．そして，そのなかでもっとも安定して多くの利益を生み出していたのは籾米の商いであった．それは，現金をもちいた買い付けとともに，ボンダッとよばれる信用取引によっておこなわれてきた．

　サンコー区において，ボンダッの取引は 20 世紀初頭に始まった．第 3 章で述べたように，ボンダッなどの籾米の商いを最初に始めたのは中国人の移民であった．そして，その取引の成功の鍵は，居住する村落の外へと取引の範囲を拡大させることであった．また，米価格の変動など，地域社会の外の情報に通じている必要もあった．この点，外来者である中国人移民は，外部世界で刻々と推移する経済状況の変化についてより多くの情報をもっており，地元出身の人びとよりも有利な立場にあった．またさらに，そもそも出身地を離れて見知らぬ土地で生活を立てることを選んだフロンティア精神に溢れたそれらの人びとにとって，日常的な生活の範囲を越えてスロックルーの村々などへ出かけて行き，取引関係を新たに開拓し，増やしていくという行為は，躊躇を覚えるものではなかった．

ポル・ポト時代以後，自転車キャラバンへ参加し，積極的に地域の外へ赴いた人びとの姿は，このような初期の中国人の移民の姿と重なる．そして，以上のような地域社会の形成期の歴史的文脈の特徴を踏まえると，今日サンコー区の村落間で顕在化した経済格差は，さきにみた世帯間の経済格差と同様，内戦以前の状況のなかにこそその発生の要因をもつものであるという見方ができる．

　世帯間でみられた経済格差の要因とその背景を取り上げたさきの検討のなかでは，富裕世帯の中心人物の経歴に注目し，彼らが内戦の前に籾米の商いを始めていたことがポル・ポト時代以後の経済的成功と結びついていたことを指摘した．そして，いま，村落を単位としてあらわれた経済格差について考えるときも，それぞれの村落のかつての環境の違いとの関連に興味が惹かれる．

　例えば，今日サンコー区のなかでも比較的豊かだと評価されるVL村には，籾米の買い付けやボンダッの取引をおこなう人びと（例えばPR氏）がCT氏などよりも前に存在していた．CT氏は，聞き取りのなかで，かつて彼が籾米の商いを始めたときは，村内にいた他の世帯のやり方を見真似ることから始めたと話していた．第3章の前半で跡づけたように，VL村の集落の形成期の「草分け世代」の人びとのなかには，中国からの移民と系譜上の関係をもつ人物が多かった．また，サンコー区の各村を訪問して老人たちに各村の形成期の様子を聞き取ったときは，VL村だけでなくほぼすべての村でかつてそこに住んでいた中国人移民との関わりを聞くことができた．ただし，1930~50年代のサンコー区とその周辺地域では，トンレサープ湖の洪水林や北方の森林に近接した村落から国道沿いの村へ近距離の再移住をおこなった人びとがいた[41]．その結果，SK村やVL村などには中国人移民とその子供世代の人びとが多く集まるようになっていた[42]．

41　第3章でも指摘したが，同時期の近距離の移住には，治安の問題というプッシュ要因とともに，国道を通じた流通経済や商業ネットワークへのアクセスというプル要因もあったものと考えられる．
42　第3章で示したように，VL村の形成にはSK村の派生村としての性格があった．そのため，住民の系譜の分析はしていないが，SK村の村落社会も中国からの移民との深い関係のもとで進んだものといえる．

以上のような歴史的な経緯を踏まえると，そもそも内戦より前に各村落に住んでいた人びとがおこなっていた生業活動の特徴こそが，ポル・ポト時代以後の村落経済の発展を方向づけ，今日のようなかたちでサンコー区の村落間の経済格差を顕在化させてきたのだと考えることができる．内戦前のサンコー区では，近距離の移住を通してSK村やVL村に中国人移民の一部とその子孫が集まっていた．それらの人びとのなかに籾米の商いをおこなう人物がいた[43]．そして，そのような社会的状況を過去にもつSK村やVL村にこそ，現在，籾米の商いなどで経済的成功を収めた人びとが多い．

　要するに，ポル・ポト時代以後の地域社会において村落間の経済格差を顕在化させたのは，過去の社会の動態が内戦以前に定めた構造的な特徴であったといえる．ポル・ポト時代以後のカンボジア農村で経済格差が再現したことについては，従来，ポル・ポト時代のあいだに貴金属を隠匿していたかどうかという点や，1979年以降の役牛・農機具の再取得状況における差違，または農地分配の際の不平等性など，可視的な資本の有無が要因として考えられてきた [*e.g.* Frings 1993: 37]．しかし，サンコー区の地域社会の事例を以上のように検討してきた本書の視点からは，資本の有無ももちろん関係していたが，それ以上に，商業取引に関連した経験・知識・社会関係といった目にみえない部分での世帯・村落ごとの差違が重要な役割を果たしていたと結論づけることができる．

　サンコー区の人びとへの聞き取りによると，ダムレイスラップ区やニペッチ区では商業活動に従事する者が少ない．このことは特に，外部世界の動向に通じていることが求められた籾米の買い付けといった活動において顕著であるという．また，サンコー区の商人とスロックルーの村人のあいだでいまも20世紀初めから内戦までの時期と変わらぬ様子でボンダッの取引が成立していると

43　この点について，サンコー区の人びとの証言は数多い．例えば，第8章にて紹介するLH氏（1906-46）がその一例である．彼は，SK村で生まれ，父は中国からの移民であった．彼は，生前に籾米や森林産物の商いをおこない，サンコー区で随一の金持ちであった人物といわれている．そして彼は，1940年代に私財を投じて首都プノンペンの仏教寺院に2階建ての僧坊を建設している．このことは，当時のサンコー区の地元商人の商業取引の範囲の広さと，経済力のおおきさを例証するものである．

いう事実そのものが，スロックルーにおける商業従事者の少なさを裏づけている．

　ポル・ポト時代以後のカンボジア農村における世帯・村落間の経済格差の問題は，各々の地域の内戦以前の社会形成期の特徴にまで踏み込んで考察をおこなう必要がある．個々の世帯のポル・ポト時代以後の経済的成功に，都市で生活する親類とのつながりなどのパーソナルな個別要因が働いていたことは事実である．しかし，遠く離れた村落に住む人びととのあいだに関係を築き，それを基盤として籾米の買い付けやボンダッといった取引をおこなって富の蓄積を進めるという経済活動のモデルが20世紀初めからサンコー区に存在していたという歴史状況は，今日この地域に存在する富裕世帯の来歴を理解するうえで決定的に重要である．

第3部
生活世界の動態に迫る

ポル・ポト政権は宗教信仰を否定し，あらゆる宗教活動を禁止した．しかし，今日のカンボジア社会では，超自然的存在や上座仏教の宗教的観念に支えられた実践が生き生きとしたかたちで営まれている．それらの活動はポル・ポト時代以後に再興したものである．

　第3部は，サンコー区の地域社会に暮らす人びととの日常的な相互行為を分析する．具体的には，集落や寺院で観察された宗教実践の現在の様態とその変化を担い手の社会的背景に踏み込んで考察する．第7章は，地域社会でみられた人びとの宗教実践の概要を述べた後，近年のその変化を検討する．そこからは，宗教実践が地域においてポル・ポト時代以前からみせていた変容が明らかになる．また，調査時の地域社会に特徴的であった文化的状況として，儀礼的行為が過去の記憶をたよりに沸々と湧きあがり，活性化していた様子を指摘する．第7章はまた，チェンとクマエという民族的言辞に注目してその指示内容を地域社会に独自の文脈のなかで検討する作業を通じ，地域の社会構造についての考察も進める．

　次いで第8章は，サンコー区の人びとがおこなっていた仏教実践の多様性と変容の問題を取り上げる．今日のサンコー区に暮らすほぼすべての人びとは上座仏教を信仰する仏教徒である．第8章は，この地域社会に独特な宗教的環境として，仏教実践の多様性の実態を描き出す．そして次に，そのような多様性が地域社会にもたらされた歴史的経緯を聞き取りで得た情報にもとづいて跡づけ，地域の人びとの宗教活動の変遷を明らかにする．さらに，ポル・ポト政権下での仏教実践の断絶という経験が今日の地域社会に残す影響についても考察する．

　最後に第9章は，第1部と第2部，そして第3部の上記の2つの章の内容を踏まえて，コミュニティ空間としての仏教寺院の実態を考察する．すなわち，ポル・ポト時代に破壊された建造物の再建事業が，多様な背景をもつ参加者のあいだに対立，緊張関係，衝突などを表面化させながら進んでいた状況を社会劇の視点から記述的に分析する．そしてそこに，知識と経験の世代間ギャップ，経済格差，そして個々人がそれぞれの生活の視点から特定の寺院や仏教実践に寄せていた感情・感覚についても理解を深め，今日の地域の社会動態に迫る．

〈扉写真〉仏教年中行事の1つカタン祭の一場面．僧侶が身にまとう黄衣を寄進するために寺を訪れた一行を迎えて，寺院は祝祭的な雰囲気に包まれる．農村の寺院では，遠方からの客人を歓迎するために，ティンモーン（ទីនមោង）とよばれるハリボテの人形や，チャイジャム（ចៃជំ）とよばれる楽師と猿の面をかぶった道化師らの集団が登場することもある．

CAMBODIA

第7章

宗教実践の変化と民族的言辞

〈扉写真〉卓のうえに用意された祖先への供物．線香をさしている缶はそれぞれ，世帯主夫婦の夫の両親（ポル・ポト時代に死去），妻の父方と母方の祖父母の6名を対象とするものであった．場合によっては，両親以外の近しい親族にも独立した缶がつくられて，線香が棒げられていた．ただし，このような祭祀用の供物について，その数や対象に含める親族の範囲に関するルールは明確でなかった．

本章は，サンコー区の地域社会で調査時に観察された宗教実践をその変化の問題と合わせて記述的に分析する．その第一の目標は，ポル・ポト時代以後のカンボジア農村における文化再編のリアリティを明らかにすることである．また第二に，人びとが地域社会の社会構造のなかで周囲の経験的世界をどう概念化しているのかという問題について，チェンとクマエという民族的言辞を中心に議論することもねらいとしている．換言すれば，本章の特に後半の分析は，サンコー区で暮らす人びとの生活世界の動態の分析につながっている．

　東南アジアの上座仏教徒社会では，日本と違って仏教が生きているとよくいわれる．この表現は，地域の人びとの日常生活のさまざまな局面で毎日のように仏教徒としての実践が目に見えるかたちで観察できることを意味している．ただし，敬虔な仏教徒であるといっても，彼（女）らの考えや行動が上座仏教の経典の解釈や哲学のみにもとづいているわけではない．人びとの宗教実践のなかには，自力救済を旨とする上座仏教の教義的解釈の立場からは矛盾としか捉えられない要素も確かに存在している．そこには，地域社会に生きた先達から人びとが受け継いだ伝統や社会的に構築された権力関係，そして個々の性向が関連しており，まさに生活の一部としての宗教実践の世界がある．

　本章は，サンコー区の人びとが「クメール人」，「中国人」といった民族的言辞をどうもちいていたのかという問題も取り上げる．カンボジア社会の中国人とその子孫については若干の先行研究がある．ウィリアム・ウィルモット（William Willmott）は，1962〜63年にプノンペンを中心に現地調査をおこない，「カンボジアの中国人社会（Chinese society in Cambodia）」について考察を著した［Willmott 1967, 1970］．しかし，そこでウィルモットが研究の対象としたのは，「幇」や「同郷会」など都市部の中国人のアソシエーションに帰属していた人びとであり，クメール人との通婚によって生じた中国系クメール人（Sino-Khmer）の人びとや，農村部で独自に生活を切り開き，アソシエーションへ帰属することに意識的でなかった中国人の移民は対象とされなかった[1]．つまり，ウィルモットが研究の対象としたのは「中国人の移民集団」であって「チェン」ではな

---

1 ウィルモットは，1921年のセンサスに依拠して，当時のカンボジアには13万人余りの中国人（Chinese）と6万8,000人の中国系クメール人（Sino-Khmer）が住んでいたと推算している［Willmott 1967: 12-14］．

かった．本章が分析の対象とするのは，カンボジア農村の住民のあいだで「チェン」とよばれる人びとであり，中国人の移民研究や華僑／華人研究とは視角を別にしている[2]．

東南アジア大陸部社会の研究では，マイケル・モアマン（Michael Moerman）が早くに指摘したように，言語，服装，宗教的行為といった外的な指標によって特定の社会集団を「民族」とみなすことには無理があるという認識が早くから一般化してきた［Moerman 1965］．民族やエスニシティをめぐる今日の社会学・人類学の研究は，当事者の主観的意識の可変性を考慮したうえでのアイデンティティの重層的な表出の分析に移っている．宗教的行為をエスニシティの表現であると考えて宗教伝統の差違を指標として民族を区別したウィルモットと本章の記述の違いは，以上のような研究史の変遷のなかに位置づけられる[3]．

他方で，「チェン」についての本章の議論は，前章が結論部で明らかにした地域社会の歴史的編成の動態と重なり，東南アジアの大陸部低地稲作社会の社会形成に関する一般的なロジックを示唆するものでもある．すなわち，この地域の低地社会はタイでもカンボジアでも稲作と漁業を生業とする先住民のなかに外部経済の動きをよく知る中国人が移住することで形成されてきたと考えられる．

カンボジアの「チェン」は流動的な社会範疇である．今後来るべき社会経済的変化のなかで，「チェン」がより固定的に表象されるようになったとき，当事者がそれを「あたかも所与の民族概念のように」語り始める事態が到来するかもしれない．以上の意味で，本章の記述と分析は，今後のカンボジア社会の1つの変化の方向性を示唆するものでもある．

2　この点は，ウィルモットだけでなく，カンボジア社会のなかの華人を取り上げた近年の現地調査報告と本書の記述と分析の違いでもある［稲村 2001; 野澤 2004, 2006a, 2006b; Edwards 2009; Tea Van & Nov Sokmady 2009］．

3　ウィルモットは例えば，中国人が火葬を好むのに対して，クメール人は土葬を文化的伝統とすると述べ，その違いによって民族が区別できると述べている［Willmott 1967: 36-39］．同様の古典的なエスニシティ論の視点に立つカンボジアの「中国人」の説明としては，デルヴェールの記述も参考になる［デルヴェール 2002: 37-40］．

7-1 宗教実践の空間

（1）家屋と屋敷地

　サンコー区の人びとの宗教実践の世界について，それがおこなわれる空間の基本的特徴からみてみたい．まず取り上げるのは，出生から死までの人生の大半を人びとが過ごす家屋と屋敷地である．サンコー区の村々の家屋や屋敷地では宗教的実践の痕跡をさまざまなかたちで確認することができた．

　架けられたはしごを登って高床式家屋の屋内に入ると，多くの家で，床のうえに木製の棚 (ហ៊ីង) がおいてあった．棚には，空き缶などをもちいてつくった線香をさす容器 (ថើបធូប) や飲み物のグラス，皿などがおかれていた．皿は，菓子や果物などを入れるためのものだった．このような木製の棚は，ムネィアンプテァ (ម្នាស់ផ្ទះ) とよばれていた[4]．住人の説明によると，それは家屋をまもる超自然的存在を祀った棚であり，村人は日々の暮らしのなかで思い立ったときに供物を供え，線香をあげて生活の安寧を祈っていた．

　屋内には，ムネィアンプテァ以外にも宗教実践に関連した物品があった．例えば，視線を上方に向けると，多くの家の家屋の梁のうえに赤色に塗られた木製の棚がおかれていた（写真 7-1）．これは，コンマー (កុងម៉ា) あるいはマーコン (ម៉ាកុង) と地元の人によばれるもので，線香をさす容器，グラス，供物の皿のほか，額に入れた写真などが並べてあった．コンマーとは，中国語起源のカンボジア語で，「祖父母」（中国語の「公」と「媽」）を指す．写真は，物故者のものであった．

　家屋の梁のうえにはさらに，ココナツの実でつくった儀礼用の供物が乾いて茶色に干からびたまま無造作に放置されていることもあった．それは，子供が

4　屋内の柱の中段にくくりつけた竹製の小さな籠をムネィアンプテァとよぶ家もあった．

写真 7-1 家屋の梁のうえに設置されたコンマー

病弱であったり，生まれつき痣があったりしたとき，その守護を超自然的存在に祈願してつくったものであった[5]．また，屋根に近い高い梁にはジョアン (យ័ន្ត) とよばれる護符の布が吊されていることもあった．ジョアンは，パーリ語の呪文と幾何学的な図像を赤色の布に描いたものであり，アチャーや特定の僧侶によって個別につくられていた．その他，家屋の壁板の隙間に燃え残った線香の芯がささっていることもよくあった．サンコー区の人びとはよく，何らかの畏れを抱いたりしたとき，線香に火を点け，壁の板の隙間にさし，目に見えない超自然的存在に語りかけ，祈りを捧げていた[6]．

---

5 前者をクルーコムナウト (គ្រូកំណើត)，後者をクルーソンヴァー (គ្រូសង្ហារ) とよぶ．
6 例えば，調査中，SKH 村のある家にいたとき突如大風が吹き，脆弱な造りの

他方,高床式の家屋の壁の外面に小さな棚を設けている家もあった.これは,リアンテヴァダー (ក្រឡាទេវតា:「カミ,天女,神祇のための棚」の意)とよばれ,天上にいると信じられるテヴァダーに向けて,花や果物などの供物を捧げるための棚であった.普段は何も供えられていなかったとしても,結婚式やカンボジア正月を迎える際は必ず新鮮な花や果物が供えられていた.他方,1メートルほどの高さの木柱のうえにしつらえた屋根つきの棚をリアンテヴァダーとよぶ場合もあった[7].

屋敷地内に視線を転じると,木々の根元に儀礼用の供物が捨ておかれていることもよくあった.それは,住人が,土地と水の主 (ម្ចាស់ទឹកម្ចាស់ដី) やネアックター (អ្នកតា:土地の精霊の一種) に向かって祈願をおこなった痕跡であった.

以上のように,カンボジア農村の村々では家屋や屋敷地といった人びとの基本的な生活空間のなかに宗教実践の痕跡を数多くみつけることができる.それは,自身の生活や人生が自らの能力だけで管理できるものではなく,超自然的存在を含む他者との関わりのもとに存在することを信ずる彼(女)らの信仰の一端を具体的なかたちで伝えている.

(2) 集落の内外

集落の内外におけるもっとも重要な宗教実践の場は,仏教寺院である.仏教寺院には,1ヶ月に4度めぐってくる仏日やその他の年中行事の祭日に多くの人びとが詰めかける.寺院に詣でるという行動は,仏教徒である人びとの生活の一部である.その具体的な様子は次章以降で詳しく述べる.

集落の内外には,ネアックターの祠もある.ネアックターは土地と特別な関わりをもつ超自然的存在である.さきに,土地と水の主という超自然的存在に

高床式の家が揺れ始めたことがあった.そのとき,家の主人は線香を点けて壁板の隙間にさした.そして,戸口に立ち,家の入り口から外へ向かって精米を撒きつつ,家屋が倒壊しないよう土地と水の主に向かって祈りの言葉を捧げた.

7 このタイプのリアンテヴァダーは,屋敷地の一角の樹木の影などに建てられていることが多かった.柱上祠は,セメント製の既製品を購入してくる場合もあった.

ついて言及した．ネアックターと土地と水の主は，土地に関連した超自然的存在という点で同じ特徴を示す．しかし，土地と水の主が没個性的であるのに対し，ネアックターには個々の性格があると考えられ，名前も個別につけられていた．そして，特定の場所 ―― 考古学的遺物が露出している土地の高みや沼地の木陰など ―― との由縁が語られ，祀られていた．

　ネアックターは，両義的存在と考えられていた．すなわち，ときに人びとの生活に災厄をもたらすことがあるが，正しく接していれば恐怖を感じさせるものではないといわれていた．個々人は，思い立ったときにネアックターの祠へ参り，供物を捧げて安寧を祈っていた．また，特定の集落の住人や寺院活動の参加者を主体として，ネアックターに対する集合的儀礼が年中行事としておこなわれていることもあった．ただし，その場には僧侶も招かれ，仏教儀礼の1つという性格も付与されていた．

　ネアックターの祠をもたない集落もあった．ネアックターの祠は，森や水田や寺院の境内につくられている場合もあった．さらに，ネアックターという名称は，儀礼のなかで，土地と水の主やその他の類似した存在をすべて包摂した超自然的存在の総称として使われていることもあった．

　このほか，サンコー区には，「チェンの仏陀（ព្រះពុទ្ធចិន）の廟（សែន）」とよばれた内戦前に建てられた建物があった（写真7-2）．これは，地域への中国人の移民とその子孫の一部が内戦前のサンコー区で組織したサマコムが建てたもので，かつては中国正月になると大規模な酒宴などが開かれていた．また，中国暦の祭日には，現在ではみられなくなった独特な宗教実践がおこなわれていた[8]．しかし，かつて宗教実践がおこなわれていた「廟」は，ポル・ポト時代以降に行政区の管理下におかれ，調査時は地域に駐在する警官の詰所として使われていた．そして，その場所を中心とした宗教活動は全くみられなくなってい

　8　例えば，当時の「廟」を中心とした祭りでは，中国人移民の1人が鋭利な刃物を舌にあて横に引き，流れ出た血を口に含みながら紙を咬み，紙への血糊のつき具合からその年の稲の作柄を占ったという．このような身体的苦痛をともなった占い行為は，タイやマレーシアなどの華人コミュニティの研究で広く報告されるものである．「廟」では，中国正月のほか，毎年5月頃（カンボジア暦のピサーク月）にも3日間にわたって宗教儀礼がおこなわれていたという．

写真 7-2 「チェンの仏陀」とよばれる旧中国廟

た．

　「チェンの仏陀」という呼称は，現在の村人たちがつけたものである[9]．サンコー区の人びとの多くが中国人の移民を父や祖父としていることにはすでに何度か言及してきた．ただし，調査時のサンコー区で若干でも中国語を話すことができたのは 4 名だけだった．また，中国語を書くことができたのは 2 名のみだった．

　今日のサンコー区の人びとがおこなう儀礼のなかには，人びと自身が「中国的伝統」の一部とみなす行為が数多くあった．しかし，それらの行為の儀礼的意味を体系立てて説明することができる人物は，調査時のサンコー区に 1 人もいなかった．

9　この「廟」の屋内には，かつて，長い髭をたくわえ，中国服に身を包んだ「おじいさん」(ឈៅគង់) の像が安置されていたという．ただし，調査時のサンコー区にこの像が何であり何を祀った廟であったのかという説明ができる人物はいなかった．

（3）墓地

　上座仏教の教義は，死後は遺体を荼毘に付す（ឫកាเស្មាច）ことを勧めている．しかし，調査中に筆者がVL村内外で遭遇した葬送儀礼（ឫលា្រជ្រៀច）において，火葬は1件しかなかった．残りの数件はすべて土葬（កប់សព）のかたちであった．土葬には2種類あった．すなわち，前面をコンクリートで固めた中国式の墳墓（ឃប់ចិន）を造る場合と，遺体を埋葬したうえに土を盛りあげ，場合によっては杭の墓標を立てた簡素なやり方（ឍ្វី）の2種類であった．

　中国式の墳墓をつくる場合は，まず穴を掘り，セメントで箱状の基礎をつくった．そしてそのなかに棺を入れ，蓋をしてから，土を盛った．最後に前面をセメントで固め，死者の名前や死亡年齢，死亡年月日，子供の数とその名前などを刻んだ．故人の家族らは，埋葬から1年間は墓に参ってはならないといわれていた．一方で，毎年3月末〜4月上旬にめぐってきたチェンメーン（เเฌ็ญមីញ）とよばれる年中行事（後述）の期間には，故人の子供らが孫や配偶者を連れて集まり，墓を掃き清め，崩れて低くなった墓のうえに新たに土を盛り直し，カラフルな色紙で装飾し，紙銭などを燃やすと同時に酒や肉類を含む各種の供物を捧げていた．

　墓標を立てる場合は，布を巻いた遺体を土中に直接埋めて，木杭を立てるだけであった．こちらにも，チェンメーンの時期などには供物が捧げられていた[10]．

　サンコー区のSK村やSR村，SM村などでは，国道から北へ200メートルほど離れたあたりに1950年代まで人が居住していた旧集落があった（表2-5）．そのような場所には現在多くの中国式の墳墓がある．また，PA寺の寺院の境内にも中国式の墳墓が多数みられた[11]．VL村内では，国道の南側の2ヶ所と北側の1ヶ所の集落の外れの土地の高みに中国式の墳墓が10基ほどつくられ

10　火葬した後に拾った骨を甕に入れ，その甕を土中に埋めた場所に木杭を立てる場合もあった．地域の仏教寺院の一部では，境内の一角にそのような木杭が数多く立った場所がみられた．
11　PA寺の境内の中国式墳墓はたいへん多く，その数は優に100基を超えていた．

ていた. 付近には, 木杭の墓標もいくつかみられた.

　他方, 遺体を火葬した場合は, チェディとよばれる仏塔形式の納骨塔に遺骨を納める方法が一般的であった (写真7-3). 1つのチェディには, 遺骨を納めた壺を複数安置することができた[12]. 壺は陶製か金属製で, 白い布で包み, 白色の紐で周囲を巻いていた. 火葬ではなく, 遺体をいったん土葬し, 数ヶ月から数年が経過して肉が消えて骨だけになった頃を見計らってふたたび掘り出し, 遺骨を壺に入れてからチェディに納めるケースもあった[13]. そのような場合, 掘り出した骨は壺へ納める前にココナツの果汁で洗われていた. 遺骨を入れた壺は, 家屋内の梁のうえに保管されている場合もあった[14].

　サンコー区の寺院の境内に建てられていたチェディはすべて, 任意の親族集団が個別に建てたものだった[15]. ただし, 調査地域の他の寺院には, 村人らが共同で建てたチェディもあった.

　さきに述べたように, 調査時のサンコー区では土葬が主流であった. しかし, 区内の全村を対象とした聞き取り調査のなかでは, 唯一SKH村でのみ火葬を好む世帯が多いという意見が聞かれた. SKH村には, 治安が不安定だった1980年代にスロックルーの村々から多くの世帯が移入していた. スロックルー出身の人びとは, 土葬よりも火葬を好むといわれていた.

12　寺院の住職を務めた僧侶が僧侶の身分のまま死去した場合などは, 遺体を納めた木棺をそのなかに収納し, 個人のものとして祀るチェディもあった.
13　土中から遺骨を掘り出したあとの処理には2種類あった. 人びとは, 掘り出した骨を火で燃やし, 残った骨だけをココナツの汁で洗って壺に納める方法をカンボジア式 (ແບບບັງກຣ), 掘り出した骨を焼かずにそのまま洗って納める方法を中国式 (ແບບຈີນ) とよんでいた. カンボジア式では, 焼け残った骨の一部だけを壺に納め, 残りは穴に埋め戻していた. 中国式の場合は, カンボジア式よりもおおきめの壺を用意する必要があった.
14　サンコー区ではごく少数であったが, 屋敷地のなかにチェディをつくり, 親族の遺骨を納めている場合もあった. また, 仏塔形式のチェディではなく, セメント製の柱上に瓦で屋根を葺いた小さな棚を設け, そのなかに壺を安置する方法をみかけることもあった.
15　寺院の住職の遺骨 (場合によっては遺体) を納めるチェディは, 寺院に集まる人びとが共同で建造し, 管理していた.

写真7-3　カンボジア正月前にチェディの前に僧侶を招聘して追善儀礼をおこなう人びと

7-2　宗教的観念と実践

（1）功徳の観念と実践

　空間構成に次いで，彼（女）らの日常的な宗教的行為が支えとしていた観念について考えてみたい．人びとのもっとも基本的な宗教的観念は，功徳（បុណ្យ／ក៏សល）である．上座仏教徒として生きる地域の人びとは，生きているあいだにできるだけ多くの功徳を積もうとしていた．上座仏教の教義によると，仏・法・僧（ព្រះពុទ្ធព្រះធម៌ព្រះសង្ឃ）の三宝に帰依して仏陀の教えを学び，仏教の振興に寄与する行為はすべて功徳を積む（ធ្វើបុណ្យ）ことに結びつくと考えられた．そして，功徳を多く積むことが，現世における将来と転生後の来世の境遇をより良い状態へ転じさせると信じられていた．
　積徳の行為にはさまざまなかたちがあった．僧侶に対して食物や金銭を寄進（ប្រគេន）することはその1つである．男性が出家して僧侶となることも積徳の行為であった．出家は，出家した本人だけでなく，その両親にも多大な功徳をもたらすといわれていた．その他，仏教の教義について議論したり，在家戒を

まもったり，瞑想したりといった日常生活のなかの営みからも功徳が得られるとされていた．寺院の建造物の再建のために資金を出したり，建設作業に参加したりすることも，積徳の重要な方法であった．

　上座仏教の教義にもとづくこの積徳という考えと行為は，人びとの宗教実践の地平が教義以上の広がりをもっている事実を示していた．すなわち，上座仏教の根本的な教えのなかには，因果応報という強い影響力をもつ観念がある．それは，悪いおこないをすれば悪い結果があり，良いおこないには良い結果がもたらされるという因果律の論理であるが，その考えを突き詰めると，個人の状況は当事者の行為によってでしか改善できないという自力救済の思想に行き着く．しかし，カンボジアを始めとした上座仏教徒社会に生きる人びとが日常的におこなう仏教実践には，自力救済という教えにもとづき個々人がよきおこないを自ら積み重ねることを奨励するとともに，そのようなよきおこないがもたらす功徳を進んで他者とシェアする側面もあった．さらには，上座仏教徒を自認する彼（女）らが，自分自身の「よきおこない」にではなく，超自然的存在への祈願に現状の打開（救い）を求める場面もあった．つまり，人びとの生活そのものとしての仏教実践の世界は，教義の理解だけでは捉えられない間口と奥行きをもっていた．

　自らが自らを律するという持戒行は，上座仏教徒がおこなう積徳行のもっとも基本的なかたちである．上座仏教は，世俗に生きる人びとに仏陀が教えた戒をまもって生活を送ることを勧める．在家者がまもるべき戒としては，「生類を殺さない，盗みをしない，みだらなことをしない，嘘をつかない，酒を飲まない」という五戒（សីល）と，「午後に食事をしない，歌舞などの娯楽にふけらず装身具や香水をもちいない，高くておおきい寝台をもちいない」という3つの戒を五戒に加えた八戒（សីល）の2種類があった．これらの在家戒は，請願文を僧侶に向けて唱える行為（សុំសីល）によって僧侶から授けられるものと一般に考えられていた．在家戒を遵守し，仏陀の教えにしたがって生活を律することは，自身の身体による具体的な行為を通じて功徳を獲得することを意味した．

　カンボジアの伝統暦は太陽太陰暦の一種である．そして，各月の新月，上弦8日目，満月，下弦8日目は「仏日」とよばれ，仏教徒にとって特別な日であっ

た．仏日には，精米を入れた小袋，炊きあがったばかりのご飯や粥，お菓子など入れた容器を手に提げた人びとが，夜明け間もない頃から寺院へと向かった．早朝の寺院に集まった人びとは，もち寄った食物を少額の現金とともに僧侶へ寄進した．僧侶は，朝食をとった後，人びとの請願にこたえて在家戒を授けていた．在家戒の授受は，あらゆる仏教儀礼のなかでみられた．そのなかでも，1ヶ月に4度規則的に繰り返される仏日の様子は，仏教信仰が地域の人びとの生活のリズムをつくっていることをよく示していた．

　さきに述べたように，功徳は他者に廻向することができた．例えば，サンコー区の人々は，父母の命日などに僧侶を家に招いて追善儀礼（បុណ្យទិនានុប្បទាន）をおこなっていた．追善供養にはいくつかのかたちがみられたが，いずれも家に招聘した僧侶に食事と金銭，物品を寄進し，その行為が生じさせた功徳を故人へ転送することを目的としていた．ただし，死者を追善すること自体は，それをおこなう生者の運勢（กรรม）を向上させる効果ももつといわれ，行為者本人の状況の改善にも結びついていた．

　いずれにせよ，仏教徒としての人びとの宗教実践を理解するためには，自力救済といった教義の側面だけでなく，他者との分かち合い，助け合いといった具体的行為が示す現実を正面から考慮する必要があった．

（2）超自然的存在の観念と実践

　サンコー区の人びとは，個人差はあったが，現世の生活が目に見えぬ他者との関わりのうえで成りたっていることを信じていた．

　超自然的存在としての土地と水の主についてはすでに述べた．それは，自然現象への畏れが胸中に湧きあがったときに祈願の対象とされたほかに，結婚式や葬式，各種の仏教儀礼でも儀礼的行為の対象となっていた．すなわち，それらの儀礼ではほぼ必ず，屋敷地内の藪の陰などの地面に，調理した鶏の頭などを入れた碗と空のグラスをおき，その傍らに点火した線香をさし，グラスに酒を注ぎながら，土地と水の主に対して加護と安寧をもたらすよう語りかけをお

こなう場面がみられた[16].

　土地にまつわる超自然的存在は，ロークター (លោកតា：「祖父」，「目上の男性」の意) とよばれることもあった．古い中国式墳墓のなかには，墓の左手に小さなセメント製の杭が立てられている場合があった．そしてその杭には「土地神」と漢字が刻まれていた．ただし，時代を下った新しい墳墓の場合，その杭にはカンボジア語でロークターと刻まれていた[17]．ロークターは，また，儀礼のなかで，「スロックの主のロークター」(លោកតាម្ចាស់ស្រុក) などとよびかけられ，地域を守護する超自然的存在として言及されることもあった．

　ネアックターについてはすでに述べた．さらに，それに類似するものとしてクルー (គ្រូ) とよばれる存在もあった．クルーは，字義どおりには「師，教師」を意味する．実際，小学校の教師や格闘技を教える男性などがクルーとよばれていた．しかし，クルーという言葉は，一種の超自然的存在も指した．この意味でのクルーは，治療儀礼のなかでトランス状態になった寄り代の身体に宿る存在であった．クルーは，土地にではなく，何らかの物象に宿るものとしてネアックターなどとは区別して考えられている様子もみられたが，違いは不明瞭だった[18]．

　ネアックターやクルーなどを対象とした宗教儀礼には多くの種類があった．その1つは，ボンリアップスロック (បុណ្យរៀបស្រុក) とよばれた集合儀礼である．スロックというカンボジア語は，「国，郡，村，地方・田舎，現地」を意味する．そして，ボンは「徳，全徳，儀式，祭」，リアップは「整える，準備する，きちんと配置する」の意味である．よって，ボンリアップスロックは，「クニを整える儀礼」と意訳することができる．この儀礼は通常，その地域に暮らす人びとの生活の安寧を祈願して，雨期稲の収穫後に集合的なかたちでおこな

16　土地と水の主は，祖先の霊を招く際に「道を開く」(បើកផ្លូវ) 役割をもつとされていた．そのため，結婚式や葬式などで祖先と交信をおこなう必要がある場面では，まず土地と水の主に向けた儀礼的行為をおこなう必要があった．
17　ただし，このような杭自体をもたない中国式の墳墓の方が多かった．
18　例えば，コーキー (កកិរ：*Hopea Species*) という種類の樹にはクルーが宿るものだと信じられていた．そしてその性質のために，コーキーの樹は屋敷地に植えることが避けられていた．コーキーの樹は，寺院の境内によく植えられていた．

写真 7-4　ボンリアップスロックの儀礼にて憑依による行為をおこなう寄り代 (VL 村)

われていた．そしてその過程では，仏教僧侶を招いた儀礼とは別に，ネアックターやクルーに対する儀礼的行為がみられた (写真 7-4)．

ところで，いわゆる幽霊は，カンボジア語でクマオッチ (ខ្មោច) とよばれる[19]．この言葉には，(物体としての)「死体，亡骸」という意味もある．人びとと雑談していると，ふとしたことで幽霊の話になることがあった．4 人の男が墓場へ肝試しに行ったところ，幽霊に化かされて結局 4 人が仲間同士斧で斬り合うはめになったとか，隣の郡の中心地に残るいまは廃屋となったフランス植民地時代に建てられた建物で夜をあかそうとしたところ，2 階から何者かがよぶ声が聞こえたなどなど，いろいろなタイプがあった．

最後に，祖先の霊に関する観念についても述べておきたい．カンボジア語で

19　幽霊と同じように畏怖される存在として，アラァック (អារក្ស) という存在もある．サンコー区内の村では，家屋内にアラァックへの供物をおく棚を用意した家もあった．ただし，アラァックは日常的にはさほど話題にならなかった．その他，日中は普通の人間のようでありながら，夜になると頭が外れて浮遊する化物というトモップ (ធ្មប់) の話も時折聞いた．サンコー区のある村では，夫と，同居していたその弟が相次いで急死し，またその父も自殺する事件が 1980 年代に起きた．そしてそのとき，その妻がトモップではないかと疑われ，他の村人らに射殺されたという．この類の話について，今日の人びとは口を閉ざして多くを語らなかった．

は祖先をドーンター (ដូនតា) とよぶ．この言葉は，いま生きている祖父母のほか，死去した人物から成る集合体としての先祖も意味していた．また，文脈によっては，コミュニティの生活をつくってきた地域の先達など血縁関係を超えた広い範囲の物故者を指すこともあった．また，以上の意味のドーンターは，メーバー (មេបា) という言葉でもよばれた．さらに，さきに中国語起源のカンボジア語として紹介したコンマーという言葉も同じ意味で使われていた．

　ドーンターは，子孫を守護する存在であったが，災禍ももたらした．特に，子孫が道徳的規範に反する行為をしたとき，当事者でなく，その親族の別の人物を病気にさせるといわれていた．その実例としてよく挙げられていたのは，婚前交渉のケースであった[20]．

　サンコー区の人びとは一般に，女性は結婚まで貞操をまもるべきだと述べていた．ただし，現実には，婚前に性交渉をもつ例が少なくなかった．そして，婚前交渉が明るみになったあとの宗教儀礼の場や，通常の婚約の話し合いや結婚式の儀礼では，ドーンターへのサエン (សែន) が欠かせなかった．サエンとは，祖先やその他の超自然的存在に対して約束した品物を供えることを意味する動詞である．例えば，ある婚約の話し合いが合意に達したとき，屋内の床に敷いたゴザのうえにドーンターへの供物が整えられ，用意されたグラスに酒を注ぎながら次のような言葉が唱えられていた．

　「孫は正しく婚約致しました．2人が遊び戯れようともどうか怒らないでください (ជូនតាម៉ាក្នុងសូមដំប់រៀងមួយ... ចៅយើងស្ដីដណ្ដឹងត្រឹមត្រូវហើយ... យើញបនាក់លេងសើចក៏កុំប្រកាន់ណាំ)」

　「もう向こうにあげたのだから，うるさいことをいわず，同じく孫として認めてあげてください (ឲ្យហើយ！...កុំឲ្យប្រកាន់អី！...សូមកូនប្រសនេះទទួលស្គាល់ជាចៅ)」

　そして，次の事件も，ドーンターの観念がどのようなかたちで人びとの生活に影響を与えていたのかをよく示している．

　2001年11月19日，VL村のある世帯の12歳の女の子が突然頭痛を訴えて倒れた．両親は慌てて彼女をプノンペンの子供病院へ運んだ．結果として，女の子は1週間で回復し，11月27日に家へ戻った．そしてその翌日の夕方に，

　20　エビハラの民族誌も，この点を指摘している [Ebihara 1968]．

親族の男女が家に招かれ，一緒に食事をすることになった．筆者も，親族がプノンペンの病院へ見舞いに行ったとき案内役を務めていた縁で，夕食へ招かれた．そして，その夜の食事の前に，女の子の病気の原因を親族内の不和に求める次のようなやりとりがあった．

　高床式の家屋では，その入り口の左手に，世帯主夫婦の妻方の伯父が座っていた．彼は，世帯主の妻の姉の夫をよび，入り口の右手に座らせた．妻方の伯父は，その場に集まった親族のなかで最年長の人物だった．戸口を挟んで向かい合って座った2人の男性のあいだにはゴザが敷かれ，枕が1つおかれていた．枕のうえには線香を挿す壺が，ゴザのうえにはご飯を入れた椀，飲み物用のグラスが5組ずつ整えられていた．そして，供物をおいたゴザの周囲を，その他の親族が囲んでいた．

　ドーンターへのサエンは，次のような調子で始まった．

　まず，戸口に座った2人の男性が調子を合わせてジュースとお茶を同時にグラスに注ぎながら，「食物と飲み物を用意したのでいらして下さい」とドーンターを招いた．次いで，戸口の左手に座った最年長の伯父が，刻みタバコを吸いながら，「何かあるのか？（ຍາຄີ?）」，「言い尽くしてしまえ！（ນິຍາຍອງຫສ໌ເທ!）」と周囲に声をかけた．しばらくは，他の老人らから「特に何もない（ຄຸກສີເຫ）」と答える声があがっていた．しかしそのうちに，妻の妹が，「夢をみて，金縛りにあって……」という話を始めた．

　すると，最年長の伯父は，夢をみたという妻の妹に，いったいどこに「間違い（ຜິດ）」があるのかと問いただした．妻の妹は，世帯主夫婦の妻の父方にあると答えた．伯父は，「見つかった（ເກເຫັນເຫີຍ）」と一言だけ述べて，またタバコを吸い始めた．

　次に，世帯主夫婦の妻の姉が，誰に勧められたのでもなく自分で勝手に話しだした．妻の姉は，この世帯の3軒西隣の屋敷地に住んでいた．妻の姉の話は，彼女が自分の東隣の屋敷地に住む父方の親族の男性と子供のいたずらをめぐって口喧嘩をしたという事件の告白だった．妻の姉は，「誰もが知っているでしょ」と口火を切り，しばらく激しい様子で隣人の親族男性を批判した．すると，その場にいた喧嘩の相手の男性も激しい言葉で応酬を始めた．今回の子供のいたずらは，隣人として住むあいだに長年積み重ねてきた不満をお互いに

噴出させるきっかけであったらしく，言い争いがしばらく続いた．

　まもなくに，他の女性らが，「もう言い尽くしたでしょ！（ニヤーヤエルヘーイ！）」，「怒るのを止めなさいよ！（カンプキーテー！）」と声をあげた．しかし，妻の姉は不満を口にし続けた．すると，病気になった娘の母である世帯主夫婦の妻が激しい調子で姉に，「やめてよ！（カンプテー！）」と詰め寄った．喧嘩相手の男性も，「自分の方はもうすでに怒っていない．もう済んだことだ」とおおきな声で答えた．そこで，最年長の伯父は喧嘩の当事者の2人をよび寄せ，線香をさす壺を載せた皿を2人の頭のうえに掲げさせてから，「口げんかをやめました，怒るのもやめました（カンプロッカーカンプキンカー）」とそれぞれに唱えさせた．伯父はその後，ジュースをグラスに注ぎながらドーンターに対して2人が仲直りしたと語りかけた．

　次いで，治癒したばかりの娘がよばれ，祖母やオバたちが彼女にチョーンダイ（ចងដៃ：「腕を結ぶ」の意）しようと周囲を囲んだ．チョーンダイとは，治療儀礼や結婚式のなかの儀礼的行為としてよくおこなわれる動作で，当事者の手首に他の者が白い木綿糸を結びつける．つまり，チョーンダイをおこなうことは，今回の騒動がすべて解決したことを意味した．

　しかしそのとき，戸口の左手に座った男性が，「ちょっとまて」とおおきな声をあげた．そして，「まだ言い尽くしちゃいない（アッターンニヤーヤエルテー）」，ここに集まった者のなかにまだ「わだかまり（ゲーブ）」があるだろ」と述べ，親族内の2人の名前を挙げた．結局，その場ではそれから，親族内の別の者のあいだで屋敷地の垣根をめぐる言い争いがあったことが新たに暴露され，当事者による告白と釈明がひとしきり続いた．その後，最終的に，言い争いに関わった女性と男性の全員が「もう怒っていない」と宣言してから，最年長の伯父が争いの当事者たちと治癒した女の子の左腕の手首にチョーンダイをした．

　以上の事例は，子孫を守護し，また災禍ももたらすというドーンターの両義的な性格が，人びとにどう認識されているのかを明らかにしている．また，それがどのようなかたちで彼（女）らの儀礼的行為の一部となっているのかも，具体的なかたちで示していた．

　繰り返しになるが，祖先として認識される霊的存在は，ドーンターという呼称だけでなく，メーパーあるいはコンマーとしても言及されていた．そして，

第7章　宗教実践の変化と民族的言辞　｜　323

写真 7-5　「コンマー」へのサエンの供物をのせた卓　　写真 7-6　「ドーンター」へのサエンの供物をのせた盆など

　家庭の儀礼でサエンがおこなわれる際は，ドーンターとコンマーという2つの言葉が同じ意味をもつものとして交互に使われていた．しかし，ドーンターとコンマーが，別々の存在と意識され，1つの儀礼のなかで個別にサエンがおこなわれる場合もあった．それは，結婚式であった．

　VL村で観察した結婚式の儀礼行為では，すべての例で，コンマーへのサエンとドーンターへのサエンが別々におこなわれていた．両者はまず，サエンをする場所が違っていた．すなわち，コンマーへのサエンは，通常梁のうえのコンマーの棚におかれている線香壺と各種の供物を屋内の壁際などに設置した卓上に下ろしておこなわれていた（写真7-5）．それに対し，ドーンターのサエンは家屋の屋根を支える中心の柱の脇の床板のうえに敷いたゴザに枕，線香壺などの供物を並べておこなわれていた（写真7-6）．そして人びとは，前者がチェン（「中国人」）の祖先に対するもので，後者はクマエ（「クメール人」）の祖先に対するものだと説明していた．このような儀礼形態と人びとが祖霊に対して示す認識は，中国人の移民を多く受け入れて進んできたサンコー区の社会形成史との関連を示している．

　最後に，プロルン（ព្រលឹង）の観念についても述べておく．プロルンは，体内

に宿って人の生命を構成する要素であり、通常19個あると考えられていた。そして、体内のプロルンの一部が何らかの理由で体外へ抜け出てしまうと、その人は病気になると信じられていた。そのため、病人が夢で特定の場所をさまよっている自分自身の姿をみたといったときなどは、親族がその場所へ行き、「プロルンをよび返す」(ហៅប្រលឹង) ための儀礼行為をおこなっていた。

7-3 │ 職能者

（1）アチャー

　空間と観念に続いて、職能者を紹介する。地域で観察した宗教活動において中心的な役割を果たしていた人物として、まずアチャー (អាចារ្យ) が挙げられる。アチャーという言葉は、サンスクリット語起源で、「師範たるべき高徳の僧侶」を意味する[21]。しかし、一般には何らかの知識・能力に秀でた指導的な人物（一般に男性）を広く指していた[22]。そして、地域社会では特に、各種の仏教儀礼を指揮する能力をもつ人物がアチャーとよばれていた。

　アチャーには複数の種類があった。まず、寺院での諸々の活動を僧侶とともに統括し、指導する立場の俗人として、「寺院のアチャー (អាចារ្យវត្ត)」がいた。さらに、「ボンのアチャー (អាចារ្យបុណ្យ)」、「結婚式のアチャー (អាចារ្យការ)」、「葬式のアチャー (អាចារ្យសព)」といった種類があった。「寺院のアチャー」を務める人物は、「ボンのアチャー」や「結婚式のアチャー」を兼ねている例が多かった。「寺院のアチャー」については次章以降でその役割を詳述することにして、以下ではその他のアチャーについて簡単に説明する。

21　日本語では「阿闍梨」と書かれる。
22　アチャーという呼称は、俗人だけでなく、僧侶に対しても使われた。例えば、パーリ語の先生として農村の寺院へ招かれてきた学僧は、人びとからアチャーとよばれた。

まず,「ボンのアチャー」は,家庭でおこなわれる各種の仏教儀礼を指導する人物である.その種の儀礼としては,僧侶を招聘しておこなう追善儀礼がある.死者への功徳の廻向を目的とする追善儀礼には,次のような種類があった.まず,もっとも一般的なかたちはボンパチャイブオン (បុណ្យបច្ច័យ) であった.これは,僧侶が日常生活のなかで必要とする4種類のパチャイ (បច្ច័យ：サンガに寄進する現金または物品) を寄進する儀礼である.4種類のパチャイとは,①身にまとうもの (黄衣またはその一部),②食に関するもの (米,砂糖,茶葉など),③住に関するもの (ゴザ,サンダルから机,椅子など.最大のかたちは寺院の建造物の寄進),④病に関するもの (薬) を指した.コンポントムやプノンペンの市場では,これら4種のカテゴリの品々をセットにしてビニールで包んだ供物一式が売られていた.

ボンパチャイブオンの儀礼は通常2日にわたっておこなわれていた.初日の夕方に僧侶を家へ招き,飲み物を寄進し,説教を拝聴した.そして,2日目の朝と昼にも僧侶を招聘し,朝食と昼食を寄進した.そして昼食の前に,用意した4種類のパチャイを僧侶に寄進した.この儀礼は,追善が目的でもよいし,いま生きている親のために子供らが準備しておこなってもよいといわれていた.

「ボンのアチャー」が指導する一般的な儀礼としては,ボンサンガティアン (បុណ្យសង្ឃទាន) とリアップチョンハンローク (រៀបចង្ហាន់លោក) もあった.ボンサンガティアンをおこなう場合は,最低限托鉢の鉢だけあればよいといわれ,僧侶へ寄進する食物さえ用意できれば気軽に実施できた (写真7-7).通常は朝に僧侶を家へ招き,粥などを朝食として提供すると同時に若干の品々と昼食用の食物を寄進して,終了した.リアップチョンハンロークの場合は,朝だけでなく昼も僧侶を家に招き,食物を寄進していた.

ボンサンガティアンとリアップチョンハンロークは,追善ではなく生者の積徳を目的とする儀礼だといわれていた.しかし実際のところ,生者のためか死者のためかといった目的別の儀礼の分類は,アチャー以外の人びとにほとんど意識されていなかった.現実として,一連の儀礼的行為は,参加者自身が功徳を積むこととそれを物故者へ転送することの2つの目標を同時に目指していた.

写真7-7 ボンサンガティアンの儀礼の一例

ところで,地域社会内の「ボンのアチャー」のなかには一種の多様性があった.すなわち,そこには,バナナの葉などでつくる多様な供物と複雑な儀礼行為を特徴とする伝統的なかたちの儀礼を指導することが得意なアチャーと,特別な供物などを一切求めないアチャーがいた.伝統的とされる宗教儀礼は,一般に各種の超自然的存在を対象とした多様な儀礼的行為を含んでいた.例えば,病人に対する儀礼の1つでは,アチャーが精米を握りしめた拳で病人の背中をさすり,超自然的存在からの加護を祈りながらその精米を家の外にまき捨てるという行為をおこなっていた.橋や土手の「落成式 (បុណ្យចូង)」やさきに紹介したボンリアップスロックなどの儀礼でも,その土地の人びとの生活を左右する影響力をもつと信じられた各種の超自然的存在へ供物を捧げ,守護を祈願する行為が欠かせなかった.伝統的といわれる儀礼には,ボンチョムラウンプレアッチョン (បុណ្យចំរើនព្រះជន្ម) とよぶ複数のアチャーが協力しておこなう種類のものもあった.これは,老齢の人物に対してその長寿あるいは延命を願うもので,4名または9名のアチャーが当事者を囲んで座り,一斉にパリット (បរិត្ត:「守護経」) をとなえる行為が重要であるといわれていた[23].

ただし一方で,サンコー区には,以上に挙げたような伝統的な儀礼が含む超自然的存在への祈願や仏教実践の呪術的な側面を強い言葉で否定するアチャーもいた.そのようなアチャーとその意見への賛同者は,超自然的存在への信仰

---

23 この儀礼について,アチャーの人数がそろわないときには,僧侶が加わってもよいといわれていた.

は迷信であり，正しい仏教徒としてふさわしくない行為であると述べ，拒否の姿勢をあらわにしていた．

宗教実践の伝統をめぐる地域社会内のこの対立については，次章で詳しく分析する．

「結婚式のアチャー」と「葬式のアチャー」はそれぞれ，「結婚に関する一連の儀礼的行為を指導するアチャー」と「葬式にまつわる一連の儀礼的行為を指導するアチャー」を指した．そして一般に，この２つの種類のアチャーである人物は同時に「寺院のアチャー」や「ボンのアチャー」でもあった．ただし，儀礼行為をおこなう場面が相反する性格をもつことを理由に，1人のアチャーが「結婚式のアチャー」と「葬式のアチャー」を兼ねることは好ましくないという意見もあった．また，結婚式と葬式の儀礼の形態にも，伝統的なものとよりシンプルな形態の２種類の区別があった．

（２）クルークマエなど

クルークマエ（ក្រូឞ្ញែ）とよばれた職能者も地域社会に複数存在した．クルークマエは，第一に民間医療の場面で活躍していた．内戦後のサンコー区の人びとの生活に西洋医学の病院や医者のもとで治療を受けるという選択が広まり始めたのは 1990 年代である[24]．それまでは，独自に調合した薬草や師から習得したという呪文をもちいた伝統医療が中心であった．そして，その中心的な担い手がクルークマエであった．

今日の地域生活は，伝統医療と西洋医学の両方によって支えられていた．骨折や捻挫の治療については，クルークマエによる民間治療の方が治癒が早い

---

24 サンコー区には，1950 年代に政府の保健センターがつくられた．それはポル・ポト時代以後に活動を再開し，政府の医療プログラムなどを実施していた．しかし投薬の相談に訪れる村人は少なかった．代わりに，村々にはクルーチュヌオル（ក្រូឞ្ញែល）とよばれる栄養剤の点滴などを安価で請け負う民間治療者がいた．これは国家免許をもつ医師ではなく，長い従軍生活のなかで基本的な薬剤の知識を得てそれを私的な商売としておこなう人物を指した．人びとは，まずこのクルーチュヌオルに相談した後，その見立てにしたがって街の医者を訪問するかどうかを決めていた．

と信じる意見が多かった．一方で，内科の疾患として分類される症状には州都やその他の街の病院で西洋医学にもとづく診察を受けるケースが多くなっていた．しかし，投薬しても病状が改善しなかったり，経済的な問題で病院での診察を受けられなかったりした場合には，クルークマエによる診察と治療に頼っていた．クルークマエは，クルーボーラーン（ក្រូបូរាណ）ともよばれた．

VL村にはクルークマエとして名の通った人物がいなかった．そのため，人々は必要に応じて他の村に住むクルークマエのもとへ通っていた．ただし，鉄鍛冶の技術をもち，村に住み込んで農機具の修理などを生業としていたチャーム人の男性がそれに準じた存在とみなされていた[25]．男性は，鉄鍛冶のかたわら独自の知識をもちいて病人を診察し，調合した生薬を売っていた．VL村内には慢性化した倦怠感の治療などをその生薬に頼る村人がいた[26]．

その他，地域にはクルーやネアックターなどの超自然的存在の寄り代となる人物がいた．彼（女）は，憑依現象を含む儀礼の際に活躍し，ループ（រូប）もしくはループバンチョアン（រូបបញ្ចោរ）とよばれていた．ループには男女双方の例があり，年齢も老若を問わない様子だった．

ジェイモープ（យាយមប់）あるいはチュモープ（ជូមប់）とよばれた産婆も，一種の宗教的職能者であった[27]．ジェイモープは，お産が近づいた妊婦の健康状態を診断し，マッサージなどを施すほか，出産の場に好ましくない霊など

---

25 この世帯はコンポントム州バラーイ郡のチャーム人の村の出身で，VL村では臨時の居住者として扱われていた．

26 VL村の村人でこのチャーム人の男性から生薬を買っていた人びとのなかには，「クルーを怒らせたら怖い」と述べる者がいた．クルーボーラーン（クルークマエ）は，正しく接しているうちはよいが，怒らせると災いが降りかかるのだという．そして，問題のチャーム人の世帯では，世帯主夫婦がクメール語だけでなくチャーム語ももちい，一般の村人には理解できない会話がなされていた．その内容は気配から推し量るしかなく，クメール人のクルークマエよりも真意がつかめず，恐ろしさを感じることが多いといわれていた．以上は，クルークマエと患者のあいだのある種の固定的なつながりを示唆する．短期的な治療で済む骨折などの場合と異なり，慢性的な症状の治療では両者のあいだの関係が長期におよんでいた．

27 カンボジアにおける伝統的な出産形態の今日的変化については，高橋美和［2004］が参考になる．

第7章 宗教実践の変化と民族的言辞 329

が入ってこないよう伝統的な供物をつくって周囲に配し，さまざまな儀礼的行為をおこなっていた[28]．ジィェイモープになるには，生まれながらの宿縁（ឧបនិស្ស័យ）が必要であるといわれていた[29]．

サンコー区の人びとはまた，会話のなかでチェンサエ（ចិនសែ）という職能者について語っていた．チェンサエとは，中国式の墳墓をつくる際などに，それにふさわしい場所や工事の日取りを決定する知識と能力をもった人物を指していた．しかし，調査時のサンコー区にはチェンサエとみなされる人物がいなかった[30]．

7-4 生のサイクルと宗教実践

（1）人生儀礼

サンコー区の人びとの宗教実践は，彼（女）らの人生・生活のサイクルとも密接に関わっていた．人間の出生から死までの一生に節目をつける人生儀礼の

28 VL村には，周囲から優れたジィェイモープとみなされている一女性（1928年生）がいた．彼女は，12歳の頃から自分に産婆の才能があることを悟っていたが，隠して人にはいわず，50歳になってから仕事を始めたという．調査時は近隣の村々から広く声がかけられ，忙しいときは3日連続でお産の介助にあたっていた．彼女は，NGOがジィェイモープを対象に開いた衛生管理の講習会にも出席していた．そして，安全な出産のためには医者とクルークマエとジィェイモープの三者が互いに協力する必要があると述べていた．
29 クルークマエについても，その職能者になるうえでは縁が重要だといわれていた．
30 家屋にコンマーの棚を設置する際も，本来はチェンサエによる見立てと儀礼の指導が必要だと述べる村人もいた．しかし現実として，調査時のサンコー区では，コンマーの棚の設置も中国式墳墓の設置もチェンサエの指導を経ることなくおこなわれていた．また，州都コンポントムを含めても，チェンサエと確実によぶことができる人物はもういなくなったともいわれていた．

最初のものは,「新生児を披露する儀礼 (ពិធីប្រកកកូនដាវ)」であった[31]. これは,母となった女性が出産後に寝台から降りる際におこなわれた. カンボジアでは,産後の女性が身をおく寝台のもとで火を焚き, 母体と新生児を温める習俗がある. 母親は通常1週間程度その寝台のうえで過ごす. そして, 産後初めて赤ん坊とともにその寝台から降りる日に, 火を消し, 祖先に新生児の加護を祈る儀礼をおこなう. 親族と友人を招いて実施するこの儀礼は, ジィェイモープが指導していた. 寝台のもとで焚いた火は, ジィェイモープにしか消せないといわれていた. 儀礼によばれた人びとは, 新生児の服や生活用品などを母親に贈っていた[32].

幼年期から青年期にかけての人生儀礼としては, 男性の場合は出家 (បួស),女性の場合は陰籠もり (ចូលម្លប់) があった. 出家とは, 厳密には20歳以上で得度し僧侶となることを意味したが, おおよそ14歳以上が対象であった見習僧としての得度もそれに準じるものとして扱われていた[33] (写真7-8). そして大多数の場合, 出家して僧侶となった男性は一定期間後に還俗して世俗社会に戻った. 伝統的には, そうして出家を経験した男性は個人名の前にオンテット (អនិត) という称号をつけてよばれた. それは, 彼が出家を経験した一人前の男性であり, 結婚という人生の次のステップに進む有資格者であることを明示していたという.

東南アジア大陸部の上座仏教徒社会では, 男性の出家と還俗のプロセスを成人儀礼として評価する意見が伝統的に広くみられた. しかしサンコー区では近年, 出家する若年男性の数が明らかに減少していた. これは, カンボジア社会

---

31 この儀礼は,「竈から降りる儀礼 (ពិធីទម្លាក់ក្រាន)」とよばれることもあった.
32 この贈り物は, 結婚式の際の祝い金と同じチョーンダイという言葉でよばれていた.
33 老人世代の男性の生活史では, いったん見習僧となってから一定期間後に還俗し, その後結婚の前にもう一度僧侶として出家したという事例が多い. ここからは, かつての地域社会では, 見習僧としてではなく僧侶としての得度こそが人生儀礼の意味合いをもっていたという状況が推測できる. ただし現在は, 本文で述べるように, 出家すること自体が男性にとって一般的な行為といえなくなっていた.

写真7-8 見習僧の得度式の様子

の全国的な傾向であった[34]．結婚の際に男性が出家経験者であるかどうかを問題とする意見は，もはや全く聞かれなくなっていた．

　女性にとっての，伝統的な意味での男性の出家に相当する成人儀礼は，陰籠もりであった．これは，初潮をむかえた女性が一定の期間外出を控えて屋内に籠もるもので，そのあいだに年長の親族の女性が結婚後に必要な家事の諸技術を教えたといわれる．そして，その儀礼期間が明けるときは，多くの客人を招いて結婚式の披露宴のような宴席を用意したという．しかし，陰籠もりの儀礼はサンコー区では消滅して久しかった．人びとは，知識としては陰籠りの習俗を知っている．しかし，VL村には陰籠もりの儀礼を経験した女性が1人もいなかった[35]．

　結婚（រៀបការ/រៀបអាពាហ៍ពិពាហ៍）は，非常におおきな人生の節目である．VL村の男性人口の平均初婚年齢は24.6歳であった．もっとも年若い例は16歳，最高齢は40歳であった．一方，女性の平均初婚年齢は21.0歳であった．もっとも若くして結婚した女性の事例は15歳，もっとも高齢の事例は33歳であった．総じて，女性の方が男性よりも早く結婚する傾向があった．

　34　カンボジアの僧侶・見習僧の数は，ポル・ポト時代以後順調に増加してきたが，2004年を境に減少に転じた．詳しくは拙稿を参照されたい［小林2009］．
　35　サンコー区内で調査中に確認した唯一の事例は，TK村出身の女性（1932年生）であった．彼女は，20歳で結婚する前に3ヶ月間の陰籠もりを村で経験したという．

一般に，男女は一連の儀礼過程を経て結婚して初めて夫婦として社会的にみとめられるものといえた．カンボジアでの通常の結婚は，僧侶を招いて祝福を請う宗教儀礼の部分（បុណ្យការ／ពិធីរៀបអាពាហ៍ពិពាហ៍）と，親族や客人を招く宴席の２つの部分からなっていた．しかし実際には，男女がこのような手続きを省略して夫婦となる方法もあった．これは，まず婚前交渉が生じ，その事実が発覚した後に当事者の男女を後追いで夫婦とみとめるもので，サンコー区ではサエンプダッチクマオッチ（សែនផ្ដាច់ខ្មោច：「クマオッチを断ち切るためにサエンをする」の意）とよばれていた．

　ドーンターという祖先の霊の観念について説明したさきの部分で述べたように，サンコー区の人びとは婚前交渉を好ましくないものとみていた．また，VL村の夫婦の大半は両親によって配偶者が決められており，自由恋愛に近い状況で結婚に至ったケースは少数だった[36]．このような状況のなか，サエンプダッチクマオッチは「恥ずかしい」ものだといわれていたが，事例数は少なくなかった．つまり，当時VL村で確認できた182の夫婦組のなかの11組は，サエンプダッチクマオッチによって夫婦となっていた．そして，その例は幅広い年齢層におよんでいた．

　サエンプダッチクマオッチによる場合は，通常の結婚よりも短期間でかつ安価に儀礼を終えることができた．さきに述べたとおり，ドーンターは親族の婚前交渉を道徳に反するものとして忌み嫌うと考えられており，夫婦となるためにはその許しを請う儀礼的行為が欠かせなかった．ただしそれは，親族の年長者を数人程度家に招いてドーンター（コンマー）へのサエンをおこなうだけでよいとされ，手軽に済ますことができた．よって，サエンプダッチクマオッチには，経済的に困窮した世帯にとって通常の結婚よりも好ましく促せられる側面があった．

　結婚の儀礼のかたちにはいくつかの多様性があった．この点については，後に詳しく述べる．

---

[36] 現在の親たちは，もしも娘や息子が反対したら，無理強いをしてまで自分が定めた相手と結婚させることはないと述べていた．近年は縫製工場への若年女性の出稼ぎが増えたことで，出稼ぎ先で将来の配偶者を定めた後に親に紹介して，結婚までこぎ着けるケースが増加していた．

さて，結婚の次に人びとが迎える人生の節目としては，仏教徒としての在家戒の請願が挙げられる．仏教徒としての人びとの実践には多様な種類がある．それはまた，人びとのライフサイクルと関わっている．功徳の獲得に結びつくさまざまな行為のなかで，在家戒の遵守すなわち持戒行を熱心におこなうのは，ある程度年齢を重ねた人びとであった．

　表7-1は，在家戒を日常的に請願するようになったVL村の村人の数を性と年齢層を区別して示したものである．それによると，50〜59歳の年齢層では男性の3割と女性の約5割が，60歳以上の年齢層では男女ともに9割以上の人びとが在家戒を請願していた．ただし，39歳以下の年齢層では男女ともに該当者がおらず，40〜49歳の年齢層でも非常にわずかであった．

　在家戒の請願という実践が年齢層別に異なる特徴を示す背景には，それが禁じている諸行為と人びとの生業活動との関連がある．すなわち，在家戒を遵守するうえでは生活様式を変えなくてはならない．農村に暮らす30〜40歳代の人びとは一般に家族を養うことを第一の生活の目標としている．そのため，稲作のほか養豚や漁労などの生業活動に忙しい．しかし，在家戒を請願する場合は，最終的に殺生されることを見通したうえで豚や鶏を世話することが禁じられる．また，仏日など日頃から寺院へ出かける機会が増える．在家戒の遵守は仏教徒すべてに奨励されるものであったが，実際は生業活動の中心的役割を子供に譲った後で初めて無理なくおこなうことができる種類の実践であった．

　在家戒の請願は，一般に，その人びとが人生の階梯の終盤にさしかかったことを意味していた．サンコー区ではまた，そうして人生の階梯を上ることを「身体を捧げる（ថ្វាយខ្លួន）」と宣言して周囲に公表することがあった[37]．これは，家庭で追善儀礼をおこなう際などに，文字どおり仏陀の教えに「身体を捧げる」ことを儀礼的に宣言する行為を指した．アチャーによると，人びとは在家戒の遵守をこのような行為を経ずに始めることもできた．しかし，知己の人びとが詰めかけた儀礼の場でそれを公言すると，以後に在家戒を破ることがより恥ずかしく感じられるようになる．このような意味で，「身体を捧げる」儀礼には意義があると述べていた．

　　37　儀礼を通して「身体を捧げる」ことは，「知恵を請う（សុំប្រាជ្ញា）」ことであるとも説明されていた．

表7-1 在家戒をまもる人びとの性・年齢層別の分布（VL村）

年齢層	男性			女性		
	人数	在家戒をまもる人の数	在家戒をまもる人の割合（％）	人数	在家戒をまもる人の数	在家戒をまもる人の割合（％）
40〜49	27	2	7	45	3	7
50〜59	18	6	33	33	18	55
60〜69	21	19	90	22	20	91
70〜79	5	5	100	7	7	100
80〜89	0	0	—	4	4	100

(出所) 筆者調査

　ライフサイクルと仏教実践とのあいだの関連は，普段の寺院での活動の観察からも理解できる．そこで諸活動の中心を担っているのは，おおよそ50歳を過ぎた人びとである．調査中，VL村の一男性（1937年生）は，「今，何よりも楽しい（ສບາຍ）のは，仏日に寺院へ行き，他の老人男性たちとトア（ຄຄ：「仏法」の意）について話をすることだ」と話していた．また，PA村のある男性（1939年生）は，自分より年長でありながらまだ在家戒を請願していなかった同村の男性（1933年生）に対して，「60歳を過ぎても，親が寺に行かずに漁などしていたら，子供が恥ずかしがる．仕事（ຫນ）もなく，忙しく田に出ることもないのになぜ寺に行かないのか．自分たちは，同年代の者が寺に集まることがうれしいのだ」と語りかけていた．寺院は，老人世代の人びとにとって日常を過ごす場そのものであった．

　老齢に至り，病に倒れると，治療儀礼や延命のための儀礼的行為の対象となる．そして，寝床から離れられなくなり，死が間近に迫ったとみなされると，村人が声をかけあって夜にその人物の家へ集まった．そして，床に伏した人物の傍らで誦経をおこなった．「葬式のアチャー」もそれに参加し，村人を看取る準備を始めた．場合によっては，棺の準備も事前に始まった．息が絶える前に僧侶を招聘し，ボンサンガティアンなどの儀礼をおこなうこともよくあった．

　かつては，老若男女を問わず多くの人びとが夜半におこなわれるこの誦経に参加していたという．しかし，今日のVL村でその行為に加わるのは老人だけ

写真 7-9 死者儀礼のなかで棺にかけられた白い布を誦経しながら巻き取る僧侶

になっていた[38]。

　村人が死ぬと，葬式のアチャーの指導のもとで葬送儀礼がおこなわれた．表 7-2 は，VL 村で筆者が観察した葬送儀礼の一例について，その進行過程を略記したものである．第一報が届くと，家では客人を迎える準備がはじまる．遺体が到着すると，弔問の人びとが集まり，僧侶が招かれた．その際は，白色の丈の長い布が用意され，布の一方の端が遺体のうえにかけられた．そして，他方の端を僧侶が握り，読経が進むにしたがってそれを巻き上げた（写真 7-9）．この儀礼的行為はチャー（ឆា）とよばれ，葬送儀礼のあいだ僧侶が登場する度に繰り返しおこなわれた．また，故人の子供らが親族の老人男女を父母に見立てて，「許しを乞う儀礼（គំនូសទោស）」などもおこなった[39]。

　表 7-2 はプノンペンの病院で死去した村人の事例であった．そのためにそこでは省略されていたが，一般には続いて遺体を洗浄する儀礼がおこなわれた．子供らが足を前に伸ばして並んで座り，その足のうえに遺体を横たえる．そして，背後に立った葬式のアチャーが頭上から柄杓で落とす水を手で受け，遺体をまさぐって洗い清めていた．子供らはびしょ濡れになっていた．そして次に，納棺がおこなわれた．

38　一般に，今日の村の若者は誦経に慣れていない．次章で詳しく論じるが，人びとの仏教実践のスタイルは近年おおきく変化していた．
39　「許しを請う」という儀礼的行為は，男性が見習僧あるいは僧侶として得度する際にも両親に向かっておこなわれていた．

表 7-2 葬送儀礼の進行に関する一事例（VL 村）

日時	出来事
2001年3月28日	
10:00	プノンペンの病院に入院していた男性が，死去したという電話が入る．
11:00～	死去した男性の家では，親族が，食器を寺から，テーブルを業者から借り入れる．男たちは，棺をつくり始める．高床式家屋の前では，ビニールシートで屋根を葺いた簡易小屋が建てられ，ゴザが敷き詰められる．女性の一部は，葬儀のあいだ故人の子供と孫が着用する白色の布の服を手縫いする．
15:00	家の前には，「死者の旗」とよばれる白色の儀礼用布を先端から垂らした竹竿が掲げられる．棺は，黒色のペンキが塗られたあと，乾かされ，最後に金色の紙を切り抜いてつくった装飾が貼られる．
19:30～	遺体が専用の車で到着する．親族が号泣するなか，遺体が屋内にあげられ，頭を西に向けて安置される．遺体をのせたゴザの四隅に皿がおかれ，火を点けたロウソクが立てられる．死者の足下には，線香を立てるための壺と，「コンマーの紙」とよばれる葬具の紙を燃やすためのバケツがおかれている．人びとが交替で線香を上げ，「コンマーの紙」を燃やす．
20:00～	SK寺の住職らが到着．「葬式のアチャー」の指導で三宝帰依文の朗唱，戒律の請願がなされる．最後に，僧侶が読経をする段になって，遺体に白い細長い布の一端がかけられる．僧侶の1人が反対の端を握り，読経が進むと布をたぐり寄せ，遺体からはずれた後に一気に巻き上げる．
21:00～	「葬式のアチャー」の指導のもと，「許しを乞う儀礼」がおこなわれる．故人の異母兄と異母姉に，故人の子供らが，ロウソク5本と線香5本を載せたお盆をさし出す．異母兄姉は，子供らに祝福を与える．その後，納棺が始まる．白い布で遺体を包み，3本の布紐で首，腰，足首をしばる．それを，棺の中に収める．
21:40～	外の簡易小屋には机が出され，男たちがトランプで賭けを始める．酒を飲んでいる者もいる．親族の老人などは屋内で横になり，村人らは家に帰って行く．博打は明け方の4時くらいまで続く．
2000年3月29日	
5:30～	屋内で，老人らが三宝帰依文を唱える．その声が，スピーカーを通じて集落のなかに響く．屋外には村人らが集まり始める．村人らは，家人に，持参した精米や少額の現金をさし出す．親族の女性らは，粥の調理に忙しい．
7:10～	SK寺から僧侶8名を招聘して，朝食の粥を寄進する．「葬式のアチャー」の指導のもと，三宝帰依文が唱えられ，在家戒が請願される．終了後，村人らに粥が振る舞われる．その後，若い男たちが，SK寺の東の土地の高みへ中国式の墳墓をつくりに出かける．
10:45～	ふたたび僧侶8名をSK寺から家へ招き，昼食を寄進する．
17:00～	故人の長男がポーサット州より到着．到着後，長男は毛髪をそり落とし，白い布でつくられた服に着替える．
18:00～	SK寺より僧侶8名を招聘し，砂糖入のお茶を寄進する．その後，「葬式のアチャー」にしたがって，三宝帰依文の朗唱，在家戒の請願がおこなわれる．最後に，僧侶による説教がおこなわれる．僧侶らが帰ると，若い男らが屋外の小屋で昨夜と同じく博打を始める．女性らは家のうえで雑談に興じている．

第7章　宗教実践の変化と民族的言辞

日時	出来事
2001年3月30日	
5:30～	屋内から三宝帰依文を唱える声が聞こえる。屋外では、葬列の準備が進む。籠に、煎ったモチ米と折り畳んだ「コンマーの紙」を入れている。黒い三角形の布が用意され、「死者の旗」と同じパーリ語の文句が書かれる。故人の写真が用意され、それをはめ込む花輪がつくられる。参列者に配るために、線香に花を糸で縛りつけたものを大量に用意する。葬送の際に棺を載せる牛車にも、椰子やパンダナスの葉で飾りがつくられる。
7:00～	SK寺から僧侶15名が招かれて、朝食が寄進される。
8:40～	「葬式のアチャー」の指導のもと、「許しを乞う儀礼」がもう一度屋内でおこなわれる。外では音楽が流され、鐘が打たれる。親族以外の若い男数名によって、棺が外へ運ばれる。その後を「葬式のアチャー」が、グラスの水を周囲にまき散らしながら進む。
8:50～	外には、SK村の男性1人がまっている。棺を安置した牛車の前方に台が用意されている。台のうえには、故人の写真の花輪、茹でた豚の頭（口に尾が挟まれている）、グラス、線香をさす壺がおかれている。男性の指示で、男性親族が膝を地面について四つん這いになり、牛車の周りを反時計回りに3周まわる。終わると、前方に並んで立ち、1人ずつ線香を受け取って、棺に向かって4度おおきく腕を上げてから、壺にさす。次に、女性親族が、牛車の周りを時計回りに四つん這いで3周し、長男の嫁から順に線香を受け取って、同様の儀礼的な礼拝をおこなう。 終了後、男性の指示で、「コンマーの紙」が燃やされる。男性自身は、台の横におかれたレモングラスを植えた鉢に水をかけながら、コンマーへの語りかけをしている。
9:10～	「葬式のアチャー」が拡声器を使って故人の略歴を紹介する。
9:15～	行進が始まる。故人の子供らが、牛車の轍のあいだに身をなげうって、そのうえを車に通過させる。男性の場合は仰向けに合掌して、女性の場合はうつぶせに頭上で手を合わせる。車が通過すると、起きあがって先頭に追いつき、ふたたび身を投げ出す。各人、3度繰り返す。墓地に着くと、その周りを時計回りに3周する。前日に掘った穴の底に線香を4本横に寝かせて置き、そのうえに棺を降ろす。最後に、棺のなかのビニールのシートを抜く。顔をみようと人びとが詰めかける。「葬式のアチャー」は、遺体の身体を布のうえから縛っていた紐を断ち切る。
9:40～	僧侶を墓地に招聘して、追善の読経を依頼する。僧侶は、遺体にかけられた白い布の端をもち、読経を進めるのにしたがって布を手前に巻きあげる。終了後、その白い布と「死者の旗」は僧侶に寄進される。
10:00	参列者が帰り始める。SK村の一男性が、故人の子供をよび寄せ、墓の前の土に線香をさしてから、持参したグラスに水を注ぎ、「コンマーの紙」を燃やすよう命じる。男性は、燃え上がった火を水で消してから、土を線香壺に入れてもち帰るように指示する。
11:00～	SK寺から僧侶15名が招かれ、昼食が寄進がされる。また、4種類のバチャイをそろえた供物のセットを子供たちが僧侶へ寄進する。

(出所) 筆者調査

写真 7-10　出棺後に家屋前でおこなわれる儀礼行為の様子

　夜のあいだ，家には灯りが絶えなかった．かつては，村人らが棺を囲んで夜半まで経を唱えたという．現在は，男たちが屋外の軒下に集まって，トランプの博打に興じているのが一般的な光景であった．

　遠方で生活する子供の到着をまつ場合は，儀礼期間が 3 日におよぶこともあった．しかし通常の場合は，翌日の午前中に一連の儀礼が終了した．前日の夕方に続き，朝にも僧侶が家へ招かれ，朝食が寄進された．そして昼前に，棺を載せた牛車を囲んだ参列者によって墓への行進がおこなわれた．

　写真 7-10 は，VL 村での葬儀で，棺が家から運びだされた後の一場面を示している．棺は飾り立てられたテーブルのうえに載せられており，中央に立つ SK 村在住の 1 人の男性（1934 年生）が，故人の子供らに特別な儀礼的行為をおこなうよう指示している．この男性は，「葬式のアチャー」ではなかった．しかし時折「チェンのアチャー」と村人からよばれ，このようにして葬送儀礼の一部を指導していた（ただし，彼自身が自分を「チェンのアチャー」と自称することはなかった）．男性は，棺を安置したテーブルの前に別の卓を用意させ，茹でた豚の頭や花輪，線香壺などを載せるよう指示した．また，レモングラスを植

第 7 章　宗教実践の変化と民族的言辞　│　339

えた鉢を傍らに用意させた．そして，故人の子供らをよび寄せ，パーイ（ប៉ាយ）とよぶ中国式の礼拝などをおこなうように指導した．

このような葬儀を，人びとは「クメールが半分で，チェンが半分（ខ្មែរកក់កណ្ដាលចិនកក់កណ្ដាល）」のやり方にしたがったものだと説明していた．もしもクメール人のやり方なら，屋内で「許しを乞う儀礼」を済ませて棺を屋外に運び出すと直ちに行進がはじまった．そしてそのやり方は，仏教の方法（បែបព្រះពុទ្ធ）にしたがったものだと説明されていた．一方で，中国式（បែបចិន）の葬儀の場合は，行進の前にパーイし，豚の頭を用意したサエンをする必要があった．今日のVL村でみられる葬式は，このようなクメールと中国の双方の儀礼的伝統を採り入れたものであるため，「半分半分」なのだといわれていた．

筆者は，2000〜02年にかけて，VL村で3件，SK村で1件，BL村で1件，SM村で1件の計6事例の葬送儀礼を参与観察した．そのうち，火葬はBL村での1件だけであった（指導したのは，VL村での他の葬送儀礼と同じ「葬式のアチャー」であった）．そして，その他の例についてはすべて，「葬式のアチャー」とは別に，SK村の一男性が出棺後の「中国式」の儀礼的行為を指導していた．

この男性は，サンコー区のなかでは中国式の宗教儀礼の細目をもっともよく覚えている人物と信じられていた．ただし，既述の「チェンサエ」という名称ではよばれていなかった．この男性と，葬送儀礼の説明のなかで「チェン」のやり方と述べた儀礼要素については，後に改めて取り上げ，検討する．

以上，サンコー区に今日暮らす人びとの人生儀礼の概略をみてきた．その大半は，主催者の家を場として個人的な動機でおこなわれていた．しかし，儀礼に仏教僧侶が臨席する場合では，一部にコミュニティとの関わりがみとめられた．すなわち，サンコー区での結婚式や葬式，追善供養などの儀礼においては，主催者が最後に，個々の参加者が持参して主催者にわたした現金の一部を近隣の寺院や小学校に寄付する旨と，その金額が公表されることが常だった．個人や世帯をベースとした宗教活動は，このようにして，コミュニティの公共事業とも関係をもっていた．

（2）年中儀礼

　カンボジアでは，プノンペンなどの都市居住者の特に若年の世代の人びとを除けば，いまでも多くが月齢にしたがった伝統暦のリズムを生活のなかで意識している．1ヶ月に4度めぐってくる仏日の様子はすでに紹介したが，中国正月（春節）などの中国起源の年中行事やカンボジアに固有の行事も太陽太陰暦の1つである伝統暦にしたがって実施日が定められていた．2000年度の年中行事の日程は，表7-3のようであった．以下，この表中の各行事の概略を述べたい．さらに，表中の「サエンクマエ」，「サエンチェン」という項目についても説明する．

　4月13～15日はクメール正月（カンボジア正月）であった．国民の祝日であり，就学や就労のために一時的に村を離れた者や転出者が故郷に帰り，新しい年を家族や親類とともに祝う．人びとは，ドーンターやテヴァダーへの供え物を家で用意するだけでなく，近隣の寺院へ足を運び，積徳行に参加していた[40]．寺院の境内には菓子売りやくじ引きの屋台などが集まっており，普段寺院であまり姿をみない若者たちも友人を誘い合って詰めかけていた．境内では，各種の遊技もおこなわれていた[41]．

　クメール正月から1ヶ月ほど後に，仏陀入滅の日を記念するピサークボーチア（ពិសាខបូជា）の行事がおこなわれた．当日は，カンボジア暦のピサーク（ពិសាខ）月の満月の日にあたった．年によって前後するが，だいたい5月初旬

40　サンコー区周辺の各寺院では，4月13日以降の1週間ほどのあいだに，トラッチャエト（ត្រាស់ចេត្រ）とよばれた新年の寺院開きの行事を開催していた．各寺院は，近隣の他の寺院と開催日が重ならないよう工夫し，できるだけ広い地域から人びとが集まるようにしていた．

41　正月の時期には，通りかかる人に白粉を無差別に塗ったり，用意していた水をかけたりする遊びもみられた．ただし，サンコー区の老人世代の人びとによると，水かけを正月の時期にするようになったのはごく近年のことだという．それはタイの影響であり，クメールはもともと水かけなどしなかったという者もいた．

表 7-3 宗教年中行事の日程表（2000 年度）

日付（グレゴリオ暦）	行事名	寺院での儀礼の有無	家屋あるいは墓での儀礼行為	
			サエンクマエ	サエンチェン
4月13〜15日	クメール正月	○	○	×
5月17日	ピサークボーチア	○	×	×
7月17日	入安居	○	×	×
8月14日	サエンクバールタック	×	×	○
9月14〜28日	プチュムバン祭	○	○	×
10月13日	出安居	○	×	×
10月14日〜11月11日	カタン祭	○	×	×
11月11日	ソムペァプレァカエ	○	×	×
1月23日	中国正月	×	×	○
2月8日	ミアックボーチア	○	×	×
4月3日	チェンメーン	×	×	○
4月上旬	サエンプノー	×	○	×

（出所）筆者調査

であった．この日は，通常の仏日などよりもさらに多い人びとが前日の夜から寺院に向かい，僧侶の説教を拝聴するなどの行事に参加していた．

　自然現象としての雨期が本格化する7月の前半，カンボジア暦のアサート（អាសាឍ）月の満月の日には入安居（ច្បូលវស្សា）の行事が各寺院でおこなわれた．この日から3ヶ月間，仏教僧侶が外出を慎み，寺院に籠って修業に専念する安居とよばれる期間が始まった．寺院では前日から僧侶による説教などがおこなわれ，当日の昼前には長さ1メートル以上の巨大な「安居のロウソク（ទៀនវស្សា）」を寄進する儀礼があった．このロウソクは，安居期間を通して火が灯された．入安居の前の時期は，見習僧や僧侶の出家が相次ぐといわれていた．

　8月にはサエンクバールタック（សែនក្បាលទឹក）とよばれる行事があった．これは，中国起源の年中行事であり，サンコー区ではごく一部の世帯だけがおこなっていた．実施する世帯は，朝にロークターへ，正午前にはコンマーへサエンをおこなった．そして昼から友人らを家に招き，ご馳走と酒を振る舞ってい

た.

　9月頃には，カンボジア仏教最大の年中行事であるプチュムバン祭の期間を迎える．プチュムバン祭は，カンボジア暦のペアトロボット (ភទ្របទ) 月の下弦1〜15日目までの約2週間を開催期間としている．このあいだ人びとは毎日夕方から寺院に詰めかけ，それぞれの寺院のやり方にしたがって翌朝まで各種の儀礼をおこなっていた．その様子については，次章で詳しく紹介する．

　プチュムバン祭が終わって15日後のアソッチ (អស្សុជ) 月の満月の日は，安居期間の終了を祝う出安居 (ចេញវស្សា) の行事が各寺院でおこなわれた．サンコー区周辺の寺院では，昔から，仏陀の前世譚であるジャータカ (ជាតក) を僧侶と見習僧が誦経する儀礼がこの日におこなわれてきた．ただし，かつては盛大な様子で一昼夜続いたというジャータカの誦経は，今日ごく短く略されるようになっていた[42]．

　出安居の翌日から1ヶ月間は，カタン祭 (បុណ្យកឋិន) の期間だった．カタン祭は，タイやラオス，ミャンマーの上座仏教徒のあいだにもみられる年中行事である．カタン祭の特徴については，第9章で詳述する．カタン祭の期間の最終日には，ソムペアプレアカエ (ពិធីសំពះព្រះខែ：「月を拝む」の意) とよばれる伝統行事が寺院でおこなわれた．参加者は，横倒しにしたバナナの幹にロウソクを立て，その幹を回転させながら祈願文を唱えていた．

　カタン祭の後はしばらく，目立った行事が途絶えた．首都プノンペンの王宮前では，11月初め頃に「水祭り (បុណ្យអុំទូក)」がおこなわれた．しかし，サンコー区の人びとは，王宮前のサープ川に全国から集められた舟の競争の様子をラジオで聞くほかは，いつもとかわらぬ時間を過ごしていた．11月には早生稲の稲刈りが始まった．そして，12月に本格化する浮稲の刈取りと脱穀が終了する1月頃までは，稲作従事世帯にとって忙しい日々が続いた．

　そして，例年1月末から2月初めの頃に中国正月 (ចូលឆ្នាំចិន) がめぐってきた．中国人の移民を祖先にもつことを意識している人びとの多くは，豚の脂身

42　筆者のコンポントム州での調査では，昔のように一昼夜続けてジャータカを誦経するという寺院はみられなかった．ちなみに，2009年に訪問したタイ東北部のシーサケート県の一部の寺院では，カンボジア系の住民がいまも昔と同様のやり方でジャータカを誦経するという話を聞いた．

と緑豆の餡をモチ米で包んだチマキ（粽）を前日につくった．当日は，朝から，茹でた鶏や豚の丸焼き，卵麺の焼きそばなどの供物を用意して家屋内のコンマーの棚の前に並べ，パーイとよぶ中国式の礼拝をおこなった．中国正月を祝う世帯の多くは，当日の午前中ご馳走の一部を寺へもって行き，僧侶へ寄進した．そして，正午すぎには友人らを家に招き，食事を振る舞った[43]．

　2月の初め頃，カンボジア暦のミアック月の満月の日は，仏陀が入滅を悟ったことを記念するミアックボーチア（មាឃបូជា）の年中行事が各寺院でおこなわれた．この頃には，収穫が終わり，稲作世帯にも生活に時間的な余裕が生まれていた．

　農閑期であるこの時期には，ボンリアップスロックやプカー祭（បុណ្យផ្កា）などの宗教行事が集中しておこなわれた．結婚式もこの時期におこなう例が多かった．

　1年でもっとも暑くなる3月末から4月初め頃にも多くの儀礼が集中していた．まず，クメール正月からおおよそ10日ほど前にチェンメーンとよばれる年中行事の時期を迎えた．この行事は，中国語の「清明節」に相当するものと考えられ，中国人を祖先にもつ人びとは父母や祖父母などの墳墓を訪れ，墓の盛り土を整え，清掃し，食物や飲み物をその前に並べ，線香を立て，子孫の加護を祈っていた．中国人の移民と系譜関係をもっていても，この行事をおこなわない村人もいた．他方，たとえクメール正月には帰って来られなくても，チェンメーンには必ず帰省して，キョウダイがそろって墓に詣でなければならないと話す村人もいた．チェンメーンの日に祖先の墓の前でおこなうサエンの場面には，僧侶が招聘されることもあった．

　次いで，クメール正月の直前の時期に，父母や祖父母の遺骨を納めたチェディや墓の前に僧侶を招聘し，サエンプノー（សែនភ្នូរ）とよぶ行事をおこなう世帯もあった．サエンプノーという言葉は，「墓でサエンすること」を意味している．この行事は，さきのチェンメーンと比較され，「クメール人の伝統（ប្រពៃណីខ្មែរ）」といわれることもあった．ただし，墓でなく家に僧侶を招いて

43　内戦前のサンコー区でも，中国人の移民の世帯が，祖先へのサエンが終わると商売相手や近隣のクメール人たちを家に招き，食事と酒を振る舞っていたという．

サンガティアンなどの追善儀礼をおこない，それを墓でのサエンに代えたと説明する世帯もあった．

　ところで表7-3は，以上の年中行事の日付に加えて，筆者がその当日儀礼的行為を観察した場所についても記している．クメール正月やプチュムバン祭の日には，寺院における集合的なかたちの仏教儀礼と，集落の各家における「サエンクマエ」とよばれた儀礼の両方がみられた．他方で，中国正月，サエンクバールタック，チェンメーンの日には，各家屋での「サエンチェン」という儀礼的行為のみがおこなわれ，寺院での行事はなかった．ただし，村落には，その「サエンチェン」という行為をおこなわない世帯もあった．

　既述したように，サエンというカンボジア語は祖先やその他の超自然的存在に対して約束した品物を供えることを意味する動詞である．具体的には，卓やゴザのうえに各種の供物を用意し，水もしくは酒をグラスに注ぎながら祖先あるいはその他の超自然的存在に祈願の語りをおこなう行為を指す．そして，サンコー区の人びとは，家屋（あるいは墓）を場としてよくおこなうこの儀礼行為を，「サエンクマエ」（＝クメールのサエン），「サエンチェン」（＝中国のサエン）という2種類に分けて説明していた．カンボジア語の「クマエ」と「チェン」は，「クメールの，クメール人」と「中国の，中国人」を意味する．つまり，この儀礼行為の区別は，サンコー区の人びとが，民族的言辞をもちいた儀礼要素の分類を自文化理解の枠組みとして共有していたことを示していた．

　このようにサンコー区の人びとの宗教実践の世界には，チェンとクマエの2種類の「民族的伝統」が息づいていると結論づけることが可能な状況がみられた．ただし，実際の民族誌的状況は，エスニシティといった分析概念とは直接に結びつくものでなかった．この点は，ポル・ポト時代以後の地域社会再生の興味深い状況を照射する事実であり，後の節で改めて取り上げる．

　次節では，サンコー区の人びとの宗教実践の変化の問題を検討する．いまさら強調するまでもなく，サンコー区の地域社会は1970年代以降激動ともいえる現代史を経験してきた．宗教実践はその歴史からどのような影響を受け，変容を遂げてきたのだろうか．

7-5 宗教実践の変化

　本章はこれまで，サンコー区で観察した人びとの宗教的実践を主に共時的な視点に立って記述し，分析してきた．本節では，通時的な変化の側面に視点を移し，調査地で得た民族誌的資料から関連した部分を紹介し，検討する．

（1）変化の多層性

　サンコー区の人びとの今日の生活は，1970年代に経験した内戦とポル・ポト時代の歴史的状況からさまざまなかたちの影響を受けている．地域社会では今日多様な宗教実践がおこなわれていた．しかしそれらは，ポル・ポト時代以後の生活再建の過程で再興したものである[44]．

　このような状況下で宗教実践の変化という問題を考える際は，十分な注意が必要である．序論で強調したように，地域の社会はポル・ポト時代以前から存在してきた．そして，時々の時代状況のなかで刻々と変化を遂げてきた．つまり，内戦とポル・ポト政権の支配という1970年代の経験に対する印象は強烈であるが，その時代を境にした社会の変化をあまりにドラスティックに想定することには現実の曲解を導く危険があった．

　このような危惧は，ラウンミアック（ເຊີ່ນມຍາຍ）という宗教儀礼に関する状況が示唆していた．ラウンミアックは，カンボジア暦のミアック月に開かれてきた伝統的な宗教儀礼である．時期は，おおよそ2月頃にあたる．その儀礼では，ネアックターやクルーのループ（寄り代）となる人物が中心となり，母方

---

[44] ポル・ポト政権下のサンコー区では一部で，革命組織の地元幹部がネアックターやクルーへのサエンをおこなっていたという話を聞いた．しかし同時に，革命組織の命令でそれまでネアックターの住み処として畏れられていた森林を丸裸になるまで切り払ったという話もあり，一般には超自然的存在の観念が否定され，それに関する実践も停止していたといえる．

親族のつながり (ឆៀនញាតិ) によってその人物と結ばれた人びとが一堂に集まる．そして，寄り代となった人物に宿った超自然的存在から祝福を受け，生活の安寧を祈願した．

調査中，筆者はサンコー区の KK 村と TK 村でこの儀礼を観察した．興味深いことに，TK 村で参加したその儀礼は，20 年以上の中断を経て筆者が観察したその日に再開したものだった．

KK 村と TK 村におけるラウンミアックの儀礼の様子は，次のようであった．まず，どちらの村でも儀礼は夕方に始まった．儀礼の中心人物である寄り代は，両方とも 70 歳代の女性であった．KK 村の女性は長く寄り代として活躍しており，前年にもラウンミアックの儀礼をおこなっていた．しかし，TK 村の老女は，その日に初めて寄り代となり，儀礼をおこなうものだった．

寄り代の老女の家の屋敷地では，高床式の家屋の前方に臨時の小屋 (ខត) がつくられていた．それは，近辺で伐採した灌木を使って柱と梁をつくり，作業用のビニールシートで屋根を覆っただけの簡素なもので，四方の壁の一面にだけゴザを垂らしていた．梁には，クロマー (ក្រមា) とよばれる格子模様のスカーフがかけられていた．小屋の一角には木製の寝台があり，うえにバナナの幹などでつくった伝統的な儀礼用供物がおかれていた．寝台の傍らには，楽師を務める男性らが太鼓 (ស្គរ) や笛 (ខ្លុយ)，二弦の楽器 (ទ្រ) を手にして座っていた．そして，小屋の東北方向にはリアンタッ (រានទាត់：「方角の台」) とよばれる棚がつくられていた．参加者は小屋に着くと，精米を入れた小さなビニール袋とロウソク，線香などを少額の現金とともに老人女性へ捧げていた．

しばらくすると，老女が小屋のなかに入って寝台に向かって座り，儀礼的行為を始めた．まず，老女の要請にしたがって音楽が奏でられ，老人男性らが太鼓を叩きながら歌をうたい始めた[45]．すると，寄り代の老女は正座し，ロウソクを縁に立てた脚つきの碗を両膝のあいだにおいて，股で挟みこむようにした．そして，両手でうえから碗をつかみ，上半身の体重をかけて乗りかかるような姿勢をとった．さらに，脚つきの碗の縁に立てたロウソクの炎をみつめた．その後，碗を左右に捻るように回転させる動作を続けると女性の両腕が細かく

---

45 寄り代を中心とした儀礼をおこなうときの楽曲には，テアッダムレイ (ទាក់ដំរី) といった名称がつけられていた．

写真 7-11　ラウンミアックの儀礼の様子

震え始め，やがてその身体が崩れ落ちた（写真7-11）．それが，超自然的存在が彼女の身体に宿ったしるしだった．

　寄り代となった老女が周囲の者に告げたところでは，身体に宿ったのは「ジィェイモム (យាយម៉ម：「モム婆さん」)」，「ドンボーンダエク (ដំបងដែក：「鉄の棒」)」，「ターパウソンハー (តាពៅសង្ហា：「ハンサムなパウ爺さん」)」，「スレイクマウ (ស្រីខ្មៅ：「黒い女」)」，「クルースレイルォー (គ្រូស្រីល្អ：「良い女のクルー」)」，「クルーターチャン (គ្រូតាចាន់：「チャン爺さんのクルー」)」などの名前をもったネアックターもしくはクルーであった．

　寄り代の老女は，時折立ちあがって赤い布をマフラーのように首に巻いたり，黄色の派手な上着に着替えたり，いきなり酒の瓶をつかんで周囲の者に無理矢理飲ませたり，あぐらをかいて座り込み巻きたばこを吸い始めたり，用意してあった刀を手にとって踊ったりといったふうに，身体に宿った超自然的存在の性格にしたがって特徴的な振る舞いをみせた．一方で，人びとは，頃合いをみて寄り代となった老女に近づき，霧吹きで香水を振りかけてもらったり，つばや息を吐きつけてもらったり (ស្តោះថ្ងូរ)，身体をさすってもらったりしていた[46]．また，そのような相互行為が進むあいだに周囲からは，「安寧を！

46　KK村で参加したラウンミアックの場合は，個々人が特定のクルーの「生徒

(ឲ្យជាទៅ!)」,「牛,水牛,鶏,家鴨が健康でありますように (ឲ្យសុខសប្បាយ គោក្របីមានទា)」,「健康であるように助けてください,見守ってください (ជួយជាជំនួយមើរក្សាជន)」などという声が挙がっていた[47].

　以上のようなラウンミアックの儀礼は,聞き取りで得た情報を総合すると,1970〜80年代のサンコー区では一切みられなかった.そして,中断の後の儀礼の復活に対しては,2種類の意見があった.すなわち,儀礼のその場に居合わせた人びとは,(ラウンミアックの儀礼は重要であり)「開催日を知らされたら,来ないわけにはいかない」と説明していた.しかし,その集落には,親族関係にありながら儀礼に参加しない人びともいた.そして,彼(女)らは,「ずいぶん長くその儀礼を止めていて,だからといって何も起きていないのだから,もう行かなくても大したことではない」と語っていた.つまり,超自然的存在とそれが媒介する他者とのつながりの重要性については,地域社会内に異なった認識が存在した.

　TK村で観察したラウンミアックの事例は,ポル・ポト時代を挟んで長期にわたって停止していた儀礼が久しぶりに復活したものだった.ただし,ここでそれを「ポル・ポト時代以後の宗教儀礼の復活」と書くことには具合悪さがつきまとう.

　実は,ラウンミアックの儀礼自体は,ポル・ポト時代よりもずっと前から停止の様相をみせ始めていた.サンコー区の老人たちの記憶によると,SK村やVL村でも1940年代まではラウンミアックの儀礼がおこなわれていた.それらの村では今日,この儀礼の復活の兆しがみられない.かつては,ラウンミアックの儀礼を主催していた寄り代が死去すると,クルーやネアックターが親族内の別の人物を新たな寄り代として捕まえ (ចាប់បង្ខំ),儀礼活動が継承された.しかし,1950年代にそれまで寄り代であった村内の人物が死去した後,それらの村では新たな寄り代があらわれなかった.そして,儀礼が途絶えた[48].

　　　(កូនសិស្ស)」であると説明され,人びとは自分と関係が深いクルーが憑依したときに限り,寄り代に駆け寄って祝福を受けようとしていた.
47　儀礼の最後には,小屋の梁にかけられていたクロマーを楽師がはずし,それを居合わせた人の1人が,酒1瓶と交換で買い戻すという儀礼的行為がおこなわれた.終了後,小屋はすぐさま壊されるのが決まりだといわれていた.
48　村人らは,このような状況での儀礼の停止を,「子孫がまじめに考えなくなっ

その他，ネアックターに対する宗教儀礼についての聞き取りのなかでも，かつてはそれが年中行事化したかたちでサンコー区全体の人びとを巻き込み，集合的におこなわれていたが，今日は有志のグループが小規模におこなうだけだという例があった[49]。

　要するに，今日のカンボジアの地域社会において宗教実践の変化の語りを分析するときには，その地域社会の歴史的状況が生み出してきた社会変化の多層性をよく考える必要がある．この注意はおそらく世界のどの地域の人びとの生活を考えるときにも必要であるが，ポル・ポト時代の変化が何につけても強調される傾向があるカンボジア社会研究においては特に大切である．カンボジア農村では，20世紀半ば頃から一般に近代化とよばれる社会の変化が始まった．それが通奏低音のように影響を与えるなかで，人びとの生活は，内戦期とポル・ポト時代を乗り越え，現在の状態に至った．近年，特に1990年代以降の急速な社会経済的変化のなかで，地域の人びとの生活や価値観はおおきく多様化の方向に向かって進んでいる．ただし，その動きの一端は，内戦以前の1950年代にすでに始まっていた．

（2）経験と担い手の断絶

　しかし，矛盾するようであるが，ポル・ポト政権の支配という近年の歴史的状況からの直接の影響も軽んじられるべきではない．地域社会において収集した民族誌的資料のなかには，比較的明瞭なかたちでポル・ポト時代の歴史的経験にその原因を求めることができる変化の例もあった．その1つは，追善儀礼の儀礼様式の単一化である．追善儀礼としては，パチャイブオンやサンガティアンといった例をさきに紹介した．しかし，ポル・ポト時代以前のサンコー区では，チャーマハーバンスコール (សាកមហាបង្សុកូល) とよばれる別のかたちの

た (ក្នុនៅអភិតតតូរ)」からだと説明していた．
49　その一例は，次章で紹介するSR村のネアックターの祠を場としておこなわれるボンリアップスロックの儀礼である．この儀礼は，かつてはサンコー区の全体から人が集まっておこなわれたというが，現在は近隣の集落の住民のみでおこなわれるかたちになっている．

追善儀礼も存在した．

　チャーマハーバンスコールの儀礼は，かなりの財力をもった人物しか主催者になれなかったといわれる．というのも，この儀礼は，僧侶が日常生活でもちいる品々を牛車2～3台に積み込むほど大量にそろえ，30名にもおよぶ数の僧侶をいちどに招いておこなうことが通例とされていた．具体的な手順としては，まず竹の柵で10メートル四方の結界を囲ってつくり，その中央に諸々の供物を載せた寝台をおく．そして，夜中の12時をまって儀礼的行為を始める．最初，供物を載せた寝台とその横に座った主催者の身のうえに，僧侶用の黄衣を覆いかぶせる．次いで，結界を示す柵の外縁の8方位に立ったアチャーらが読経を続けるなか，カマターンサエサップ (កម្មដ្ឋានស្បៃ) とよばれる瞑想技法を修めた僧侶が結界を示す柵の出入り口を行き来し，歩きながら読経する．そして最後に，結界の中央に進み出て寝台と主催者の頭上にかぶせられた黄衣を「チャーする」（手にした布の端を手前に引っ張り，巻き上げる）．

　このチャーマハーバンスコールの儀礼は，ポル・ポト政権の崩壊以降，サンコー区では復活の兆しがなかった．そして，地域の人びとは，儀礼の消失の理由を担い手たる僧侶の系譜の断絶に求めていた．カマターンサエサップという瞑想技法を習得し，この儀礼を主催することができた僧侶は，内戦前でも少なかった．実際，内戦前のサンコー区では，地元寺院ではなく西隣のストーン郡の寺院から名の知られた僧侶を招聘し，その儀礼をおこなっていた．そして，ポル・ポト時代以後の地域社会とその周辺には，この儀礼を主催する能力をもつ僧侶が未だあらわれていなかった．

　地域社会における仏教実践の再興の過程については，僧侶の復活をめぐる状況も含めて次章で詳しく述べる．ただ，ここで先取りして要点を述べると，仏教実践の再興には時間のずれが存在した．すなわち，俗人による日常的な仏教実践の一部がポル・ポト時代直後の1979年から再開した一方で，先輩僧侶から若輩の僧侶への実践の継承がサイクルとして動き始めたのは1980年代末だった．また，1980年代の地域社会でみられた仏教実践は，国家に統制され，かつての状況と切り離された新しい環境におかれていた．サンコー区の人びとの仏教徒としての活動が，僧侶の実践を含めて本格的なかたちで活性化したのは，1990年代に入ってからであった．

すなわち，地域社会では，1970年代初めから約20年間仏教実践の継承が停止していた．それは，宗教活動の経験と担い手の断絶という事態を地域社会に生み出した．その後，かつて長期で出家した経験をもち，その後還俗して俗人として過ごしていた男性の再出家によって，僧侶という存在が復活した．しかし，特別な瞑想技法を修めた僧侶の系譜はまだ途絶えたままだった[50]．
　宗教実践の担い手の断絶という問題については，チャーマハーバンスコール以外にも多くの例が挙げられる．例えばその1つは，「チェンの仏陀」の廟を中心として中国人移民とその子弟がかつて組織していた宗教活動である．廟の活動を運営していたサマコムは，調査時，一向に復活の気配をみせていなかった．そして，その活動の消滅が，ポル・ポト時代を挟んだ担い手の断絶を原因としていることは明らかであった．
　一方で，生活世界の一部としての宗教儀礼は，テキスト化された規則に縛られず，常々更新されながら継承されていく側面もみせていた．この事実は，TK村におけるラウンミアックの儀礼の事例が端的に示していた．その儀礼は，さきに説明したように，ポル・ポト時代以降長期にわたって停止していた．しかし，筆者が観察したその日に再開した．その再開を支えたのは，生き残った人びとが身体化していた過去の記憶であった．つまりそれは，状況によって過去の記憶というかたちに追いやられた文化的資源が機会を得て地域社会のなかでふたたび集合的な行為に発展する可能性を現実のものとして示していた．

（3）結婚儀礼の多様性

　ポル・ポト時代以後のカンボジア農村の地域社会において宗教実践の変化を考える際には，長期的な変化と短期的な変化の多層性を前提とする複眼的な視点をもつ必要がある．過去と現在についての人びとの語りは実にさまざまなか

50　2001年頃，プノンペンで人づてに聞いたところでは，コンポンチャーム州の一部ではチャーマハーバンスコールの儀礼が復活していたという．ただし，担い手の断絶というポル・ポト時代以後の社会状況の性質を考えると，本文で検討したサンコー区と同じ状況はカンボジア農村の他地域でも広くみられたものと考えられる．

たちの歴史的変化の事実を教えていた．しかし，そこで「変化」とみなされた事項のすべてについて，「ポル・ポト時代の断絶」に根本的な原因があると一刀両断に言い切ることはできなかった．地域社会は，遅くとも1950年代には近代化とよばれる変容の時代に入っていた．また，ポル・ポト時代以降の地域社会そのものも，非常に速いスピードで進む変化の渦中にあった．

そして，近年の社会経済的変化が宗教実践の形式の多様化を推し進めていた例もあった．それは，サマイ / ボーラーンという結婚儀礼の多様性であった[51]．カンボジア語のサマイという言葉は，「時代，時」を意味する名詞であり，また「新しい，現代的な」という意味の形容詞としてももちいられる[52]．ボーラーンという言葉は，形容詞として「昔，古代の，古い」の意味である．調査時のサンコー区には，以上の2つの対照的な形容詞でよばれた結婚式の儀礼形式があった．そして，その多様性は，それを地域社会の空間軸のなかに位置づけることで社会変容の実態の一側面を明らかにしていた．

表7-4は，筆者がVL村で参与観察した結婚式の一例についてその式次第を略記したものである．結婚式の行事は通常2日にわたっておこなわれた．初日の夕方には僧侶が家に招かれ，新郎新婦が茶葉，線香とロウソク，そして現金を僧侶に寄進した．2日目は，朝からいくつかの儀礼が続けておこなわれた．まず早朝に，新郎とその親族や友人が行進の隊列を組んで新婦の家まで約束した品々を送り届ける儀礼的行為があった．次いで，土地と水の主やネアックターへのサエンと「髪を切る儀礼（ពិធីកាត់សក់）」が屋外でおこなわれた．そして，新婦の家の屋内に場所を移して，コンマーとドーンターへのサエンが実施された．最後は「夫婦として一緒にさせる儀礼（ពិធីបញ្ចុំ）」がおこなわれ，昼前に一連の行事が終了した．その後は，客人を招いた祝宴が正午から午後にかけて続き，夕方からは大型のスピーカーを使って大音量の音楽を流し，新郎新婦

---

[51] ここで結婚とみなすのは，サエンプダッチクマオッチではなく，通常のかたちの結婚式の儀礼的行為の部分である．

[52] サマイ / ボーラーンという物事の新旧を区別する言い方は，社会生活のなかの非常に広い範囲でみられた．例えば，衣服や楽曲についても，サマイ / ボーラーンという形容が使われていた．それらがサマイといわれる場合は，それが「新しい服（曲）」という意味であった．

表7-4 結婚式の進行に関する一例（VL村）

日時	出来事
2001年2月18日	
15:00～	新婦の家の前にビニールシートで屋根を葺いた簡易な小屋が建てられている．銀色と金色のスプレーが吹き付けられたバナナの幹が，屋敷地の入り口の両脇に立てられている．村人が集まり，親族の女性らは調理に，男性の一部は酒を飲みながらトランプの賭けを始めている．
17:07～	SK寺から僧侶4名が招かれる．「結婚式のアチャー」の指導のもとで，砂糖入りのお茶が寄進される．
17:14～	「結婚式のアチャー」が新郎新婦を屋内によぶ．新郎新婦は別々に，枕をおいたゴザのうえに座る．その後ろに，介添人の役割の男女2組が控える．「結婚式のアチャー」の指示のもとで，三宝帰依文の朗唱と在家戒の請願がおこなわれる．僧侶の前にはふちにロウソクを立てたアルミ製の碗が2つ用意されている．その後，僧侶が経文を唱えながら碗の水を指で新郎新婦の頭上にまき散らす．僧侶の読経が終わると，新郎新婦は僧侶の前に進み出て3度床に手をついて礼をし，盆に載せた線香とロウソク，たばこ，紙幣を寄進する．
18:00～	僧侶と「結婚式のアチャー」は帰途につく．屋敷地では，集まった村人らが雑談に興じている．夜が深まると，酒や博打の席が出来あがる．
2001年2月19日	
6:30～	新婦の家の前に親族と友人が集まる．村内の100メートルほど離れた家に移動して，新郎が用意した贈り物の品々を分担してもつ．その後，楽師に率いられた新郎と男性の介添人を先頭にして，列を組んで新婦の家まで行進する．屋敷地に入ると，屋外に立って新婦が家から降りてくるのをまつ．新郎と新婦が向かい合うと，新郎は用意していた刀とビンロウの花を載せた高杯を新婦にさし出す．新婦をそれを受け取り，花輪を新郎の首にかける．
6:45～	新郎新婦がそろって家に上がり，「ビンロウの花を父母に捧げる」とよぶ儀礼に移る．最初に新婦の両親，ついで新郎の両親に対して新郎新婦が儀礼用供物を捧げる．そのとき，家屋内のコンマーの棚がおかれた机のうえではロウソクに火が点けられ，果物が整えられる．
7:05～	新郎の親族が用意した品々が屋内に運び込まれ，「結婚式のアチャー」の指示にしたがって一面に並べられる．「結婚式のアチャー」は，新婦の両親に，「これらの贈り物で十分か」を尋ねる．次いで，楽師の男2人がよばれ，音楽にあわせて踊りながら贈り物として広げられた品々をそれぞれ少量ずつ集め，盆に載せる．それを新婦の両親にさし出す．新婦の父親がそれを受けとると，楽師の2人は酒の瓶を1本もらって席に戻る．
7:25～	参列者は用意された粥を食べる．楽師の3人が，新郎，その父親，男性の介添人を伴って，「ネアックターへのサエン」のために集落の端へ向かう．楽師が「ロークターが来たぞ」と声をかけると，茹でた豚の頭を樹の根元におき，その脇においたグラスに酒を3度注ぐ．その場所に，花，線香，豚の尾と耳をちぎって捨て，酒を注ぐ．

8:09〜	家の前の小屋に椅子が2脚用意され，衣装替えをした新郎新婦が席に着く．「髪を切る儀礼」が始まる．新婦新郎の両親，友人らが，椅子に座った新郎新婦の背後に立って髪を切る仕草をする．最後に，テヴァダー（天女）に扮した楽師の2人が，滑稽な動作を繰り返しながら髪を切る仕草をする．そして，新郎新婦が清められたと宣言する．
8:50〜	屋内で，「コンマーへのサエン」が始まる．壁際においた卓のうえに赤い棚と線香壺，ロウソク，湯飲み，碗などがおかれている．棚には，向かって右に「神位」，左に「祖位」と漢字が書かれた紙が貼られている．新郎新婦は老人男性の指示にしたがって線香を両手でもって前に立ち，お辞儀を3度繰り返す．老人男性は，線香を新郎新婦から受けとると，「神位」と書かれた紙の前の線香壺にさし，グラスにジュースを3度注ぐ．次いで，「ネアックターの紙」とよばれる儀礼用の紙を燃やす．次に，同じ動作を繰り返し，今度は線香を「祖位」と書かれた棚の前の線香壺にさす．その後，「コンマーの紙」とよばれる紙が燃やされる．動作がいったん止まる度に銅鑼が鳴らされる． 他方で，家屋の中心の柱の脇に敷かれたゴザのうえに赤い布が広げられ，別の供物が用意されている．炊いたご飯5碗，スープ5碗，グラス1つ，酒1瓶のほか，線香の壺と菓子を盛った皿を載せている．「コンマーへのサエン」が終った後，新婦の親族男性がグラスに酒を3度に分けて注ぐ．これは，「ドーンターへのサエン」だと説明される．
9:18〜	「夫婦として一緒にさせる儀礼」が始まる．新郎新婦が長い枕のうえに両手をおいて座り，身をかがめる．「結婚式のアチャー」が，最初に新郎の右手，次に新婦の右手に木綿の糸を結び，用意しておいた碗の水をそのうえに振りかける．ついで，枕を2つに分けて，新郎新婦それぞれが別に手をおき，新郎新婦の両親や友人が傍らに順にしゃがみ込んで木綿糸を腕に結ぶ．そのとき，手の中に紙幣を押しこむ人もいる．次いで，「結婚式のアチャー」が新郎新婦に「2人は今日から夫婦となり，双方の父母に幸あるように．これから将来に幸がありますように」と祝福の言葉をかける．また，親族の男女らが夫婦としてふさわしい行動について訓戒を与える．ビンロウの花のつぼみの殻を開き，なかの未成熟の花弁を取りわけて列席した老人らに配る．そして，「結婚式のアチャー」がパーリ語とカンボジア語の請願文を唱えるなか，参列者か全員で新郎新婦めがけてその花弁を投げかける． 終了後，新婦の親族男性がコンマーの卓へ行き，グラスへ酒を注ぐ．
10:10〜	新郎新婦が着替えて屋敷地の入り口に立ち，招待した客人らが宴席に到着するのを迎える．到着した者から席に案内され，料理と酒が振る舞われる．
17:00〜	ござが取り外された小屋で，大音量の音楽のもと，ダンスに興じる．

（出所）筆者調査

を始めとした参加者がダンスに興じた．

　以上に紹介した結婚式の形式を，サンコー区の人びとは「サマイの結婚式（ការសម័យ）」とよんでいた．調査のあいだ，筆者はサンコー区で計9件の結婚式に参加した．うち5件はVL村で，さらにTK村で1件，PA村で1件，KB村で1件，KK村で1件の結婚式の様子を観察した．そして，VL村での5件の結婚式とTK村およびKB村での結婚式の計7つの事例は，準備から終了までの式次第が以上で述べた例とほぼ同じ順に進行し，「サマイの結婚式」とよばれていた．

　しかし，PA村とKK村で観察した2件は，「ボーラーンの結婚式（ការបូរាណ）」とよばれ，より複雑な準備と儀礼行為を特徴としていた．サマイとよぶ結婚式でみられず，ボーラーンの結婚式で観察できた儀礼的行為には，例えば次のようなものがあった．まず，新郎の男性は，当日の朝に新婦の家に着いても，屋内に上がることが許されなかった．すなわち，新郎は早朝に行進して新婦の家に到着すると，まず屋敷地の一角に設けられた簡易な小屋に居場所を定めた．そして，サエンチョーンダイ（សែនចងដៃ：「腕を結ぶためのサエン」），リアントメンニュ（លាងមាត់：「歯を漱ぐ」），デークオンコーリアップ（ដេកអង្ករលៀប：「整えた精米のうえに寝る」）といった一連の儀礼的行為をその仮小屋のなかで矢継ぎ早におこなってからようやく家屋に架けられた梯子を昇った．そして，高床式家屋の戸口の床板上におかれた石のうえに立ち，その新郎の足に新婦が水を注いで洗うリアンチューン（លាងជើង：「足を洗う」）という儀礼的行為をおこなって初めて，新婦の家の屋内に入ることができた．

　ボーラーンの結婚式における以上のような各種の儀礼的行為は，非常に手の込んだ動作を含み，結婚式のアチャーによって指導されていた．アチャーによると，それら数々の儀礼的行為は，これまでの生活のなかで体内に溜まった悪い要素を体外に排出し，身体を浄化することを目的としていた．

　ところで，結婚式の形式の違いという話題は，過去についての人びとの語りのなかにも多くの例をみつけることができた．例えば，調査時に60歳代であった老人世代の人びとは，彼らの父母の世代の結婚のやり方として，新郎は新婦の家の前に小屋を建て，最低1ヶ月はそこで生活したものだと説明し

た[53]．また，さらに古い時代には，新郎が自ら木を伐採し，家を建ててから初めて妻を迎えることができたという語りもあった[54]．大勢として，サンコー区では，結婚式の儀礼の内容が複雑さを失い，より簡略化した形式が主流になっていく過程が内戦の前から始まっていた．

そして，以上の時間軸上の分析を，今日の地域社会の空間のなかに再配置すると，地域社会の変化の様子がより総合的かつ立体的なかたちで浮かび上がる．すなわち，調査時のサンコー区では，SK村やVL村では皆無であったが，PA村やKK村ではまだボーラーンの形式の結婚儀礼がみられた．VL村で暮らしていた夫婦の例で確認すると，1960年代初めまではVL村でも3日間にわたってボーラーンの形式の結婚式をおこなった例があった．ただし，その時期のVL村では，サマイとよばれる簡略形の結婚式もすでに始まっていた．そして，ポル・ポト時代以後のVL村では，ボーラーンの形式の結婚式が消え去った．しかし，4～5キロメートル離れたPA村などではそれが存続していた．

第6章の後半で議論したように，経済格差を参照点とした地域の社会経済的構造は，生活様式の違いにも関わっていた．人びとは，そのなかで，「市場の人」，「農村の人」といった範疇をもちい，自らの周囲の世界を概念化しようとしていた．VL村でボーラーンの形式の結婚式がもはやみられず，PA村などで一部それが存続していたというサンコー区の状況は，そこに暮らす人びとの生活の意識と姿勢の多様性が，その地域の社会経済的構造に重なるかたちで定型のパターン —— すなわち，国道沿いの市場近くの村とそこから遠い村 —— を示していたことを知らせる．

ところで，実際の結婚式がサマイとボーラーンのどちらの形式でおこなわれるのかは，当事者の選択に拠っていた．サンコー区には複数の結婚式のアチャーがおり，そのなかには，サマイの形式の儀礼を支持する人物とボーラーンの形式の儀礼を指導することが得意な人物の両方がいた．そして，前者は，ボーラーンの形式の結婚式が必要とする複雑な儀礼的行為は「バラモン教

---

53 また，この時代の結婚式は最低でも3日間にわたっておこなわれていたという．
54 結婚の際に新郎側が新婦側へわたす婚資を，「家の代金（ថ្លៃផ្ទះ）」とよばれることもあった．これは，かつての風習の名残と考えられる．また，婚資は，「母乳の代金（ថ្លៃទឹកដោះម្ដាយ）」とよばれることもあった．

(ប្រពៃណីសាសនា)」の風習であり，サマイの形式こそが仏陀の教えにもとづいた正しいやり方だと主張していた．他方，ボーラーンの形式の結婚式を司ることを好むアチャーは，それが先達から受け継いだ「民族的伝統」であり，重要な価値をもつ文化的行為であることを強調していた．このようにしてアチャーのあいだには意見の対立があったが，実際の結婚式をどの形式でおこなうのかは当事者がどちらのアチャーに儀礼の采配を依頼するのかに拠っていた．よって，宗教的伝統の解釈と実践をめぐる対立は，結婚式の多様性という領域においては，人びとのあいだに目に見えるかたちの分断を生んでいなかった．

最後に，サンコー区でかつてみられた「サマイ」とよばれる結婚式の別の形式にも触れておく必要がある．それは，今日サンコー区の人びとがサマイとよぶ結婚式よりもさらに式次第が簡略化されたもので，そのうえにアルコール類を宴席に供さず，場合によっては豚や鶏を屠ることもしなかったという．この「サマイ」のかたちの結婚儀礼は，1950〜60年代に結婚したVL村の夫婦組のうち4事例で確認できた[55]．

実は，この「サマイ」の結婚式の例は，1940年代に地域社会で始まった仏教実践の変容と関連していた．すなわち，サマイ/ボーラーンという言葉はサンコー区を中心とした地域において，結婚式の形式だけでなく，仏教実践の多様性を示す表現でもあった．この辺の経緯については，次章で中心的に取り上げ，分析する．

7-6 　宗教実践と民族的言辞 ── チェンとクマエ ──

（1）シンクレティックな文化状況

本章がここまで記述し，分析してきたサンコー区の人びとの宗教実践の世界

---

[55] この意味でのサマイの結婚式は，近年のサンコー区では全くみられなくなっていた．

は，シンクレティックな宗教的伝統を色濃くもつものと特徴づけることができる．そこでは，中国正月やチェンメーンといった中国起源の年中行事がおこなわれていた．また，葬送儀礼の出棺後に家屋の前でおこなわれていた儀礼的行為や，結婚儀礼のなかでコンマーに対しておこなうサエンの仕方などからも，この地域にかつて移り住んだ中国人が自らの文化的伝統をもち込み，それが今日かたちを変えながら息づいている様子がみてとれた．さらに，地域社会に暮らす人びと自身も，おおざっぱな区別ではあるが，儀礼の諸要素を「チェンのもの」，「クマエのもの」と分類する視点をもっていた．

第3章でみたように，サンコー区はかつてマルチラテラルなフロンティア社会であった．20世紀初頭には，定住化した中国人がこの土地にあらわれた．中国人の移住過程には2つのパターンがあった．初期には，トンレサープ湖で生業を営んでいた中国人が地元のクメール人の女性との結婚を契機に陸にあがり，サンコー区周辺の村々で生活するようになった．その後，それら第一のパターンの中国人移民の娘の婿として都市から直接に中国人が移住するという第二のパターンがみられた．しかし，内戦の勃発と時期を同じくして地域への中国人の移住は停止した．

聞き取りによると，1950年代半ば頃のサンコー区周辺には少なくとも16名のチェンチャウ（「生のチェン」，中国人移民の意）が暮らしていた．彼らは，夕方になると，互いの家の前によく集まり，日陰に椅子を出して涼みながら中国語の雑談を楽しんでいたという．また当時は，サマコムが廟を中心に組織されていた．そして，中国正月などには宗教的儀礼と饗宴がみられた．

他方，調査時のサンコー区でわずかでも中国語を話すことができたのは4名だけだった．かつての廟は，行政区に接収されて警察官の詰所として利用されていた．チェン（中国人）の系譜に連なるという背景のもと，人びとが集まり，集合的におこなう儀礼はまったくみられなかった．

サンコー区の地域社会内で，自身の祖父あるいは父として中国人の移民をもつ人びとの数は非常に多い（表3-7）．さらに，「中国人はサエ（姓）が同じ場合は結婚できない」，「中国人は女子よりも男子を好む」といった民族集団としてのチェンの特徴に関する認識が人びとのあいだに広く残っていた．しかし他方で，歴史のなかの中国人移民や宗教的伝統としてのチェンが話題になることは

あっても，自らのアイデンティティをチェンという言葉で表明する人は皆無だった．さらに，チェンのものとされる宗教的伝統についても，その背景や象徴的な意味などを論理立てて説明する知識と能力をもち合わせる人物は誰もいなかった．

さきに，VL村での葬送儀礼を紹介した．そのなかで，チェンのやり方といわれる儀礼的行為を指導していた男性（1934年生）について触れた．調査時，彼はSK村に住んでいた．父親は中国福建省の出身で，ベトナムのホーチミン（サイゴン）を経由してカンボジアへやってきた[56]．カンボジアに着いてからの移住の経緯は詳しく分からないが，父は最終的にサンコー区SR村出身のカンボジア人女性と結婚し，SK村に定住した．

男性は，7人兄弟の末っ子として生まれた．幼少時に父は水田を耕作し，サトウキビを植えていた．そして，70歳頃に，当時10歳になっていたこの男性を連れて中国の親類を訪ねようと旅に出た．しかし，父は中継地のホーチミンで客死した．男性は，その後父の知り合いの助けで1年間ホーチミンの中国語学校に通い，また7年ほど働いた．そして19歳のときにサンコー区へ戻った．その後，同じく中国人の移民を父にもったSK村出身の女性と結婚し，以後自転車の修理と水田経営を生業としてきた．

以上のような男性の経歴の多くの部分は，中国人を父としてもつその他大勢のサンコー区の男性と変わるところがない．唯一異なるのは，ホーチミンへ行き，中国語学校に通った点である[57]．そのためこの男性は，漢字の読み書きができると人びとから信じられていた．そして，葬送儀礼のなかのチェンの伝統と伝えられる部分の指導を，彼に頼む者がサンコー区には多かった．しかし，筆者が漢字について質問したり，チェンの伝統とされる儀礼的行為の意味などについて説明を求めたりしたとき，彼は適切な言葉をもち合わせていなかった．

56 男性は，父の出身地を福建省のトンアン県と記憶していた．現在の福建省南安県が，古くは東安県とよばれていたようである．
57 内戦前のサンコー区の廟では，中国語を教える教室を開いていたことがあったという．しかし，それに参加して中国語の運用能力を習得したという人物には出会わなかった．

すなわち，調査時のサンコー区では，宗教儀礼のなかの諸要素をクマエ/チェンの各々の文化的伝統と結びつける意見が広くみられたが，儀礼のルールといった細かい点において統一した見解が存在していなかった[58]．写真7-12は，結婚式を済ませたばかりのKB村の家で，その戸口に飾られていた赤色の双聯を撮影したものである．一目で分かるように，戸口の右に貼られた紙は文字列が上下逆さまになっている．しかし，その場には筆者以外に漢字を読む者はおらず，誰もそれをおかしいと感じていなかった．サンコー区におけるチェンの宗教的伝統の現実態は，この写真1枚によく示されている．

　他方，繰り返しになるが，調査時のサンコー区には，自己のアイデンティティをチェンという言葉で表現する人物もみられなかった[59]．悉皆調査の折，世帯主に対してその父母や祖父母の経歴を尋ね，系譜レベルの「(祖先の)彼/彼女は中国人だったか」といった質問を繰り返している筆者の横で，「私もチェンだよ」と少女らが茶々を入れてくる場面はあった．しかし，自己のアイデンティティの表明として一貫してチェンと名乗る人物はサンコー区のどこにもいなかった．

（2）説明としてのチェン

　地域の人びとはクマエ/チェンという言葉で儀礼要素について語っていたが，その文化的伝統について細かい規定を知らなかった．かつて廟を中心とし

58　例えば，地域の人びとは，コンマーを祀る棚を設けることがチェンの宗教的伝統にしたがう行為だと説明していた．しかし，その棚のなかに安置するグラスの数を問うと，「わからない」と答えた．そして，コンマーの棚のなかに実際に安置しているグラスの数を世帯訪問時に調べると，3つ，4つ，5つと家ごとにバラバラであり，住人はそのそれぞれの数について裏づけを説明することができなかった．

59　一般論として，人びとのアイデンティティの表明の問題は，その社会の政治的状況に深く関連している．つまり，もしもある任意の「民族」を敵意の対象として実体化するような政治的状況の渦中では，民族的言辞による表現が発言者の存在を左右する影響力をもつ場合がある．実際，カンボジア社会では，ベトナム人を民族的な敵意の対象とする見方があった．しかし，中国人を取り巻く状況には，ベトナム人に対するような政治的文脈がなかった．

て存在したサマコムの活動も復活していなかった．儀礼の各場面には曖昧さがつきものであり，実践はその曖昧さのなかで構築的に創造されていた．そして，このような状況のなかでチェン／クマエという民族的言辞をもちいて人びとがおこなう言明と相互行為は，彼（女）らが生きる生活の世界の1つの特徴を示唆していた．

　以上のことを検証する作業として，まずチェン／クマエという民族的言辞をもちいた人びとの言明の部分を検討したい．ここでいう言明とは，彼（女）が説明的な思考において考えたチェン／クマエの差違の所在である．事実として，「チェンとクマエとは何処が違うのか」と筆者が質問したとき，サンコー区の人びとの大多数は，中国的伝統の年中行事の日に家でサエンをするかどうかや，家屋内にコンマーの棚を祀っているかどうかなど，宗教的実践の有無を指標として答えた．つまり，「チェンとクマエの違いは何か」という質問を文字どおりに理解したときに，サンコー区の住民は，コンマーが供えられている家こそが「クサエチェン」（ເຊື້ອສາຍຈີນ:「チェンの系統」）の家であり，コンマーのない家はチェンの祭日にはサエンをしないクマエの人びとであると説明していた．

　しかし，筆者の調査は，村人たちによるこのような「説明としてのチェン／クマエ」の弁別には一貫性がないことを明らかにした．表7-5は，VL村の村落世帯の悉皆調査の際に，「この家にはコンマーはありますか」，「中国正月のときにサエンチェンをしますか」と質問し，村人から得た回答を世帯ごとに整理したものである．結果として，VL村の149世帯中の135世帯（90.6％）がサエンチェンをおこなうと答えた．また，99世帯（66.4％）が自らの家屋にコンマーの棚を設置していた[60]．VL村の世帯のうち，コンマーの棚を祀らず，サエンチェンもしないと答えたのはわずか5世帯だけだった．

　次いで，表7-6は，中国正月やチェンメーンといった中国の伝統による年中行事の日に家でサエンをするか（つまり，「サエンチェン」をするか）という質問

60　このほか，45世帯では，家屋内にコンマーをもたないが，サエンチェンはおこなうと答えていた．その内訳をノートで確認すると，うち37世帯は，「コンマーはないが，中国正月などには親またはキョウダイの家へ行ってサエンチェンに参加する」と答え，残りの8世帯は，「家にコンマーはないが，中国正月などには，この家で供物を整えてサエンチェンをする」と回答していた．

362　第3部　生活世界の動態に迫る

写真7-12　結婚式をおこなう家屋の戸口に上下逆さまに貼られた双聯

表 7-5　コンマーの設置とサエンチェンの実施状況の関連 (VL 村)

	中国正月にサエンチェンをする	中国正月にサエンチェンをしない	計
家屋にコンマーの棚を"もつ"	90	9	99
家屋にコンマーの棚を"もたない"	45	5	50
計	135	14	149

(出所) 筆者調査

表 7-6　年中行事におけるサエンチェンとサエンクマエの実施状況の相関 (VL 村)

	サエンクマエを"おこなう"	サエンクマエを"おこなわない"	計
サエンチェンを"おこなう"	44	31	75
サエンチェンを"おこなわない"	2	3	5
計	46	34	80

(注) 悉皆調査の途中から質問項目としたため，VL 村の全世帯からは回答を得ていない．
(出所) 筆者調査

と，クメール正月やプチュムバン祭といった年中行事の日に家でサエンするか (つまり，「サエンクマエ」をするか) という質問への回答内容の相関を，VL 村の一部の世帯を対象として確認した結果である[61]．端的にいって，それは，サエ

---

[61] 表 7-6 は，村落の全世帯を対象としたものではない．実は，VL 村で調査を始めた最初の頃は，筆者自身が，「サエンチェンをするのがチェンで，サエンクマエをするのがクマエだ」という地元の人びとの一般的な説明を鵜呑みにしていた．そのため，悉皆調査の前半では，「中国正月にサエンチェンをする」と世帯の人が答えた場合，ならば，その世帯ではサエンクマエはしていないのだろうと勝手に解釈し，サエンクマエに関する質問を省いてしまっていた．しかし，「サエンチェンもサエンクマエも両方する」という世帯があるという現実がまもなくに明らかになり，途中から質問の仕方を変えた．以上のような経緯があったため，表 7-6 は，149 世帯中の 80 世帯しか対象とすることができていない．

ンクマエ/サエンチェンという2種類の儀礼行為が排他的な関係にないことを示している．つまり，対象とした世帯の半数以上は，サエンチェンとサエンクマエの両方をおこなっていた．サエンチェンをするのが「チェン」でサエンクマエをするのが「クマエ」だという人びとの説明が，実際の状況に適合しないことは明らかだった．

　他方，より詳しくみると，表7-6では，「サエンチェンをおこない，サエンクマエはおこなわない」と答えた世帯も相当数に上っていた (31世帯)．しかしここでも，その回答が直ちに「チェン」の存在の証明に結びつくものとは考えられない．なぜなら，その回答は，サエンクマエをおこなう際のコストの問題と関連していた．すなわち，表7-3が示していたように，サエンクマエがおこなわれるプチュムバン祭やクメール正月といった機会には，個々人の家屋だけでなく寺院でも大規模な儀礼がおこなわれていた．つまり村では，当日の朝にまず寺院で儀礼に参加し，その後昼頃に家屋内でサエンクマエをおこなう人びとが多かった[62]．そして，そのような状況に関する聞き取りのなかでは，「プチュムバン祭などには寺院へ行くが，お金がかかって仕方ないから家に戻ってからのサエンクマエはしない」といった意見が多く聞かれた．

　結局，サエンという行為にしてもコンマーという棚の設置状況にしても，村人が説明するような「チェン」を「クマエ」と弁別する指標とは考えられなかった．

　サエンという，祖先に対して供物を捧げ現世に生存する子孫への加護を祈る行為については，その中心的な意味づけに対する人びとの信念が重要だと思われる．地域社会の人びとは，コンマー，ドーンター（あるいはメーバー）という言葉で概念化した祖先の霊的存在に対し，それが子孫の生活におおきな影響力をもつことを信じていた．そして，そのような祖霊を祀るコンマーの棚を家屋内に設置した経緯について尋ねると，「家人が病気になったとき，クルーボーラーンから，コンマーに対する過ち (ខុសក្រមុំ) があると指摘されたから」といった回答が非常に多かった[63]．そこからは，家人の安全の祈願のために祖先

62　あるいは，世帯成員の一部が寺院へ行かずに家に残ってサエンクマエをおこなうという家もあった．

63　コンマーの棚を設置した経緯については，「親が亡くなったので，キョウダイ

の霊に働きかけをおこなう必要性が明らかとなったためにコンマーの棚を設置するという，いわゆる災因論を背景とした状況が存在していたことが分かる．

　漢字が刻まれた朱色のコンマーの棚を家屋内に発見したとき，外部者はそれを中国的な文化伝統のあらわれと考えがちである．さらに，当事者たる人びと自身が，その棚を中国的な伝統に連なると考えられる宗教的行為の対象としていた．しかし，その棚を設置する動機をつくっていたのは，中国的な文化伝統に対する目覚めではなく，カンボジア社会に生きる人びとが（チェン／クマエを問わずに）広く共有していた，子孫に力をおよぼす存在としての祖先の霊に対する観念であった．

　以上のように，サエンとよばれる宗教的行為とコンマーの棚の設置という地域社会の人びとがチェンとクマエの違いを説明した際にもちいた指標は，実際には明確な意義をもっていなかった[64]．では次に，地域社会内で観察されたもう1つのチェン／クマエという言辞の意味について考えてみる．

（3）名指しとしてのチェン

　宗教的行為の有無を指標としたチェンとクマエの弁別という意見には，実証的な資料の裏づけをみつけることができなかった．他方，系譜上のつながりとしてのチェンという側面については，第3章で述べたように，村人のほぼすべてが「チェン」とよばれ得るという現実があった．しかし，地域における生活では，中国人，中国人である祖先，そしてそれらの人びとが伝えた文化的伝統という意味ではないもう1つの「チェン」という表現と出会うことがあった．それが，他者への名指しとしてのチェンである．

　　　のあいだで線香壺を別々にした」という回答もあった．
  64　VL村の村内には，サエンという行為を全くおこなわないと答えた人びともいた．この事実は留意に値する．聞き取りの際，それらの人びとがサエンをおこなわない理由として挙げていたのは，仏教への帰依である．仏教徒としての正しい態度は，他者への祈願にではなく，自身の行動を律し，自力救済の思想を体現した生活を送ることにある．そのため，サエンという行為は一切おこなわない．このような態度を示す人びとが村落社会に存在するようになった経緯については，次章の仏教実践の多様性をめぐる分析で明らかにする．

他者への名指しに「チェン」という言葉が使われることに初めて気づいたのは，VL村の世帯の悉皆調査の最中であった．より具体的には，村落内の家屋を1つ1つ訪ね，居住世帯に生業と家計に関連した質問を重ね，借金に話がおよんだときであった．当然ながら，借金という話題においては，筆者はその借り入れ先を尋ねた．すると，非常に多くの世帯が，「チェンから借りている」という表現をもちいた．そして，その「チェン」とは誰なのかをさらに質問を重ねて探っていくと，金貸しを営む村落内の世帯を指していることが分かった．

　チェンという言葉をもちいた他者への名指しに関しては，調査中に遭遇した印象的な場面を多く挙げることができる．例えば，VL村の悉皆調査の最中に次のような出来事があった．その日，筆者は調味料の小袋や菓子類を村人に売る雑貨屋の軒先で休んでいた．すると，ついさきほど訪問し，質問を終えたばかりの世帯の女性がやってきて雑貨屋の若い女主人を指さし，「このチェンへの調査はもう終わったのか」と筆者に向かって問いかけてきた．

　また，ヤシ酒を酌み交わしていたVL村の男たちのなかに入って何気なく時間を過ごしていたときも，チェンという表現を聞いた．その宴席では，数日後に迫った村人の結婚式が話題になっていた．カンボジアの農村社会の常識として，結婚式には，招待の声が直接かからなければ参加しない．そして筆者自身は，間近に迫ったその結婚式の当事者から封書を渡され，宴席によばれていた．そこでふと，傍らにいた村の男性に，彼も結婚式に行くのかとたずねると，「あんなチェンの結婚式には，たとえよばれても行かない．いつも自分と自分の家族を見下しているから」という怒りを含んだ言葉が返されてきた．

　さらに，次のような事例もあった．VL村のある世帯では，息子の1人がタイへ出稼ぎに出ていた．そしてその息子が，カンボジア正月の前に1年ぶりに家へ戻ってきた．この世帯は生活必需品を村内の雑貨屋から日常的にツケ買いしていた．よって，その雑貨店の女主人が，息子が出稼ぎから戻ったと聞いてツケの催促にあらわれた．しかし，催促された金額は考えていた以上に高額だった．そこで，念のため父親が店に行き，両者立ち会いのもとで帳簿を確認すると，実際の金額はずっと小さいことが分かった．以上の顛末を筆者に語ったとき，男性は最後に，「これがチェンのやり方だ」と述べて話を結んだ．

チェンという言葉をもちいた他者への名指しの状況については，さらに多くの例を挙げることができる．そして，それらの例を含めて，村落の日常生活の文脈で観察されたチェンという言葉による名指しには，共通する特徴があった．つまり，それらは，第一に「金持ち」であるかという経済力，第二に「商売人」であるかといった従事する生業活動のタイプにもとづいて，自らを他者と区別する行為であった．別言すると，チェンという名指しがそこで示唆していたのは，人びとが，社会経済的格差の認識にもとづいて「民族」的言辞をもちい，我／彼の差違を概念化し，他者とのコミュニケーションを特徴的なかたちにつくりあげていたという民族誌的状況であった．
　以上のような状況の分析においては，個々の行為を状況主義的なアイデンティティの表明の1つ1つとして考えるのではなく，その行為の文脈を支えていたメカニズムとしての地域の社会経済的構造との関わりに着目することが重要である．
　さきに第6章で，地域社会に20世紀初頭から存在した経済活動のモデルについて論じた．それは，ボンダッとよばれた籾米の信用取引であった．そして，現在のVL村の富裕世帯がおこなう経済活動は，地域の内外へ取引関係を展開させていく種類のもので，かつての中国人移民の行動がつくりあげた「チェン」の生業活動に関するステレオタイプと重なる特徴をもつことを指摘した．第6章ではまた，サンコー区の市場近くで暮らす人びととそこから遠い村々に暮らす人びとのあいだに，「市場の人」と「稲田の人」といった表現をもちいた生活様式の差違の認識があったことも紹介した．また，その差違の認識が，より広域的な視野に立った場合，「サンコー区の人 (អ្នកសង្គាត់)」と「スロックルーの人 (អ្នកស្រុកលើ)」という構図においても存在することを述べた．
　筆者は，サンコー区で出会った人びとから来意を尋ねられると，「稲作を中心としたクメール人の生業や，家計，伝統儀礼，仏教について調査をするためにきた」と目的を説明していた．そして予備調査のために訪問していたときに，VL村の国道沿いの掘立て小屋で自転車修理を営んでいた老人男性に対しても同じ説明を繰り返した．すると，その老人は，筆者に向けて1つの意見を投げかけた．いま振り返ると，その意見は，以上に論じてきたチェン/クマエという民族的言辞の地域社会における意味づけについての議論の要点を簡潔に要約

している．すなわちそれは，「クメールの調査をしたいのなら，ここではだめだ．ここはチェンが混じっているから．それがしたいのなら，スロックルーへ行くべきだ．スロックルーでは，クメールの伝統をまもっているだろう」という意見であった．

　VL村がその一角を構成しているサンコー区の中心部には，地域社会のなかでも富裕な人びとが多く住んでいた．それらの人びとは，中国人の移民が始めたものとしてステレオタイプ的に語られていた特徴的な経済行動を踏襲していた．他方で，スロックルーの村々とサンコー区のあいだには厳然とした経済格差があった．このような歴史的事情と生活様式の現状を踏まえると，スロックルーに住む人びとの視点からサンコー区の市場周辺の人びとが一括されて（系譜や宗教的行為の実施の状況にかかわらず）「すべてチェンだ」とみなされたり，逆にサンコー区の人びとによってスロックルーの人びとがひとまとめに「クマエだ」と対象化されて語られたりすることもうなずける．そして，人びとのこのようなアイデンティフィケーションは，サンコー区内の市場に近い村と遠い村，あるいは同一村落内の富裕世帯と貧困世帯のあいだといったかたちで，スケールと対象を変化させつつ，入れ子型のデザインの空間的構造の認識に支えられて表面化していた．

　さきの老人の意見を初めて聞いたとき，筆者はそこから，サンコー区へ移住してきた中国人移民の多さという情報しかくみ取れなかった．しかしいまは，そこから，この地域におけるチェンという民族的言辞の意味内容の本質を学び取ることができる．すなわち，それが示唆していたのは，地域の具体的な歴史がつくりだしたものとしての人びとのアイデンティフィケーションが依拠する空間構造の存在であった．

　VL村を事例として本節が以上に記述し，分析してきたチェン／クマエという民族的言辞をもちいた名指しの様相については，地域社会の内外の時空間に広がった出来事や諸関係を以上のようなかたちで総合的に踏まえ，また現実のものとしての地域の社会経済的な構造を視野に収めたときに初めて，その本質に接近することができるように思われる[65]．

65　逆に，社会経済的な構造がそのようなかたちで存在したという現実こそが，サンコー区で今日まで，ある特徴をもった他者を「チェン」と名指す行為を維持

（4）名指しから名乗りへ

　2002年の4月に筆者が参加したVL村のCT氏世帯のチェンメーンでは，プノンペンなど遠方で生活している子供らが全員帰郷して勢ぞろいした．そして，VL村の集落のはずれにあった祖父母の墳墓のまえに豚の丸焼きを始めとした供物を盛大に用意し，線香をあげ，礼拝をした．筆者は，その前年も同じようにCT氏世帯のチェンメーンに参加していた．しかし，1年目と2年目を比べると，2年目には前年にはみられなかった新たな儀礼的行為がつけ加えられていることに気づいた．

　新しく追加された行為は，墓の周囲でおこなわれる一連の儀礼的行為の最後のものだった．前年もその年も，子供や孫らは墳墓に新しく盛り土をし，その周りを掃き清め，各種の供物を捧げた．そして，故人のもとへ届くことを願って，プノンペンで購入してきた紙銭や紙の衣服，家などの儀礼用供物を墓の前で燃やした．前年は，それだけで終わりだった．しかし2002年には，男が2人で豚の丸焼きの頭と脚をもち，紙製の供物が燃え上がる場所にまで運んで行き，火から上がる煙のなかを2度，3度と振り子を振るようにしてくぐらせる行為を最後におこなった（写真7-13）．そして，筆者がなぜその行為をするのかとたずねると，プノンペンで暮らしていた子供の1人が，「友人から最近になって，このようにするのが正しいと聞いた」からだと答えた．またその彼は，その後の家に戻ってからの雑談のなかで，「福建の子孫にふさわしい儀礼のやり方は，中国ドラマのビデオをよくみていれば分かるのではないか」という意見も披露していた．

　以上のエピソードは，チェンとクマエという宗教伝統に関するサンコー区の状況の将来の変化を予感させるものである．すなわち，調査時のサンコー区では，一部に，儀礼的行為の細部が規則化される方向へ向かおうとしている兆しがみられた．地域社会には，かつてチェンサエとよばれたような職能者はまだあらわれていなかった．しかし，都市との結びつきを深める人びとが徐々に生させてきたということもできる．

写真 7-13　チェンメーンの日に冥具を燃やして出た煙に供物の豚をくぐらせる

まれていた．そして，プノンペンを始めとしたカンボジアの都市では，中国的な伝統を積極的に意識した人びとが活発に「チェン」の文化的活動を開始していた．つまり，今後の外部世界との接合の深化次第では，「チェンらしさ」を示す宗教的な表象がサンコー区において一気に精緻化へ向かうシナリオも考えられた．

　前節で論じたチェン／クマエという民族的言辞をもちいた人びとのあいだの名指しは，今後のサンコー区でも変わることなく続いていくものと考えられる．CT氏の世帯は，VL村において，誰もが認める「チェン」であった．そしてその世帯は，今後，盛大な様子でチェンメーンの行事をおこない，儀礼的行為の細部を精緻化させていく可能性をみせていた．ただし，その傍らには，より質素な供物しか用意できない村落世帯と中国式墳墓があった．チェンメーンの当日，供え物として墓の前におかれていたのは，一方では豚の丸焼き，他方は茹でた鶏1羽であった．さらに，村落には，鶏さえも用意できない人びともいた．

　経済力をもち，いま人びとからチェンと名指されている人びとは，いつの日か自分自身を積極的にチェンと規定し，より正統的なかたちでチェンであることを目指すようになるかもしれない．それは，名指しから名乗りへという自己意識の変化という事態を連想させる．しかしその他方で，人びとの生活のなかに差違や格差が存続する以上，チェンとよばれる人びとを遠くからみつめ，自らを積極的にクマエと表象する語りも，ますます根強く地域の生活を特徴づけ

第7章　宗教実践の変化と民族的言辞　371

て行くだろう．チェンであることが本質論的に語られるようになり，その文化的伝統についての規則が人びとのあいだで明示的に意識されるようになる一方で，コミュニティの構成員のあいだの生活・人生の多様性という現実は間違いなく変わらないからである．

CAMBODIA

第8章
仏教実践の多様性と変容

〈扉写真〉寺院にて僧侶のために用意されていた料理の一例．白飯に汁もの，干魚，スイカ，ビスケットなどのデザート，それにタバコやビンロウなどである．このように食事を用意することからも，功徳が得られる．一般に，市場周辺の寺院の方が料理の品数が多い．農村の寺院では，ご飯は十分だがおかずが足りないという声をよく聞いた．ただし，そのような寺でも，大規模な年中行事の際には，人びとが寄進した粽（チマキ）などが食べきれないほどの量で山と積まれていた．

カンボジア，タイ，ラオス，ミャンマー，ベトナムからなる東南アジア大陸部のうち，ベトナムをのぞく4ヶ国の人口の大多数はスリランカの大寺派の伝統に連なる上座仏教を信仰する．パーリ語三蔵経を共通の聖典とする上座仏教は，11～13世紀頃にこの地域へ伝えられると，人びとの生活に深く浸透した．ただし，聖典は共通していても実践は多様性に富んでいる．出家者が身にまとう黄衣といった外見や教義の基本的な解釈が共通していることとは別に，生活のなかに埋め込まれた実践のかたちやその活動に対する国家の管理の仕方などに地域ごとの個別の特徴がみられる．

　カンボジアの人口の9割以上は仏教徒である．1998年の全国センサスのデータは，宗教別の信徒数を仏教徒1,102万1,058人（96.4％），イスラム教徒24万5,056人（2.1％），キリスト教徒5万2,695人（0.5％），その他9万5,071人（0.8％），回答なし2万3,776人（0.2％）としていた［Cambodia, NISMP 2000b］．仏教徒以外の人口の約半数はイスラム教徒である．キリスト教徒の数は全人口の1％に満たない．

　本章は，人びとの生活の一部であった仏教実践の多様性と変容の問題を考察する．調査時，サンコー区には4つの仏教寺院があった．そして，市場に近いSK寺の実践はサマイ，残りの3寺院——PA寺，PK寺，KM寺——でおこなわれる実践はボーラーンとよばれていた．本章はまず，そのうちSK寺とPA寺に焦点を絞り，住民が相異なるものとして区別する2種類の仏教実践の差違を具体的に比較検討する．次いで，ボンリアップスロックという儀礼の過程を記述的に分析する作業を通し，2つの実践の支持者のあいだでみられた実践の正統性をめぐる対立の様相を分析する．サンコー区の寺院は，いずれもカンボジア仏教のマハーニカイ派に属しており，住民たちは基本的な宗教観念や儀礼行為に関する認識を共有していた．しかし，それにもかかわらず，実践の形態をめぐってときに激しい対立がみられた．

　本章は続いて，仏教実践をめぐる多様性がサンコー区において成立した経緯を内戦以前の歴史的状況のなかに探る．また，ポル・ポト時代以後の実践の再興の過程で新たな変容が生じた事実を明らかにし，その背景を分析する．

　サマイとボーラーンという仏教実践の多様性の問題は，地域社会に今日暮らす人びとの生活実践の実態を特徴的なかたちで浮彫りにするだけでなく，人び

との生活・人生を時間軸と空間軸の広がりにおいて考察するうえでの一種の座標軸の役割も果たす．それは，カンボジア社会の地域史の文脈で，中央と地方の相互交流がつくりあげた地域社会の変化を明らかにすると同時に，ポル・ポト時代以後の人びとの生活再建に対する国家権力の介入という第4章の農地所有の編制過程の分析において浮上した問題に，別の視角から考察を加えることでもある．

8-1　カンボジア仏教の概況

（1）歴史と現状

　表8-1は，カンボジアにおける上座仏教の寺院と僧侶・見習僧の数の変遷を示す．上座仏教の寺院はカンボジア語でヴォアット（វត្ត）とよばれる．そこには，仏陀の定めた戒をまもり修行生活を送る出家者が暮らす．出家者は，227の戒律を把持する僧侶（ភិក្ខុ: 比丘）と十戒を把持する見習僧（សាមណេរ: 沙弥）とに分けられる．カンボジア仏教の出家者は男性に限られる．僧侶となるのは20歳以上の男性である．見習僧はだいたい14歳以上である．表8-1が示す僧侶数は，僧侶と見習僧を合計した人数である．寺院には，僧侶と見習僧のほかに，ドーンチーとよばれる十戒をまもる女性修行者や，僧侶の身の周りの世話をする少年（កូនសិស្សលោក）といった在家者が居住していることもある．

　上座仏教は，遅くとも13世紀までにカンボジアへ伝播したといわれる[Chandler 1996: 69]．その後，王権の庇護を受けて広く人びとに信仰されるようになった．19世紀半ばには，王族によって隣国タイからトアンマユット派（ធម្មយុត្តិកនិកាយ）が導入された．それ以降，それまでカンボジアでみられた仏教実践をおこなう僧侶たちがマハーニカイ派（មហានិកាយ）の名称のもとに一括され，外来のトアンマユット派とともにカンボジア仏教のサンガを構成するようになった．フランスの植民地支配からの独立後，上座仏教は国教と位置づけ

表 8-1 カンボジアにおける上座仏教の寺院数・僧侶数の変遷

年	寺院数	僧侶数（人）	政治体制	国教
1969	3,369	65,062	カンボジア王国（シハヌーク時代）	仏教
1970～75	n.d.	n.d.	クメール共和国（内戦期）	仏教
1975～79	n.d.	n.d.	民主カンプチア（ポル・ポト時代）	なし
1979～81	n.d.	n.d.	カンプチア人民共和国（社会主義政権）	なし
1982	1,821	2,311		
1983～87	n.d.	n.d.		
1988	2,799	6,497		
1989	2,892	9,711		
1990	2,900	19,173	カンボジア国（体制移行期）	仏教
1991	n.d.	n.d.		
1992	2,902	25,529		
1993	3,090	27,467		
1994	3,290	39,821	カンボジア王国（開発復興の時代）	仏教
1995	3,371	40,218		
1996	3,381	40,911		
1997	3,512	45,547		
1998	3,588	49,097		
1999	3,685	50,081		
2000	3,731	50,873		
2001	3,798	53,869		
2002	3,907	55,755		
2003	3,980	59,470		
2004	4,060	59,738		
2005	4,106	58,828		

（注）1970～81年，1983～87年，1991年に関しては資料が散逸したとのことだった．
　　　ここでの僧侶数は見習僧を含んでいる．
（出所）宗教省仏教局による聞き取りから筆者作成

られ，国による公的支援を受けた．1969年のカンボジアには，3,369の上座仏教寺院があり，6万5,062名の僧侶がいた．

　カンボジア仏教は，1970年代に没落してその伝統をいったん途絶えさせた．

第 8 章　仏教実践の多様性と変容 | 377

ある資料は，1970年3月から1973年6月までのあいだに997の仏教寺院が破壊されたと伝える［Yang Sam 1987: 58］．ポル・ポト政権は，「不信仰の自由」という文言を憲法上に記してあらゆる宗教活動を禁止した．仏陀の教えにしたがって生産活動を離れ，修行生活を送る仏教僧侶は，社会の寄生虫であると非難された．僧侶が殺害されたという報告もある［Chantou Boua 1991］．また，多くの寺院で，境内に建てられていた建造物が壊された．破壊を免れた建物でも，内部に安置されていた仏像が廃棄され，屋内の壁に描かれた仏画が廃油で黒く塗りつぶされた．ポル・ポト政権が成立した1975年4月以降も，1970年代前半の内戦期に統一戦線側の活動に協力した僧侶たちの一部が黄衣をまとったまま生活していた．しかし，1976年には新しい命令が下され，一部に残っていた仏教僧侶もすべて強制的に還俗させられた．つまり，カンボジア仏教の伝統と実践はポル・ポト政権下で断絶させられた．

　1979年1月のポル・ポト政権の崩壊後，人びとは荒廃した寺院に集まり，仏教徒としての活動を再開させた［Keyes 1994］．ただし，当時のカンボジアに僧侶の姿はなかった．上座仏教の規則は，僧侶となることを希望する男性を得度させる儀礼の開催に，最低5名の先輩僧侶の出席を求める．そして，出家希望の男性は，授戒師（ឧបជ្ឈាយ៍）とよばれる1名の先輩僧侶から227の戒律を授かることで僧侶となる．しかし，ポル・ポト時代にすべての僧侶が還俗させられてしまっていたために，当時のカンボジアには授戒師の役割を担う僧侶が存在しなかった．そこで，人民革命党政権は，ベトナム領メコンデルタからカンボジア人僧侶を授戒師として招聘し，1979年9月19日に公認得度式を実施した．

　現在のカンボジアでは，ポル・ポト時代に消滅させられたカンボジアの仏教僧侶は，政府が準備したこの得度式によって国内に復活したという公式見解が広く流通している．しかし実は，僧侶自体は別のかたちをとってそれ以前から復活していた．すなわち，ポル・ポト時代以後のカンボジアでは，先輩僧侶ではなく仏像などの前で儀礼をとりおこない，自ら出家を宣言した人びとがいた［林 1995a, 1995b, 1997, 1998; Hayashi 2002］．しかし，これらの人びとはその後，政府が認めた授戒師のもとで改めて得度するよう求められた．それは，僧侶の復活の系譜を政府がその管理下に一本化しようとしたことを教える．

そして，以上のような経緯で復活した僧侶を囲んで再組織化されたカンボジア仏教の諸活動は，法制度のうえでも農村での実践を取り巻く状況という意味でも，直ちに内戦以前と同じかたちへ戻ったものではなかった．まず，人民革命党政権は50歳以上の出家経験者でその当時家族をもっていなかった人物にしか出家を認めなかった．また，仏教サンガの機構を世俗権力から独立したかたちで組織することを認めなかった．宗派の区別も設けなかった．さらに，市井の人びとはその当時日々の生活のなかの現実的な困難の克服を課題としており，仏教徒としての活動を再開させても，破壊された寺院建造物の再建などに着手する余裕が少なかった．

　ポル・ポト時代以後のカンボジアにおいて人びとが仏教徒としての活動を本格的に再開し始めたのは，人民革命党政権が社会主義を放棄し，体制移行に乗りだした1989年以降である．同年に，政府は出家行動に課していた年齢制限を撤廃した．表8-1が示すように，カンボジア国内の僧侶数は，出家制限の撤廃後わずか1年のうちに倍増した．

　そして，1991年末にシハヌークが国内へ帰還すると，マハーニカイ派，トアンマユット派という2つの宗派からなるカンボジア仏教のサンガ組織が内戦前と同じデザインで復活した．さらに，1993年の統一選挙によって国内の社会情勢が安定すると，農村で生活する人びとの宗教活動がおおきく活性化した．1990年代半ば以降は，ポル・ポト時代に破壊された寺院建造物の再建事業が国内外の多くの人びとの関心を集めて進められるようになった．

　表8-2は，2001年のカンボジア国内の寺院と僧侶の数を州別に示したものである．同年の全国の寺院数は3,798である．トアンマユット派は102寺しかなく，圧倒的に少ない（全国寺院数の2.7％）．しかもそれらは，カンダール州，プレイヴェーン州，タカエウ州などに集中している．コンポントム州を含む国内の7つの州には当時，トアンマユット派の寺院が1つもなかった．マハーニカイ派も含めた寺院の数は，コンポンチャーム州でもっとも多い[1]．寺院に止住した僧侶の全国総数は，両宗派合わせて5万3,869人であった．州別にみると，ここでもコンポンチャーム州の数がもっとも多かった（両宗派合わせて6,599人．

1　コンポンチャーム州は，カンボジアでもっとも人口が多い州である．

表 8-2　上座仏教の寺院数・僧侶数の州別分布（2001 年）

州/市名	寺院数 マハーニカイ派	寺院数 トアンマユット派	寺院数 計	僧侶数 マハーニカイ派 比丘	マハーニカイ派 沙弥	マハーニカイ派 計	トアンマユット派 比丘	トアンマユット派 沙弥	トアンマユット派 計	両派合計僧侶数
プノンペン	82	3	85	2,259	1,554	3,813	45	20	65	3,878
カンダール	346	21	367	1,914	3,246	5,160	134	284	418	5,578
コンポンチャーム	517	9	526	2,105	4,391	6,496	23	80	103	6,599
プレイヴェーン	441	13	454	1,336	3,271	4,607	26	73	99	4,706
バッドンボーン	227	7	236	1,790	3,084	4,874	15	64	79	4,953
シエムリアブ	193	3	196	1,740	1,976	3,716	4	8	12	3,728
タカエウ	294	13	307	1,776	1,970	3,746	24	94	118	3,864
コンポート	202	8	210	905	1,435	2,340	19	40	59	2,399
コンポンスプー	208	7	215	711	2,233	2,944	14	69	83	3,027
コンポントム	212	0	212	902	2,578	3,480	0	0	0	3,480
スヴァーイリアン	221	0	221	846	1,353	2,199	0	0	0	2,199
ボンティアイミアンチェイ	194	5	199	1,083	1,784	2,867	27	50	77	2,944
ポーサット	119	4	123	474	1,042	1,516	14	41	55	1,571
コンポンチュナン	180	1	181	674	1,551	2,225	13	19	32	2,257
クロチェ	74	1	75	98	325	423	4	30	34	457
コッコン	37	3	40	211	224	435	8	20	28	463
シハヌーク市	19	2	21	144	201	345	10	15	25	370
ストゥントラエン	39	1	40	141	194	335	2	3	5	340
プレアヴィヒア	35	0	35	129	209	338	0	0	0	338
ラッタナキリー	13	0	13	54	119	173	0	0	0	173
モンドルキリー	4	0	4	18	10	28	0	0	0	28
カエプ市	11	0	11	59	82	141	0	0	0	141
パイリン市	4	1	5	26	13	39	2	10	12	51
ウッドーミアンチェイ	34	0	34	135	190	325	0	0	0	325
計	3,696	102	3,798	19,530	33,035	52,565	384	920	1,304	53,869

（注）マハーニカイ派の全州合計の寺院数，バッドンボーン州の両派を合わせた寺院数，および全国の両派の寺院数の合計の数値には，集計の誤りが認められる．しかし，ここではそれを訂正せずに，原典資料の数値をそのまま記載した．
（出所）宗教省仏教局作成の統計資料より筆者作成

全国僧侶数の12％）.

ポル・ポト政権の崩壊から20年余が経ち，全国寺院数は1969年の水準を超えた．しかし，僧侶の数は内戦前の水準まで戻っていなかった[2].

（2）コンポントム州の状況

表8-3は，2001年のコンポントム州の郡別の寺院と僧侶の数である．当時コンポントム州内にあった上座仏教寺院はすべてマハーニカイ派であった．内戦以前，同州にはトアンマユット派の寺院もあった．しかしその一部は，ポル・ポト時代以後にマハーニカイ派の寺院として再興した．再興されないまま現在に至っているケースもあった．寺院と僧侶の数はバラーイ郡がもっとも多く，ストーン郡が次に続く．サンコー区があるコンポンスヴァーイ郡には24の寺院があった．

コンポンスヴァーイ郡には9つの行政区がある．そのうち，サンコー区の北に位置するダムレイスラップ区やニペッチ区など5つの行政区は，寺院を1つしかもたなかった．他方で，同郡内の24寺院のうち19寺院は，コンポンスヴァーイ区，トロペアンルッセイ区，トバエン区，サンコー区の4つの行政区に集中していた．

サンコー区には当時4つの寺院があった．

（3）サンコー区の寺院とサンガ

サンコー区内にあったSK寺，PA寺，PK寺，KM寺の各寺院の建設年，寺院建造物の種類と数，2001年の雨安居の期間の僧侶と見習僧の数は，第2章で示したとおりである（表2-7）．

寺院という場は，僧侶の集団であるサンガが仏陀の教えにしたがって修行生活を送る僧院としての性格をもつ．僧侶と見習僧がつくる僧院としての寺院は，

2　カンボジアの僧侶数は1979年以降順調に増加してきたが，2005年度の統計資料より減少に転じた．その事情については拙稿［小林2006b, 2009］を参照されたい．

表 8-3　コンポントム州の郡別の寺院数と僧侶数（2001 年）

郡名	行政区数	行政村数	寺院数	僧侶数		
				比丘	沙弥	計
ストゥンサエン	11	55	17	108	204	312
コンポンスヴァーイ	9	82	24	113	198	311
ストーン	13	136	40	223	617	840
ソントック	9	72	25	120	268	388
バラーイ	18	182	59	251	673	924
プラサートソンボー	5	66	16	70	67	137
プラサートバラン	7	64	15	251	57	308
ソンダン	9	80	16	47	112	159
計	81	737	212	1,183	2,196	3,379

（出所）コンポントム州宗教局における筆者の聞き取り

1名の住職（លោកអធិការ）によって統率・監督されている．そして，その住職を頂点としたヒエラルキカルな構造をもっている（写真 8-1）．例えば，僧侶が何らかの理由で寺院の外へ出かける場合は住職に許可を願う必要がある．よって，地元の人びとが僧侶の臨席を必要とする儀礼を家でおこなう際は，まず住職に会って僧侶を派遣してくれるよう依頼する．僧侶や見習僧が個人で判断して出かけることはできない．サンコー区の寺院において，住職は，配下の僧侶や見習僧から，「師」（លោកគ្រូ）あるいは「大師」（គ្រូធំ）とよばれていた．そして住職は，自分以外の僧侶と見習僧を「生徒」（កូនសិស្ស）とよんでいた．このような呼称は，住職とその他の僧侶・見習僧たちとのあいだの一種の主従関係を示していた[3]．

他方で，寺院のサンガは，全国のサンガ組織ともピラミッド型の構造のもとでつながっていた．サンガの全国組織は，行政村―行政区―郡―州という世俗行政機構の階梯と平行した構造をもっていた．すなわち，各寺院のサンガはその寺院が位置する郡の郡僧長（អនុគណ）の管理下におかれていた．そして，各

3　住職が，自分の仕事を補佐する2名の僧侶 —— 右読経師（គ្រូស្សូត្រស្តាំ）と左読経師（គ្រូស្សូត្រឆ្វេង）—— を任命することもある．

写真 8-1　住職の僧坊へ詰めかけ，寄進をおこなう人びと

郡の郡僧長は各州の州僧長（មេគណ）の監督下にあった[4]．州僧長は各州のサンガの代表として，サンガ組織の頂点に位置する大管僧長（សង្ឃរាជ／សង្ឃនាយក）が開催する年次会議などに出席し，決定事項をもち帰る．そして，郡僧長を通じて各寺院のサンガへ周知させていた．

個々の寺院とそこにあるサンガの状況について理解を進めるためには，その周りの村々に住む俗人とのあいだの関係とともに，ヒエラルキカルなかたちで連結されたサンガ組織内の指揮命令系統にも注意を払う必要があった．

8-2　仏教実践の多様性

（1）寺院の活動への参加

上座仏教の寺院は，積徳を願うすべての者に開かれていた．すなわち，カンボジアの仏教寺院とその寺院での諸活動に参加する人びとのあいだには，日本の寺院が一般的に敷いている檀家制のようなメンバーシップや出身地域による制限がなかった．寺院での活動には，地元に住んでいなくても誰もが仏教徒（ពុទ្ធបរិស័ទ）という立場で参加することができた．寺院は，非常にオープンな空間であった．

ただし，寺院での日常的な活動は，それに近接した地理的範囲に住む人びとが中心となって担っていた．これらの人びとは，チョムノッヴォアット（ចំណុះវត្ត）あるいはチョムノッチューンヴォアット（ចំណុះជើងវត្ត）とカンボジア語でよばれていた．チョムノッというカンボジア語には，「容量・容積，積載量・定員，積荷・内容物，支配下にあるもの・属国」という名詞としての意味のほか，「〜に従属している」という形容詞の意味があった．よって，チョムノッ

4　住職，郡僧長，州僧長らのサンガ行政上の義務などは，カンボジアサンガ（マハーニカイ派）の規定として1962年に起草された内容をふたたび踏襲する方針が，1993年に承認された［Cambodia, NSMKS 1994］．

ヴォアットという言葉は，「寺院に従属する人びと」と訳すことができる．しかし，さきに述べたように，寺院とそこでの諸活動に参加する人びとのあいだにはメンバーシップや出身地による制限がないので，その関係は従属という日本語が連想させるような固定的な性質ではない．よって，チョムノッヴォアットとは，「ある寺院の活動へともに参加することで定まる非限定的な社会集団」といった意味内容をもつ言葉として考えることが妥当である．

　寺院での諸活動には，指導的な役割を果たす複数の人びとがいた．それは，寺院のアチャーと寺委員会 (គណៈកម្មការវត្ត) に名を連ねた人びとであった．寺院のアチャーとは，仏日やその他の仏教年中行事の際に寺院でおこなわれる儀礼とその他の諸活動を采配する俗人の指導者を指した．寺院のアチャーは一般に，長期の出家経験者であり，仏教知識を豊富にもつ人物だといわれていた．

　カンボジアの宗教省は，各寺院に2～3名の寺院のアチャーをチョムノッの人びとによる投票で選ぶよう指導していた．聞き取りによると，内戦前のサンコー区とその周辺の寺院では，以前その寺院で住職を務めた人物が還俗してから寺院のアチャーになることが多かった．しかし現在，地域で寺院のアチャーを務める人物には住職経験者がほとんどいなかった．また，宗教省は住民による投票でアチャーを選ぶよう働きかけていたが，地域の人びとのあいだには別の考えがあった．すなわち，地元住民の一部によると，多くの行事で人びとのまとめ役を務めなければならない寺院のアチャーにふさわしい人物とは，自分から進んでおもてに出ようとしない謙虚な人柄がふさわしかった．地元の人びとは，そのような人柄であるからこそ厚く信頼し，推挙して役職に就くよう依頼する．このような視点に立つと，投票で選ぶという宗教省の指導にしたがって自ら立候補して才能をアピールするような人物は，寺院のアチャーにふさわしいといえなかった．

　他方で，寺委員会のメンバーには，寺院が必要とする世俗的な仕事の遂行が期待されていた．メンバーは通常数名であった．壮年期の男性や，女性が含まれていることもよくあった．宗教的知識の有無よりは，行動力や金銭の管理能力に優れた人びとが選ばれていた．

　寺院の活動では，若者から老人までの幅広い年齢層の人びとをみかけた．ただし，宗教儀礼の場面では，50歳代以上の老人世代の人びとの姿が目立った．

表8-4　サンコー区の4寺院のチョムノッ村落

寺院名	SK寺	PA寺	PK寺	KM寺
チョムノッである村落	SR, SK, VL, BL, TK, AM	KB, SKH, SKP, CH, PA, SM, SR, SK, VL, TK	KK, KB	KKH

(出所) 筆者調査

　彼（女）らは，在家戒を遵守し，諸々の儀礼に参加して積極的に功徳を積もうとしていた．一方で，儀礼の場面の裏側には，食事の準備や水くみ，薪の用意をしたりする人びとがいた．彼（女）らは，若年者が中心であり，自発的あるいは父母や同じ村の年長者に依頼されて寺院を訪れ，各種の仕事をおこなっていた．ただし，彼（女）らに「強制されている」という表情はなく，冗談を言い合いながら楽しそうに身体を動かしていた．若年世代の人びとは，このように，日常的な寺院の活動では裏方に徹していることが多かった．しかし，カンボジア正月などのおおきな年中行事の際には，儀礼へも積極的に参加していた．

　表8-4は，サンコー区の4寺院の住職とアチャーにその寺院の活動に日常的に参加しているチョムノッの人びとが住む村落（ភូមិចំណុះវត្ត）の名前を挙げてもらった結果である．そこからは，サンコー区の村落の一部が隣接する2つの寺院から同時にチョムノッとみなされていたことが分かる．例えば，VL村はSK寺とPA寺の2寺院からチョムノッの村落であると名差されていた．

　実際，VL村の村人は，SK寺とPA寺の両方の寺院の活動に参加していた．例えば，SK寺でもPA寺でも，寺院に止住する僧侶の食事をチョムノッの村落による輪番制によって準備していた．15日を単位として一巡したその輪番において，VL村の村人はSK寺では3日分の，PA寺では1日分の当番を担当していた．また，VL村の世帯が家での儀礼に僧侶を招聘する際は，SK寺からよぶ場合もPA寺から招く場合もあった．さらに，両方の寺院から僧侶をよび，いちどに儀礼をおこなうことも普通だった．カンボジア正月などの年中行事の際に，構成員を2つに分けてSK寺とPA寺の両方へ出かけ，積徳行の儀礼に参加する世帯も多かった．ただし同時に，少数であるが，どちらか一方の寺院を特別に支持し，もう一方の寺院を拒絶する態度をとる人びともいた．そこには，仏教実践の多様性の問題が関わっていた．

いずれにせよ，サンコー区では，隣接する複数の寺院の活動へ参加する人びとが同一の地理的範囲に重複して住んでいた[5]．これは，サンコー区の人びとが仏教徒としておこなう宗教的活動の実態を理解するうえで非常に重要な特徴である．

（2）仏教実践の多様性

サンコー区に住む仏教徒の活動には，さらにもう1つ重要な特徴があった．それが，仏教実践の多様性という問題である．

写真8-2, 8-3, 8-4, 8-5は，サンコー区の4寺院において撮影した2001年10月2日の出安居儀礼（កឋិនទេញវស្សា）の様子である．上座仏教には，毎年グレゴリオ暦の7月頃に始まる安居（វស្សា）とよばれる3ヶ月の期間がある．そのあいだは，慣例として，僧侶が所定の寺院に籠って勉学に励む．出安居の儀礼は，その安居期間の終了を節目としておこなわれる年中行事である．当日，サンコー区の4寺院では僧侶と見習僧によって仏陀の前世譚であるジャータカを朗唱する儀礼がおこなわれた．しかし，そのときに僧侶が身をおく空間の様子は，SK寺とその他の3寺院のあいだで顕著に異なっていた．SK寺では，僧侶の周囲に何の装飾もみられなかった．しかし，その他の寺院では，リアチヴォアット（រាជវត្ត）とよばれた竹製の柵や，バナナの茎と葉でつくったバーイセイ（បាយសី）とよばれる供物などが，僧侶が座る椅子のまわりに数多く飾られていた．

これに類似した儀礼の外見上の相違は，サンコー区のSK寺とその他の3寺院のあいだで出安居の儀礼以外でも繰り返し観察された．すなわち，SK寺では，

---

[5] 表8-4のように，地元住民とある寺院の結びつきを村落単位で示すことは，議論の方策としては必要であるが，現実をそのまま伝えるものではない．実際には，本文中で述べたように，同一の村落に住む人びとのあいだでも個々の人物・世帯ごとの選好の問題としてある特定の寺院との固定的な結びつきが明らかな場合もあった．つまり，ある寺院を支持する村落といったかたちで，寺院と村落の関係を直接的に対応させることは困難であった．この意味でも，同じ地理的範囲（村落，行政区）に暮らす住民のあいだに複数の寺院の活動への参加者がいたという事実を強調しておくことは重要である．

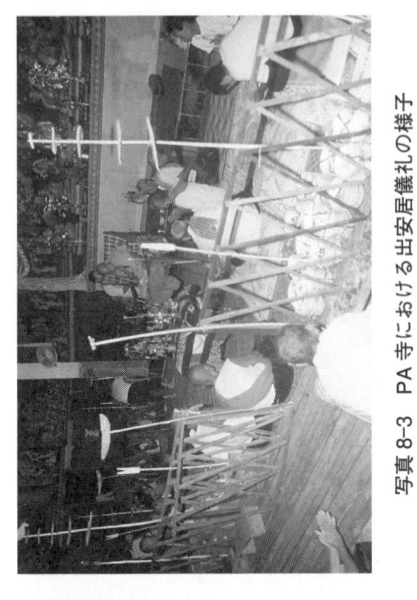

写真 8-2　SK 寺における出安居儀礼の様子

写真 8-3　PA 寺における出安居儀礼の様子

写真 8-4　PK 寺における出安居儀礼の様子

写真 8-5　KM 寺における出安居儀礼の様子

バーイセイなどの伝統的な供物をつくって儀礼の場に配置することが一切なかった．SK 寺の寺院のアチャーにその理由をたずねると，「三蔵経((ត្រៃបិដក)のなかに，それらの供物を準備しなければならないと書かれていないためだ」と述べていた．彼は同時に，そのような SK 寺の儀礼のやり方が仏陀の教えに正しくしたがったものであることを誇らしげに強調していた．しかし，他方のPA 寺，PK 寺，KM 寺でおこなわれる儀礼では，多様な供物が欠かさず準備されていた．そして，儀礼の参加者は，そのようにして供物を飾ることは彼（女）ら自身のプロペイネイチィェット（ប្រពៃណីជាតិ:「民族的伝統」の意）であると述べていた．

地元の人びとはほぼすべて上座仏教を信仰する仏教徒であり，サンコー区内の 4 寺院はいずれもマハーニカイ派であった．しかし，そこでみられる儀礼には 2 種類の異なる形式が存在した．そして，サンコー区の人びとは，SK 寺のような儀礼のかたちをサマイ，その他の寺院での儀礼の形式をボーラーンとよんでいた．また，SK 寺を「サマイの寺」，その他の 3 寺院を「ボーラーンの寺」とよぶこともあった．字義どおりには，サマイとよばれる仏教実践は「新しい仏教実践」を，ボーラーンとよばれる実践は「古い仏教実践」を指していた．

以下では，今日のサンコー区でみられる以上のような 2 つの仏教実践の現状と歴史的背景を分析する．まず次節では，サマイとボーラーンという 2 つの仏教実践の差違のかたちを，それをめぐって人びとがやりとりしていた言説などと併せて今日のサンコー区の民族誌的状況のなかに確認する．そして，8-4 節では，サマイ／ボーラーンという仏教実践の多様性がサンコー区で生まれた経緯について，内戦前の 1940 年代にまで地域の歴史的状況をさかのぼって検討する．またさらに，ポル・ポト時代以後に生じた仏教実践の変容についても，その事実と背景を明らかにする．

8-3　仏教実践の多様性をめぐる現状

　SK 寺と PA 寺の 2 つの寺院は長い歴史をもち，地元の人びとの宗教活動に

おいて特に重要な役割を果たしてきた．よって以下では，サンコー区の4寺院のうちこの両寺院を記述と考察の中心とし，PK 寺と KM 寺については必要に応じて補足的に触れるにとどめる．すでに紹介したように，SK 寺はサマイ，PA 寺はボーラーンとよばれる実践を特色とする寺院であった．

（1） SK 寺と PA 寺

　SK 寺は，国道沿いの市場から北西に 200 メートルほどの距離にあった．ポル・ポト時代以後は 1981 年に再興した．2001 年の安居期には，2 名の僧侶と 22 名の見習僧，それにドーンチーと僧侶の身の回りの世話をする少年が若干名いた．

　SK 寺の住職は，KS 師（1926 年生）であった．彼はサンコー区 PA 村の出身で，21 歳のとき（1947 年）に PA 寺で出家した．6 年後に還俗し，隣のトバエン区出身の女性と結婚した．以後は妻方の村落で稲作をして暮らした．KS 師によると，彼はポル・ポト時代以後の早い時期からもう一度出家して僧侶として人生を送ることを考えていた．そして，すべての子供が結婚して独り立ちした後の 1989 年に，コンポントム州ソントック郡の寺院に赴いて得度した．その後，サンコー区の北のダムレイスラップ区の寺院で 1 年過ごした後，1990 年に SK 寺へ移り，以後ずっと同寺の住職を務めてきた[6]．

　今日の SK 寺のチョムノッの人びとは，SR 村，SK 村，VL 村，BL 村，TK 村，AM 村の 6 つの村にまたがって住んでいた．SK 寺の寺院のアチャーは 3 名だった．そのなかで特に指導的な立場にあったのは PP 氏（1940 年生）であった．彼はトバエン区 TB 村の出身で，1956 年に SK 寺で出家した後，14 年間という長い期間僧籍で過ごした．出家後は，プノンペン，コンポート（Kampot）州，タカエウ州の寺院でパーリ語を勉強した．その後 SK 寺に戻り，1966〜69 年は同寺の住職を務めた．1970 年に還俗して，SK 村出身の女性と結婚した．ポル・ポト時代以後は VL 村に居住し，稲作を生業としていた．そして，前任のアチャーが死去したことに伴って，1992 年から SK 寺の寺院のアチャーになっ

　　6　KS 師の出家後，彼の妻はドーンチーとなった．彼女は現在，SK 寺内の小屋に他のドーンチーとともに居住している．

た[7]．PP氏は，仏教教義を明晰な言葉で解説する知識と能力をもつことで，コンポンスヴァーイ郡の他の行政区や他の郡にまで広く知られていた．SK寺の残り2名のアチャーは，いずれもPP氏より若輩で，出家期間が短かった．そして寺院では，PP氏の補佐役として働いていた[8]．

SK寺の3名のアチャーはすべて，村人が家でおこなう追善儀礼なども采配していた．PP氏はまた，結婚式のアチャーもしていた．若年の2名のアチャーのうち1人は，葬式のアチャーをしていた．

一方，PA寺は，国道から約3キロメートル南に位置し，PA村に隣接していた．周囲は水田に囲まれ，雨期になると南からトンレサープ湖の増水が迫ってきた．PA寺も，SK寺と同じく，ポル・ポト時代以後は1981年に僧侶を得て再興した．2001年の安居期には，8名の僧侶と26名の見習僧，そして炊事を手伝う老人女性と少年が若干名いた[9]．

PA寺の住職はTK師（1973年生）であった．TK師はサンコー区CH村出身で，1991年にPA寺で出家していた．PA寺で1年を過ごした後，遊行に出発し，コンポンチャーム州，カンダール州，ポーサット州，バッドンボーン州，プノンペンの寺院を移動した．その後，1996年に寺院へ戻った．そして，チョムノッの人びととの要請にこたえるかたちで，1997年に同寺の住職となった．

PA寺のチョムノッである人びとは，KB村，SKH村，SKP村，CH村，PA村，SM村，SR村，SK村，VL村，TK村という10の村に住んでいた．2001年のPA寺には，2名の寺院のアチャーがいた．その1人のMS氏（1926年生）は，「おおきいアチャー」（អាចារ្យធំ）とよばれていた．彼は，サンコー区PA村出身で，1946年にPA寺で得度していた．そして7年間を同寺で過ごしてから還俗した．世俗に戻って結婚した後もずっとPA村に住み続けた．稲作を生業として，漁はしなかった．MS氏は，1984年から同寺の寺院のアチャーになった．ただし

7　1991年に死去したSK寺の寺院のアチャーも，PP氏と同じく，かつてSK寺で住職を務めていた人物であった．

8　SK寺の残り2名の寺院のアチャーは，ともに1951年生まれで，出家年数は片方が3年，他方が5年であった．

9　この女性はドーンチーではなかった．ドーンチーは白い衣服を身につけ，剃髪し，十戒もしくは八戒をまもる生活を送る．この女性がまもる戒律は五戒だった．

第8章　仏教実践の多様性と変容　｜　391

当時の PA 寺には，MS 氏よりも先輩の指導的なアチャーがいた．よって，MS 氏はその頃，その補佐として働いていただけだった．MS 氏は近年体調を崩しがちで，寺院の行事にあらわれないことも多かった．

　MS 氏の体調の問題もあり，調査時の PA 寺ではもう一方の寺院のアチャーである ST 氏（1928 年生）がより中心的な役割を果たしていた．ST 氏は，サンコー区 SM 村の出身で，1950 年に PA 寺で得度し，僧籍で 7 年過ごした．出家中，コンポンチャーム州の寺院へ移動してパーリ語を勉強したことがあった．還俗後は SM 村に住み，稲作をした．ST 氏は，PA 寺の寺院のアチャーを務めていた人物（後述）が 1980 年代に亡くなったことを受けて，1991 年に PA 寺の寺院のアチャーになった．そして近年は，病気がちな MS 氏に代わってその活動をとりまとめていた．

　PA 寺のアチャーの 2 人も，村人に請われると，寺院の外で追善儀礼などを指導していた．また MS 氏は，結婚式のアチャーと葬式のアチャーもしていた．ST 氏は，人生儀礼のアチャーはしていなかった．

　以上が，SK 寺と PA 寺の調査時の概況である．では次に，地元の人びとがサマイとよぶ SK 寺の仏教実践と，ボーラーンとよぶ PA 寺の仏教実践のかたちを具体的に比較検討したい．例として取り上げるのは，カンボジア仏教最大の年中行事であるプチュムバン祭の儀礼の様子である．

（2）プチュムバン祭の比較

　プチュムバン祭は，カンボジア暦ペアトロボッ月の下弦第 1 日目から 15 日間にわたっておこなわれる．2 週間におよぶ開催期間は，カンボジア仏教の年中行事においてもっとも長い．最終日は国民の休日であり，就学や就労のために都市などへ出かけていた人びとが出身地へ帰り，家族とともに祝祭的な時間を過ごす．カンボジアの人びとのあいだには，この期間に祖先（សួន្ទន្ទិត）や身寄りのない餓鬼（ប្រេត）が地上にあらわれるという信仰があった[10]．そのため，

---

[10] カンボジアでは，プチュムバン祭の 15 日のあいだに 7 つの寺をまわって儀礼に参加することが理想だといわれていた．そうすれば，その期間に地上に戻ってきた祖先が，熱心に積徳行に励む子孫の姿をみて満足する．ただし実際に

この期間には特に多くの人びとが寺院を訪ね，祖先に功徳を廻向するための儀礼に参加し，食物や金銭をサンガに寄進していた．

プチュムバン祭の時期が迫ると，サンコー区の寺院はチョムノッの人びとを対象に 13 の組 (ក្រុម) を組織した．そして，その各組がプチュムバン祭の期間中のいずれか 1 日の寺院内の儀礼活動 —— カンバン儀礼 (ពិធីកាន់បិណ្ឌ) とよばれる —— を担当した．15 日間にわたる期間中の 2 日は，仏日に当たった．その日には，チョムノッの村々の全体から人びとが集まり，全員で一緒に儀礼をおこなっていた．

筆者は，2000 年と 2001 年の両年にわたって VL 村の村人とともに SK 寺と PA 寺のプチュムバン祭に参加した．その様子は，2000 年を例にとると表 8-5 と表 8-6 のようであった[11]．

カンバン儀礼は，両寺院とも夕方から始まった．最初の部分は，他の仏教儀礼と共通した一般的な内容であった．すなわち，まず俗人が講堂に集まり，仏像に向かって三宝帰依文 (នមស្ការ) を朗唱する．次に，僧侶を招聘して在家戒の授受 (សុំសីល) をおこなう．最後は，僧侶 1 名が仏教の教えに関する説教 (ទេសនា) をおこない，それを拝聴する．これら一連の儀礼では，寺院のアチャーが進行役を務めていた．

しかし，表 8-5 と表 8-6 は，SK 寺と PA 寺のあいだの儀礼の相違も明らかにしていた．例えば，PA 寺では，2 日目の早朝にボッバーイバン (បោះបាយបិណ្ឌ:「バン飯を放る儀礼」) がおこなわれた．参加者はそのとき，僧侶による祝福を受けたバン飯 (បាយបិណ្ឌ) とよばれるモチ米を手に持ち，布薩堂の周りを時計回りに 3 周しながら，夜明け前の闇に包まれた樹木の茂みのなかへそれを放り投げた．プチュムバン祭の期間に，祖先の霊や餓鬼が地上にあらわれるという信仰についてさきに述べた．PA 寺の寺院のアチャーやその儀礼の参加者によると，ボッバーイバンは闇のなかに潜んでいる餓鬼たちにバン飯を与え，功徳を廻向することを目的としていた．彼 (女) らはまた，このよう

は，多くの人びとが，1 つあるいは 2 つの寺院をまわるだけで済ませていた．
11　筆者は，サンコー区の残りの 2 つの寺院 (PK 寺と KM 寺) でもプチュムバン儀礼を観察した．その様子は，若干の差違があったものの，基本的に PA 寺での儀礼の様子とほぼ同じだった．

表 8-5　PA 寺におけるカンバン儀礼の進行

2000 年 9 月 25 日

時間	出来事
18:00	僧侶・見習僧が講堂に招かれる．村人たちは，用意したお茶を砂糖とともに寄進する．寺院のアチャーが，参加者に声をかけて講堂の正面の仏像に正対して座らせる．そして，三宝帰依文を唱える．次に，お茶を飲み終わった僧侶 1 名を招いて，在家戒の請願がおこなわれる．その後，出席した僧侶と見習僧が全員で護経を朗唱する．
19:10	僧侶・見習僧が講堂から立ち去る．
19:33	村人たちは，1 名の僧侶を講堂に招き，仏教説教を依頼する．
20:08	仏教説教が終わる．村人たちの一部は講堂のうえに蚊帳を張って，就寝の準備をする．他の人々は車座になって座り，お茶を飲みながら雑談している．

2000 年 9 月 26 日

時間	出来事
4:00	村人が起き始める．一部の女性はさきに起きており，モチ米を炊いている．
4:50	「バン飯を掴む儀礼」が始まる．村人たちは講堂のうえで東に向いてしゃがみ込む．そして，モチ米を入れた椀を頭上に掲げて，アチャーが唱えるカンボジア語の請願文を繰り返す．その後，各自がモチ米の碗をもって 1 枚のおおきな盆の周りに集まる．そして，自分の碗のなかのモチ米を指でつまみ，盆のうえに落とす．
5:07	アチャーが声をかけて，村人たちを仏像に正対させて座らせる．全員で三宝帰依文を唱える．
5:22	僧侶 1 名と見習僧 4 名が講堂に招かれる．アチャーがその他の参加者を率いて，僧侶に対して在家戒の請願をおこなう．
5:35	僧侶の前に，山盛りのモチ米がのった盆をおく．村人たちは，アチャーに続いて寄進文を唱える．僧侶と見習僧は，祝福文を唱えながら小さな金盌に満たされた水を指で盆のうえにはね飛ばす．
5:48	モチ米をのせた盆を先頭にして講堂を出て，布薩堂に向かう．布薩堂の東側に着くと，アチャーにしたがって東を向いてしゃがみ込む．そして，アチャーに続いて請願文を一緒に唱える．
5:53	請願文を唱え終えた後，各自が盆のうえからモチ米をひとつかみとって，布薩堂の周りを時計回りに 3 周しながらポッパーイバン（「バン飯を放る儀礼」）をおこなう．
6:40	僧侶・見習僧が講堂に招かれる．用意した粥を寄進する．
11:00	僧侶・見習僧が講堂に招かれる．用意した料理を寄進する．

（出所）筆者調査

表 8-6　SK 寺におけるカンバン儀礼の進行

2000 年 9 月 27 日

時間	出来事
18：40	僧侶・見習僧が講堂に招かれる．村人たちは，用意したお茶を砂糖と一緒に寄進する．その後，僧侶・見習僧は講堂から立ち去る．
19：13	寺院のアチャーが村人を導いて，講堂正面にある仏像に正対させて座らせ，三宝帰依文を唱える．その後，僧侶・見習僧を改めて講堂に招く．アチャーの指導で在家戒の請願がおこなわれる．その後，僧侶・見習僧は護経を唱える．
20：10	大部分の僧侶・見習僧は講堂から立ち去る．住職が招かれ，仏教説教がおこなわれる．
21：08	説教が終わる．一部の村人は講堂のうえに蚊帳を張って寝床をつくる．お茶を飲みながらの雑談に興じている人びともいる．村人の一部は，寝るために家へ帰って行く．

2000 年 9 月 28 日

時間	出来事
4：30	村人たちが起き始める．ドーンチーの一団が他の女性参加者を誘って仏像の前に整列して座り，三宝帰依文に始まる読経をおこなう．参加者の大多数は女性である．寺院のアチャーは参加していない．
6：00	女性たちの読経が終わる．
7：36	僧侶・見習僧が講堂に招かれる．用意した粥を寄進する．
10：50	僧侶・見習僧が講堂に招かれる．用意した料理を寄進する．

(出所) 筆者調査

な儀礼は，自分たちの祖先が民族的伝統として伝えてきたやり方であると主張していた．

　他方で，表 8-6 が示すように，SK 寺ではボッバーイバンの儀礼的行為がおこなわれていなかった．そして，SK 寺でその行為をおこなわない理由を，同寺のアチャーである PP 氏は次のように説明していた．

　「もしも功徳を廻向したいのならば，功徳の源泉である僧侶に食べ物を寄進するべきである．仏陀の言葉を伝える三蔵経のなかに，ボッバーイバンについての説明はない．そのような行為には意味がない．闇のなかの茂みにバン飯を投げても，それを平らげるのは野良犬たちであって，何の助けにもならない．」

写真 8-6　SK 寺のプチュムバン祭で用意されたバン飯

　SK寺のカンバン儀礼でも，モチ米を炊いてバン飯を用意していた．しかしそれは，早朝の暗闇に投げるものではなく，儀礼の2日目の昼食時に僧侶へ寄進し，食してもらうためのご飯であった（写真8-6）．PP氏は，このようなやり方こそが仏陀の教えに沿うものだと述べて，三蔵経の内容に忠実なかたちで儀礼をおこなうことの重要性を繰り返し主張した．さらに，地上に餓鬼があらわれて暗闇に潜むといった伝統的な観念も，迷信（ສຄົມບຸຣານ）であると否定していた．

　SK寺とPA寺におけるプチュムバン祭の実施形態には，以上に述べた違いのほかにもいくつかの相違がみられた．例えばSK寺では，1日目の夜に僧侶による説教を拝聴した後，翌日の夜明け前に儀礼がないため，寺院のアチャーや寺委員会のメンバーを含む参加者の多くが自分の家へ帰って行った．そして，家に帰らず講堂で夜を明かす人びとのうち，女性たちの一部が夜明け前に長い読経をおこなっていた[12]．一方のPA寺では，1日目の夜の説教が終わった後，ほとんどの参加者が寺院に残った．そして，仏陀の教えについて問答を交わしたり，村のうわさ話に花を咲かせたりしながら夜を過ごした（写真8-7）．PA寺の寺院のアチャーと寺委員会のメンバーたちは，プチュムバン祭がおこなわれる2週間ものあいだこのようにして毎晩寺院で夜を過ごしていた．彼らは，

12　早朝の女性たちの読経は，一部のドーンチーがよびかけておこなっていたものである．SK寺では，数名の俗人女性がプチュムバンの期間のみ白衣を着てドーンチーになり，寺院に住み込むことがあった．PA寺などでは，このような習慣がなかった．

写真 8-7　PA 寺のカンバン儀礼にて夜間に歓談する女性たち

睡眠不足で体力がもたないとときに弱音を口にしていたが，それでも人びとの要請に応えて毎日の儀礼を準備し，その進行を采配していた[13]．

　SK 寺と PA 寺でみられたプチュムバン祭の仏教実践は，食物や現金をサンガへ寄進したり在家戒を請願したりといった積徳行に関わる基本的な部分は同じであった．しかし，以上で指摘したように，実施される儀礼の形態と内容におおきな違いがあった．

　そしてサンコー区では，サマイ / ボーラーンとよばれるこのような実践上の差違をめぐって，地元住民のあいだで激しい議論の応酬がみられた．その議論の中心には，過去に出家した経験をもつ老人男性たちがいた．彼らは，各々の実践に関する正統性を争点として，自分が信じるものと異なる実践をおこなう他者へ向けた批判を声高に述べていた．女性や若者ももちろん 2 つの実践の差違を事実として認識していた．しかし，思い思いに意見を述べることはあっても，議論の表舞台に目立ったかたちで参加してくることはなかった．

---

[13] PA 寺と SK 寺の寺院のアチャーの振る舞いには別の違いもあった．PA 寺では，カンバン儀礼の一連の活動が終わった 2 日目の正午過ぎ，その日のカンバン儀礼を受け持っていた組の代表者が 2,000 リエルほどの現金と，線香，ロウソクを寺院のアチャーに対して進呈していた．MS 氏や ST 氏らは，祝福の言葉を返しつつそれを受けとっていた．しかし，SK 寺の寺院のアチャーに対しては，このような金品の授受がおこなわれていなかった．SK 寺のアチャー自身は，「自分たちは御礼を求めて寺院のアチャーをしているのではない」と，PA 寺などでみられる風習を言外に否定していた．

さきにも述べたように，SK寺のアチャーであるPP氏は，SK寺が今日おこなうサマイとよばれる実践が三蔵経に書かれた仏陀の教えにしたがった正しい（ត្រឹមត្រូវ）ものであることを強く主張していた．彼によると，仏陀は，三宝への帰依と因果応報の「業（កម្ម Pali., kamma; Skr., karma）」の原理を人生・生活のなかで認識することの大切さを教えた．よって例えば，カンボジアの伝統的な仏教儀礼によくみられる精霊への祈願（បួងសួង）は，ブラーフマニズムの影響であって，やめるべきであった．

他方，PA寺でボーラーンとよばれる実践をおこなう人びとは，何よりもそれが彼（女）らの父母たちがおこなったやり方を継承したものであることを強調していた．相応の仏教知識を持ち合わせた人物はさらに，「民族的伝統」といった言葉をもちいて先達が伝えたボーラーンの実践を継承することの大切さを強調した．なかには，「ボーラーンの実践は仏陀の教えに忠実にしたがうものではない」というPP氏の批判への反論として，「自分たちは，仏陀の親の代の習慣も棄てないのだ」と意見する者がいた．

チョムノッという言葉の説明としてさきに述べたように，サンコー区では，隣接する寺院の活動へ参加する人びとの居住範囲が重複していた．これは，サマイとよばれる実践をおこなうSK寺へ出入りする人びとと，ボーラーンとよばれるPA寺の実践を支持する人びとが，寺院，村落，個人の家などを場としておこなわれる各種の仏教儀礼にともに参加していた状況を意味する．彼（女）らは，積徳といった上座仏教徒としての宗教的観念を共通の基盤としており，マハーニカイ派という同じ宗派に属する僧侶とともに実践をおこなっていた．

サマイとボーラーンという仏教実践のそれぞれの正統性をめぐる以上のような意見の相違は，サンコー区の人びとがおこなう宗教活動において，ときに明らかな緊張と衝突を生じさせていた．つまり，「わたしはサマイが嫌いだ」，「彼らはあまりにもボーラーンだ」といった言い方をして，実践の差違を参照点とした自／他の区別をおこない，他者を非難する姿勢が人びとのあいだにみられた．

その対立の具体的な様相を紹介するため，次に2001年7月26日から翌日にかけてサンコー区のSR村でおこなわれたボンリアップスロックの儀礼を紹介する．

（3）仏教実践の差違をめぐる対立

　ボンリアップスロックの儀礼は，その土地に暮らす人びとの生活の安寧を祈願しておこなわれる．その名称は，「クニを整える儀礼」の意味である．サンコー区において，この儀礼は通常雨期稲の収穫後におこなわれていた．

　SR 村内には，「ポム婆さん」という名前のネアックターの祠があった．聞き取りによると，1940 年代まではサンコー区の全域の人びとが「ポム婆さん」の祠の前に集合し，ボンリアップスロックの儀礼を定期的におこなっていた．しかし今日は，SR 村を中心とした有志のグループが個別におこなう形態になっていた．

　人びとによると，彼（女）らは 2000 年の後半から 2001 年にかけての乾期のあいだに何度かこの儀礼の計画を立てた．しかし諸般の事情で延期が続き，開催できずにいた．その後 2001 年も雨期に入ったが，降雨が不足して田植えができない状態が長く続いた[14]．そこで，時期遅れであったけれどもボンリアップスロックの儀礼をおこなって天候不順の回復を祈願することを SR 村と SK 村の有志が提案した．

　筆者が儀礼に参加したのは，1 日目の夕方だった．「ポム婆さん」のネアックターの祠の近くに着くと，祠の手前にビニールシートで床と屋根をつくった簡易な筵席とリアンタッとよばれる竹製の台，ピァ（ពា）とよばれる椰子の葉とバナナの茎でつくったお盆が用意されていた．また，プノムクサッチ（ភ្នំខ្សាច់：「砂山」）とよばれる竹柵で囲まれた 5 つの砂山も設けられていた（写真 8-8）．筵席には，老人世代の男女を中心として約 40 名の人びとが集まっていた．そのなかには，日頃 SK 寺で姿をみる人と PA 寺でみかける人が混ざっていた．

　儀礼の進行を指揮していたのは，サンコー区の SM 村に住む PM 氏（1938 年生）であった．PM 氏は 1958 年に PA 寺で得度し，1965〜70 年のあいだ同寺の住職を務めていた．さまざまな仏教儀礼をボーランの様式で準備し，執行する知識と能力で知られており，ボーランの儀礼を好む人びとが家で追善供養

14　2001 年の降雨の不順については，第 5 章を参照されたい．

写真 8-8　SR 村のネックターの祠と儀礼用の砂山

をしたり結婚式をあげたりする際にアチャーとして招かれ，儀礼を采配していた．彼は，1990 年代の前半は MS 氏，ST 氏とともに PA 寺の寺院のアチャーを務めていた．しかし，TK 師が住職になってからその職を辞していた．

　夕方 5 時半に，SK 寺から 10 名の僧侶が筵席に招かれると，参加者は PM 氏の指導にしたがって三宝帰依文を唱えた．続いて PM 氏は，男性 5 名を 5 つの砂山の傍らに手を合掌させてしゃがみ込ませ，PM 氏自身の言葉に続いてパーリ語の語句を唱えるよう命じた[15]．それが終わると，PM 氏は，土地と水の主やネアックターに対してボンリアップスロックの儀礼をおこなう宣言をカンボジア語で語りかけた．次に 5 名の男性は，砂山から離れてその周りを囲む竹柵を閉じた．参加者は続いて，僧侶に向かって在家戒の請願をおこなった．そして，僧侶が護経の朗唱を終えると，用意していた砂糖入りのお茶を寄進した．筆者は，夕方 6 時半になって辺りが暗くなり始めた頃にその場を離れた．参加者の話では，僧侶による説教がしばらく後に始められる予定とのことだった[16]．

15　このパーリ語の語句は，PM 氏によると，「砂山を出家させる」ためのものだという．
16　サンコー区で観察した他のボンリアップスロックの儀礼では，夜に僧侶の説教が終わった後，寄り代を中心とした宗教儀礼が続けておこなわれていた．しか

7月26日の夕方にSR村で観察した以上のボンリアップスロックの儀礼の様子は，ボーラーンの実践のかたちを前面に押しだしたものだった．すなわち，竹柵で囲われた砂山，リアンタッ，ピァといった儀礼用の装置や供物はおおきな年中行事の際にPA寺などで必ずつくられるものだった．しかし，それらはSK寺では全くみなかった．さらに，精霊に祈願するといった行為自体が，自力救済と因果応報の論理を強調するサマイの実践を支持する人びとにとって，許容できないものだった．

　しかし，その儀礼は集合的なかたちでおこなわれ，日頃SK寺で姿をみた人びとも参加していた．そして，一緒になって僧侶へ飲み物を寄進し，在家戒の請願をおこなっていた．

　翌日は，夜明け前の朝4時過ぎから儀礼が始まった[17]．その様子は，筆者が泊まっていたVL村まで拡声器を介して響いてきた．筆者が儀礼の現場を再訪したのは，早朝6時過ぎであった．昨夜と同じくSK寺から10名の僧侶が招かれており，7時少し前に朝食のお粥を寄進した．そして，僧侶たちがそれを食べているあいだに，筵席のなかにかけられた仏画に正対して座った参加者たちは，PM氏の指示にしたがって三宝帰依文を唱えた．

　PM氏は次に，昨夜と同じく5名の男性を砂山の傍らにしゃがみ込ませ，自分自身に続いてパーリ語の語句をひとしきり唱えさせた[18]．PM氏はまた，土地を水の主，方角の主（ម្ចាស់ទិស），ネアックター，閻魔（យមរាជ）などに対してもボンリアップスロックの儀礼を滞りなくおこなったことをカンボジア語で報告し，地域（ស្រុក）に生きる人びとの生活をまもってくれるよう祈願の言葉を語りかけた．続いて参加者は，前夜と同じく，PM氏の唱導にしたがって在家戒の請願をおこなった．それが終わると，砂山の傍らにしゃがみ込んでいた男性たちは，「健康で楽しい生活を！」，「雨を降らせてください！」などと語り

し，本文で紹介したSR村のボンリアップスロックの儀礼ではみられなかった．
17　後で確認すると，この日は夜明け前にピァなどの供物を村はずれの荒蕪地に運んで放置し，ネアックターなどへ供える儀礼的行為がおこなわれていた．これらは，筆者がサンコー区で観察した他のボンリアップスロックの儀礼にも共通した行為であった．
18　これは，前日に出家させた砂山を「還俗」させるためのものであるという．

ながら砂山を手で崩した．7時半過ぎに僧侶たちが護経を朗唱した．そして最後に，PM氏の唱導にしたがって参加者全員が功徳を転送させる (ប្រាយកុសល) 文句を唱えた．

　僧侶たちがSK寺へ戻って行くと，出席者たちは男女別に車座をつくって朝食の粥を食べ始めた．筆者も，PM氏がいた車座に加わって食事をした．

　そして，粥を食べ終わると，PM氏が周りの老人男性たちに向かって正午になったら雨乞いの儀礼 (ពិធីសុំទឹកភ្លៀង) をおこなおうと提案した．老人男性のなかには，その儀礼で唱える文句を記した規則 (ក្បួន) がいま手元にないという理由で，儀礼の実施を不安視する者もいた．しかしPM氏は，「自分はいくらかなら (やり方を) 覚えている」と述べて，儀礼の準備に協力するよう周囲の老人男性たちに働きかけた．PM氏によると，雨乞いの儀礼をおこなうためには，水を張った盆に入れたライギョ1匹と12種類の動物の作り物を用意する必要があった．そして，正午をまって，ライギョと作り物の動物を炎天下の水田におく．さらにその場に僧侶を招いて，それらの儀礼用供物に向かって説教を聞かせる．PM氏は，筆者に対して以上のような儀礼の内容を説明しながら，雨乞いの儀礼は「我らの伝統 (ប្រពៃណីយើង)」であり，「棄てることはない (មិនចោលទេ)」と強い口調で繰り返した．そして，周りにいた老人男性たちも，「我らの伝統」と口々に述べ，うなずき合った．筆者は別件でインタビューの約束があったため，いったんその場を離れた．

　筆者がふたたびその場に戻ったのは，10時40分過ぎだった．筵席では，招聘された僧侶が護経を唱えている最中だった．それが終わると，PM氏は，前日の夜から集めた寄進金の総額が25万5,500リエル (約7,860円) であり，昨夜以来招聘してきた僧侶たちに1名あたり2,500リエルずつ寄進した残りは，PA寺とSK寺の寺委員会に寺院建造物の建築資金としてわたすと参加者に説明した．次に，僧侶に対して昼食の料理が寄進された．そして，僧侶たちが食事を始めると，PM氏は，「動物をもってこい，今すぐに (យកមកសឥទ្បូវនេះ)」とSR村の村長に声をかけた．

　命にしたがってもってこられたのは，平たい籠をうえからかぶせた盆であった．盆のなかには水が張られており，ライギョが1匹入れられていた．また，籠の横には棒がおかれ，緑色のオウム (សេក) が1羽とまっていた (写真8-9)．

写真 8-9　オウムと盆のなかのライギョに話しかけるアチャー PM 氏

　ライギョとオウムがもってこられたとき，筆者の隣には，普段 SK 寺で姿をみかける老人男性が座っていた．そしてその男性は，筆者に向かって，これは「正しい規則 (ច្បាប់ត្រឹមត្រូវ)」に記されている行為で，アペイジャティアン (អភ័យទាន) とよばれるものだと説明した．さらに彼は，その行為が，いままさに恐れ (ភ័យ) を感じている動物を解き放って自由にすることで功徳を積み，自らの悪行を減少させるものであると話した．しかしそのとき，周りに座っていた老人女性たちからは，「雨を降らせてほしい，とよく話して聞かせ！(សុំទឹកភ្លៀងឲ្យបានប្រាប់អស់)」といった声が挙がっていた．その言葉は，ライギョとオウムを通じて超自然的存在に降雨を祈願するものだった．
　僧侶が食事を終えると，参加者は功徳を廻向する言葉を唱えた．PM 氏も功徳を廻向する文句を唱えながら，ライギョが入れられた盆とオウムの頭上に小振りの鉄碗に入れた水を指ではじいてまき散らした．それから若い男をよび，ライギョとオウムを PA 寺まで運び，寺院の境内の池と林に放すよう命じた．
　一連の儀礼が終了すると，参加者は車座になって昼食を食べた．PM 氏が朝食後に説明していたかたちの雨乞い儀礼は，結局おこなわれなかった．
　翌日の 7 月 28 日は仏日であった．筆者は早朝から SK 寺へ行き，在家戒を請うために寺に集まった人びとのあいだで過ごしていた．すると，一昨日から

第 8 章　仏教実践の多様性と変容　｜　403

昨日にかけてボンリアップスロックの儀礼に参加し，ライギョとオウムがもってこられたとき筆者に向かってそれが「正しい規則」にしたがった行為であると説明した男性が，講堂のうえの男性たちの車座の中心にいるのが目に入った．

近寄ると，その男性は，昨日の儀礼の様子を周りの老人男性たちに話して聞かせていた．彼の話は，「自分が朝に粥を食べていたら，PM 氏らが雨乞い儀礼の相談をしているのが耳に入った．でも，自分は同意 (ឯកភាព) しなかった」，「僧侶を真っ昼間の水田に立たせて，魚に向かって説教をさせるなど，僧侶に対する悪行 (បាប) としかいいようがない」，「あいつらは，そのような雨乞い儀礼のやり方にも規則があるのだといっていたが，それを記したアチャーが誤っていたのなら，それにしたがうわれわれは功徳が得られないではないかといい返したら，黙ってしまった」といった内容だった．つまり，男性は，PM 氏らがおこなおうとした雨乞い儀礼がいかに仏陀の教えに反したものか，そして自分がどのような言葉でその儀礼を中止させたのかを一種の手柄話のように話していた．そして，周りの人びとは，(ボーラーンのやり方は)「ブラーフマニズムの影響だ (ឥទ្ធិពលព្រហ្មញ្ញសាសនា)」，(男性の意見は)「清いものだ (ស្អាត)」といった評価を口にしていた．

以上のように，SR 村で 2 日間にわたっておこなわれたボンリアップスロックの儀礼は，その場で人びとがみせていた言動と SK 寺で翌日に話されていた評価の双方を通じて，サマイ／ボーラーンとよぶ 2 つの仏教実践をめぐってサンコー区の人びとが協同しかつ対立している様を如実に示していた．

すなわち，SK 寺のサマイとよばれる実践を支持する人物も PA 寺に通ってボーラーンとよばれる実践をおこなう人物も，互いが同一の教義にしたがう仏教徒であることを認めており，功徳を積むことで現世と来世によりよい境遇がもたらされることを願う点で共通の立場にあった．しかし，それにもかかわらず，そこには 2 つの実践をめぐる一種の断絶が存在した．儀礼がおこなわれている最中や対面的な状況のなかでは，一般に仏教徒としての協同が前面にあらわれていた．しかし，2 つの実践の支持者がそれぞれ個別に集まった場所では，自らと異なる実践をおこなう他者への非難と揶揄の声が挙げられ，対立の姿勢が明確なかたちで示されていた．

サマイとボーラーンという仏教実践の多様性を参照点とした人びとの対立は，筆者がサンコー区で調査をおこなっていたあいだ，さまざまな儀礼や行事の場面で繰り返しみられた．その実態については第9章で改めて取り上げ，詳しく分析する．本章では次に，今日の民族誌的状況をいったん離れ，サマイとボーラーンという仏教実践の多様性がサンコー区に出現した歴史的な経緯を跡づける．また，内戦からポル・ポト時代を経て今日に至るあいだに生じた仏教実践の変容についても明らかにしたい．

8-4　仏教実践の歴史的変化

　聞き取りによると，サマイとボーラーンという実践の多様性がサンコー区で生じたのは1940年代であった．また，内戦以前と今日とを比較すると，特にPA寺の実践のかたちに変化がみられた．その変化は，調査地域の局地的な歴史状況とポル・ポト時代以後に政府がとった宗教政策の両方から影響を受けて生じたものだった．

（1）内戦以前の状況

1）SK寺の刷新

　地域の人びとによると，1940年代初め頃のSK寺では他の寺院と全く変わらないかたちの仏教実践がおこなわれていた．しかしSK寺は，1940年代半ばに実践の形態を一変させた．それを主導したのはLH氏（1906-46）であった．LH氏はサンコー区のSK村出身で，当時のサンコー区における随一の金持ちであったといわれる[19]．彼は若くから商売の才を発揮し，スロックルーの村々から籾米や森林産物を買い集め，卸売りする商売をしていた．そして，取引の

19　LH氏の父は，福建からの中国人移民である．母は，サンコー区生まれの中国系カンボジア人であった．LH氏の娘によると，LH氏本人に出家の経験はなかった．

写真 8-10　LH 氏が建造したウナロム寺内に残る僧房

ためにプノンペンやサイゴン（ホーチミン）などの遠隔の都市とサンコー区のあいだを行き来していた．

　そしてLH氏は，1940年代初めまでにプノンペンのウナロム寺（Wat Unnalaom）に止住していたプラーチ・ポル（Prach Pâl）という名前の僧侶と非常に親しくなっていた．両者が知り合った具体的な経緯は不明である．しかし，現在のウナロム寺の境内には，ポル師のためにLH氏が私財を投じて建設した2階建ての僧坊（1948年完成）が残っており，現在も使用されている（写真8-10）．このことは，当時のLH氏とポル師のあいだの強い紐帯を伝える．

　実は，ポル師が止住したウナロム寺は，カンボジア仏教の歴史のなかで特別に重要な寺院である．すなわち，その寺院には，カンボジアの伝統王権がプノンペンを王都と定めた1866年以降マハーニカイ派のサンガの最高位の僧侶である大管僧長が止住しており，カンボジア仏教の制度的な中心であった．さらに，その寺院では，1910年代からカンボジアの伝統的な仏教実践の見直しを訴える改革運動が始まっていた [Huot Tat 1993; Edwards 1999]．その刷新運動は，後にマハーニカイ派の大管僧長の地位に登りつめたチュオン・ナート師（Samdech Chuon Nath: 1883–1969）とフォト・タート師（Samdech Huot Tat: 1891–1975）という2名の卓越した学僧が率いたもので，伝統的な実践を支持する守

表 8-7　1940 年代の SK 寺における実践の変化の代表的な内容

項目	変化前	変化後
僧侶・見習僧の食事の場所	僧侶と見習僧で別の列をつくる	僧侶と見習僧が一列に並ぶ
僧侶・見習僧の読経	僧侶と見習僧で，時間と場所を違える	僧侶と見習僧が一緒におこなう
読経言語	パーリ語のみ	パーリ語およびカンボジア語
学習テキスト	貝葉文書	印刷本
祈願の対象	仏陀・仏法・仏僧，およびその他の精霊	仏陀・仏法・仏僧のみ
供物	花，ロウソク，その他の伝統供物	花，ロウソクのみ

(出所) 筆者調査

旧派とのあいだに衝突を生じさせながら，新しいかたちの実践を徐々に地方へ普及させていた[20]．つまり，1940 年代半ばに SK 寺で生じた実践の変化は，カンボジア・サンガの中央部で本格化した伝統的実践の刷新運動に影響された LH 氏が，そのグループの僧侶たちが主張した新しい形態の実践を導入しようとしたことに端を発していた．

今日の SK 寺の寺院のアチャーであり，1960 年代に同寺の住職を務めていた PP 氏によると，当時の実践の変化の根幹は仏陀の言葉が記された三蔵経への回帰にあった．表 8-7 は，1940 年代の SK 寺における実践の変化の内容を今日のサンコー区の人びとの説明にしたがって整理したものである．そこからは，当時の SK 寺では僧侶たちの日常的な行為から仏教儀礼の式次第に至るまで，幅広い領域で変化が生じたことが分かる[21]．

例えば，SK 寺の僧侶と見習僧は，それまで食事や読経をするときは別々に列を組んで座っていた．しかし，変化の後は 1 つの列をつくって一緒に座るようになった．これは，僧侶と見習僧のあいだにあった厳格な上下関係が緩和されたことを示唆する．また，以前の SK 寺の仏教儀礼では，人びとが請願をお

20　ナート師は，1948～69 年のあいだにマハーニカイ派の大管僧長を務め，三蔵経のカンボジア語訳の編纂などに尽力した．そのため，今日のカンボジアでは，一種の文化英雄として格段の尊敬を集めている．また，タート師も，ナート師の死後からポル・ポト時代が始まるまでマハーニカイ派の大管僧長を務めた．

21　他にも例えば，僧侶が身を包むチェイポー（ចីពរ）とよばれる黄衣のデザインも変化した．すなわち，伝統的なチェイポーは 15 枚の布を縫い合わせてつくられていたが，刷新後は 10 枚の布からつくるようにデザインが変わった．

こなう対象に精霊などの超自然的存在も含めていた．しかし，変化以後は，仏陀・仏法・仏僧の三宝への帰依と因果応報の論理を裏づけとした自力救済の思想が強調され，超自然的存在を祈願の対象とすることが戒められた．PP 氏は，このような一連の変化によって，SK 寺の仏教実践が迷信やブラーフマニズムの影響を脱し，仏陀の教えをより純粋（បរិសុទ្ធ）なかたちで踏襲するようになったと説明していた．

また，PP 氏は，実践が変化した後の SK 寺の僧侶らには，仏陀の教えをきちんと理解し，それを正しく伝える能力をもつことが求められたとも述べていた．実際，SK 寺の僧侶らは変化の後，パーリ語だけでなくカンボジア語をもちいて読経をおこなうようになった．上座仏教徒社会では一般に，各種の仏教儀礼において僧侶がパーリ語で読経するとき，出家経験のある男性を除く女性や子供などはその意味を理解することができない．パーリ語の語彙は，出家して初めて学ぶ機会を得るものであり，女性のなかでそれを理解する能力をもつ者は非常に稀であった．換言すると，出家経験をもつ男性以外の大多数の人びとは，意味も分からずただパーリ語の文句を聞いていた．そこで刷新派は，パーリ語の原文とともにカンボジア語の翻訳文を一緒に唱えることで，誰もがその内容を聞き取れるよう配慮することを主張した．さらに，僧侶たちには，パーリ語の経文やカンボジア語の翻訳文をただ暗記するだけでなく，その内容について人びとの疑問に答えるかたちで講釈ができるよう知識と能力を養うことを求めた．

1940 年代半ばの SK 寺でみられた実践の変化は，以上のように，一種合理的ともいえる実践の解釈にもとづくものだった．LH 氏が SK 寺にもたらした「新しい」実践は，20 世紀初めに首都で始まった仏教実践の刷新運動の影響下にあり，その出現は従来の実践のかたちを「古い」ものとして対象化させた．そして，そのようにして SK 寺の仏教実践が変化したとき，当時のサンコー区に存在したもう 1 つの寺院 —— PA 寺 —— では，従来のやり方にしたがった伝統的な実践が営まれていた．

2）対立の初期状況

　聞き取りによると，LH氏の主導によってSK寺の実践が変化したとき，当時のサンコー区の住民の多くはそれに激しく反発した．例えば，それまでSK寺に止住していた僧侶の一部が伝統的な実践を求めてPA寺へ移ってしまった．また，人びとは，内戦以前の父母あるいは自らの態度として，SK寺の寺院の境内にさえ立ち入らなくなり，SK寺の僧侶が托鉢に来ても食物を寄進しなくなった等々の行動の変化を述べていた．

　さらに，60〜69歳の年齢層のVL村の男性で出家経験をもつ人物を調べると，その半数はかつてPA寺で得度していた[22]．そして，彼らがPA寺で得度した理由は，彼らの父母がSK寺を嫌っていたからであった．

　実践が変化した後のSK寺に対する以上のような反発には，LH氏という個人への批判が含まれていたようである．すなわち，人びとが実践の変化に対して異を唱えたとき，LH氏は「反対する者は寺に来なければよい．SK寺の僧侶が必要とする食物と金銭は，自分1人で誰の助けも借りずに用意することができる」と言い放ったといわれる．上座仏教の寺院という場所は，本来非常にオープンなかたちで参加者をよび込む性質をもつ．LH氏の発言は，このような寺院の性格を無視していた．またそれは，実践の変化がLH氏個人の経済力を支えとして強引に実現されたものであったことを示唆していた[23]．

　LH氏は，1946年に40歳の若さで死去した．そしてその後は，LH氏と親族関係をもつ人びとが中心となってSK寺の活動を支えた．LH氏のキョウダイは，サンコー区のSK村，KB村，トバエン区のTB村などに住んでいた．VL村にも，2世帯だけ，LH氏と親族関係をもち，実践の変化の後もSK寺の活動に参加した人びとがいた．

　そして，サマイ/ボーラーンとよばれる実践をめぐって1940年代にサン

22　VL村の60〜69歳の男性で出家経験をもつ人物は16名いた（表9-1）．そしてその半数の8名がPA寺で僧侶あるいは見習僧になっていた．

23　サンコー区の人びとは，次のような逸話を通してLH氏の強烈なパーソナリティを語り継いでいる．つまり，LH氏は，死期が近づいたとき，SK寺の境内に小屋を建てて籠り，妻にも子供にも近づくことを禁じた．それは，死に臨んでこの世への執着をもちたくなかったからだという．

コー区で生じた地元の人びとのあいだの対立は，1960年代になっても解消しなかった．例えば，今日SK寺でアチャーをしているPP氏によると，彼がSK寺の住職であった1960年代末の頃，同寺の寺院の活動に熱心に参加していた地元住民は20～30家族ほどしかなかった．そして，当時のSK寺でプチュムバン祭のカンバン儀礼の輪番の組を組織したときは，1日の儀礼がわずか1～2家族に担当される事態だったという．VL村の村人たちも，内戦以前の村落の世帯は圧倒的多数がPA寺を支持しており，人生儀礼や追善儀礼を家でおこなう際にSK寺から僧侶を招くことがほとんどなかったと述べていた．

すなわち，SK寺は，実践の変化を契機としてそれまでその寺院で積徳行をおこなっていた地元の人びとの多くを失ってしまった．SK寺が取り入れたサマイとよばれる実践は，首都の学僧が主導した伝統的実践の刷新運動に起源をもち，上座仏教の教義に忠実にしたがうことを裏づけとしていた．しかし，当時のサンコー区の人びとの多くは，宗教的規則についての新たな解釈を理由とした寺院の実践の変化に同意しなかった．そして，年中行事などの機会には少し遠いPA寺へ行き，家で儀礼をおこなうときももっぱらPA寺から僧侶を招聘するようになった．

1950～60年代のSK寺では，僧侶と見習僧数が20名を超えることがなかったという．そして，その寺院に止住した僧侶たちの大半は，寺院周辺の村落ではなく，LH氏のキョウダイが住んでいたサンコー区KB村やトバエン区TB村の出身者であった．

ただし，一方で，当時のコンポンスヴァーイ郡からストーン郡にかけての地域一帯には，SK寺と前後して首都発の新しいかたちの実践をとり入れた寺院があった．そして，当時のSK寺は，それら新しい実践を受容した他の寺院とのあいだに人と物の両面で協力関係を発展させていた．

なかでも特に，ストーン郡のBT寺とSK寺のあいだの内戦前の交流はよく人びとに記憶されている．BT寺は，国道6号線に沿ってサンコー区からストーン郡の領内に入ってから，30分ほど北へ向かった水田地帯にある．そして，BT寺は，詳細は不明であるが，SK寺よりさきにサマイの実践を取り入れていた．SK寺は，そのBT寺の僧侶やアチャー，村人らから建材と資金の支援を受けて，1953年にパーリ語の学習棟を境内に建てた．BT寺の僧侶と俗

人たちはその後も，プノンペンでパーリ語を修めた僧侶を教師としてSK寺に紹介するなど，SK寺の寺院の活動を支援した．

PP氏は今日，サマイとよばれる実践によって結ばれたこのような寺院間の交流を，「勉学の寺（វត្តរៀនសូត្រ）」のつながり（ខ្សែ）であったと説明する．彼によると，サマイの実践を取り入れた寺院では，それまで伝統的に使っていた貝葉文書（សាស្ត្រា）ではなく，プノンペンで印刷されたテキストを主にもちいて仏教教理やパーリ語を勉強するようになった[24]．また，パーリ語の学習方法も従来にないかたちに変わった．つまり，サマイの寺院では，パーリ語の語彙や文法規則を説明する能力をもつ僧侶を首都などから招聘し，その僧侶を教師として体系立ててパーリ語を勉強した．それは，とにかく経文を暗記することを重要視した伝統的なパーリ語の習得法と全く異なるスタイルだった．

3）内戦前のPA寺

一方で，1950～60年代のPA寺は繁栄し，常時70～100名程度の僧侶が止住していたという[25]．僧侶たちは，サンコー区だけでなく，スロックルーのダムレイスラップ区やサンコー区の南のサエン川沿いにあるコンポンコー区，そしてストーン郡の一部を含む広い地域から集まっていた．このように広範囲から多くの僧侶がPA寺に集中したのは，当時PA寺の住職を務めたKP氏（1918-91）の人気のためだった．KP氏はサンコー区SK村出身で1940年にPA寺で出家し，1965年に還俗した．そして，僧籍にいた期間のうち1950年代半ばから10年以上の長期にわたってPA寺の住職を務めていた．

KP氏が人気を得ていたのは，瞑想実践に秀でていたためであった．このことはサンコー区の内外に広く知られており，ストーン郡などから老人女性の

---

24 カンボジアにおける仏教関連書籍の印刷・出版は，1920年代には始まっていた．当時のサンコー区の人びとは，サマイの実践を，ケヒィ（គិហិ）とよんで批判したという．これは，チュオン・ナート師らによって起草され，その頃国内に流通を始めた『俗人の実践の手引き（គិហិប្បដិបត្តិ）』という印刷本の題名からとられた名称と考えられる．

25 当時のPA寺には非常に多くの人数の僧侶が止住していたが，周囲の自然がまだ手つかずの状態で大量の魚が簡単にとれ，食料に困ることはなかったという．

一団が瞑想の教えを乞うために寺院を訪ねていた．そのような女性のなかには，境内に小屋を建てて長期滞在する者もいた．すると，それらの人びととの親類縁者も遠方から PA 寺を訪問し，おおきな規模の仏教儀礼をおこなっていた．

　KP 氏は同時に，配下の僧侶と見習僧を動員して社会的な事業を熱心におこなった．例えば，今日 PA 寺からサンコー区の市場の方角へ向かって延びた道は，KP 氏の命令によって雨期でも冠水しないよう僧侶たちが土盛りして築いたものであった．また，1950 年代前半にサンコー区では政府の保健センターが開かれたが，その施設の建設も KP 氏が派遣した僧侶が手助けした．

　すでに述べたように，男性は出家すると，その寺院の住職を「師」とよび，敬う．そのような男性たちは，自分と住職が還俗した後もかつての「師」との関係を大切に考え，機会があれば贈り物を送ったり農作業を手伝ったりしていたという．そして，PA 寺で住職を長く務めた KP 氏は，サンコー区の内外に非常に多くの「生徒」をもっていた．

　実際，筆者は調査中，サンコー区の南のサエン川沿いにあるコンポンコー区の寺院などで，KP 氏が住職であった頃の PA 寺での出家生活を懐かしそうに語る老人男性に出会った．「あの頃は KP 氏に命じられて，灯油ランプの灯りを頼りに夜間の道路建設の工事をしたものだった」といった話を語るそれらの男性らは皆，KP 氏の「生徒」だった．そして，彼らによると，彼らが出家した当時の PA 寺では印刷本を使わず，寺院の僧侶たちが代々受け継いできた貝葉文書を読み，暗記することが勉強の中心だった[26]．また，そのような学習は早朝のひとときだけで，1 日の残りの時間は境内を清掃したり，植木に水をやったり，布薩堂の建設の手伝いをしたりといった諸々の仕事で忙しかったという．

　以上のように，1950〜60 年代の SK 寺と PA 寺は，実践のかたちと地元住民との関係の両面で対照的な状況にあった．SK 寺は，LH 氏の働きかけでサマイとよばれる実践をおこなうようになった．そして，その実践の変化によって地元の人びとからの支援を失った．他方で，PA 寺では，瞑想実践に秀でて

---

[26] また，当時の見習僧の仕事の 1 つは，古い貝葉文書の内容を新しい貝葉に書き写すことだったという．

社会的な事業にも熱心なKP氏が長期にわたって住職を務めた．そして，サンコー区の内外から多くの出家者を集めていた．

ただし，両寺院の活動は，地域社会のなかに閉じられていたわけではなかった．SK寺については，同じサマイの実践をおこなう内外の寺院とのあいだに交流があった．そして，アチャーであるPP氏の経歴が示していたように，SK寺で出家した僧侶たちの一部は他の州やプノンペンのサマイの寺院へ移動し，学習を重ねた後に戻ってくるという移動のパターンを示していた．PA寺においても，そこで出家した僧侶たちの一部はコンポンチャーム州やシエムリアプ州のボーラーンの実践をおこなう寺院へ移動して，一定期間を過ごし，戻ってきていた．このような僧侶の往来は，PA寺とSK寺が，サマイとボーラーンという実践の特徴に関連した寺院・僧侶間のネットワークをそれぞれ別のかたちでもっていたことを示唆している．

（2）内戦からポル・ポト時代の状況

1950年代より長らくPA寺の住職を務めてきたKP氏は，布薩堂の建設を1964年に終えると翌年還俗した．その後はPM氏が新しい住職となった．PM氏は，さきにSR村で観察したボンリアップスロックの儀礼について述べたなかで，その儀礼を指揮したアチャーとして紹介した人物である．PA寺の僧侶数は，PM氏が住職となった1960年代の後半に大幅に減少した．そしてPM氏も，内戦が始まった1970年に還俗した．

聞き取りによると，1970～73年のサンコー区の寺院では，地元の仏教徒による活動がまだ従来に近いかたちでおこなわれていた．しかし，1972年頃には統一戦線のメンバーがサンコー区の村々を訪問し，宣伝活動をおこなうようになった．仏教寺院の境内でも，村人を相手とした集会が頻繁に開かれた．

統一戦線は，勢力範囲内の寺院の僧侶たちを組織化しようとした[27]．例えば，当時PA寺に僧侶として止住していたPA村の一男性（1948年生）は，1973年に統一戦線がシエムリアプ州のクーレーン山の山頂で開いた僧侶の大集会に参加

27　仏教僧侶の組織化についての共産主義者の取り組みについては，キアネンがプレイヴェーン州の事例を報告している［Kiernan 1985: 345］．

したことがあったという．そして，同時期のサンコー区周辺には，腐敗した政府の打倒や平等な社会の建設といった統一戦線が主張したプロパガンダに賛同し，その活動に積極的なかたちで関わるようになった僧侶もあらわれた．今日のサンコー区の住民は，それらの僧侶たちが「銃を肩にかけて，自転車に乗っていた」と話す．銃をもつことも自転車に乗ることも，仏陀の教えにしたがって修行生活を送る出家者がまもるべき戒からはかけ離れた行為である．しかし当時は，それが僧侶の現実の行動の1つだった．

　実際，サンコー区の西のトバエン区やトロペアンルッセイ区の寺院には，統一戦線の活動へ積極的に参加した僧侶がいた．しかし，サンコー区のPA寺，SK寺，そして1965年に建設されていたPK寺に止住していた僧侶の多くは，統一戦線の活動へ協力することに慎重であったという．

　当時の統一戦線は，仏教信仰や仏教徒としての人びとの活動を批判の対象としていなかった．しかし，住民を対象とした集会が盛んになると，生産活動をおこなわない僧侶は人びとを「虐げる（ជិះជាន់）」存在であるとして批判が向けられた．当時PA寺に止住していた僧侶の一部は，集会でそのような批判を聞いたことを理由に還俗を決意していたという．

　1974年2月になると，サンコー区の各寺院に止住していた僧侶らは地域の住民とともに国道北の森林へ向かった．そして次に，州都コンポントムへ移動した．州都に到着した後は，コンポントム州の州僧長の止住寺院であるコンポントム寺に身をおいた．

　他方，1974年の同じ時期のSK寺には，統一戦線に協力する20名ほどの僧侶が止住していた．調査時にサンコー区のBL村で暮らしていた一男性（1943年生）は，そのうちの1人であった．彼は1960年代にトバエン区の寺院で得度し，1970年代前半は僧侶の身で統一戦線の活動に参加した．彼によると，1974年にSK寺に止住した僧侶らは，自ら食糧を調達しなければならなかった．つまり，出家者の身でありながら牛を鞭打って水田を耕し，お茶に入れる砂糖を得るためにオウギヤシの樹に登って樹液を集めたという[28]．

　他方，1974年のPA寺は統一戦線の戦闘部隊の拠点となっていた．そのため

28　ただし，正午以降は食事をとらないという戒だけは厳守したという．

に，その後寺院がロン・ノル政府軍と統一戦線の部隊の交戦の場となり，生じた火災によって僧坊と大量の貝葉文書が焼失してしまった．

　1975年4月になると，1974年2月までSK寺，PA寺，PK寺に止住した僧侶らは地元の俗人と一緒に州都からサンコー区へ戻った．そしてこれらの僧侶は，SK寺やPA寺に着くと，布薩堂において直ちに還俗を宣言した．それは，各人の判断にもとづいたもので，革命組織に促された行為ではなかったという．

　ポル・ポト時代のカンボジアでは，仏教徒による個人的・集合的な宗教活動が停止した．1975年のあいだは，統一戦線の活動に協力した僧侶たちの一部が黄衣を身につけたまま国内に残っていた．サンコー区でも，SK寺に若干名の僧侶が止住し，生活していた．しかし，1976年1月になると，革命組織はそれらの僧侶たちに対しても還俗を命じた．そのとき，前出のBL村の一男性などは，裏切られたと涙を流したという．

　このようにして出家者が消滅し，地域の人びとの仏教実践は断絶に至った．

（3）ポル・ポト時代以後の仏教実践

1）ポル・ポト時代以後の再興

　1979年1月にポル・ポト政権が倒されると，母村へ戻った村人たちは仏教徒としての宗教活動を直ちに再開した．仏日には，建造物が壊されたままの寺院に老人世代の人びとが集まった．そして，破壊を免れた仏像を安置し，それに向かって三宝帰依文を唱えた．また，人びとから尊敬された長期出家の経験者——PA寺でかつて住職を務めたKP氏など——を僧侶の代わりに見立てて在家戒の請願をおこなった．男性らは戒律を授け，護経を唱えて人びとを祝福した．

　その後，人民革命党政権はベトナム領メコンデルタからカンボジア人僧侶を招聘し，首都のウナロム寺で1979年9月に公認得度式をおこなった．これによって，カンボジア国内に仏教僧侶が復活した．そして，1981年になると，サンコー区の70歳以上の年齢層の男性4名がコンポントム寺でおこなわれた得度式に参加し，僧侶となった．そして，SK寺とPA寺に2名ずつ分かれて

止住した．

　ポル・ポト時代以後のサンコー区で最初に僧侶となったこの4名は，1970年代前半の内戦期を僧侶として過ごし，ポル・ポト時代に入ってから強制的なかたちで還俗させられた「元僧侶」ではなかった．筆者がサンコー区の周辺地域で確認した限り，ポル・ポト政権によって強制還俗を命じられた元僧侶が，ポル・ポト時代以後の早い時期にふたたび出家して僧侶となった例は非常に少ない[29]．

　この4名の男性は，調査時すでに亡くなっていた．よって，1981年に出家し，僧侶となった理由を直接本人に尋ねることはできなかった．ただし，その子供や親族たちによると，出家は老境を僧侶として過ごしたいという彼ら自身の願望にもとづいていた．彼らには，青年時代に出家した経験があった．その後結婚し，家族をもった．ただし，1981年の時点で子供らは皆すでに独立していた．

　本章の冒頭で述べたように，1980年代の人民革命党政権は，得度式を準備して仏教僧侶の復活を支援した一方，復活以後の仏教徒の活動に強い統制を課した．まず，出家行動を，過去に出家経験がありポル・ポト時代に結婚して家族をもつことがなかった50歳以上の人物にしか認めなかった．書面上の規定は50歳以上となっていたが，実際には70歳を超えた高齢者にしか出家を認めてはならないという通達がなされていたともいう．

　事実として，サンコー区では，その後10年近くのあいだ新たな僧侶があらわれなかった．さらに，政府の統制に加えて，サンコー区では1980年代半ば以降治安情勢が流動化した．すなわち，僧侶を得て仏日その他の年中行事が早くから再興した一方で，仏教徒としての人びとの生活はまだ内戦以前と同じ状況にまで回復していなかった．そして，その状況のなかでは，サマイ/ボーラーンという実践の多様性がおおきな問題とされることもなかった．他方，人民革命党政権は，仏教徒の活動を再開させるにあたって宗派の別をみとめてい

---

[29] ポル・ポト時代以後直ちに再出家した例として，筆者が調査地域周辺で唯一確認できたのは，当時のコンポントム州の州僧長だけであった．その背景には，革命組織に強要されて還俗した「元僧侶」の大多数は，ポル・ポト時代中に結婚し，家族をもつようになっていたという事情があった．

なかった．

　4名の老人男性に続く新たな出家者がサンコー区にあらわれたのは，1988年末であった．そして，人民革命党政権が出家行動の年齢制限を撤廃した1989年以降，地元寺院の僧侶・見習僧の数が急増した．聞き取りによると，1989年に15名であったPA寺の僧侶数は，1991年に76名，1993年には96名まで増加したという．

　このような急激な僧侶数の増加は，人民革命党政権が当時おこなっていた徴兵政策と関係があった．すなわち，当時は18歳以上の未婚男性を対象に徴兵がおこなわれていた．しかし，学業に就いている場合は免除された．また，出家して僧侶となれば徴兵といった世俗的な義務から逃れることができた．そのために，多くの若年男性が出家を希望した．実際，1989年以降に急増した出家者のなかには，学校を卒業してから直ちに得度した20歳前後の男性が多く含まれていた．ただし，このような事情は政府も十分に認識しており，当時の得度式では，儀礼に臨む前に役人が律（ဝိနည်း: Pali., vinaya）に関する口頭試問をおこなった．そして，知識が十分でなく満足な回答ができなかった者には，得度を認めなかったという．

　その後，1993年の統一選挙以後は治安が安定し，徴兵もなくなった．すると，サンコー区の寺院の僧侶数は減少へ転じた．

2）PA寺の実践の変化

　ところで，1990年代になって僧侶が増え，寺院での諸活動が活発になったPA寺では，寺院内の実践の変化が明らかになった．表8-8は，1990年代から今日にかけてPA寺でおこなわれている実践のかたちを1960年代までの同寺の状況と対照させて示したものである．そこからは，この時期の僧侶の日常的な振る舞いの領域に顕著な変化が生じたことが分かる．

　例えば，内戦前のPA寺の僧侶と見習僧は，食事のときに別々に列をつくって座った．儀礼の場で経文を朗唱する際も，僧侶は僧侶，見習僧は見習僧で区別され，一緒に声をそろえて経文を唱えることがなかった．しかし，1990年代以降のPA寺では，止住する僧侶と見習僧が同じ時間に互いに区別することなく列を組んで座り，食事をとるようになった．また，読経も一緒におこなう

表 8-8　PA 寺における近年の実践の変化の代表的な内容

項目	1960 年代まで	1990 年代以降
僧侶・見習僧の食事の場所	僧侶と見習僧で別の列をつくる	僧侶と見習僧が一列に並ぶ
僧侶・見習僧の読経	僧侶と見習僧で，時間と場所を違える	僧侶と見習僧が一緒におこなう
読経言語	パーリ語のみ	パーリ語およびカンボジア語
学習テキスト	貝葉文書および印刷本	印刷本
祈願の対象	仏陀・仏法・仏僧，およびその他の精霊	仏陀・仏法・仏僧，およびその他の精霊
供物	花，ロウソク，その他の伝統供物	花，ロウソク，その他の伝統供物

(出所) 筆者調査

ようになった．以前の PA 寺の僧侶は，読経をパーリ語のみでおこなっていた．しかしいまは，パーリ語に加え，カンボジア語の翻訳文も唱えるようになった．つまり，今日の PA 寺の僧侶の実践は，かつてその寺の活動に参加した地元の住民たちが強い姿勢で批判したサマイとよばれる実践と同じかたちになった．

近年の PA 寺で生じた以上のような実践の変化について，1991～96 年に同寺の住職を務めた SS 氏（1968 年生）は，次のように語っていた．

　「そのような実践の変化は，自分が住職として指導したものである．それは，誰にいわれたのでもなく，自分自身で仏陀の教えを研究して，導き出した．昔からの決まりでも，律のなかに見出せないものはまもる必要がない．ゆきすぎた保守主義 (หฺกิรกินิยม) はよくない．昔からの決まりを低く評価するわけではないが，現在は一般に皆がそうするようになっているのだから，それと反対のことをし続ける理由はない．後ずさりしたいというのか．」

「律のなかに見出せないものはおこなう必要がない」という SS 氏の意見は，サマイの実践を支持する人びとがよく強調する教義の忠実な解釈という姿勢と重なる．ただし，SS 氏のその回答は，彼個人の生活史と合わせて理解する必要がある．そして，結論を先取りして述べると，PA 寺の僧侶の実践の変化に

は，サンコー区周辺の局地的な社会状況とポル・ポト時代以後の国家の仏教政策という2つの要素が関わっていた．

まず，1989年から1990年代初めの時期に得度し，PA寺に止住した僧侶や見習僧たちは，いずれも若年であったことに注意する必要がある．SS氏を例にとると，彼は18〜21歳の年齢の13名の地元出身の男性とともに，1988年12月にストーン郡の寺院で得度式に参加し，出家した．これは，1979年以降のサンコー区でみられた2番目の出家者のグループであった．

彼らは，出家の前にPA寺で2ヶ月過ごし，俗人の老人男性を教師として出家に必要な読経の習得と律の勉強をおこなった．彼らはいずれも，内戦前夜の1960年代末に生まれていた．そして，内戦期からポル・ポト時代，そして政策によって仏教徒の活動が低調に抑えられていた1980年代に成長した世代であり，内戦以前にPA寺でおこなわれていた種類の伝統的な形態の仏教儀礼を観察する機会をもっていなかった．

さらに，SS氏らが僧侶となった1990年代初めのPA寺の環境には，別の変化もあった．例えば，出家したSS氏らが仏陀の教えを勉強するためにもちいたテキストは，プノンペンで出版された印刷本であった．さきに述べたように，内戦以前のPA寺の僧侶・見習僧は幾世代にもわたってその寺院が受け継いできた貝葉文書をもちいて学習していた．しかし，それらの貝葉文書は戦火のなかで焼失してしまっていた[30]．

PA寺で1年を過ごしたSS氏と仲間の僧侶たちは，1990年にいったんPA寺を離れた．すなわち，ベトナム軍の退却によってサンコー区の治安が悪化したのをみて，戦闘に巻き込まれる危険を避ける目的で州都近郊にあるSY寺に移った．SY寺の住職は，コンポンスヴァーイ郡の郡僧長を務めた指導的な立場の僧侶だった．そして実は，その住職が，サマイの実践とそれが根拠とした伝統的実践の刷新の必要性を強く支持する僧侶だった．当然ながら，SY寺でおこなわれていた実践はサマイのかたちであり，SS氏らはその環境のなかで

---

30 貝葉文書が，今日のカンボジアの宗教的な場面から完全に姿を消したわけではない．ただし，コンポントム州コンポンスヴァーイ郡，ストゥンサエン郡の39寺の広域調査でも，僧侶が日々の学習に貝葉文書を使う寺院は1つも確認できなかった．

仏法と律について勉強し，1年を過ごした．

以上のように，PA 寺に近年あらわれた若年の僧侶らは内戦前の同寺が伝統としてきたボーラーンの実践ではなく，サマイの実践に親しみ，その教義的解釈を自分のものとしていた．その背景には，伝統的なかたちの宗教儀礼を経験的に学習する機会が欠如していたという事情に加え，1990年頃のサンコー区周辺の局地的な社会状況という問題があった．さらにそこには，カンボジアの仏教サンガの規定からの影響もあった．

実は，上述した SY 寺の住職は，SS 氏らの後に出家して PA 寺に止住した僧侶に対しても強い影響力を発揮し続けた．それは，カンボジアのサンガの規定の変化がもたらした状況だった．つまり，聞き取りによると，内戦以前のカンボジアのサンガの規定では，10年以上の出家経験と適当な能力をもつ僧侶に得度式を主催し出家希望者に戒律を授ける授戒師の資格が広く認められていた．そして，内戦以前の PA 寺では，自らと同じボーラーンのかたちの実践をおこなうストーン郡内の寺院から授戒師の僧侶を招聘し，得度式をおこなうことが常であった．しかし，1980年代の人民革命党政権は，僧侶の再生産の過程を政府の管理下におくことを考えた．そして，授戒師の資格を政府が任命した僧侶にしか認めなかった[31]．事実として，ポル・ポト時代以後のコンポントム州では各郡の郡僧長にしか授戒師の権限が与えられなかった．以上のような状況のなかで，コンポンスヴァーイ郡の郡僧長であった SY 寺の住職は，その郡内のすべての寺院における得度式の授戒師を務め，僧侶の再生産の中枢を担っていた．

すなわち，1990年代の PA 寺の僧侶には，内戦以前のようにその寺院が伝統

---

[31] これは，出家行動への年齢制限と同様，政府による僧侶の再生産のプロセスの管理を意味している．フィールドワークにもとづくこの指摘は，政府文書によっても裏づけられている．当時の回勅 (សារាចរ) によると，政府は授戒師の役割を政府が任命した僧侶にしかみとめていなかった [Li Sovi 1999: 11]．1989年に出された別の回勅は，出家行動に関する年齢制限の撤廃を宣言したものであったが，授戒師の資格規定については国家による任命が必要だとして制限の継続を支持していた．そして最終的に，1993年3月に発布された回勅において，政府による任命から戦前のカンボジア・サンガの規定への回帰が明文化され，授戒師の資格規定の変更が明らかにされた [*ibid*: 30]．

としてきた実践のかたちにしたがって授戒師を選ぶ自由がなかった．コンポンスヴァーイ郡では，同郡の郡僧長である SY 寺の住職が政府から授戒師に任命されており，郡内の全寺院で得度式を指揮した[32]．調査期間中，コンポンスヴァーイ郡の一部の寺院の僧侶・見習僧は，安居期に入る前に SY 寺を訪れて住職と面会し，安居に入る挨拶をしていた[33]．このような行為は，授戒師が，その権利のもとで得度させた僧侶とのあいだに一種の継続的な関係を築いていたことを示唆する[34]．

　調査中の PA 寺では，各種の仏教儀礼の最中に，「サマイハオイ」という声が挙がることがよくあった．その声の主は中年以上の男女であった．すでに述べたように，サマイというカンボジア語は，「新しい」という意味の形容詞である．ハオイという語は，文末におかれ，「すでにある状態になっていること」をあらわす．よって，サマイハオイという表現は，「新しいものになってしまった」という意味である．その言葉は，いま PA 寺に止住する僧侶がおこなう実践の形態が以前と変わってしまったという事実とともに，いま集合的なかたちで仏教儀礼に参加し，寺院の活動をともに組織し，盛りあげようとしている人びとのあいだに，仏教実践とそれに関連した寺院の伝統についての認識の差違が世代間のギャップとして立ちあらわれていたことを示唆していた．

32　政府による授戒師の資格規定は，1993 年に文書のうえでは取り消された．しかし，コンポンスヴァーイ郡では，調査期間中も，郡僧長である SY 寺の住職が郡内のすべての寺院の得度式で授戒師を務めていた．

33　この行為は，トヴァーイクルー（ថ្វាយគ្រូ：「師を敬う」の意）といわれる．

34　この郡僧長は，コンポンスヴァーイ郡の内外で大規模な仏教行事が開催された際によく招かれて説教をおこなっていた．そしてそのようなとき，集まった僧侶や俗人に対して，「もしもネアックターやクルーが困難なときに助けてくれるというのなら，ポル・ポト時代にそのような者たちは何をしていたのか？ ポル・ポト時代の苦悩はわれわれの業からきているのであり，ネアックターやクルーには頼らず自分で自身を律するべきだ」などと述べて，ポル・ポト時代の経験と重ねたかたちでボーラーンの実践への批判を展開していた．

8-5 実践の変化の広域的状況

1990年代にPA寺に止住した若年の僧侶らは，内戦以前にその寺でおこなわれていた伝統的な宗教儀礼に参加した経験がなく，老人世代の人びとが伝統と考えていた実践を対象化する視点に立っていた．また，その実践の変化は国家が策定した宗教政策とも関連していた．すなわち，授戒師の資格規定が政府によって管理された結果として，コンポンスヴァーイ郡ではサマイの実践を支持し，奨励する郡僧長が郡内のすべての寺院での僧侶の再生産に関わり，また得度させた僧侶らに影響力を発揮していた．

最後に，サンコー区周辺の他の寺院における状況についても簡単に触れておきたい．

表8-9は，筆者がコンポンスヴァーイ郡内の各寺院を訪問して収集した資料にもとづいて，各寺院の僧院の構成と寺院内の実践の変化の状況を整理したものである．まず，僧院を構成する僧侶と見習僧をみると，どの寺院でも僧侶が見習僧より少ない．見習僧は一般に20歳未満であることから，今日の同地域の寺院のサンガの構成員の大多数は若年者であることが分かる．また，同様の指摘は，住職の年齢と安居数についても可能である．カンボジアの寺院では，一般に，その寺院でもっとも安居数の多い僧侶が住職となる．この特徴を念頭におくと，20寺院のなかの13寺院の住職が20歳代で（3～11安居）の僧侶であったことからも，今日の各寺院のサンガが若年者を主体としていたことが指摘できる[35]．

表8-9はまた，寺院内の実践の特徴についても記している．これは，「この寺院の実践はサマイですか，ボーラーンですか？」という質問を，内戦以前といまの状況の双方について尋ねて得た回答を整理したものである．それをみると，内戦前にボーラーンとよばれる実践をおこなっていた寺院の多くが，今日

---

[35] 住職が1980年代に得度した年長者であったのは，寺院番号17, 20の2寺院だけであったのは，寺院番号17, 20の2寺院だけであった．

表 8-9 コンポンスヴァーイ郡の仏教寺院の僧院構成と実践の変化

番号	行政区	僧院の構成			住職の年齢	寺院内の実践	
		僧侶	見習僧	計	(安居数)	1960年代	現在
1	チェイ	1	14	15	26 (3)	サマイ	サマイ
2	ダムレイスラップ	n.a.	n.a.	n.a.	n.a.		n.a.
3	コンポンコー	5	13	18	29 (3)	ボーラーン	サマイ
4	コンポンスヴァーイ	5	12	17	25 (10)	サマイ	サマイ
5	コンポンスヴァーイ	3	9	12	68 (6)	サマイ	サマイ
6	コンポンスヴァーイ	1	2	3	29 (11)	ボーラーン	両方
7	コンポンスヴァーイ	5	14	19	21 (7)	サマイ	サマイ
8	ニペッチ	4	10	14	28 (6)	ボーラーン	サマイ
9	パットソンダーイ	n.a.	n.a.	n.a.	n.a.	n.a	n.a.
10	サンコー (PA寺)	5	13	18	27 (9)	ボーラーン	両方
11	サンコー (SK寺)	1	29	30	74 (11)	サマイ	サマイ
12	サンコー (PK寺)	3	12	15	28 (10)	ボーラーン	両方
13	サンコー (KM寺)	1	11	1	21 (7)		ボーラーン
14	トバエン	不詳	不詳	13	25 (9)	ボーラーン	両方
15	トバエン	3	15	18	23 (9)	ボーラーン	両方
16	トバエン	2	14	16	67 (4)	サマイ	サマイ
17	トバエン	5	10	15	98 (18)	ボーラーン	サマイ
18	トバエン	2	0	2	24 (4)	ボーラーン	両方
19	トロペアンルッセイ	2	4	6	24 (4)	ボーラーン	ボーラーン
20	トロペアンルッセイ	5	14	16	70 (15)	ボーラーン	両方
21	トロペアンルッセイ	4	36	40	32 (6)	ボーラーン	サマイ
22	トロペアンルッセイ	3	2	5	35 (9)	ボーラーン	サマイ
23	トロペアンルッセイ	1	5	6	空位		ボーラーン

(注) 番号 2, 9 の寺院は，治安および道路事情によって訪問できなかった．
　　番号 2, 13, 23 の寺院は，1990 年代に建立された新しい寺院である．
　　番号 14 の寺院では，僧侶と見習僧を区別した人数が得られなかった．
　　住職の安居数には，見習僧であった年数も含めている．
(出所) 2000 年 3～4 月におこなった筆者調査

第 8 章　仏教実践の多様性と変容

は「サマイ」または「両方（ចម្រុះ:「混ざり合った，混成」の意）」と答えていた．つまり，近年に寺院の実践の変化が生じたのはPA寺だけではない．そして，以上に指摘してきた局地的・全国的な要因が，PA寺以外の寺院のサンガにも影響をおよぼしていたと推測できる．

　今日のサンコー区とその周辺の寺院でみられる仏教実践は，もともと個別の環境のなかで営まれていた．それが，ポル・ポト時代の断絶と人民革命党政権の統制という共通の経験によって同じ方向の変化を方向づけられ，現在はより似通ったかたちを示すようになった．

CAMBODIA

第9章

寺院建造物の再建

〈扉写真〉建設途中の PA 寺の講堂．筆者が初めて PA 寺を訪問した 2000 年 3 月には，新しい講堂の建設がすでに始まっていた．新講堂の建設で中心的な役割を果たしていたのは筆者の滞在のホストの CT 氏であった．そのため，この講堂の建設については各段階で観察と聞き取りを繰り返すことができた．この講堂の落成式において確認した緊張関係とジレンマは，仏教が教義として教える和合的な社会関係と相異なる現実を照らし出すものであり，人びとの仏教実践の世界を分析するための重要な端緒を見出すことができた．

カンボジア農村において，仏教寺院は農村生活の中心であるといわれてきた［Ebihara 1968］．そして先行研究の多くは，その道徳的，社会的，教育的な機能を強調することに終始してきた．仏教寺院は，仏陀が定めた律をまもって修行生活を送る僧侶が起居する場所である．そのため，寺院という場所の性質やそこでおこなわれる諸活動について説明するとき，カンボジアの人びとは仏教的な理念や観念をよく口にする．仏教の教理を裏づけとしたその理念的な説明は，寺院における彼（女）らの相互行為を和合的なものとして描き，印象づける．しかし，イギリスの人類学者エドマンド・リーチが実践宗教（practical religion）という言葉で指摘したように，哲学的な宗教理念と普通の人びとの行動を導く宗教的規則とのあいだにはギャップが存在する［Leach 1968］．

　本章は，寺院建造物の再建という関心を共有するサンコー区の人びとの相互行為を分析する．そしてそこから，地域社会に暮らす人びとの生活世界の動態の特徴を明らかにしようとする．前章に続き，分析の焦点をかたちづくるのはサマイとボーラーンという実践の多様性の問題である．ただし，本章は，実践の多様性そのものを記述的に分析した前章と異なり，担い手としての地域社会の人びとがそれらの実践の差違を軸としてつくりあげていた相互行為の世界に光をあてる．

　教義的な解釈や公のステイトメントではなく，人びとの行動そのものに着目した分析によって，知識人や学僧が主張する教義的・哲学的な仏教ではない，一般の人びとが日々営む行為そのものとしての村落仏教（village Buddhism）の実態を明らかにすることが，本章のねらいである．人びとのなかには，調和を旨とする仏教的な理念を語る一方で，寺院の伝統や個別の実践に対して個々の人生経験や生活感に即した強い執着をみせる者がいた．そして，意見を異にした他者とのあいだに葛藤，緊張関係，対立が表面化していた．

　本章はまず，ポル・ポト時代に受けた寺院建造物の破壊とその再建事業に関するカンボジア農村寺院の一般的な状況を概観する．1990年代のカンボジア農村では，寺院建造物の再建事業が一気に本格化していた．そのなか，資金不足に悩む寺院は，仏教行事の開催を通じて他の寺院共同体とのあいだにネットワークを築き，より効率的に多くの資金を集めようとしていた．

　次いで本章は，サンコー区のSK寺とPA寺を取り上げ，両寺院における建

造物再建の状況を具体的に検討する．SK寺の寺院共同体は，商業活動に従事する者を多く含み，地域一帯で随一の経済力をもっていた．そのため，周辺の多くの寺院はSK寺と関係を結び，その寺院共同体の構成員を仏教儀礼によび込むことで，建造物再建のための資金を集めようとしていた．PA寺も以上のような理由で，SK寺の寺院共同体に接近し，建造物の再建を進めようとしていた．しかし，その現場では，PA寺とSK寺のあいだで内戦以前から問題となってきた，サマイとボーランという実践の伝統をめぐる相違がジレンマと対立を生んでいた．

以上の民族誌的状況を社会劇の形式で整理し，記述的に分析する作業を通して本章は，復興する村落仏教の現実態と特徴的な歴史がつくった地域社会の人びとの生活の世界についての理解を一段と推し進める．

9-1　1970〜80年代の状況からの影響

（1）経験の断絶と2つの実践

サンコー区の住民がサマイとよぶ仏教実践は，1910年代にプノンペンの学僧らが始めた伝統的実践の刷新運動に起源をもっていた．SK寺は，1940年代にLH氏という地元出身者の強い働きかけによりそれを受け入れた．他方でPA寺では，その土地に住む人びとが先達から受け継いできたボーランとよばれるかたちの実践がおこなわれていた．SK寺の実践の変化は，地元住民からの強い反発を招き，寺院の活動に参加する人の数を激減させた．逆に，伝統的な実践を堅持したPA寺は広い支持を集めていた．

その後，1970年から始まった内戦とその後のポル・ポト政権の支配によって，人びとの生活は一変した．その影響は，1979年のポル・ポト政権の崩壊から20年余りの時間が経過した調査時の地域社会のなかにも明瞭なかたちで残っていた．出家経験をめぐる世代間ギャップは，その端的な例である．

表 9-1　VL 村男性人口中の出家経験者の分布

年齢層	男性人口（人数）	出家経験者（人数）	出家経験者が占める割合（％）
15-19	37	0	0
20-24	17	1	6
25-29	20	1	5
30-34	27	1	4
35-39	31	0	0
40-44	13	0	0
45-49	14	3	21
50-54	8	5	63
55-59	10	4	40
60-64	11	8	73
65-69	10	8	80
70-74	4	3	75
75-79	1	1	100
計	203	35	17

(注) 出家中の人物は除外してある．
　14 歳以下の男性も，見習僧になることが一般的でないので除外した．
(出所) 筆者調査

　表 9-1 は，出家経験をもつ VL 村の男性人口の年齢層別の分布を示す．一目で分かるように，45 歳未満の世代には出家経験者が非常に少ない．つまり，調査時の地域社会には，1960 年代より前に出生した男性とそれ以後に生まれた男性人口のあいだで，出家経験に関する世代間ギャップが存在した．

　これまでの各章の記述が具体的に示してきたように，サンコー区の人びとの生活は，ポル・ポト政権の終焉以降の早い時期から個々人の努力にもとづくかたちで再建が進んだ．ただし，サンコー区では，1980 年代を通して流動的な社会情勢が続いた．また，人民革命党政権は，農地分配といった領域においては人びとの自主的な対応を尊重したが，宗教の領域には強い統制を敷いた．そして，1990 年代に入ってサンコー区の人びとの仏教活動がようやく本格化すると，PA 寺における実践の変化が明らかになった．すなわち，近年 PA 寺に止住する僧侶たちは，その寺院が内戦以前に伝統としてきたボーラーンの実践

ではなく，サマイの実践をおこなうようになった．

　一般の人びとの寺院活動への参加の仕方に，彼（女）らのライフサイクルと関係した側面があることはすでに指摘した．年中行事などの特別の機会には，性や年齢によらず多くの人びとが寺院へ集まった．しかし，日常的な儀礼の場面では，在家戒を請願するようになった50歳代以上の人びとの姿が目立った．彼（女）らは，結婚し，家族をもうけ，子供らを養うために一生懸命働いてきた．そして，子供らが結婚して独り立ちし，自分が世帯の生業活動のなかで担うべき負担が小さくなったことを受けて，いよいよ仏陀の教えにしたがい，功徳を積むことを生活の中心に考え始めた人びとであった．

　このような仏教徒の人生のサイクルを踏まえると，サマイとボーラーンという2つの実践に対してサンコー区の人びとが今日示している言動は，彼（女）らの現在の生活状況のなかに位置づけてこそ理解すべきであることが分かる．ボンリアップスロックの儀礼の様子を取り上げた前章の分析が示したように，今日のサンコー区の人びとのあいだには2つの実践をめぐって緊張関係と対立がみられた．その様子は，一見したところ，SK寺とPA寺のあいだで内戦以前に生じていた確執と同じ状況のようにみえる．しかし，今日寺院に集まり，儀礼に参加し，実践のかたちをめぐって積極的に発言を繰り返している人びとは，内戦前はまだ10〜30歳代であった．それらの人びとは，父母などが過去にみせていた対決の姿勢や批判の表現を記憶しているが，今日はあくまで自分自身の生活状況や人生経験に即して寺院の活動に参加し，2つの実践についての意見を述べている．つまり，今日の人びとの相互行為を分析する際は，過去の歴史状況を振り返る作業とともに，個々人が現在の文脈において自分自身の人生の来し方と行く末をどう考えているのかという問題を注意深く検討する必要がある．

　本章は以下，今日のサンコー区の地域社会でサマイの実践の支持者とボーラーンの実践の支持者のあいだにどのようなかたちで葛藤，緊張関係，対立がみられたのかを記述し，考察する．そのためには，ポル・ポト政権の支配がもたらしたある現実について述べておく必要がある．

（2）寺院建造物の破壊と再建

　ポル・ポト政権は，各種の仏教実践を禁じ，僧侶を強制還俗させただけでなく，寺院の建造物を破壊した．写真9-1は，サンコー区から10キロメートルほど北西にあるストーン郡内の一寺院で2001年に撮影した布薩堂の様子である．レンガとコンクリートで築かれた基盤を残して，上部の建物の部分がそっくりポル・ポト時代に破壊されていた．それは，ポル・ポト政権がおこなった支配の実態を如実なかたちでいまに伝えていた．

　筆者は，サンコー区に住み込む前の2000年3～4月に，コンポントム州のコンポンスヴァーイ郡とスゥトンサエン郡にあった39の寺院を訪問し，ポル・ポト時代以後の寺院活動と建造物の復興状況を調査した．表9-2は，そこで得た情報をもとに，ポル・ポト政権が崩壊した直後に寺院の布薩堂と講堂がおかれていた状態を示している[1]．それによると，内戦前に建立されていた同地域の寺院のなかで，1979年に布薩堂と講堂の両方が使用可能な状態にあったのは1寺院だけだった．その他の寺院は，程度の差はあれ，ポル・ポト時代に建造物破壊の被害を受けていた[2]．外見上は傷つかずに残っていても，内部の壁に描かれていた仏画が廃油で黒く塗りつぶされていたり，安置されていた仏像が壊されたりといった被害も非常に広い範囲で確認できた[3]．

　ポル・ポト時代に破壊された寺院建造物の再建は，1980年代から地元の仏教徒たちの関心の的であった．ただし，当時の人びとにはそれを実行に移すだけの生活の余裕がなかった．その後1993年に統一選挙が実施され，情勢が安定すると，地域の人びとの経済活動の範囲が拡大し，多様化した．そして，

1　コンポンスヴァーイ郡とストゥンサエン郡には当時41の寺院があった．ただし，そのうち2寺院は道路事情が悪く，訪問できなかった．また，訪問した39寺院のうち4寺院は，ポル・ポト時代以後に建立された新しい寺院であった．
2　ポル・ポト時代に破壊された寺院建造物のコンクリートの塊やレンガ，鉄筋などは，農業用の堰堤や橋をつくる土木工事の基礎材に転用されたという．
3　筆者は後に，コンポントム州のストーン郡やプラサートバラン郡でも50余りの仏教寺院を訪問した．そして，それらの地域の多くの寺院でも，建造物がポル・ポト時代に破壊されていた．

写真9-1　ポル・ポト時代に破壊されたままの布薩堂（ストーン郡KT寺）

表 9-2　ポル・ポト時代直後の寺院建造物の状況
（コンポンスヴァーイ郡・ストゥンサエン郡）

番号	郡名	行政区名	建立年	再興年	1979年の建物の状況	
					布薩堂	講堂
1	コンポンスヴァーイ	チェイ	n.d.	1983	○	●
2	コンポンスヴァーイ	ダムレイスラップ	1991	—	—	—
3	コンポンスヴァーイ	コンポンコー	n.d.	1980	●	△
4	コンポンスヴァーイ	コンポンスヴァーイ	n.d.	1980	○	●
5	コンポンスヴァーイ	コンポンスヴァーイ	n.d.	1980	●	△
6	コンポンスヴァーイ	コンポンスヴァーイ	n.d.	1981	○	●
7	コンポンスヴァーイ	コンポンスヴァーイ	n.d.	1981	○	○
8	コンポンスヴァーイ	ニペッチ	n.d.	1993	●	●
9	コンポンスヴァーイ	パットソンダーイ	n.a.	n.a.	n.a.	n.a.
10	コンポンスヴァーイ	サンコー (PA寺)	n.d.	1981	○	●
11	コンポンスヴァーイ	サンコー (SK寺)	n.d.	1981	△	●
12	コンポンスヴァーイ	サンコー (PK寺)	1965	1991	●	●
13	コンポンスヴァーイ	サンコー (KM寺)	1991	—	—	—
14	コンポンスヴァーイ	トバエン	n.d.	1980	○	●
15	コンポンスヴァーイ	トバエン	1958	1983	○	●
16	コンポンスヴァーイ	トバエン	n.d.	1982	○	●
17	コンポンスヴァーイ	トバエン	n.d.	1980	●	●
18	コンポンスヴァーイ	トバエン	n.d.	1979	●	●
19	コンポンスヴァーイ	トロペアンルッセイ	n.d.	1980	●	○
20	コンポンスヴァーイ	トロペアンルッセイ	1967	1980	●	●
21	コンポンスヴァーイ	トロペアンルッセイ	1910s	1987	●	●
22	コンポンスヴァーイ	トロペアンルッセイ	n.d.	1989	●	●
23	コンポンスヴァーイ	トロペアンルッセイ	1991	—	—	—
24	ストゥンサエン	ダムレイチョアンクラー	1998	—	—	—
25	ストゥンサエン	コンポンロテッ	1923	1991	●	△
26	ストゥンサエン	オーカントー	1988	—	—	—
27	ストゥンサエン	クデイドーン	n.d.	1981	○	●
28	ストゥンサエン	クデイドーン	n.d.	1980	○	●
29	ストゥンサエン	プレイクイ	n.d.	1979	●	●
30	ストゥンサエン	プレイクイ	n.d.	1979	●	●
31	ストゥンサエン	プレイクイ	n.d.	1981	●	●
32	ストゥンサエン	プレイタフー	n.d.	1980	○	○
33	ストゥンサエン	アチャーレアック	1916	1989	●	●
34	ストゥンサエン	スロジャウ	1920s	1980	●	●
35	ストゥンサエン	スロジャウ	n.d.	1985	●	○
36	ストゥンサエン	スロジャウ	n.d.	1980	●	●
37	ストゥンサエン	スロジャウ	1936	1988	●	●
38	ストゥンサエン	トボーンクロバウ	1950	1992	●	●
39	ストゥンサエン	トボーンクロバウ	n.d.	1983	●	●
40	ストゥンサエン	トボーンクロバウ	1943	1988	●	●
41	ストゥンサエン	オンロンクロサン	1959	1995	●	●

（注）記号○は使用可能，△は修理を要するが使用可能，●は破壊されて使用不可能という各状態を示す．
　　寺院番号2, 9の寺院は，道路事情が悪いため訪問できなかった．
　　寺院番号2, 13, 22, 23はポル・ポト時代以後に建てられた新しい寺院である．
　　ストゥンサエン郡のコンポントム区，コンポンクロバウ区には寺院がなかった．
（出所）2000年3〜4月の筆者の訪問調査

1990年代半ば以降，多くの寺院で建造物の再建プロジェクトが動きだした．

　調査時のサンコー区一帯の仏教寺院では，大小さまざまな建造物の建設工事が盛んに進められていた．工事の計画は，住職，寺院のアチャーや寺委員会が地元の信徒の意見をまとめて立てていた．工程の大部分は，地元の人びとが担っていた．コンクリートで建物の基礎を打つ作業では，頭領の他数名の地元の職人が雇われ，仕事にあたっていた．僧侶らが土の運搬や製材作業の手伝いを日課としている寺院もよくみられた．屋根を葺いたり，床材を打ちつけたりといった大量の人手が必要な段階になると，寺院近辺の村々に広く声がかけられ，老若男女の村人が集められていた．手すりを飾る浮彫り模様の装飾をつくる職人や仏画の絵師だけは，遠方から探してくる必要があった．

　しかし，建設工事の進展には寺院ごとの違いがおおきかった．着工後1年も経ずに完成までこぎ着ける寺院はごく少なく，多くの場合は，砂，セメント，レンガ，鉄筋などの建材の購入費や職人を雇う資金が不足し，工事が中断したままになっていた．さらに，写真9-1の布薩堂をもつ寺院のように，再建事業を始めることができず，破壊された建造物がまだ手つかずの状態で残されていることもあった．

　そして，筆者がそのようにして工事が中断した寺院を訪問すると，必ず，建設工事の再開のために現金を寄進しないかと誘いを受けた．僧侶やアチャーのなかには，筆者を通じて日本の仏教徒から再建事業の資金集めをおこなうことはできないだろうかと相談をもちかけてくる者もいた．日本人も同じ仏教徒だから，窮状を知ればきっと助けてくれるはずだというのが彼らの意見だった．

　以上の個人的な体験は，ポル・ポト時代以後のカンボジア農村における寺院建造物の再建事業の特徴をよく示している．それはつまり，資金不足の寺院で建造物の再建を推し進めるには，地元以外の仏教徒とつながる必要があるという現実である．この建設資金獲得のためのネットワーキングの実態を理解するためには，寺院とその寺院の活動に参加する人びととの関係を改めて振り返っておく必要がある．

9-2 ネットワーキングによる建設資金の獲得

　仏教徒であるカンボジアの人びとにとって，寺院の建造物を建設することは積徳の行為である．上座仏教徒は，功徳を多く積み重ねることによって現世の将来と来世における境遇を改善することを願う．寺院のアチャーを始めとした多くの人びとは，建造物を建設して寺院のサンガに寄進する行為はもっとも重要な積徳行であると述べていた．

　彼らによると，仏教徒が寄進行為をおこなう際は，まず自身の信仰心にしたがっている（កឋិនសង្ឃ）ことが重要であった．たとえ100リエルといった少額の現金の寄進であっても，強制されているといった感情をもたずに純粋な信仰心（សទ្ធាជ្រះថ្លា）にしたがっておこなわれていれば，より高額の現金の寄進と等しく，尊い行為である．しかし，他方には，多額の現金を寄進して寺院建造物の建設を推し進めるといった行為は，自らの財産を放棄して（លះបង់）現世に執着しない姿勢を示すものであり，特別におおきな功徳が得られる行為であるという意見もあった．つまり，寺院建造物の建設は，数ある積徳行のなかでも特別な行為であるといわれていた．

（1）寺院と寺院共同体

　カンボジアの仏教寺院は，積徳行という共通の目的をもって集まった人びとを非常にオープンに受け入れていた．そして，寺院と寺院の活動に参加する人びとの関係を表現したチョムノッヴォアットというカンボジア語は，参加という事実を共有することで定まる非限定的な社会集団を意味していた．以下では，このような寺院の活動への参加者の総体を，寺院共同体という言葉でよぶことにする．

　寺院共同体の構成は，図9-1のようなモデルをもちいると理解がしやすい．そこには3つの特徴があった．第一に，個々の寺院の寺院共同体は同心円状の

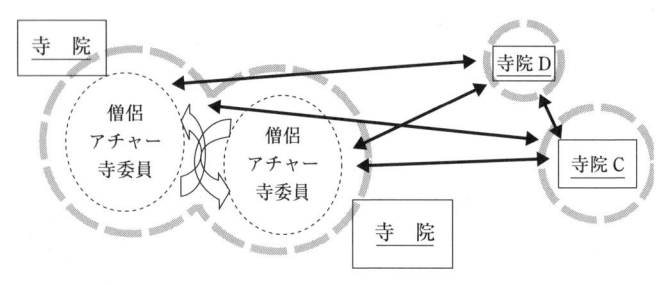

図 9-1　寺院共同体のモデル

構造をもっていた．中心には寺院に止住する出家者（僧侶，見習僧）がいた．そして，その周りには，アチャーや寺委員会の面々など寺院の活動で指導的な役割を果たす人びとがいた．さらに，同心円の核の部分を構成するこれらの人物を取り囲むようにして，その外側には特に役職をもたない大勢の人びとがいた．

　寺院共同体の同心円状の構造は，寺院でおこなわれる活動への参加の濃淡に対応していた．中心に位置する出家者は寺院でおこなわれる諸活動に不可欠の存在であり，寺院そのものに居住していた．また，寺院のアチャーや寺委員会のメンバーは，自分がその役職を任された寺院の活動を舵取りし，円滑に進める責任と義務を負っていた．寺院のアチャーらが，よその寺院の活動に参加することもあった．しかしそのときは，アチャーを務めている寺院の寺院共同体の代表者として振る舞うことが多かった．他方で，同心円の構造の周縁部に位置する人びとは，アチャーや寺委員会のメンバーほど特定の寺院に固定されていなかった．つまり，必要に応じて複数の寺院に赴き，儀礼活動に参加していた．

　さらに，寺院共同体の周縁部に位置する一般の人びとの参加の仕方にも一種の濃淡が想定できた．すなわち，これらの人びとのなかにも，特定の寺院を「自分の寺院（វត្តខ្ញុំ）」とよんで通い詰め，他の寺院に足を運ばない人物がいた．他方で，全く逆に，複数の寺院において儀礼活動に参加することこそがおおきな楽しみだと述べる人もいた．

　寺院の活動への参加の濃淡は，世代の差としても考えられる．寺院でおこなわれる儀礼の場でもっとも多く姿をみかけたのは，在家戒を請願するように

なった老人世代の人びとであった．彼（女）らの多くは，積徳行の機会を求めて寺院での諸々の活動に積極的に参加していた．一方，若年世代の人びとは，カンボジア正月などのおおきな年中行事の際には進んで寺に赴いていたが，普段の日々は生業活動で忙しく，老人世代の人びとほど頻繁に姿をみせることがなかった．

　また，寺院共同体の第二の特徴は，隣接する寺院のあいだでその範囲が重複あるいは交差していた点である．この特徴は，寺院と寺院の地理的距離が遠く離れている場合は明瞭でなかった．しかし，サンコー区のように１つの行政区に複数の寺院がある状況では，同心円の構造の周縁部にいる人びとの行動として顕著なかたちであらわれていた．

　さらに，寺院共同体の第三の特徴は，遠方に住む仏教徒を一時的な参加者として広く受け入れることが可能な点だった．寺院での活動を日常的に支えていたのは当該の寺院から近距離の村々に住む人びとであった．ただし，寺院でおこなわれる仏教儀礼や各種の活動は功徳の獲得を願う者すべてに対して開かれており，遠方の人びとの参加も歓迎されていた．つまり，何かを始めるきっかけさえ与えられたら，地理的な距離にさして左右されずに，仏教徒や寺院共同体のあいだにネットワークが生み出され，活動が始まった．

　さきに，資金不足に悩む寺院が建造物の再建事業を推し進めるためには，地元以外の仏教徒とつながる必要があることを指摘した．そのような状況のもとで寺院が展開していた建設資金を確保するためのネットワーキングは，寺院共同体がもっていた以上のような特徴を支えとしていた．

（２）仏教行事を通した交流

　資金獲得のためのネットワーキングは，遠方からの仏教徒が参加する仏教行事においてもっとも明瞭なかたちで顕在化していた．カンボジアの寺院でおこなわれる仏教行事は，２つの種類に分けることができた．その第一は，寺院の周辺に住む人びとが中心となって営む種類のものである．その典型は，前章で紹介したプチュムバン祭である．15日間という長期にわたっておこなわれるプチュムバン祭では一般に，村を単位として事前に組織された当番が１日１日

の儀礼活動を受けもち，おこなっていた．そして，この当番制は，寺院の周辺に住み，日常的にその寺院で積徳行をおこなっている人びとによって組織されていた．

　一方で，寺院における仏教行事には，他の寺院や寺院共同体の人びととの交流を要件として開催される種類のものもあった．その典型は，プカー祭とカタン祭であった．これらの行事は，地元の人びとの参加を前提とするプチュムバン祭などの年中行事と異なり，遠く離れた地域の仏教徒を一時的な参加者として寺院共同体のなかへ引き入れていた．

1）プカー祭

　プカー祭の開催には，特に決められた期間がなかった．ただし，多くは乾期の農閑期におこなわれた．この行事は，主催者 (ម្ចាស់បុណ្យ) となることを決意した個人が，身辺の他の仏教徒を誘ってある特定の寺院へ向かう使節団を組織することから始まった．主催者は，親族，隣人，友人など広い範囲の人びとに声をかけて参加を募った．普段自分が出入りしている寺院のアチャーに頼んで，その寺院の活動に集まった人びとに参加をよびかけてもらうこともあった．行事の当日，主催者は知悉の寺院のアチャーとその他の人びとをともなって，貸し切った車に乗り，目的の寺院へ向かった．寺院では，功徳を積むことを期待した人びとが儀礼に参加し，現金や物品を僧侶に寄進した．主催者は，特に多くの現金と，セメントやレンガなどの建築資材を自前で購入して寺院へ運び込み，寺院のサンガへ寄進していた．

　2000〜01年にサンコー区で観察できたプカー祭には，主催者となることを決意した人物の個人的な縁をもとにしておこなわれたものが多かった．例えば，2001年3月11日に，シエムリアプ州に住んでいた男性の家族と親族によって，サンコー区の北のニペッチ区の寺院に向けたプカー祭がおこなわれた．主催者である男性の父親はサンコー区SK村の出身であり，前年にシエムリアプ州で亡くなっていた．男性は，その供養のために父の故郷で仏教儀礼をおこなうことを考え，サンコー区に残っていた父のキョウダイたちに相談した．そして，資金不足によって建造物の建設が中断していたニペッチ区の寺院を対象にしてプカー祭をおこなうことを勧められ，実施を決意した．当日は，

SK 寺の寺院共同体の人びとを中心にサンコー区からも信徒が合流し，一緒にニペッチ区の寺院へ向かった．

その翌々日の 3 月 13 日には，ニペッチ区のさらに北に位置するプラサートバラン郡内の寺院へ向けて別のプカー祭がおこなわれた．サンコー区からその寺院までは，20 キロメートル以上の距離があった．このプカー祭の主催者は，SK 村の 2 家族だった．その一方の家族の男性（1925 年生）は，内戦前にスロックルーの村々を歩いて籾米の買い付けなどの商売を手広くおこなっていた．そして，プカー祭の対象となった寺院の周辺の村々には，かつて彼の父親と彼が多くの取引相手をもっていた．このような縁があったところに，その寺院で布薩堂や講堂の再建が資金不足で進んでいないことを知り，プカー祭をおこなって事業を助けることを決意した．

また，もう 1 つの家族は，同年に亡くなった世帯主夫婦の妻の祖母がその寺院に隣接した村の出身であったため，供養を目的として一緒にプカー祭をおこなうことを決断した．

主催者の 2 家族は，まずサンコー区内，コンポントムやプノンペンで生活している親族へ参加をよびかけた．そして，プノンペンでセメント製の仏像を購入して SK 寺に運んだ．当日は，マイクロバス 2 台とトラック 2 台，多数のバイクに乗った SK 寺の寺院共同体の人びととともに仏像を載せたトラックを先頭とした隊列をつくり，スロックルーの寺院へ向かった．寺には昼に到着した．そして，夜までまってから仏像を寄進する盛大な儀礼をおこない，翌日の昼過ぎにサンコー区へ戻った．

プカー祭は，個人の発案にもとづく形態のほかに，寺院のあいだで組織されることもあった．例えば，2001 年 1 月 4 日にはストーン郡の BT 寺からサンコー区の SK 寺に向けて「稲のプカー祭（បុណ្យផ្កាស្រូវ）」がおこなわれた．すでに述べたように，2000 年のサンコー区の稲作は洪水のためにほとんど収穫がなかった．人びとが主食とする普通稲を栽培した水田の被害は特におおきかった．ただし，サンコー区の北西の疎林地帯に接した BT 寺周辺の村々では，水田がトンレサープ湖の増水の影響を受けていなかった．また，通常より多い降雨量のためにかえって例年より良い作柄だった．

そこで，サンコー区の住民の窮状を助けるために，BT 寺の寺院共同体の人

写真9-2　ストーン郡のBT寺がおこなった「稲のプカー祭」における米の寄進

びとが精米と籾米を寄進するプカー祭を組織した（写真9-2）。当日は，精米270キログラムと籾米4,700キログラムがBT寺の寺院共同体の人びとによってSK寺に運び込まれ，SK寺のサンガへ寄進された。その後，精米は，SK寺に止住する僧侶たちの食糧に充てられた。一方，籾米は，SK寺の寺院委員会の管理のもと，翌年の収穫期に3割増しの量を返却する約束でサンコー区内の希望者に貸し出された。3割増しという条件は，倍量の返済をルールとするボンダッの取引よりも借り手の負担が小さい。SK寺の寺委員会のメンバーは，このような設定によって地域の困窮世帯が救われ，また利息分を利用して寺院の活動もより発展させることができると述べていた。

　寺院の歴史を説明した前章で触れたように，BT寺とSK寺のあいだには，SK寺が寺院内の実践のかたちを変化させて以来，同じサマイの実践をおこなう寺院であることを紐帯とした協力関係が生まれていた。2001年に以上のような様子で実施された「稲のプカー祭」は，内戦とポル・ポト時代を経た後の今日も，両寺院の関係が継続していることを示していた。また，内戦以前の人びとの記憶のなかに想起された過去の縁が今日の仏教行事の開催の契機をつくっていた点は，さきに挙げた個人の主催者によって組織され，おこなわれたプカー祭と共通していた。

　プカー祭は，以上のように，遠い距離に隔てられて普段接触が少ない仏教徒

のあいだの交流を支えとしていた．多くの場合，それはまず主催者の個人的な動機にもとづいて準備が始まった．ただし，その後の過程で多数の人びとが参集し，最終的には集合的なかたちで儀礼がおこなわれた．そのため，事例ごとの大小はあれ，相当額の現金を対象の寺院にもたらした．つまり，プカー祭は，寺院建造物の再建という課題を抱えた寺院にとって，願ってもない資金獲得の機会であった．

2) カタン祭

　カタン祭は，パーリ語でカチナ（Pali., kathina）とよばれる黄衣を寺院のサンガへ寄進することを主旨とした仏教年中行事である．この行事は，カンボジアだけでなく，タイやミャンマーなど他の上座仏教徒社会でもみられる．

　カタン祭は，プカー祭と違って開催期間が定められていた．すなわち，カンボジアにおけるカタン祭の開催期間は，カンボジア暦アソッチ（អស្សុជ）月の下弦第1日目からカタッ（កត្តិក）月の満月までの1ヶ月間であった．これは，おおよそグレゴリオ暦の10月頃に当たった．

　カタン祭の準備は，プカー祭とほぼ同じやり方で始まった．すなわち，主催者となることを決意した人物がまず儀礼の対象寺院を決めた．そして，親族や知人などに，自分に同行してカチナの寄進をおこなう儀礼に参加するよう勧誘の声をかけた．

　主催者としてカチナを寄進する儀礼をおこなうことは，プカー祭を主催することよりも名誉な行為であるとみなされていた（写真9-3）．カタン祭では，寄進すべき現金の金額や物品の量が決められていなかった．教義上の規則としては，カチナとよばれるひとそろいの黄衣を用意しさえすれば，カタン祭の主催者となることができた．しかし，サンコー区の人びとは，カチナ衣のほかに用意できる現金の額があまりにも小さい場合は，恥ずかしいカタンであると述べていた．つまり，相応の額の寄進金を用意する見通しがなければ，カタン祭の主催に名乗りを挙げるべきではないという意見が人びとのあいだに広くみられた．また他方で，寺院のアチャーらは，おおきな経済的支出を要件とするカタン祭を主催することは，特におおきな功徳を行為者にもたらすと説明していた．

　カタン祭は，以上のように，ある個人の主催者とその家族がその他の信徒

写真9-3　布薩堂の周囲を練り歩くカタン祭の主催者一行

を率いておこなうことが一般的であった．しかし，近年はときに，サマキ（សាមគ្គី：「団結」の意）の名前を冠して集合的なかたちでおこなうカタン祭もみられた．サマキの形態のカタン祭については，SK寺でおこなわれた事例を後に詳しく取り上げる．

　カタン祭には1ヶ月間の開催期間があり，各寺院のサンガはその期間内の1日を選び，カチナの寄進を受けていた．期間中は，日を別にして複数のカチナを受けることはできなかったが，1日に複数のカチナをいちどに受けとることは許されていた．

　そこで，農村部の寺院の寺院共同体は，毎年カタン祭の手配に余念がなかった．すなわち，まず寺院のアチャーや寺委員会のメンバーが中心となってできるだけ潤沢な資金をもつ主催者をみつけようとした．そして，そのような主催者ができるだけ多く集まることができる日取りを調整していた．

　そのときよくみられたのは，アチャーや寺委員会のメンバーが都市へ転出した地元出身者と連絡をとり，彼（女）らの知り合いのなかにカタン祭をおこなう希望をもつ者がいないか尋ねる方法だった．そして，首尾良く相手を特定し

た場合は，可能なだけ多くの人びとが参加できるように日程の調整を繰り返した．場合によっては，1970～80年代に難民として海外に移住した同郷のカンボジア人と連絡をとり，帰国時にカタン祭を主催してくれるよう数年越しで頼むこともあった．

カタン祭とプカー祭はどちらも仏教徒の交流に支えられ，建造物の建設資金を獲得するための重要な機会であった．両者には類似点が多かった．ただし，受け入れ側による働きかけは，カタン祭の方がより能動的だった．サンコー区一帯の寺院では，ポル・ポト時代に破壊された寺院建造物の再建が1990年代になって本格化していた．しかし，資金が不足し，思うように工事が進展していない寺院が多かった．そのような寺院は，プカー祭やカタン祭といった仏教行事を通じて，普段は交流の少ない遠方の仏教徒とつながり，資金を調達することを目指していた．

次は，仏教実践の多様性と変容という前章が取り上げたサンコー区の宗教環境の特徴を踏まえたうえで，SK寺とPA寺の2つの寺院における寺院建造物の再建とその資金調達を目的とした仏教行事の開催状況を分析する．そして，そのなかに表面化していた緊張関係や対立の検討を通して，今日のサンコー区の人びとが仏教徒としておこなう活動 —— 村落仏教 —— の特徴を明らかにしたい．

9-3　SK寺とカタンサマキ

写真9-4，9-5，9-6，9-7は，2000年3月に撮影したサンコー区の4寺院の布薩堂の様子である．SK寺の布薩堂は，レンガとセメントを主な材料としてコンクリートの基礎のうえに建てられた3層構造の建物であった．1968年に建設が始まり，1970年に完成した．ポル・ポト時代以後の1998～99年に最上階と屋根を修理した．PA寺の布薩堂も，レンガとセメントを主な材料としたものだった．1955年に着工し，1964年に完成した．ポル・ポト時代には籾米

写真 9-5 PA 寺の布薩堂

写真 9-7 KM 寺の布薩堂

写真 9-4 SK 寺の布薩堂

写真 9-6 PK 寺の布薩堂

の貯蔵庫として利用されたため，破壊を免れた[4]．ポル・ポト時代以後は部分的に屋根の修理をおこなって使用していた．他方，PK 寺と KM 寺の布薩堂は，小さな木造の建造物であった[5]．両寺院の寺院共同体では，鉄筋コンクリート製の新しい布薩堂を建設する計画が議論されていた．しかし，建築資金にめどが立たず，実現していなかった．

一方で，写真 9-8, 9-9, 9-10, 9-11 は，2000 年 3 月に撮影したサンコー区の 4 寺院の講堂である．鉄筋コンクリートの基礎柱をもった講堂は，当時 SK 寺だけにしかなかった．PA 寺では，まさに新しい講堂の建設が進められている最中だった．PK 寺と KM 寺の講堂は木造であった．そして，KM 寺のそれはもっとも小さかった．

（1）SK 寺における建造物の再建

これらの写真は，サンコー区内の寺院のなかにも寺院建造物の建設の進展におおきな差があったことを明示している．もっとも建設のスピードが速いのは，SK 寺だった．SK 寺の講堂は，ポル・ポト時代に建物の基礎から破壊された．布薩堂も，地階と 2 階部分を除いて破壊された．1980 年代は，SK 寺の境内にベトナム人兵士と政府軍が駐屯したため，講堂や布薩堂の再建を進める状況が整わなかった[6]．しかし，1989 年にベトナム兵が撤退すると，建造物の再建が急ピッチで始まった．1993 年には鉄筋コンクリートの基礎柱をもつ新しい講堂が完成した．布薩堂も，ポル・ポト時代に壊されていた最上階と屋根の修理を 1998 年に着工してからわずか 1 年で終えた．2000 年になると，講堂に併設する厨房の建設が進められた．そして 2001 年には，境内への入り口部分の鴨居つきの門 (ក្លោងទ្វារ) の建設がおこなわれた．

他方で，PA 寺における建造物の再建事業は，SK 寺よりも遅いペースで進ん

---

4 しかし，布薩堂の屋内の壁に描かれた仏教絵画は廃油で黒く塗りつぶされていた．
5 コンポントム州の人びとは，簡素なかたちの布薩堂をサロム (សាឡុំ) とよぶことがあった．
6 その当時，見晴らしの良い SK 寺の布薩堂の屋上には，砲台が設置されていた．

写真 9-8　SK 寺の講堂

写真 9-9　PA 寺の講堂

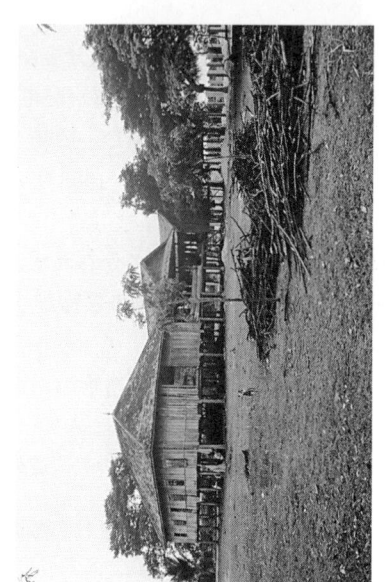

写真 9-10　PK 寺の講堂

写真 9-11　KM 寺の講堂

だ．2000年3月に筆者が初めてPA寺を訪れたとき，境内には1985年に建てられた木造の講堂と1991年に建築が始まった鉄筋コンクリート造りの僧坊があった．鉄筋コンクリート造りの僧坊は，着工から約10年が経っていたが，まだ計画どおりに完成していなかった．さらに，写真9-9が示すように，鉄筋コンクリートの基礎柱をもつよりおおきな講堂の建設が，それまで使用した木造の講堂に代えるべく進められていた（本章の扉写真も参照）．この新しい講堂は，2001年4月に完成して落成式がおこなわれた．その建設の経緯については次節で詳しく述べる．

SK寺とPA寺のあいだの寺院建造物の建設の進展状況における差違は，今日それらの寺院の活動に参加している人びとの経済力の違いにもとづいていた．前章の表8-4が示していたように，SK寺のチョムノッを形成する村には市場に近接した村落が多かった．PA寺のチョムノッである村落の数は，SK寺よりも多かった．しかし，そのうちのPA村，CH村，SKP村，SKH村などには商業活動に従事する富裕な世帯が少なかった．

表9-3は，2001年のプチュムバン祭の15日間に地元の仏教徒が寄進した「寺院建造物の建設事業のための寄進金（បច្ច័យកសាង）」の額を，SK寺とPA寺とで比較して示したものである[7]．寄進金の総額は，SK寺の方がPA寺よりも多かった．また，PA寺における寄進金の額を1日ごとに確認すると，SKH村，SK村，SR村，SM村，VL村といった国道沿いに位置する村落の人びとがカンバン儀礼を担当した日には，その他の日よりも多い額が集まっていた．

本書はこれまで，サンコー区の社会経済的構造についてたびたび言及してきた．それを踏まえると，サンコー区の寺院のあいだにみられた経済力の差は当然の結果といえる．すなわち，国道沿いの市場に近接したSK寺の寺院共同体

7　カンボジア語で，俗人がサンガへ寄進する現金・物品はパチャイとよばれる．調査地域のプチュムバン祭のカンバン儀礼では，3種類のパチャイが集められていた．第一は，パチャイバンスコール（បច្ច័យបង្សុកូល）で，住職に手わたされていた．第二は，パチャイテースナー（បច្ច័យទេសនា）であり，夜に説教をした僧侶個人にわたされた．そして最後は，寺院の建造物建設のために使われるパチャイコーサーン（បច្ច័យកសាង）であった．俗人の人びとが儀礼の準備に必要な食物や物品を購入する金も，パチャイとよばれていた．しかし，それらの準備資金はパチャイコーサーンには含まれなかった．

表 9-3 プチュムバン祭の期間に集められた寺院建造物建設のための寄進金の額

日付	SK 寺		PA 寺	
	担当の村落	寄進金の額（リエル）	担当の村落	寄進金の額（リエル）
2001 年 9 月 3 日	VL	132,900	(c)	23,700
2001 年 9 月 4 日	VL	120,500	PA	49,500
2001 年 9 月 5 日	VL	135,500	CH	55,000
2001 年 9 月 6 日	SR	151,400	SKP	30,700
2001 年 9 月 7 日	SR	172,200	KB	25,000
2001 年 9 月 8 日	TK	147,000	KB	34,000
2001 年 9 月 9 日	SK	182,400	SKH	116,500
2001 年 9 月 10 日	SK	151,600	(c)	34,600
2001 年 9 月 11 日	SR	120,400	SKH	70,400
2001 年 9 月 12 日	(a)	125,000	SK	139,200
2001 年 9 月 13 日	BL	145,200	SR	201,300
2001 年 9 月 14 日	(b)	150,500	SM	123,900
2001 年 9 月 15 日	SK	158,400	VL	177,600
2001 年 9 月 16 日	SK	158,500	SM	180,000
2001 年 9 月 17 日	(c)	347,700	(c)	572,500
	計	2,399,200	計	1,833,900

(注) (a) は，サンコー小学校の教師の集団がカンバン儀礼を担当した．
　　 (b) は，トバエン区の BK 村，TB 村の村人がカンバン儀礼をおこなった．
　　 (c) は，寺院共同体の全体がカンバン儀礼をおこなった．
(出所) 筆者調査

は，市場の近くに住んで比較的富裕な生活を送る人びとを多く含んでいた．そして，それらの人びとが積徳を願って寄進する現金をもちいて，速いペースで建物の建設を進めていた．他方で，PA 寺の膝元の村々には稲作と漁業の単純な組み合わせの生業を営む人びとが多かった．そのため，PA 寺の寺院建造物の建設は，近隣の村々の人びとをあてにするだけではペースが上がらなかった．より速く建設を進めるには，サンコー区の市場近くに住む人びとからも寄進を集めることが不可欠だった．

　ところで，以上の資料は，調査時の SK 寺が内戦以前に同寺がおかれていた状況とは別の環境のなかにあったことを示している．SK 寺は，1940 年代にサ

マイとよばれる実践を受け入れた後，寺院活動に参加する地元住民の数をおおきく減らしていた．しかし今日は，複数の村の多くの人びとが SK 寺で仏教実践をおこなっている[8]．つまり，SK 寺の寺院共同体の規模は，内戦とポル・ポト時代を経た後，近年になっておおきく拡大したようにみえる．

　この点は，さきに述べたように，仏教実践と人びとのライフサイクルの関連を考慮して判断する必要がある．人びとは，サマイとよばれる実践を取り入れたことで地元の人びとの支持を失った SK 寺の過去の状況を，自分たちの父母がかつて示した態度も含めてよく知っていた．しかし，現在の彼（女）らは，彼（女）らのライフサイクルにおいてサマイとボーラーンという仏教実践の問題に対処し，判断を下そうとしていた．過去の状況を説明する本人を含め，今日の SK 寺や PA 寺に集まっている人びとは，あくまで自分自身の人生経験や生活感に即して仏教実践をおこなっているものと考えられた．

　今日の地域社会の人びとのあいだに，サマイとボーラーンの実践の差違をめぐる対立がみられた点は，さきにボンリアップスロックの儀礼を例として示した通りである．その対立は，過去の歴史的経緯とのつながりだけでなく，今日の民族誌的状況のなかに位置づけて分析する必要がある．このことを念頭に，次は，SK 寺の寺院共同体の現在の特徴をより細かく検証したい．

（2）SK 寺の実践と寺院共同体の特徴

　聞き取りによると，SK 寺の活動に参加する地元の人びとが増えたのは，PP 氏が寺院のアチャーとなった 1992 年以降であった．前章で紹介したように，PP 氏は 1956 年に SK 寺で得度し，その後 14 年におよんだ僧侶としての生活のあいだにプノンペンやコンポート州，タカエウ州の寺院を移動してパーリ語を勉強した．そして，1966〜69 年には SK 寺の住職を務めた．彼は，明晰な言葉で仏教教義を解説する知識と能力をもつことで知られ，近年はサンコー区

8　それは例えば，同寺のプチュムバン祭へ参加している人びとの規模に明白なかたちであらわれている．1960 年代の SK 寺でカンバン儀礼に参加していたのは 20 家族ほどであったといわれる．いまは，6 つの村の人びとが輪番を組んで儀礼を組織している．

だけでなくコンポンスヴァーイ郡の他の寺院でも大規模な仏教行事を開催する際にまとめ役のアチャーを依頼されるようになっていた．

　PP氏は常に，ボーラーンの実践をブラーフマニズムの影響を受けたものであると批判し，サマイの実践こそが三蔵経に記された仏陀の言葉にしたがった正しい実践であると強調した．アチャーとして大勢の人びとを前にしておこなうPP氏のそのような説明は，パーリ語の語彙が豊富にちりばめられ，聞く者に理路整然とした印象を与えた．しかし，そこには，PP氏が独自の視点から解釈を拡大させる余地も残されていた．

　実際，SK寺においてPP氏が人びとを指導するやり方には，三蔵経への回帰という復古主義的な主張とは別の側面がみられた．例えば，今日のSK寺でおこなわれる在家戒の授受の方法に関する議論であった．在家戒を請願し，まもることは重要な積徳の方法であった．在家戒には五戒と八戒の2種類があった．この2種類の戒は，出家者に向かって請願文を唱える行為を通して初めて授けられるものと考えられていた．しかし，今日のSK寺における仏日の在家戒の請願には，PA寺のそれと比べておおきな相違点があった．つまり，SK寺で在家戒の請願をおこなう人びとは，全員が八戒を求めていた．一方で，PA寺において仏日に八戒を求めるのは，10名に満たない少数の人びとであり，寺院のアチャーであるST氏らを含めその他50名以上の参加者は五戒を請願していた．PA寺のほか，PK寺やKM寺でも，八戒を請願する人びとは少数であった．

　SK寺とその他の寺院のあいだの上記の違いは，在家戒を把持する方法に関する異なった認識が関連していた．調査中，筆者は，PA寺で儀礼に参加していた老夫婦に対して，なぜ八戒を求めないのかと質問したことがあった．そのとき，質問を受けた夫婦は，「それはたいへん重いからだ．もしも八戒を請願し，授けられたら，その日は1日中ずっと寺院にとどまって，戒を正しくまもるようしなければいけない」と説明していた．他方，SK寺においては，「寺院にとどまることは必ずしも必要ない．むしろ大切なのは，どこにいようと，戒をまもるということだ」とPP氏が述べて，参加者のすべてが八戒を請願していた．そして実際，今日のSK寺で仏日の行事に参加する人びとの圧倒的多数は，僧侶から八戒を授かった後に朝食を終えると，正午をまたずに直ちに家へ

帰って行った．

　SK寺における今日の八戒の授受の方法に対しては，ボーラーンの実践を支持するアチャーなどから「伝統と異なる (ខុសពីប្រពៃណី)」ものだと批判の声が挙がっていた．さらに，そのようなやり方で八戒を請願しているSK寺の人びと自身も，それがかつて自分たちの父母が八戒を求めた方法と異なっていることを認めていた．

　すなわち，PP氏は，豊富な宗教的知識をもちいてサマイとよばれるSK寺の実践の正統性を強調していただけでなく，状況に応じて実践のかたちを変更することに躊躇しなかった．ここで注目すべきは，SK寺とその他の寺院の方法のどちらが正しいかという問題ではなく，PP氏の一種柔軟な指導によって今日のSK寺が多くの参加者 ── 寺院共同体の同心円状の構造の周縁部に位置する一般の人びと ── を集めていたという事実である．

　1990年代半ば以降，サンコー区の地域社会は急速な社会経済的変化の渦中にあった．そのなかでも，国道沿いの市場周辺に住む人びとの生活はより速いスピードで変化を遂げていた[9]．そして，PP氏の指導下にあったSK寺の仏教実践には，市場周辺の村々に住む比較的富裕な人びとの生活様式によく合致した側面があった．

　生活の変化と寺院の活動への参加との関連については，ほかにも例を挙げることができる．表9-4は，2001年の安居期に，サンコー区の4寺院に止住していた僧侶と見習僧の出身地の分布である．そこでは，SK寺と他の3寺院とのあいだの差違が明らかである．PA寺，PK寺，KM寺では，止住している僧侶と見習僧のほとんどが，その寺院の寺院共同体を構成する地元の村落の出身であった．しかし，SK寺の僧侶と見習僧には，地元出身者がほとんどいなかった．当時SK寺に止住していた僧侶・見習僧の24名のうち10名（表9-4中の"コンポンスヴァーイ郡内"のカテゴリ）は，サンコー区の北にあるダムレイスラップ区の出身であった．さらに5名（表9-4中の"コンポントム州内"のカテゴリ）は，ダムレイスラップ区よりさらに北のプラサートバラン郡からきていた．ダムレ

9　例えば，VL村における結婚式は，近年，宴席準備のための支出額が増大する一方，儀礼の式次第は簡略化が進んでいる．

表 9-4　サンコー区の 4 寺院に止住する僧侶・見習僧の出身地

出身地	SK 寺	PA 寺	PK 寺	KM 寺
チョムノッである村落	6	32	9	9
サンコー区内の他村	3	1	3	0
コンポンスヴァーイ郡内	10	0	0	0
コンポントム州内	5	0	0	6
他州	0	1	0	2
計	24	34	12	17

(出所) 2001 年 7 月の筆者調査

　イスラップ区もプラサートバラン郡も，サンコー区の人びとがスロックルーという言葉でよぶ地域である．そして，スロックルー出身の見習僧とその両親に，なぜ地元でなく SK 寺に止住しているのかと尋ねると，SK 寺の方が地元の寺院よりも日々の食事も教育の環境もよいからだと答えが返されてきた．

　サンコー区の SK 寺とその他の 3 寺院は，マーケットタウンに位置する寺院とそこから距離を保ったより農村的な環境のなかにある寺院という対比的な構図のなかに位置づけることができた．SK 寺の寺院共同体を構成する人びとは，積徳を目的として熱心に寺院の活動へ参加し，各種の仏教儀礼の際には比較的多い額の現金を寄進した．しかし，彼（女）らの子弟には，出家して地元の寺院に止住する者がほとんどいなかった．さらに，市場周辺の人びとは生業やその他の活動を通じて地域社会の外部と頻繁に行き来していた．都市への転出者も多かった．このような社会生活の空間的な広がりも，その他の 3 寺院の寺院共同体を構成する人びとのあいだには少なかった．

（3）カタンサマキ

　SK 寺の寺院共同体の人びとは，周辺の地域の寺院を対象としたプカー祭やカタン祭をよくおこなっていた．他方，周辺地域の寺院の寺院共同体の人びとが SK 寺を訪れ，彼（女）らの寺院を対象としてプカー祭やカタン祭を組織してくれそうな人物はいないかと SK 寺の住職やアチャー，寺委員会のメンバーに相談していることもよくあった．それらの人びとは，SK 寺の寺院共同体が

サンコー区の市場周辺に住む人びとを多く含んでおり，おおきなポテンシャルをもつことをよく知っていた．

SK寺の寺院共同体が，他の寺院でおこなわれる行事に参加・協力することに熱心であったのは，住職のKS師とアチャーであるPP氏による後押しのためでもあった．KS師は，SK寺に自分の「生徒」として止住しているスロックルーの出身の僧侶や見習僧を通じて，彼らの故郷の寺院で建造物の再建が進んでいない状況をよく知っていた．そして，自らプカー祭を組織してサンコー区の仏教徒から現金を集め，それをもってスロックルーの寺に赴くことがあった．PP氏も，困窮する寺院を助けることは，積徳のためだけでなく，仏教徒としての団結を高めるうえでもよい行いであると述べて，プカー祭やカタン祭の実施をSK寺の寺院共同体の人びとに奨励していた．

そして，PP氏は，2001年8月の仏日の日に，今年は「カタンサマキ (កឋិនសាមគ្គី)」とよぶ特別な形態のカタン祭のグループを組織しようとSK寺に集まった人びとに対して提案した．カタン祭は，個人の主催者が自らの意志にしたがって発起し，組織することが通常であった．しかし，PP氏が提案したカタンサマキは，SK寺に集まる信徒が共同でおこなうカタン祭であった．彼によると，SK寺には，カタン祭にきてくれる人はいないかという問い合わせが多くの寺院から寄せられていた．カタンサマキは，その要請にこたえるよい方法であった．どの寺院のサンガを対象としてカチナの寄進をおこなうのかは，それほど重要ではない．大切なのは，心を純粋にして仏教徒としての団結を深め，仏教の名を高めることであった．

以上のようなPP氏の提案に対して，SK寺の寺院共同体の人びとは目立った反対意見を出さなかった．そこでPP氏は，今年のカタンサマキは10の寺院を対象とすると説明し，1口の分担金 (កណ្ដុំ) を1万リエル (約308円) に設定した．そして，信仰心にしたがって同意する世帯は，10口分の10万リエルの現金をカタン祭の期間が始まる前に寺委員会のメンバーへ預けるよう求めた．

それからしばらくのあいだ，SK寺の寺院共同体の人びとのあいだでは，PP氏の提案にしたがって10万リエルを用意してカタンサマキに参加するかどうかが話題となった．筆者が知る限り，VL村の村人たちの多くは，カタンサマ

キという提案自体には問題がないとみなしていた．ただし，10万リエルという額の現金をどのようにして工面するのかがおおきな問題だった．なかには，親のために子供世帯が共同で10万リエルを用意した例もあった．また一方で，PP氏がよびかけたカタンサマキの事前の集金にはこたえず，それぞれのカタン祭の当日に，手元の現金のなかから見合った額を寄進して参加すると話す村人もいた．最終的に，SK寺には約1,000口の寄進金が集まった．

表9-5が示すように，SK寺の寺院共同体では2001年のカタン祭の期間に計16件のカタンが組織された．そのうち10件はカタンサマキであり，その他の6件は個人の主催者による通常の形態のカタンであった．カタンサマキの名目でおこなわれた場合には，1件あたり90〜100万リエル（約2万7,690〜3万770円）の現金が，「SK寺のカタンサマキ」の名前で寄進された．しかし，カタンサマキではない6件のうちの1件についても，カタンサマキのために集められた現金の一部が寄進された．

（4）カタンサマキへの批判

しかし，事前集金にもとづくこのカタンサマキは，実施に移されると寺院共同体の内外から批判を受けた．そしてPP氏は，カタン祭の期間が終わった後に，翌年はもうカタンサマキを組織しないと宣言した[10]．

カタンサマキに向けられた批判には2種類があった．第一の批判は，SK寺に普段出入りしないボーラーンの実践を支持する人びとが中心として提示したものであり，サマキという集合形態でのカタン祭の実施が妥当かどうかを問う意見であった．しかし，カタンサマキが「未だかつてなかった」（ឥតដែលមាន）かたちのもので，「伝統から外れている」といったそれらの批判に対しては，PP氏が動じる気配はなかった．逆に，経典のなかにそれを禁止する記述はないと述べ，反論していた．

ボーラーンの実践を支持する人びとによる批判は，カタンサマキという形

10　2003年にサンコー区を訪問したときに確認したところ，実際，2002年のカタン祭のシーズンにおいては，事前集金にもとづくカタンサマキはおこなわれていなかった．

表9-5　SK寺の寺院共同体が関係したカタン祭（2001年）

単位：リエル

番号	日時	対象寺院	寺院の場所	タイプ	SK寺の寺院共同体による寄進金（サマキ分）	他のグループも含めた寄進金の総額
1	2001/10/5	SK寺	サンコー区内	サマキ	988,800 (920,000)	2,469,800
2	2001/10/8	KK寺	コンポンスヴァーイ郡内	サマキ	1,500,000 (n.a.)	10,915,300
3	2001/10/14	PA寺	サンコー区内	サマキ	1,054,500 (n.a.)	4,738,600
4	2001/10/17	KT寺	ストーン郡	サマキ	1,266,900 (945,400)	1,626,900
5	2001/10/19	PM寺	コンポンスヴァーイ郡内	サマキ	1,040,000 (n.a.)	2,511,700
6	2001/10/21	PK寺	サンコー区内	サマキ	4,169,900 (n.a.)[*1]	4,847,200
7	2001/10/22	SR寺	コンポンスヴァーイ郡内	サマキ	1,962,000 (900,000)	4,053,800
8	2001/10/23	NI寺	コンポンスヴァーイ郡内	サマキ	2,480,500 (843,500)	6,158,600[*3]
9	2001/10/24	TB寺	コンポンスヴァーイ郡内	通常	n.a.	n.a.
10	2001/10/25	KM寺	サンコー区内	サマキ	1,006,300 (n.a.)	3,855,800
11	2001/10/26	PR寺	プラサートバラン郡	通常	540,000 (100,000)[*2]	1,720,000
12	2001/10/27	KD寺	コンポンスヴァーイ郡内	通常	1,512,000	5,015,800
13	2001/10/28	KR寺	プラサートバラン郡	通常	n.a.	n.a.
14	2001/10/29	BT寺	ストーン郡	通常	3,923,000[*1]	4,330,000
15	2001/10/30	AP寺	コンポンスヴァーイ郡内	サマキ	1,287,700 (n.a.)	2,706,800
16	2001/10/31	KC寺	プラサートバラン郡	通常	1,600,000	2,300,000

（注）＊1のカタンは，プノンペン在住の地元出身者の参加を多く含む．
　　　＊2のカタンは，カタンサマキではないが，分担金の一部が割り当てられていた．
　　　＊3のカタンは，現金のほかにセメント40袋を別に寄進していた．
（出所）筆者調査

態の特殊性に対してだけでなく，PP氏が指導したカチナの黄衣を寄進する儀礼のやり方にも向けられていた．すなわち，PP氏は，SK寺の寺院共同体の人びとが同年におこなったカタン祭の一部で，カタン祭の一連の儀礼の中核部分をなすカチナを僧侶に寄進する儀礼を，講堂にておこなうよう指導した．サンコー区の内外の人びとによると，カチナをサンガに寄進する儀礼は，従来は必ず布薩堂でおこなわれてきた．しかしPP氏は，僧侶自身がカチナを自分の所有物として宣言する儀礼的行為（កិច្ចប្រកាសកឋិន）は結界がある布薩堂の内部でおこなわなければならないが，俗人が僧侶へカチナを寄進する儀礼の部分は必ずしもその必要がないと述べた．さらに，布薩堂より講堂の方が広く，多くの人

が座りやすい点で優れているのだと説明した．SK 寺の寺院共同体の人びとは，PP 氏の仏教知識と解釈を信頼している様子であり，カチナを寄進する儀礼をおこなう場所の変更について異論を差しはさむ者はいなかった．

しかし一方で，カタンサマキに対する第二の批判は，SK 寺の寺院共同体の内部から噴出したものだった．それはすなわち，その年のカタンサマキが対象とした 10 寺院を選んだ方法が不明瞭であるという批判であった．

この問題は，まず，住職の KS 師と PP 氏のあいだの対立として表面化した．さきに述べたように，KS 師は以前からスロックルーの寺院を積極的に支援してきた．なかでも，プラサートバラン郡の PR 寺（表 9-5: 番号 11）とのあいだには，その寺院で得度した僧侶が SK 寺に長く止住していたため，日頃から往来が多かった．しかし，アチャーである PP 氏は，PR 寺をカタンサマキの対象に入れなかった．KS 師は，カタン祭の期間に入ってからそれに気づき，PR 寺もカタンサマキの対象に含めるよう PP 氏にかけあった．しかし PP 氏は，KS 師の要望を受けつけなかった．結局，KS 師は，自分自身が主催者となって PR 寺へのカタンを別に組織し，おこなった．最終的に PP 氏も，カタンサマキの名目で集めた分担金のなかから 10 万リエルをそのカタンへ提供した．しかし，両者のあいだには明らかな緊張関係が生じていた．

PP 氏が独自にカタンサマキの対象寺院を決めたことについては，俗人男女の一部からも批判が聞かれた．もっとも多かったのは，今回のカタンサマキの対象から漏れた周辺の寺院の寺院共同体の人びとに，その理由をどう説明すればよいのかを問う意見だった．なかには，早い時期から交渉してきた特定の寺院があったことを知っており，その寺院が対象から外されていたことから，相手の寺院共同体のなかに「がっかりした者（ឧកអស់ចិត្ត）」が生じたのではないかと気にする者もいた．他方で，自分や父母の出身地の寺院が対象から外れたことに隠れて不満を述べる者もいた．

PP 氏は，カタンサマキを組織する前に，大切なのはどの寺院を対象にカタンをおこなうかではなく，心を純粋にしてそれに参加することであると人びとに向かって説明していた．しかし，カタンサマキに寄せられた第二の批判は，PP 氏のそのような指導が SK 寺に集まった地元の仏教徒すべてを承服させるものではなかったことを示していた．SK 寺の寺院共同体は，通常，PP 氏の強

い指導力のもとで結束しているようにみえた．しかし，一枚岩ではなかった．また，PP氏の仏教知識と解釈は，この第二の種類の批判に対して何の説得的な回答ももたらしていなかった．

　ところで，SK寺においてカタンサマキという試みがおこなわれたこと自体は，その寺の動向が，周辺地域の他の寺院における寺院建造物の建設に必要な資金の流れをある程度方向づける影響力をもっていたことを示唆している．農村部の寺院の寺院共同体の人びとは，経済的なポテンシャルが高い遠隔地の仏教徒を，高額の建築資金をもたらすことが可能な存在として自らの寺院共同体へ招き入れようとしていた．そして，プカー祭やカタン祭の開催を通して，都市から農村へ，マーケットタウンから遠隔地の農村へ相当な額の寄進金が流れていた．このような寺院・寺院共同体のネットワーキングは，仏教行事の開催に関するカンボジア社会の慣行と，仏教徒として人びとが共有していた積徳行の観念によって支えられていた．そして，サンコー区周辺のローカルな状況では，SK寺の寺院共同体がそのネットワーキングの中心であった．

　しかし，複数の寺院の人びとが交錯する仏教行事の空間は，サンコー区の場合，サマイとボーラーンという2つの仏教実践をめぐる認識や立場の違いが表面化する機会でもあった．次節では，サンコー区のPA寺で2000〜01年にみられた新講堂建設の過程で人びとが示した行動を社会劇のかたちで再構成し，このタイプの対立の実態を考察する．

9-4　PA寺と新講堂の建設

（1）PA寺の実践と寺院共同体の特徴

　SK寺の寺院共同体は，ときに内部の軋轢が表面化することもあったが，通常はPP氏の指導のもとで強く結束した様子をみせていた．それに比べ，2000〜01年のPA寺の寺院共同体は，それを構成する人びとのあいだの認識の齟齬

や対立を頻繁に露呈させていた．

　PA寺の寺院共同体でみられた認識の離齬と対立には2つのかたちがあった．その第一は，若者と老人のあいだの世代間のギャップであった．PA寺は，内戦以前にボーラーンとよばれる伝統的な実践をおこなう寺院とみなされていた．そして，1990年代に入って本格化した復興の過程でも，寺で営まれる仏教儀礼は伝統的な様式を保とうとしていた．しかし，近年その寺に止住する僧侶たちはサマイとよばれるかたちの実践をおこなうようになっていた．そこで，寺院共同体では，サマイの実践に親しむ若年僧侶と内戦以前の同寺の伝統にこだわる老人世代の俗人とのあいだの意見の食い違いが頻繁に表面化していた．

　ただし，PA寺の寺院共同体には別の種類の対立と分裂もあった．その説明のためには，ポル・ポト時代以後のPA寺の寺院のアチャーの変遷を振り返る必要がある．

　1991～96年までPA寺の住職を務めたSS氏によると，彼が出家した当時のPA寺のアチャーはCS氏（1913-91）とKP氏であった．KP氏は，1950年代末から1965年までPA寺の住職だった人物であり，サンコー区の内外に多くの「生徒」をもっていた．CS氏は，このKP氏の前任としてPA寺の住職を務めていた人物であり，KP氏と同様，地元の人びとから非常に尊敬されていた．そして，出家の順にしたがって，CS氏が「第一のアチャー」，KP氏が「第二のアチャー」とよばれていた．調査時にPA寺の寺院のアチャーであったMS氏は，当時「第三のアチャー」として目上の2名を補佐する役割であった．

　このCS氏とKP氏という2名のアチャーに対する今日のサンコー区の人びとの評価は，「強烈（ຂຼັງ）」という一言で一致していた．例えば，この2人は，仏日やその他の年中行事の際にPA寺へ到着すると，講堂に上がり込んで座ったまま周囲の人びとを指図するだけだった．在家戒を請願するようになった老人世代を含め，当時のPA寺で各種の儀礼活動に参加していた男性は，かつて少年～青年期の出家の際にCS氏かKP氏のどちらかを「師」としていた．よって，「師」の命令はそのような「生徒」のあいだで還俗後も重みをもっており，KP氏によばれると直ちに駆けつけ，身を屈めるようにして仕事の指図を聞い

ていたという[11].

　SS氏が僧侶となった1989年頃のPA寺の寺院共同体は，CS氏とKP氏の影響力のもとで非常に結束が固かった．しかし，CS氏とKP氏は1991年に相次いで亡くなった．そこで，住職であったSS氏がコンポントム州の宗教局の役人の協力を得て，新たに寺院のアチャーを選び出した[12]．SS氏は，1960年代後半に同寺の住職を務めたPM氏を，死去したKP氏の後任の「第一のアチャー」として指名した．そして，MS氏を「第二のアチャー」に指名した．調査時にMS氏とともに同寺の寺院のアチャーを務めていたST氏は，当時，寺委員会のメンバーであった．

　その後，SS氏は，1993年にふたたび寺院のアチャーを選び直した．その理由について尋ねると，SS氏は，「寺委員会のあいだで問題が起こったからだ」とだけ述べ，詳しい事情を話さなかった．しかし，その他の人びとから後に聞きとった情報によると，当時のPA寺では寺院に集まった寄進金の管理に関して問題が生じていた[13]．

　それは，当時工事が始まった鉄筋建ての僧坊の建設に関係していた．PA寺は，1992年に，長い国外生活を経て前年に国内へ戻ったシハヌークの訪問を受けた．そして，50万リエルという当時としては非常に高額の寄進金を受けとった．PA寺の寺院共同体では，それを元手として鉄筋コンクリート製の2階建ての僧坊を建設することが決まり，実際に工事が始まった．しかし，工事は資金の欠乏を理由に途中で停止してしまった．そのとき，PA寺の寺院共同体の内外から，アチャーであるPM氏と寺委員会の一部が僧坊建設のための資金を私的に流用し，そのために資金が底をついたのではないかという疑念が寄せられた．

　結局，SS氏は1993年にMS氏を「第一のアチャー」に昇格させ，PM氏を「第二のアチャー」に格下げした．そして，ST氏を「第三のアチャー」として

11　例えば，CS氏とKP氏が還俗してから自らの家を建てようとしたときは，100名以上の「生徒」が集まってその仕事を手伝ったという．

12　当時のアチャーの選出は，寺院共同体の人びとによる投票ではなく，住職であるSS氏の指名にもとづいていた．

13　金銭にまつわるトラブルは，この例に限らず，カンボジアの寺院で生じる問題としてもっとも多いものである．

新たに指名した．SS 氏は，ST 氏を寺委員会のメンバーから外して寺院のアチャーとして選んだ理由を，同氏がかつての出家時に仏法と律をよく学んでおり，仏教知識を豊富にもつことを知ったからだと説明していた．さらに，そのような ST 氏が寺院のアチャーという立場から寺院共同体の人びとに仏陀の教えを正しく広めてくれるよう期待したとも述べていた．

　SS 氏は，1996 年に還俗する前にもう一度アチャーを選び直した．そこでは，MS 氏が「第一のアチャー」，ST 氏が「第二のアチャー」，PM 氏が「第三のアチャー」とされた．

　そして，以上のようにアチャーの交代が相次いだ時期に，PA 寺の寺院共同体の内部で分裂が表面化し始めた．人びとによると，分裂はまず，住職の SS 氏と彼が主導してアチャーに選んだ ST 氏らを支持する人びとと，かつて同寺の住職であった PM 氏を支持する人びとのあいだで明らかになった．ST 氏が信頼に足る仏教知識をもつ人物である点は多くの人が評価し，認めていた．しかし ST 氏は，自分から進んで口を開かない朴訥な人柄であり，寺院以外の場所で仏教儀礼を采配することも少なかった．他方，PM 氏は，かつて PA 寺で住職を務めていたという経歴だけでなく，結婚式のほか各種の治療儀礼の指導役を務めるアチャーとして広く活躍していた．そして，サンコー区の内外には彼を有能な宗教的職能者として慕う人びとがいた．

　ただし，かつての住職であるという PM 氏の経歴は，さきに紹介した CS 氏や KP 氏のような影響力をもっていなかった[14]．すなわち，PM 氏が PA 寺の住職であったのは 1960 年代末の約 5 年間だけであり，KP 氏などより短い期間だった．このことは，PM 氏が師弟関係を結んだ「生徒」が，CS 氏や KP 氏ほど多くなかったことを意味した．実際，PA 寺の活動に関わっていた人びとのなかには，「自分たちは PM 氏の生徒ではない」という言い方で，自らと PM 氏の関係を切り離そうとする男性がいた．さらに，1990 年代以降に得度して同寺

14　かつて住職をしたという PM 氏の経歴がその後の彼の生活でおおきな影響力をもたなかった理由としては，カンボジア社会の一般的な傾向としての，師弟関係の希薄化という事情もある．今日のカンボジアにおけるアチャーや出家経験者などへの社会的評価は，内戦以前と比べて高くない．また，出家経験者の役割そのものが変化をみせている部分もある．

に止住するようになった若年僧侶らが，かつてPA寺で住職を務めた人物と直接の師弟関係にないことも明らかだった．

　PA寺の寺院共同体の分裂は，1996年のSS氏の還俗以後，より決定的になった．SS氏は，還俗前に次の住職としてTK師を指名した．しかし，PM氏を支持する人びとは結束して別の僧侶を次の住職に推した．そのために，SS氏の還俗後のPA寺では正式な住職が不在の期間が生じた．最後は，コンポントム州の宗教局の役人が調停に入り，SS氏の思惑どおりTK師がPA寺の住職に就いた．

　TK師は，1991年にPA寺で出家した後，1992年から1996年のあいだにプノンペンを始めとしたカンボジア国内の寺院を広く移動した．そして，さまざまな寺院で僧侶としての生活を送ったなかで，パーリ語や仏教教義を修めただけでなく，英語を勉強し，世俗的な社会問題にも深い関心を示すようになっていた[15]．

　そしてTK師は，1996年に帰郷し，1997年からPA寺の住職となった後，ボーラーンの実践とそれにもとづくPA寺の儀礼の伝統を公然と批判した．若年僧侶と年長の俗人とのあいだの寺院の伝統をめぐる認識の違いは，TK師が住職になる前から表面化していた．しかしTK師は，前任のSS氏などよりも強い態度で伝統的な実践への批判を繰り返した[16]．

　筆者がサンコー区で調査を始めたとき，PA寺ではTK師がMS氏やST氏とともに寺院の活動を指揮していた．MS氏は病気がちで，ST氏の方が中心的にアチャーの役割を果たしていた．他方でPM氏は，PA寺ではすっかり姿をみかけないようになっていた．さらに，日頃からPM氏と親しくしていた老人男性の数名も，PA寺の活動に参加することをやめて，区内の西にあるKM寺に通っていた[17]．

15　調査中に筆者が拝聴したTK師の説教では，人権や民主主義といった言葉と関連させて仏陀の教えが講じられ，また，政府の汚職といった社会問題にも言及することが常だった．

16　例えば，TK師は住職になってからしばらくのあいだ，PM氏らがボーラーンの形態の治療儀礼を村でおこなう際にPA寺の僧侶・見習僧の派遣を要請すると，それに応じることを渋ったり，拒否したりすることがあったという．

17　新しく住職になったTK師と本格的に衝突した後，PM氏と彼の取り巻きは仏

PA 寺において新しい講堂の建設が計画され，実行されたのは，以上のような経緯によって寺院共同体の内部に対立と分裂が表面化していた最中の出来事だった．

（2）新講堂の建設過程

内戦以前の PA 寺の講堂は 1974 年に焼失した．ポル・ポト時代以後はまず 1985 年に木造の講堂を建てた．そして，2000 年初めに鉄筋コンクリートの基礎柱をもつ新しい講堂の建設が始まった．この新講堂の建設において中心的な役割を果たしたのは，VL 村の CT 氏であった．

CT 氏の個人史や現在の生活状況については，これまでの各章のなかで何度か言及してきた．CT 氏は妻，末娘夫婦，孫とともに VL 村で暮らしていた．内戦以前には，鶏の仲買や籾米の買い付けなどの商業活動をおこなっていた．今日一緒に生活する末娘夫婦らは，プノンペンで役人をする長兄から資金の提供を受けて，自動車の運送業や籾米の買い付けなどをしていた．CT 氏の世帯は，VL 村のなかでも特に富裕な世帯の 1 つであった．

CT 氏自身は，末娘が結婚した 1990 年代初めに生業活動から引退した．そしてそれ以降，在家戒を請願し，寺院での活動に熱心に参加してきた．彼は 16 歳のときに PA 寺で見習僧となり，1 年を過ごしていた．しかし近年は，仏日などの機会に PA 寺でなく SK 寺へ行くことが多かった．CT 氏はその理由を，家から近いというアクセスの便利さとともに，自分が「ボーラーン（の実践）を信じない（មិនជឿបុរាណទេ）」からだとも述べていた．また，PP 氏による教義解釈の説明の方が納得できるとも話していた．ただし，CT 氏は同時に，かつて自らが見習僧となって過ごした PA 寺を「自分の寺」とよび，主要な年中行事の際には必ず足を運んでいた．

> 日などの行事を KM 寺でおこなうようになった．PM 氏らが住む村から KM 寺までは数キロメートルに近い距離があった．しかし，意見が異なる PA 寺の人びとと顔を合わせるより，KM 寺のボーラーンの儀礼に参加する方がよいと述べていた．他方で，KM 寺近辺に住む人びとは，PM 氏らを市場近くの人びととみなし，寄進をよび込む窓口となる役割を期待して歓迎する様子だった．

CT氏は，PA寺の新講堂の建設において資金集めの段階から主役であった．CT氏の夫婦とその子供らは，CT氏の妻の母が存命中であった1989年を皮切りに何度もカタン祭を組織してきた．そのなかでも，PA寺を対象として1999年におこなったカタン祭は，CT氏の長男が上司や同僚，友人など多くのプノンペン在住者に参加を働きかけた結果として，非常に大規模だった．それは，4,200万リエル（約129万2,300円）余りという，サンコー区一帯の寺院が一度のカタンで受けとる額としては桁違いの寄進金をPA寺にもたらした[18]．

　そして，その年のカタン祭が終了した後，CT氏は自分自身でその寄進金を管理し，新しい講堂の建設を推し進めた．彼は，PA寺の寺委員会のメンバーらは商売の経験が十分になく，やり方が「分かっていない」(หຄเย๊ณ)と述べて，自らプノンペンへ出かけて建材購入の交渉をおこなった．また，毎日のように寺院へ行き，日雇いの職人として集めた地元男性らを指揮し，工事の工程を監督した．PA寺の寺院のアチャーのST氏や寺委員会の人びとも，CT氏が主導する講堂の建設に異論がない様子で，必要におうじてVL村のCT氏の家を訪ね，細かい相談を重ねたうえで仕事を進めていた．

　日々の工事は，雇われた数人の地元男性が中心となっておこなった．PA寺に止住する僧侶や見習僧も作業を手伝っていた．石綿のスレートをもちいて屋根を葺いたり，床材を打ちつけたりといった一気に作業を終えてしまいたい工程にさしかかると，仏日に集まった地元住民を通じて寺院共同体の村々に助力を募る連絡が回された．そして，示し合わした作業の当日には数十人の男女が寺院に集まり，協同して一斉に作業をおこなった（写真9-12）．参加者たちは，自分自身の身体と労力をもちいて講堂の建設に貢献する動機を，功徳を得るためであると述べていた．そして，冗談を言い合いながら楽しそうに作業を進めていた．

　豊富な資金と多くの人びとのさまざまな形態の参加のもとで，建設作業は順調に進み，2000年12月頃には翌年3月を目処に講堂が完成する見通しが立っ

18　この寄進金の87%は，プノンペンからの参加者によってもたらされていた．2001年にSK寺の寺院共同体が参加したカタンで，寄進額の平均は300万リエル程度であった（表9-5を参照）．よって，PA寺がこの年に受けたカタンの寄進金の額が，非常におおきかったことが分かる．

第9章　寺院建造物の再建　｜　463

写真 9-12　床材を打ち付ける作業に参加して新講堂の建設に協力する人びと

た．着工から完成まで1年を経ておらず，同じ時期にサンコー区周辺の他の寺院で進行中であった建設事業と比べ，出色の速さであった．そして，完成が近づいたことを受けて，新講堂の落成式に関する話し合いが始まった．

　この落成式の開催方法をめぐる交渉の過程とその結末は，PA寺の寺院共同体の人びとのあいだに存在していた葛藤や緊張関係を，さまざまな背景とともに浮かび上がらせるものだった．その様子を参与観察にもとづいて時系列に沿ったかたちに再構成すると，次のようになる．

（3）落成式をめぐる交渉と帰結

1）以前のアチャーらの取り込み

　2001年1月6日は土曜日であった．翌1月7日の日曜日は，ポル・ポト政権の支配からの解放を祝う休日であり，翌日の月曜日が振替日となっていた．筆者がCT氏の家にいると，プノンペンから長男が車で到着した．長男は，セメント製の竜頭の飾りを車に載せてきていた．それは，CT氏から事前に要請されて，新しい講堂の正面入り口の階段の手すりに据えつけるため，プノンペンで購入してきたものだった．そして長男は，明日その飾りを車でPA寺まで運ぶついでに，アチャーと寺委員会のメンバーを集めて会合を開きたいと話した．その後CT氏は，VL村の若者を使って長男の要望を関係者に通達した．

　1月7日の午後3時近く，PA寺の住職が止住する僧坊に関係者が集合した．

姿をみせたのは，住職のTK師とCT氏，CT氏の長男，PA寺の現在のアチャーと寺委員会の面々，それに普段は寺院で姿をみかけなくなっていたPM氏と，PM氏と親しい間柄の老人男性2名だった．さらに，SK村とVL村から長男と仲の良い村人が若干名きていた．
　TK師が長男の訪問に対して礼を述べた後，長男が話し始めた．彼はまず，一昨年に彼が組織したカタン祭に参加していた彼の上司が，新たに1,000ドルを講堂の建設資金として提供してくれたことを伝えた．また，近いうちに，新しい講堂に安置するための仏像も自分がプノンペンから買ってくる計画だと述べた．そして，落成式の開催について次のように話した．

　「プノンペンの人は重要ではない．重要なのはこの寺のチョムノッの人びとの意見である．しかし，もしもカンボジア正月の時期に合わせて落成式の日程を組むのなら，プノンペンの人も参加することができる．プノンペンの人のために日程を決めるのではない．前回のカタンに参加した（プノンペンの）人のなかには『もう寺にまで行くことはない』といっている人もいる．だが，もしもチョムノッの方で決めた日程がカンボジア正月の期間ならば，自分を含めて関心のある者がプノンペンから参加することができる．」
　「しかし，もしもプノンペンの人が正月に寺を訪れ，落成式に参加するとしたら，1つ問題がある．それは，チョムノッのなかの派閥主義の問題（បញ្ហាពួកម៉ាក់）だ．聞くところによると，わたしはまだ直接会ったことがないのだが，数名の強情なアチャー（អាចារ្យដើងខ្លាំង）が寺に出入りしていないという．このような派閥主義は，解決して，統一（ឯកភាព）すべきである．そのために，自分には1つの考えがある．講堂の落成式のなかで，KP氏の功績を皆で思い出す（រំឭក）ことにしてはどうか．KP氏が住職としておこなった仕事の数々を改めて紹介するのがよい．布薩堂を完成させるなど，KP氏は数々の事を成したのだから．」

　以上のような長男の提案に対して，寺院のアチャーであるST氏がまず意見を求められた．ST氏は，「今日はすべての村から人がきているわけではないので，落成式の内容までは決められない．ただ，日程は正月におこなう方向で考えてはどうか」と返答した．それに対して，SK村やVL村から長男ととも

第9章　寺院建造物の再建　｜　465

にやってきた者は,「今の提案に同意するのなら,これから具体的な仕事の割り振りを決めてしまい,それを各自が村に持ち帰って通達すればよい.別の意見が出たら,その場で解決すればよい」と主張した.しかし,PA 寺の寺委員会のメンバーを筆頭に,老人男性からは早急な決定を制止しようとする「だめだ！(ទំ!)」という声が一斉にあがった.結局,10 日後の仏日の日に寺院共同体の人びとを広く集めて改めて集会を開き,話し合う機会を設けることになった.

長男は,以上の意見交換の様子を見届けた後,ふたたび口を開いて次のように述べた.

「わたしがまだみたことのない古いアチャーたちと協力することができたら,この寺院の力は強くなる.しかし,残念なことに,わたしはまだ会ったことがない.……わたしは以前プノンペンで高位の僧に会ったことがある.その僧侶は,ボーラーンもサマイもないといっていた.しかし,ボーラーンのアチャーはこの寺に来ていない……」

すると,それまで様子をみていた PM 氏が口を開いて,「わたしは,甥(の世代である長男)がこのようにいうのを聞いて,非常にうれしい.……わたしはこの寺院を愛しているし,チョムノッのあいだの団結は重要である」と述べた.続いて,PM 氏と親しくしている老人男性からも,「了解だ！(ឰកតា!)」と声があがった.

会合は,1 時間あまりで終わった.終了後,長男は PM 氏のもとに近寄って,彼が中心となって KP 氏の経歴を調べて文章にまとめてくれるよう依頼した.参列した者の全員が,「いまだ会ったことのないアチャー」,「ボーラーンのアチャー」という言葉で長男が指していたのは,実際には目の前にいる PM 氏らであることを了解していた.しかし,そのことに触れようとする者は誰もいなかった.そして,住職の TK 師は,PM 氏らが話し合いに参加したことを「未だかつてなかった」ことと述べ,うれしそうにしていた.

2)「祭りの委員会」の選出

2001 年 1 月 17 日,先日の会合で申し合わされた集会が PA 寺で開かれた.

今度の集会には，サンコー区の区長，コンポンスヴァーイ郡の役人，コンポントム州の役人が出席し，地元の人びとも男女合わせて80名以上が参加していた．CT氏は出席していたが，CT氏の長男は欠席だった．その他，SK寺の住職であるKS師，SK寺のアチャーであるPP氏の姿もあった．

　9時を過ぎた頃，まずTK師が，本日の集会には2つの目的があると述べた．それは，落成式の日取りを決めることと，落成式の準備を指揮する「祭りの委員会（គណៈកម្មការបុណ្យ）」のメンバーを選出することであった．そして，コンポントム州の州政府の宗教部門の役人氏が後を引き継ぎ，拡声器を手にとって次のように説明した．

　「『祭りの委員会』は，現在の寺のアチャーと寺委員会にPM氏ら以前のアチャーらを加えて新たに組織するものである．これによって，現在のアチャーらが交代し，役割を終えるわけではない．これは，皆で団結して，祭りを準備するためのものである．もしも寺院のアチャーを変更する場合には，祭りが終わった後にチョムノッの人びとによる投票で選び直せばよい．今日決めるのは，祭りの準備と実行のための臨時のグループだ．……ところで，落成式の日程については，正月におこなうことに同意するか？」

　日時についての役人氏の問いかけに対しては，サンコー区の区長氏がまず口を開いた．彼は，正月になれば出稼ぎ先から多くの人びとが里帰りし，また正月に地元の人びとは寺院に集まることを常としているのだからちょうどよいと述べ，賛同の意見を示した．他の人びとからも反対の意見が聞かれず，カンボジア正月の3日間の休日の最中に落成式をおこなうことが決まった．

　役人氏は次に，拡声器をもったまま黒板に向かって「祭りの委員会」の組織の概要を書き出した．それは，①儀礼を準備し執行する係，②水やトイレの設置をおこなう生活係，③祭りのために他の寺院から招聘する僧侶や客人の世話係，④会場を警備し治安上の問題に対処する係，⑤他の寺院と連絡をとって祭りの宣伝をおこなう係，⑥祭りの日までに寺院の境内の環境を整備する係，の6つの係からなっていた．そして，役人氏は，初日の夕方から3日目の正午すぎに終了する儀礼の内容についても意見を述べた．

「講堂の落成式では，その祭りの主催者 (អ្នកម្ចាស់ផ្តើមបុណ្យ: 主催者．ここでは，建設資金の多くを寄進した人物) が講堂をサンガに寄進する儀礼と，新しく安置する仏像の開眼儀礼 (ពិធីអភិសេក) がともに重要である．そこで，初日の夜には，ボーラーンの様式 (បែបបុរាណ) の開眼儀礼をおこない，2日目の夜にはサマイの様式で開眼儀礼をおこなうことでどうだろうか．サマイの儀礼には，SK 寺の寺院のアチャーである PP 氏に采配を任せて，コンポンスヴァーイ郡の郡僧長を招くことになるだろう．プノンペンからきて参加する人びとは，儀礼の形式がボーラーンであれサマイであれ，それほど気にしていない．ただ，寺院の人びとが正直で，心根がよく，団結していることだけを求めている．だから，われわれが合意する (ព្រមព្រៀង) のであれば，このようにして儀礼を分けてはどうだろうか？」

　開眼儀礼を，ボーラーンの様式とサマイの様式に分けておこなうという役人氏の案についても，反対の意見がでなかった．そこで役人氏は，提案が受け入れられたものと判断して，次に①〜⑥の係のそれぞれに適任者の名前を挙げるよう人びとに求めた．そして，各係のメンバーの名前がだいたい出そろうと，役人氏は，6つの係のうち，儀礼の準備と執行にあたる①の係だけはいまここで投票をおこない，係の長と副長を決めようと提案した．
　そのとき①の係のメンバーとして名前が挙げられていたのは，現在の寺院のアチャーである ST 氏，MS 氏に，PM 氏らを加えた計 6 名の老人男性だった．その後，区長氏らが紙をちぎって人数分の小片をつくり，参列者の各自に 6 名のうちで長にふさわしいと考える人物 2 名の名前を紙片に書いて提出するよう伝えた．参列した人びとのなかで，老人世代の女性の多くは字を書くことができなかった．その場合は，周りの人びとが手伝って意中の人物の名前を記すようにした．そして，集計後に区長氏が発表した得票結果は，PM 氏が 70 票を得て首位，ST 氏が 39 票で次点というものであった．
　この集会は，11 時すぎに終了した．集会に参加していた SK 村や VL 村の人びとは，帰り道で，字を書けない人びとを手伝うふりをして PM 氏が自分の名前を書いたのではないかなどと投票結果への不満を漏らしていた．
　後日に教えられたところでは，「祭りの委員会」のメンバーの選出と開眼儀礼をボーラーンの様式とサマイの様式で日を分けておこなうという役人氏が集

会で提案したアイデアは，TK師が考えたものだった．すなわち，TK師は，CT氏の長男の働きかけで開かれた最初の会合の後，自分が住職になって以来PA寺の寺院共同体の内部に明らかなかたちで拡大していた対立と分裂を，新講堂の落成式の機会を利用して緩和させようと考えた．そして，事前にアイデアをまとめ，前もって役人氏と示し合わせていた．集会では，TK師の思惑どおりに事が進み，近年PA寺に出入りすることのなかったPM氏などが「祭りの委員会」のメンバーとして選ばれた．

1月17日の集会が以上のようなかたちで終了した後も，講堂の建設工事は続いた．落成式の準備も始まった．しかしまもなく，TK師の努力が結局報われなかったことが明らかになった．

3）「祭りの主催者」による介入

1月28日，ST氏がCT氏の家を訪れた．それは，PM氏らが作成した落成式のプログラムの原案を記した文書をプノンペンのCT氏の長男に届けることを依頼するためだった．しかし，そこに書かれていた儀礼の内容は，先日の集会のときに役人氏が提案したものと異なっていた．つまり，ボーラーンとサマイの様式の開眼儀礼を日替わりでおこなうという折衷案ではなく，初日から2日目までの全体を通して儀礼をボーラーンの様式でおこなうという計画だった．

そして，その計画に対してCT氏が異議を唱えた．CT氏は，先日の集会でPM氏が「祭りの委員会」に選ばれて以来，その決定に不満を漏らしていた．CT氏によると，PM氏を筆頭としたボーラーンの実践に固執したアチャーらは金を稼ぐこと（ເຄກິນ）が目的でさまざまな儀礼を指導しているのであり，仏陀の教えに自らを捧げた者の代表としてふさわしくなかった．さらにPM氏は，1990年代初めにPA寺でセメント製の僧坊の建設が始まったとき，市価よりも高い値段でレンガを買い，資金不足に陥らせて工事を中断させてしまったという不手際をみせていた．そのような愚か（ហួន）な人物に，落成式の儀礼を指導する役割を担わせるべきではない，という意見だった．

サマイとボーラーンの実践の支持者のあいだで争点となっていた儀礼の違いは，仏像の開眼儀礼を例として簡単にまとめると，次のようであった．PM氏

第9章 寺院建造物の再建 | 469

らが希望するボーラーンの様式では，まず講堂のうえにリアチヴォアットとよぶ竹柵の囲いをつくる．そして，それが可視化させる囲いの内部の聖域に仏像を安置する．さらに，これまで使用した旧い仏像と新しい仏像を木綿の糸で結び，前者から後者へバロメイ（ម្មបារមី: Pali., parami.「高徳」の意）を移す儀礼をおこなう．また，これら一連の開眼儀礼は明け方4時過ぎにおこなうのがもっともふさわしく，日中では意味がなかった[19]．

他方で，PP氏らが主張したサマイの形式の開眼儀礼は，決められたパーリ語の文句を唱えながら新しい仏像に向かって花と水をまき散らすというだけのシンプルなものであった．そして，儀礼は日中におこなってもかまわないとされていた．

CT氏は，PM氏らがボーラーンの様式を中心とした開眼儀礼の計画を練っていることを知って，態度を硬化させた．そして2月に入ると，真っ向からその案に反対した．すなわち，家や寺院などで地元の人びとに出会うたびに，次のような主張を繰り返すようになった．

「講堂を建てているのは自分たちなのだ．だから，PA寺の人びとはサンコーやプノンペンの人びとの意向を無視できないはずだし，そうするべきではない．開眼儀礼をおこなうにしても，講堂のうえにリアチヴォアットなどつくらせない．講堂はまだサンガに寄進する儀礼をしていないのだから，自分たちのものだ．仏像だってわれわれがプノンペンから買って運ぶものだ．どうしてもリアチヴォアットをつくるというのなら，講堂の下ですればよい．」

すなわち，CT氏は，講堂はまだサンガに寄進されていないので，その建造のための資金集めに尽力し，また建設工程でも中心的な働きをしてきた自分こそが儀礼の内容を決定することができると主張した．さらに，ボーラーンの様式にしたがって明け方に開眼儀礼をおこなうとしたら，プノンペンから人びとが参加できないことになり，いままで受けてきた支援に対する感謝の気持ちを

19　開眼儀礼を夜明けにおこなう点について，ボーラーンの実践の支持者は，仏陀が悟りを開いた時刻がそうだったからだという理由をつけ加えていた．サマイの実践を支持する人びとは，この点をまったく意に介さなかった．

伝える機会を欠くことになる、という言い方でも批判を繰り返した．そしてCT氏は最終的に，ボーラーンの様式の儀礼は講堂のうえでは断固させないとPM氏に伝えた．

　講堂の落成式を寺院共同体内の対立と分裂を融合させる機会にしたいというTK師の願いは，結局かなわなかった．落成式の当日，カンボジア正月の休暇を利用して帰郷した人びとを含め，PA寺の境内は多くの老若男女でにぎわった．しかし，PM氏と彼を支持する人びとの姿はなかった．新しい講堂では，SK寺のアチャーであるPP氏が指導し，3日間の祭りの期間を通してサマイの様式で儀礼がおこなわれた（写真9-13, 9-14）．落成式の前日には，講堂内部の仏像を安置する台座の背後の壁に，CT氏とその子供らの名前がおおきく書き込まれた．PP氏は，儀礼を采配するなかでCT氏とその長男の名前を何度も取り上げ，講堂の建設過程で支援者として果たした役割のおおきさを称えた．2日目の午後におこなわれた仏像の開眼儀礼には，プノンペンの支援者が車で慌ただしく訪れ，参加した．プノンペンからの支援者は儀礼を終えると直ちに帰って行った．

　新しい講堂は，落成式の終了後，PA寺の寺院共同体の人びとによって日常的に使用されるようになった．しかし，PA寺に集まった人びとのなかからは，その後も，サマイの形式でおこなわれた落成式に対する不満の意見を聞くことがあった．例えば，PA寺のアチャーであったMS氏は，ある日筆者と2人きりでいたとき，「いまPA寺の講堂で儀礼の参加者が拝んでいるのは単なる石の塊であって，バロメイを移された聖なる仏像ではない．将来は，もう一度必要な儀礼を行いたい．」と語っていた．

　だが，ST氏は，この件について終始無言だった．そして，寺委員会のメンバーらは，（事態を）「難しくすることはない（កុំធ្វើកំបាក）」と述べて，儀礼の方法についての議論をそれ以上蒸し返そうとしなかった．

　その後の調査期間中，PA寺の境内でPM氏らの姿をみかけることはなかった．彼らは，サンコー区内の他の2つの寺院――PK寺とKM寺――において儀礼活動に参加し，PA寺には一切立ち入らないようになっていた．

写真 9-13　完成した PA 寺の新講堂の全景

写真9-14　プノンペン在住の地元出身者を賓客とする落成式の式典の様子

9-5　復興する村落仏教

　本章は，寺院建造物の建設のための資金の獲得と，それに関連した仏教行事の開催の状況を，サンコー区のSK寺とPA寺を中心にみてきた．寺院の活動は開かれており，参加者を限定することがない．ボーラーンの実践をおこなう寺院であってもサマイの実践をおこなう寺院であっても，人びとの根本的な関心が積徳行にある点に変わりはない．このような状況は，仏教寺院の活動に参加している人びとが調和的な関係のなかにあるような印象を与える．また実際に人びとは，仏教信仰の活動について尋ねられると，調和を旨とした仏教思想の言葉をもちいて現状を説明する．しかし，SK寺とPA寺の寺院共同体の人びとが具体的な行動を通して表現していたものは，葛藤，緊張関係，対立といった言葉が妥当な状況だった．
　例えば，SK寺のカタンサマキは，仏教的な理念と現実の人びとの行動とのあいだの乖離を示していた．PP氏は，豊富な仏教知識をもちいて実践を解釈する能力に長けていた．また，参加者の便宜に合わせて儀礼の内容を積極的に変更した．このような個人の能力と指導方針によって，PP氏はSK寺の寺院共同体を構成する市場周辺の比較的富裕な人びとから支持を集め，彼（女）ら

の経済力のポテンシャルを引き出すことに成功していた．しかし，仏教徒としての団結の重要性や積徳行における純粋な心的状態といった PP 氏が主張した理念は，寺院共同体の人びとを完全に納得させることができていなかった．SK 寺の活動に参加していた人びとがカタンサマキに対して表明した寺院の選択が恣意的であるという批判は，理念にもとづいた主張に表向きは同意しつつも，彼（女）らが実は，自身の人生経験にもとづいてある特定の寺院に対し選好と執着を抱いていた事実の証だった．

　他方で，PA 寺の講堂の建設では，理念と現実の乖離が別のかたちで顕在化していた．寺院のアチャーらは，集合的な積徳行の場面などで，各人はそれぞれの信仰心にしたがって寄進をすればよいと常々強調していた．そして，カンボジア仏教の慣行と仏教徒として人びとが共有する功徳の観念は，「持つ者」と「持たざる者」とのあいだのつながりと団結を仏教徒の名のもとで促すよう働いていた．しかし，PA 寺の講堂の落成式の開催方法をめぐる交渉のなかで CT 氏がみせた姿勢とその後の帰結は，「持つ者」が個人的な思惑に沿って権力を発揮し，他者の意見を無視することができるという現実を示していた．そのとき，仏教寺院は，仏教的な理念が描くような調和的な空間ではなく，権力にもとづく相互行為の場となっていた．

　PA 寺の事例はまた，実践のかたちに関する寺院の歴史的な伝統と，建設資金の獲得という現実的な要請とのあいだのジレンマを示していた．この問題について，PA 寺の寺院共同体のなかにはさまざまな態度がみられた．現在の PA 寺のアチャーや寺委員会のメンバーは現実主義者であった．彼らは，実践の具体的な差違とその差違が地域社会のなかに惹き起こしてきた対立と緊張の歴史を知っていた．そして，それにもかかわらず，SK 寺との交流を積極的に進めようとしていた．他方，一部のアチャーとその支持者たちは，落成式に参加しなかった．さらに，寺院共同体の同心円状の構造の周縁部に位置した一般の人びとの多くは，少なくとも表向きには，この問題について積極的に発言していなかった．

　サマイとボーラーンという 2 つの実践をめぐる問題は，一見すると，カンボジア仏教における教義主義と実践主義の対立の問題のようにみえる．すなわち，サマイとよばれる実践は，20 世紀初めに首都で始まった伝統的な仏教実践の

刷新運動に端緒をもつ．そして，それを支持するアチャーらは，三蔵経の教えに忠実にしたがうことの大切さと，自力救済，業といった観念を仏教教義の慣用的な語法をもちいて強調することで，自らの実践に正統性を付与しようとしていた．他方，ボーラーンとよばれる実践を支持したアチャーらは，父母の代から継承した様式をまもることの大切さを民族的伝統といった言葉で強調していた．しかし，このような主義主張ばかりみていては，理念と現実のうちの理念の部分しか論じていないことになる．

　以上のような民族誌的状況のなかでは，サマイとボーラーンという言葉でよばれる実践が何を意味するのかという問いよりも，そこで生活する人びとがなぜ実践の差違に執着し，こだわるのかという問題を突き詰めることが重要だと思われる．その際は，人びとの生活感や人生経験の特徴を理解したうえで，理念ではなく，人びとの行動としてそこにあらわれていた状況を解釈することが大切である．

　近年のサンコー区の地域社会は急速な社会経済的な変化のなかにあった．このことは，人びとが寺院でおこなっていた活動のなかにも，さまざまなかたちで影響をみせていた．今日のサンコー区において，SK寺とその他の3寺院の寺院共同体の人びととのあいだには，寺院活動への参加の仕方に違いがあった．例えば，SK寺の寺院共同体は，その寺で出家する若年の男性を輩出していなかった．その代わりに，スロックルーの村々の男子が得度し，僧侶となってSK寺に止住していた．他方，残りの3寺院では地元の寺院共同体の人びとの子弟が僧侶や見習僧となって止住していた．また，SK寺の寺院の周辺には商業取引に従事し，都市と直接的なつながりをもつ人びとが多く住んでいた．それらの人びとが参加することにより，SK寺の寺院共同体はおおきな経済力をもち，サンコー区とその周辺地域の寺院で進む寺院建造物の建設事業に対して影響力を発揮していた．

　今日の人びとの仏教徒としての活動を理解するうえでは，彼（女）らが1970年以降に経験した歴史状況からの影響関係も無視できない．まず，地域社会のなかには，仏教実践とその知識に関する世代間ギャップが生まれていた．それは例えば，若年者の僧侶と年長者の俗人のあいだの寺院の伝統に関する認識の違いというかたちでPA寺に問題を生じさせていた．さらに，筆者がサンコー

第9章　寺院建造物の再建　｜　475

区で出会った人びとのなかには,「伝統儀礼はもう何十年も停止してきた. だからといって, 生活に特別変わったことがあったわけではない. もはや, それをふたたびおこなわなくても, われわれの生活に大した影響はないのだ」といった言い方で, 自身の宗教実践についての考えを近年の歴史経験と結びつけて論じる人物もいた.

　調査期間中, 筆者は多くの時間を寺院で過ごした. 寺院にいると, 実にさまざまな人びとが姿をみせた. そのなかで, 在家戒をまもり, 仏教儀礼に積極的に参加していた老人世代の人びとからはサマイハオイという言葉をよく聞いた. 前章で述べたように, この言葉は,「新しいものになってしまった」という意味である. それは, 内戦以前にその寺院でおこなわれていた仏教実践を直接の経験として知る彼(女)らが, 過去の記憶のなかの光景と現状を重ね合わせ, 変化を嘆く言葉であった. またそれは, 変わりゆく地域社会への戸惑いを言外ににじませてもいた.

　しかし, 寺院内の厨房へ足を運ぶと, そこには水汲みや調理で忙しそうにしている若年世代の人びとの姿があった. 彼(女)らの多くは, サマイ/ボーランといった実践の差違やその変化について, それほどこだわる様子がなかった. そして筆者が,「なぜこの寺に来ているのか?」とたずねると,「楽しい(សប្បាយ)から」といった短い回答とともに,「だって, この寺はわたし/わたしたちの寺だから」(គឺព្រោះវត្តនេះគឺវត្តខ្ញុំ/យើង)と説明していた.

　今日のカンボジア農村の地域社会において, 寺院の活動は, 世代や認識のギャップ, 経済力といったさまざまな点で異なる背景をもつ人びとが, ともに参加することで成り立っている. そして, ときに対立や緊張関係をみせていたその活動の特徴を理解するうえでもっとも大切なことは,「わたし/わたしたちの寺」という若者の言葉がここで伝える感情のエッセンスを, 人生経験や生活感において異なる立場にあるすべての人 ── 若年僧侶であるTK師も, ボーランの実践にこだわるPM氏も, 新しい講堂の建設を推し進めたCT氏も ── が共有していたという事実であった. 本章が最後に詳述したPA寺における新講堂の建設の過程は, 住職が願った寺院共同体の融合が最終段階で失敗に終わったとはいえ, 復興する村落仏教の動態を今日のサンコー区の人びとの特徴的な行動として具体的かつ端的なかたちで表現していたのであった.

CAMBODIA

第10章

結 論

〈扉写真〉ポル・ポト政権は，革命組織こそが父母であるとして，既存の家族を解体させ，子供らを革命組織の直接の管理下においた．また，兵士や，監獄の守衛などにも，成人よりも子供を登用したともいわれる．確かに，十分に社会化を遂げていない子供に対しては，政権のイデオロギーや主張を比較的容易に浸透させることができたと考えられる．ただし，政権の支配は4年に満たずして終わった．そのため，ポル・ポト時代以後は，内戦とポル・ポト時代の前に人びとが取得し，保持していた知識や経験がもう一度活性化された．そして，それを支えとして地域社会の再生が進んだ．

過去とのつながりを絶った新社会の建設というポル・ポト政権の試みは，2つの意味で失敗に終わった．第一に，政権は4年ともたずに崩壊した．そして第二に，カンボジアの農村社会は，政権がおこなった急進的な諸政策によって大規模な変化を経験したにもかかわらず，革命以前の社会状況を下地として再生し，過去とのつながりのもとで今日その姿をみせている[1]．

　ポル・ポト時代以後の地域社会の変動の歴史過程は，それ以前の状況と照らし合わせて初めて理解できる．コミュニティスタディの視点は，人びとの生活を，彼（女）らが暮らす地域社会に独特な時空間の広がりのなかに位置づけて理解しようとする．そして，その視点に立ってまとめた各章の記述と分析は，地域における人びとの今日の暮らしが，ポル・ポト時代以前との連続のもとで存在していることを明らかにした．序論で述べたように，地域社会には，ポル・ポト時代をもその一部として内包する重層的な時間が流れている．生まれ，育ち，家族をつくり，そして老年に至るという人びとの生のサイクルの連鎖の前で，ポル・ポト政権の試みは根本的な変化をもたらさなかったようにみえる．この点を正面から認識せず，ポル・ポト時代の前後という短期的な変化にのみに焦点を絞った調査研究は，地域社会の現実をとらえ損なう．本書の最大の独自性は，以上の意味で総合的なかたちのカンボジア村落世界の再生の実態を解明した点にある．

　ポル・ポト時代以後の地域社会の歴史的経験の特質は，「復興」，「再興」，「再建」，「再編」といったさまざまな語彙でこれまで表現されてきた．本書が明らかにしたその全体像は，その歴史過程が，地域にもともと備わっていたポテンシャルの活性化によって支えられていたという結論を導き出す．この意味で，その社会動態を表現する語彙としては「再生」という言葉がもっとも適している．

　序論で述べたように，カンボジアの社会・文化および人びとの生活は，十分な実態調査を欠いたままつくりあげられたステレオタイプに依拠して語られる

1　内戦前のカンボジア農村でフィールドワークをおこなった唯一の人類学者であるメイ・エビハラも，ポル・ポト政権の支配が農村社会に与えた影響について，別の言い回しを使いながら筆者と同じ道筋の結論を示している［Ebihara 2002］．

ことがこれまで多かった．本書は，フィールドワークで得た一次資料の検討にもとづく地域社会の考察によって，そのようなかたちで断片化され，固定化された先入観を再考することを最初の目標としていた．よって，以下では，内戦とポル・ポト政権の支配という1970年代の状況が地域社会にどのような変化をもたらしたのか，またそこに住む人びとがその後それにいかに対処してきたのかという歴史過程について，本書が明らかにした具体的な特徴を振り返りたい．

10-1 歴史過程

（1）再生はゼロからはじまったのではない ── 1979年の住民の帰還 ──

　生業活動の現状を分析した第5章を除いた本書の他の章はいずれも，ポル・ポト時代以前の状況を記述と考察の対象としていた．その内容からは，ポル・ポト時代以後の再生という現象をほぼ全国的に特徴づけていたであろう重要な歴史的事実を指摘することができる．それは，1979年1月に，地域社会の人びとは彼（女）らが以前に生活していた場所へ戻ったという非常にシンプルな事実であり，結論である．

　ポル・ポト政権は，1975年4月にプノンペンへ入城すると，あらゆる手段をもちいて旧来の社会の状況を一変させようとした．第3章でVL村の各世帯の行動を取り上げて跡づけたように，サンコー区の人びとはポル・ポト時代が始まる1年以上前の1974年2月に最初の強制移住を命じられた．そして，大多数の人びとはポル・ポト時代を通して母村での居住が許されなかった．

　ポル・ポト政権が崩壊した後，人びとは自発的に母村へ戻った．この事実は，その後の生活の再建が過去との連続にもとづくというカンボジア農村社会の再生のもっとも基礎的な性格をかたちづくった．そして実際，本書が各論として記述し，分析したサンコー区の人びとの生活の各局面には，各自がポル・ポト

時代の前に取り結んでいた社会関係の復活や，伝統的な規範の継続がみとめられた．またそこには，かつて築いた経験や知識を活性化させることによって旺盛に生業活動を展開させた人びとの躍動的な姿も浮かび上がっていた．

例えば，社会関係の復活という点では，第3章で論じた屋敷地の係争の事例が具体的な様子を知らせていた．そこで被告とされていた女性は，「1979年以前の所有関係の権利を無効にする」という政府が定めた法律により権利が保障されていた．しかし，法律とは別の村の論理の前で窮地に立たされていた．その論理とは，母方の親族との深い結びつきが生み出す力学であった．集落では，結婚後の妻方居住という内戦以前からの社会的特徴が継続しており，人びとは今日も母方の親族とより深い関係をもちながら日常を送っていた．さらに，集落の成員は内戦およびポル・ポト時代の前後で連続していた．よって，村外の出身者であったその女性は集落内に有力な後ろ盾をもたなかった．法律をもちだして屋敷地の権利を主張したところで，かねてから村落生活のインフォーマルな制度として作用してきた別の論理に行く手をはばまれて，女性の主張は村内の一部からしか理解が得られなかった．

しかし，過去との連続という特徴は，カンボジア社会の全体を考える際には注意が必要である．すなわち，カンボジア国内の都市部では社会関係の連続という特徴がほとんどみられない．本文中でも断ったが，ポル・ポト時代の前と後で土地や家屋の所有関係が連続しているケースは，プノンペンなどでは稀である．都市部の土地や建物は，1979年以降のある時期にポル・ポト時代以前の所有者と全く関係のない人物によって占拠されている．そして，「1979年以前に効力を有していた土地建物の所有権の無効を宣言すること」および「居住を目的とする土地家屋の所有権を現在の占有者にみとめること」［四本2001: 120］という1989年に政府が定めた法令のもとで権利関係が定まった[2]．

他方，実体としての社会関係の連続のほか，記憶としての過去とのつながりも，ポル・ポト時代以後の社会再生を理解する鍵であった．それは，人びと

---

2 以上の都市部と農村部のあいだの状況の差違は，ポル・ポト時代以後の帰還者の多寡に関係する．農村部の社会再生は，もともとの住民の帰還をその出発点としており，占有という事実にもとづく新たな権利の主張が受け入れられる素地はなかった．

が多様なかたちで想起する過去にもとづいていた．例えば，第 9 章で紹介した「稲のプカー祭」がある．調査年のサンコー区の稲作は，洪水により多大な被害を受けていた．そのことを知ったストーン郡の BT 寺周辺の人びとは，かつての寺院間の交流を想起して，サンコー区の SK 寺の人びとを助けるための「稲のプカー祭」を組織した．その様子は，過去のつながりが新たな社会関係やネットワークをつくりあげていくというポル・ポト時代以後の地域社会の再生を支えた重要なメカニズムをよく示していた．さらに，過去の記憶にもとづいて現在がつくられようとする社会の動態は，いったん途絶えた宗教実践の復活といった事例においても明らかであった[3]．

ポル・ポト時代以後のカンボジア農村の地域社会には，旧知の間柄の人びとがふたたび集まった．そして人びとは，過去の関係性や出来事を想起し，それが人びとをつなぎ，結んでいく状況のなかで，外部者が「社会の復興」，「生活の再建」とよんできた社会変化の過程が始まった．生き残った家族，旧来の知人隣人らとふたたび相まみえ，身体を寄せ合って暮らす道を選んだという事実は，ポル・ポト時代以後のカンボジア農村社会の来歴を考える際の最大の前提である．

しかし，ポル・ポト時代以後の地域社会再生の歴史過程は，平板な様子ではなかった．すなわち，人びとの生活の一部では国家による介入がそれを方向づけていた．

（2）介入と放任 ── 1980 年代の国家権力とコミュニティ ──

1980 年代の国家権力とコミュニティの関係は，介入しつつ放任するというアンビバレントな性質だった．そしてそれが，過去の社会関係や記憶の活性化の時期やかたちにアクセントをつけていた．

---

[3] 例えば，いままさに復活しようとしていたラウンミアックの儀礼の現場には，過去を記憶する老人らと，初めてその儀礼を目にする若者らが，集合的なかたちで文化的実践を生み出すプロセスが垣間みられた（第 7 章）．第 8 章で紹介した雨乞いの儀礼的行為をめぐる人びとのやりとりも，儀礼そのものは結局実現しなかったとはいえ，実践が復活する動態を示していた．

国家権力がコミュニティに厳しく介入した部分としては，仏教実践が挙げられる．第8章が跡づけたように，サンコー区では，カンボジアのその他の地域と同様，ポル・ポト時代に仏教僧侶が消滅した．1981年になって，地元出身の老人男性4名が僧侶となり，区内の2つの寺院に止住した．しかし，それから約10年間は新しい出家者があらわれなかった．

　これは，人民革命党政権の政策の影響だった．政権は1979年にベトナム領メコンデルタからクメール人僧侶を招聘し，国内に仏教僧侶を復活させた．それにより，国内で僧侶を再生産することが可能になった．しかし，国家権力は同時に，50歳以上で過去に出家経験があり，家族をもっていない男性にしか出家をみとめなかった．この政策の背景には，当時の国内情勢があった．すなわち，反政府勢力とのあいだに戦闘が続くなか，出家という手段によって国家が必要とする世俗的任務（徴兵）を放棄する道を国内の男性人口に与えることは，国力の維持という点で容認できなかった．

　他方で，当時の国家権力のコミュニティへの関与の仕方には逆の側面もあった．すなわち，地域社会ごとの独自の対応にまかせ，国家の方針に反しても放任する姿勢に終始した部分もみられた．

　この特徴は，ポル・ポト時代以後の農地所有の編制過程が端的なかたちで示していた．ポル・ポト時代には，農地の所有関係が白紙化されると同時に，大規模で画一的な農業土木事業が実施され，農地の景観が変化した．その後，人民革命党政権はクロムサマキの共同耕作を指導した．しかし，役牛の不足といった実際的な問題が解消されると，農村では農地の分配が勝手に始まり，世帯ごとに独立した伝統的な水稲耕作の形態が復活した．そのとき，国家権力は，政策としてのクロムサマキを堅持する姿勢を表明し続けながらも，それにしたがわない人びとの動きを黙認した．

　1980年代の人民革命党政権の各種政策の農村での実態については，研究の蓄積がほとんどない．そのため，ここでその性格を総論として述べることは困難であるが，例えば人びとの生活再建の重要な領域である農業の再建において，地域社会の主体的な対応を尊重し，政策からの乖離もみとめた柔軟な姿勢が特徴であったことは間違いない．また，出家行動の管理といった国力の維持のために譲れない部分について厳しい態度をとっていたことも明らかである．

以上のように，一見したところ相反した性格を示す国家権力によるコミュニティへの関与は，支配の正当性をめぐる論理を念頭におくと理解がしやすい．古田元夫の指摘をもちいて本文中で述べたように，人民革命党政権には自身の政策とポル・ポト政権のそれとのあいだの差違を強調する必要があった．もしも政権が国家権力による社会の管理を一辺倒に推し進めたら，ポル・ポト政権と同類だという印象を人びとにもたれてしまう．それでは，支配についての支持を得られない[4]．

　以上のような国家権力のコミュニティへの関与の多様性は，コミュニティ全体のその後の歴史経験に特徴を与えていた．すなわち，ポル・ポト時代以後の人びとの生活再建においては，知識や経験の世代間ギャップの修復という問題が浮上しており，比較的容易にその解消が進んだ部分と，ポル・ポト時代以後約10年間全くその兆しがみられなかった領域の2つが，国家権力との関わり方の差違に沿ったかたちで顕在化していた．生業活動については，ポル・ポト政権の崩壊直後から人びとの主体的な取り組みが許されていたため，知識・経験の断絶からの影響が小さかった[5]．しかし，政策によって1989年まで出家行動が自由化されなかった仏教実践については，世代間ギャップの存在が調査時も明らかなかたちで観察できた．つまり，ポル・ポト時代の終焉から20年余が経過した2000～02年の地域社会においても，「再生」は継続中であった．

4　筆者のカンボジアの友人・知人のなかには，1980年代の生活がクメールルージュと「同じ」だったと語る人びとが複数いる．人民革命党政権はポル・ポト政権とのあいだの違いを人びとに了解させようとしたが，必ずしも成功していない．上意下達式の支配に対する人びとの警戒感は，相当に強かったと考えられる．

5　第6章が示したように，1979年に母村へ戻った人びとのなかには，内戦以前の生活のなかで培った経験とネットワークをいち早く活性化させ，村の外へ，地域の外へと旺盛な行動力で経済活動を拡大させた人びとがいた．1979～81年にみられた自転車キャラバンへの参加は，そのような人びとの取り組みを生き生きと伝えていた．そして，内戦前から都市へ進出したり，商業取引をしたりといった経験をもち，その「無形の資本」を活性化させることに成功した人びとが，情勢が安定し，インフラの整備が進んだ1990年代に富裕世帯となっていた．

（3）再生の基盤は失われなかった
　　　── 強烈だが，短期間で終わった断絶 ──

　そして，ポル・ポト政権の支配が，地域社会に生きる人びとの生活の様式や社会的な交流のかたちを根底から変えるものではなかったことも本書は明らかにした．まず，そこには，全体的な社会的事実としての過去＝現在の連続が保たれていた．ポル・ポト時代以後は，知識と経験の断絶が表面化した一方で，既知の人びとと身体を寄せ合って関係を結び合う状況があらわれていた．世代から世代への知識と経験の継承という人間社会のもっとも基本的な営みは，平時とは異なる側面があったとしても，ポル・ポト時代以後直ちにスタートした．そしてそこでは，関係性の再定義が過去を青写真として進み，地域社会の再生の基礎がつくられた．
　地域社会のなかには，チェンのサマコムのように，1970年代の社会的混乱によって活動が途絶え，その後復活の気配がみえない例もあった．しかし，これについても，地元の住民のなかには，「リーダーさえ現れたら，復活するだろう」とする意見があることをつけ加えておく必要がある．担い手を失った宗教儀礼の一部についても，過去の記憶はまだ人びとのなかに生きている．ポル・ポト政権は，旧来の社会を構成した制度と組織を全面的に破壊し，個々の人間の存在状況についても国家の全体主義的な管理下におこうとした．しかし，その試みが，すべての人びとの身体のなかの経験や知識を入れ替える事態にはならなかった．今日のカンボジアでは，人びとの移動の機会が増え，地域間の交流の様も多様化している．一方で，ある1つの地域ではポル・ポト時代以後失われてしまっている宗教儀礼が，他の地域ではすでに再生している例もある．人びとの移動と交流が拡大するなかで，いったん失われた宗教儀礼が今後早い時期に多くの地域で復活する可能性もある．
　このように考えると，ポル・ポト時代以後のカンボジア農村社会は，その時代以前の状況を調べてこそ初めて理解ができるという主張は，改めて強調するに値する．農地の所有や実体としての社会関係といった可視的な側面で，過去との連続性を検証し尽くすことは難しい．しかし，そこで暮らす人びとが歴史

的につくりあげてきた生活のかたちを長期的かつ広域的な時空間の参照軸のなかに位置づけると，現在のサンコー区の人びとの生活は，聞き取りで得た情報をもとに再構成した20世紀初頭以降の地域社会の形成期の特徴を踏襲するかたちで営まれていたことが指摘できる．その事実を具体的に示していたのは，ボンダッといった特徴的な経済取引によって中国人の移民が中心となって地域につくりあげた経済地理的構造と，それをまたぐかたちで営まれていた社会的交流の様子であった．

　従来のカンボジア社会への一般的なまなざしを考えると，ポル・ポト時代の全体主義的支配の短命さという事実はいくら強調してもしすぎることがないように思われる．それは，寺院の建造物や水田景観など，かたちあるものを一変させた．また，粛清殺人などを通してかけがえのない多くの生命を消し去った．しかし，その影響を修復させるポテンシャルを人びとの身体と地域社会のなかに残したまま終わった．そして実際，今日の地域社会における人びとの生活は，内戦以前に形成された地域的特色のうえでその姿をみせている．

　ポル・ポト政権の支配は，短命に終わったという点で，中国の文化大革命やソビエトの社会主義革命の事例と同列のものとして論じることができない．諸政策の急進性とその実施の徹底さにおいては，世界史上類をみない．しかしそれが既存の社会に与えたインパクトは案外に小さかったともいえる．当時おこなわれた知識人の粛清が，後の社会再建の歩みを人材不足という点でおおきく左右してきたように，今日まで深刻な影響を残す領域もある．しかし，その支配が，一般に考える家族周期を超えるほど長期におよんだものでなかったことから，ポル・ポト時代以後の社会には内戦前の状況を知る人びとが生存者として残り，経験や知識を次世代へ継承させる道が留保されていた．このシンプルな事実は，改めて評価されるべきである．

　コミュニティの成員の連続，過去からの社会関係や知識の継承の問題，その過程への国家の関与といった論点は，外部に起因する状況・権力によって生活の急激な変化を余儀なくされた世界の他の地域の社会を考えるうえで比較研究の基礎となる．20世紀から今日にかけて，戦争や全体主義的支配を経験した（している）地域は，カンボジアのほかにも多数ある．この意味で，ポル・ポト時代以後のカンボジア農村社会を対象として本書がおこなってきた歴史過程の

検討は，人間社会の再生というよりおおきな研究課題を広い視野から考えるための１つの作業でもあった．

10-2 ｜ 「カンボジア史の悲劇」再考

　本書は，カンボジアの人びとの行為の文化論的分析に代表される従来のカンボジア社会研究の立場を批判検討することも目的としていた．第１章で述べたように，カンボジアの社会・文化に関するステレオタイプは，その歴史経験だけでなく，そこで同時代を生きる人びとの存在自身を断片化し，周縁化する作用もみせていた．それに対して，サンコー区の人びとがポル・ポト時代とその後の生活のなかでとっていた他者との関係性の構築と共存の様子は，「ポル・ポト時代以後」という状況について従来とは明確に異なる視点を導き出すものであった．

（１）非日常のなかの日常

　第２章の冒頭で触れたように，筆者は調査中多くの人から，ポル・ポト時代の経験は「絶対に理解できない」と告げられた．当事者によるその言葉に対しては，当時もいまも納得するしかない重みを感じる．しかし他方で本書の内容は，そのような言葉を告げた人びと自身が生きてきた社会状況についての理解の幅を広げるものであった．
　本書は，ローカルな事実を一次資料の実証的な分析により注意深く確認し，ポル・ポト時代の経験を地域史のなかに位置づけた．第３章で指摘したように，サンコー区は，1970年代前半に統一戦線側の活動への参加者を一定数輩出していた．大半の地元住民は，1974年に強制移住を命じられて州都へ移動した．そのため，ポル・ポト時代になると「新人民」の範疇に入れられた．しかし，地元出身の「新人民」と革命組織の地元幹部の一部には，親族・友人といったもともとの社会的な紐帯が継続していた．そして，全体のほんの一部で

しかなかったのかもしれないが，その縁故に頼って結婚相手の選択や収監の危険の回避などに独自の働きかけをおこなった例が確認できた．このような紐帯は，都市から追いやられてきた「新人民」の人びとには望むべくもなく，地元出身であったかどうかという点が，個々人のポル・ポト時代の経験を左右したポイントの1つであったと考えられる．

ポル・ポト時代についての経験の語りは非常に多様で，印象論に頼って傾向を指摘することは容易でも，実証的な視点からその内容を整理する作業は困難である．まず，それらの語りは，ポル・ポト時代がそれまで過ごしてきた日常からかけ離れたものであったことをさまざまなかたちで裏づけていた．ポル・ポト政権下のカンボジアについては，従来から，「監獄」といった表現をもちい，緊張の糸が張り詰めたような日常が社会全体を覆っていたとする見方が多かった．事実として，1979年以後に粛清殺人の現場から掘り起こされた累累たる白骨の山が，その異常さを現実のものとして伝えている．また，政治犯として捕らえられた人びとに拷問を繰り返し，最終的に死をもって処した強制収容所での日常などについては，そのような状況を推定することが自然だといえる．

しかし，ポル・ポト政権下で生活したすべての人がひたすら恐怖にうち震えていたわけではない．当時の社会には，喜びや笑いもあった．サンコー区では，何気ない会話の内容や立ち振る舞いのなかの些細な不注意が思わぬかたちで批判され，死を招いたり，隣人や親子のあいだでも密告が奨励されていたりといった語りを多く耳にした．しかしその一方で，畑のトウモロコシをうまく盗んでむさぼり食べたとか，いかに煙を立てずに米を炊いたかといった苦労話，または椰子砂糖づくりを命じられた際に樹上で隠れて椰子酒をつくって飲んでいたといった日常的な抵抗を伝える話も多かった．そして，それらの語りに耳を澄ます現在の人びとのあいだには，笑い声が起こっていた．

筆者がサンコー区の人びとから聞きとった経験が，当時のカンボジア農村で生活していた何割の人びとに当てはまるものなのかは断言できない．しかし，外部者が「ジェノサイド政権への協力者」とラベルを貼る可能性があった経歴の人物は，話し手たる一般の人びとのキョウダイ，イトコや友人として彼（女）らの存在自身に関わっている．それが，一方では「被害者」とされる人びと自

身の出自の一部であるという意味で，地域社会がポル・ポト時代という過去を精算するのではなく，その過去との連続のうえで再生を遂げてきたことを理解することが重要である．さらに，そのなかに「非日常のなかの日常」ともよぶべき人間関係の営みの本質が持続していたことを，事実として踏まえることも大切である．

サンコー区の地域社会を対象として本書が明らかにした状況は，ポル・ポト政権下のカンボジア社会に関する議論を相対的な評価のなかに戻す必要性を教えている．ポル・ポト政権については，善と悪という二項対立的な図式のなかの悪の部分にそれを見立てる意見が世界的な傾向である．それに対して，本書の記述と分析は，それがカンボジアの人びとに課した経験のなかに数多くの悲劇的な出来事が含まれていたという事実を確認しつつも，現在主流となっている見方では，その状況のなかに地域や個人ごとに多様性が存在したというもう一方の事実が無視されてしまう危険があることを明らかにした．

（2）経験の多様性

ポル・ポト時代の人びとの実際の行動が，ステレオタイプでは理解ができないほど多様であったという特徴に続き，地域社会そのものが村人のあいだの経験の多様性を包摂するかたちで存在していることも，今日のカンボジア農村社会の重要な特質である．サンコー区の地域社会の民族誌的状況は，絶対的な決めつけではなく，評価は相対的なものであるという視点に身をおくことの重要性とともに，事実よりも理論や意識をさきに立てて進める社会科学的な研究に注意を促すものでもあった．

今日の地域社会は，体験が異なる人びとが一緒に暮らすという多様性を含むかたちでつくられている．ジャーナリストや研究者の一部には，ポル・ポト政権の支配がカンボジアの人びとの社会関係に質的な変化を与えたとする意見がある．ポル・ポト政権によって強要された非日常的な日々の経験が，人と人のあいだの信頼関係を損ない，コミュニティの成員が他者と取り結ぶ社会関係のかたちと質そのものを変えてしまったという意見である．また，ポル・ポト政権の支配が人びとに恐怖の感情を非常に強いストレスとして与えたため，その

後の人びとの精神状態に強い影響を残しているといった PTSD（心的外傷後ストレス性障害）に関する精神分析や心理学の専門家の指摘が取り上げられることもある．ただし，本文中で述べたように，今日のサンコー区では，ポル・ポト時代に個々人がとった姿勢や振る舞いが公のかたちで非難されることがなかった．彼（女）らは，互いの経験が異なる事実を知りながらも，隣人として関わり合いながら日常生活を送っていた．

ポル・ポト時代に国家が個々人の生活の末端まで支配する「社会の原子化」があったとしても，それ以後の地域社会では，他者との関係の構築が日常生活のなかの不可欠な営みとしておこなわれている．本書が明らかにした以上のようなポル・ポト時代以後のサンコー区の人びとの姿は，生活の文脈から離れた思考空間でしか意味をもたない仮説を実体化させ，二項対立的な文化モデルの鋳型にそれをあてはめることでカンボジアの人びとの行動が理解できたと述べてきた通俗的な科学主義にもとづく社会科学的研究に疑義を呈するものであった．このような状況の分析には，任意の理論や人びとの意識を解釈の糸口にするのではなく，経験の多様性を踏まえつつも社会関係を築いて生活の再建を進めてきたという事実を最優先して理解を進めることが必要である．それは，分析的な理論や意識にもとづく判断が人びとの行為を生み出すという社会心理学的な立場ではなく，行為そのものの実存的な側面を評価する視点といえる．

カンボジアでは 2000 年前後からポル・ポト政権の幹部を対象にした裁判の準備が進められ，2010 年 8 月には特別法廷が最初の判決を下した．この裁判については，それが実現してこそポル・ポト時代の経験に終止符が打たれ，民主主義の発展が見込まれるのだといった論調が国内外の報道の主流である．しかし，この裁判が裏づけとする社会理論は，サンコー区の人びとが現実の行動を通して示してきた状況を理解する助けとはならない．「正義」といった概念を普遍的な尺度としてもちいる言説の世界は，経験の差違をみとめながら他者と日々共存してきたカンボジアの人びとの生活の世界と遠くかけ離れている．明文化された法的手続きにもとづく裁判制度がカンボジアに根づくことのメリットを評価しつつも，この裁判の意義に筆者個人が限定を覚える理由はここにある．

カンボジア農村社会の人びとは，全体主義的支配や権力者による強制介入と

いった外部からの干渉には脆弱であったが，他者と日々関係を取り結んで平和に暮らす術はよく心得ていた．そしてそれが，彼（女）らのポル・ポト時代以後の生活をつくってきた．ポル・ポト時代の経験についての多様性が地域社会に居住する人びとのあいだに存在するという状況は，断絶と紛争の種を意識させるものではなく，ともに生きるという人びとの生活の信条を示唆していた．個人間の感情のもつれがないとはいえなかったが，そこには，ともに生きることを選び，1979年以降の30年余のあいだ相互行為を積み重ねてきたという事実が解消させた部分がある．その姿勢こそが，いまカンボジア農村の人びとを語るとき最大限に尊重されるべきだろう．

10-3　社会構造と生活世界の動態

（1）地域の社会構造

　本書は，調査地域の地域社会に特徴的な社会構造と人びとの生活世界の動態を，人類学的な手法をもちいた地域研究の視点から考察することも目標としていた．
　ここでいう地域社会の構造とは，第1章で述べたように，調査地域の人びとが自身の周囲の出来事や社会の成り立ちといった経験的事実をどのように概念化しているのかという局面に関わる．このような概念間の関係としての社会構造は，事実に関わるデータのなかに直接存在するのではなく，人びとが周囲の経験的事実を解釈するやり方を分析的な視点から再考して初めて検証が可能になる．いまその視点に立ち，調査地としたサンコー区の地域社会の状況を振り返ると，そこに生きる人びとが互いの社会経済的な格差の認識にもとづいて自他関係を概念化し，それにしたがって特徴的な相互行為のパターンを示していたことが興味深い．経済格差の認識にもとづく自他関係とここで指すものは，具体的には，次のような対比的な言語範疇が概念化していた関係性である．

金持ち／貧乏人
市場の人／稲田の人
商売人／稲作をする人
チェン／クマエ
サマイ／ボーラーン

　象徴主義や構造主義とよばれる人類学的な立場からの民族誌は，人びとの文化的活動の性質を論じる際に，「自然」/「人間」，「森」/「里」といった二項対立的な解釈の構図をもちだすことがよくあった．しかし，本書での筆者の関心は，文化の見取り図としてそのような概念の構図を提出することではない．そうではなく，サンコー区の地域社会に暮らす人びとが自身がそのような概念をもちいて周囲の経験的世界を解釈していた様子を具体的なかたちで検証し，そこから彼（女）らが生きる生活の世界の特徴を理解することにある．そのためには，その世界の概念化の営みを支える根本的な構造を，その歴史的な生成過程も含めて考察の視野に入れる必要がある．

　本書が明らかにした地域社会の民族誌的状況に即して，以上で述べた関係性を考えてみると，経済活動の領域においては，ボンダッという商業取引が地域社会で果たしてきた役割が議論の中心であった．ボンダッの取引は，サンコー区とスロックルーという2つの地域に暮らす人びとのあいだの生活の様式と社会的文脈の違いに依拠して成立していた．また，その活動の成功者は，コミュニティの外の経済状況をよく知り，外部との接合点に立つことでより効率的に富の蓄積を進めてきたという特徴を示していた．さらに，歴史的な視点からいえば，その活動は中国人の移民が20世紀初頭に地域にもちこんだものであった．それは，内戦以前の地域の社会状況を特徴的なかたちに編みあげ，またポル・ポト時代以後に世帯・村落間の経済格差の再現というかたちに社会の再生を方向づける経路をつくっていた．

　カンボジア農村に暮らす人びとの生活は，1つの集落といった限られた地理的範囲において閉じられて営まれるものではなく，日々の活動を通して集落の外へ，地域の外へと広がっていた．ボンダッにおける取引の関係は，サンコー区の内外の人びとのあいだの社会的交流を具体的なかたちで浮かび上がらせる

ものであった．また，カタン祭などの仏教行事が地域間（例えば，サンコー区とスロックルーのあいだ）の交流ともいうかたちで活発におこなわれていたという状況からも，地域社会における人びとの生活の世界の広がりが理解できる．

　要するに，サンコー区の人びとの生活世界を特徴づけていた基本的な構造とは，サンコー区内の市場周辺とその他の村々，サンコー区とスロックルーの村々という二段構えの入れ子型の地理的単位の組み合わせであった．その構造の内実は，生業活動と生活様式の差違や経済的な格差を焦点として本書が記述し，分析してきた通りである．本書はさらに，それらの地理的単位を横断するかたちでみられた人びとの社会的な交流や相互行為の実態を多方面にわたって記述的に分析した．以上は，人びとの生活の全体像を長期的な時間軸と広域的な空間軸のなかに位置づけて検討する視点を追求したものであり，古典的な意味でのコミュニティスタディとの違いであった．

　ところで，さきに挙げた概念群のうち，チェン／クマエ，サマイ／ボーランという2つの概念の組の内容を振り返ることは，サンコー区の地域社会の過去と現在の結びつきを再考することに通じる．以下では，その内容を順に確認したい．

(2) チェン／クマエ

　歴史に「たら」「れば」はないとしても，チェン／クマエという2つの概念にまつわるサンコー区の民族誌的状況を振り返ったとき，その誘惑は非常におおきい．その地域のチェンをめぐる風景は，1960年代までと今日とで一変した．かつてそこには中国人の移民が中心となって組織した廟とアソシエーションの活動があった．しかし今日，廟は行政区に接収され，アソシエーションも復活していない．このような事実を確認すると，もしもポル・ポト時代がなかったら，という想像が自然と働いてしまう．

　地域社会では，今日，チェン／クマエという民族的言辞をもちいて自他を表象する行為が活発におこなわれていた．ただし，調査時のサンコー区では，チェンという名乗り自体を人びとがおこなう場面がほとんど観察されなかった．その一方，名乗りとしてではなく，他者への名指しとしてチェン／クマエという

民族的言辞をよくもちいていた．チェン／クマエという民族的言辞をもちいた相互行為の焦点は，籾米の信用取引や金貸しといった地域に特徴的な経済活動と，その活動の結果としての経済的成功を参照枠とした自他関係の概念化にあった．それは，地域の社会構造のなかに自らを位置づける行為の1つであった．

　チェン／クマエという民族的言辞をめぐるサンコー区の状況は，その地域社会の歴史的構成についての議論にもつながっていた．すなわち，籾米の買い付けや信用取引，金貸しといった，地域社会に暮らす富裕世帯が今日おこなっている商業取引が地域で始まったのは，20世紀初頭頃，中国人移民を受け入れたあとであった．そして，ポル・ポト時代以後の地域社会で，ポル・ポト時代以前から商業取引などに従事した人びと――「チェンらしさ」を継承した人びと――が母村へ帰り，その村落を中心としたかつての生活のなかで得た知識や経験をふたたび生かして経済的活動を拡大させたことが，村落間の経済格差を顕在化させていた．この意味で，サンコー区の社会経済的構造は，チェンという存在を核として形成されてきたともいえる．

　内戦とポル・ポト政権の支配は，チェンの文化伝統を断絶させ，地域の「民族的」な風景を一変させた．しかし，社会の構造それ自体は昔と同じデザインで立ちあらわれた．そして，その構造を参照枠としたチェン／クマエという概念による自他表象が今日多くの場面で観察される．このような事態は，ポル・ポト政権の支配によって地域社会の何が変わり，何が変わらなかったのかという本書の核心的な問題に対して，1つの回答を示しているように思われる．つまり，チェン／クマエという言辞をもちいた人びととの相互行為は，それが「変わらなかった」という状況を示している．

　チェンをめぐる社会文化的な風景が一変したとはいえ，人びとの生活世界においてその概念が占めてきた本質的な位置と役割は不変であり，今日も持続していた．地域社会に特徴的な社会経済的構造の再現（つまり人びとのあいだに経済格差が再現したというポル・ポト時代以後の地域社会の現実）こそが，チェンとクマエという民族的言辞をもちいた自己と他者の差異化の表象を支える原理の所在となっている．またそれは，同時に，そのような構造的状況を生み出す原因となった歴史的経緯を今日に伝えてもいた．この意味で，ポル・ポト政権の

支配は，サンコー区の地域社会の特質を変えることがなかったのである．

ところで，チェン/クマエという民族的言辞をめぐる調査時の地域社会の状況は，「もしもポル・ポト時代がなかったら」という過去をめぐる仮定だけではなく，未来についても想像力をかきたてるものであった．すなわち，今後サンコー区の人びとの一部は，行為と意識の両面で都市との結びつきをますます強めていくだろう．そして，カンボジアの都市部では，2000年代前後から，中国語学校の復興や中国語新聞の復刊などの中国文化のルネッサンスが本格化しつつあった．今日，プノンペンで暮らす筆者の友人らの家庭では，子供に中国語学校の補習を受けさせている例が珍しくない．このような都市の状況の変化が農村地域の地域社会に徐々に影響をおよぼし，そのさきにチェンをめぐる文化伝統の実体化とそれを核にした社会的な集団の形成といった事態を予想することは，まったくの飛躍ではないだろう．時期についての断言などは難しいが，チェン/クマエという概念が今後より具体的な「民族的」表象などを伴って実体化していく方向に進むかどうかを注意して見守る必要がある．

チェン/クマエという民族的言辞（概念）をもちいた人びとの相互行為は，地域社会に独特な社会構造の概念化と結びついていただけでなく，以上のようなかたちで，サンコー区の地域社会の現状とその歴史的構成の特徴を解明するための重要な糸口であった．

（3）サマイ/ボーラーン

チェン/クマエと並んで，サマイ/ボーラーンという概念も，地域社会の人びとがおこなう経験的世界の解釈に1つの軸を提供していた．サマイ/ボーラーンという言葉が指示する内容には2つの側面があった．第一にそれは，「昔/いま」という時間軸上の変化を背景とした概念であった．また第二に，仏教実践の多様性の問題と関連し，人びとの相互行為がみせる多義的な意味の世界へ理解を一歩進めるための鍵概念でもあった．

時間軸上の変化を示す概念としてのサマイ/ボーラーンの重要性は，例えばかつてと比べてすっかり変わってしまった寺院の実践を目の当たりにした老人女性が発した「サマイハオイ」（「新しくなってしまった」）という表現が集約して

いた．その言葉は，彼女がその場でポル・ポト時代以前の過去の情景を想起している事実を伝えていた．老齢者が懐古主義的な視点に立って現状を嘆くことは世界のどこでもみられ，珍しいことではない．しかし，カンボジア農村においては，旧社会を破壊すると宣言したポル・ポト政権の支配という過去に沿った現実を示唆するものであり，その言葉を発する人びとの過去の経験への注意を喚起する力をもっていた．

ただし，繰り返し述べてきたように，ポル・ポト時代を一種のブラックボックスとして扱い，とにかくその時代の以前と以後におおきな変化があったのだと想定することの危険性は明らかであった．例えば，第7章で紹介した結婚式の形式をめぐるサマイ/ボーラーンという議論は，1950年代という内戦前の時期から地域社会に暮らす人びとの生活様式と意識が近代化の過程に突入していた事実を知らせていた[6]．また，その地域社会が，1990年代以降に開発とグローバル化という新しい時代の波に晒されていたことも明白な事実であった．

地域社会に生きる人びとの生活の諸局面の変化の過程を長期的な時間軸で検討すると，変化の多層性という問題が浮上する．カンボジア農村の人びとの生活の変化は，タマネギの皮をむくようにはきれいに跡づけることができない．ポル・ポト時代という急激かつ大規模な変化の経験のために，それ以前の状況との関連は多くの部分で間接的なかたちでしか探ることができない．しかし，それをよいことに，すべての変化の契機をポル・ポト時代の経験に収斂させる意見は明らかに誤りである．分析視点として，変化の多層性を意識する意義はそこにある．

サマイ/ボーラーンという概念は，「新しい実践」と「古い実践」という2種類の仏教実践に関する議論にもつながっていた．サマイとよばれた新しい実践は，20世紀初頭に首都で始まった伝統的実践の刷新運動に起源をもっていた．そして，そこで提唱された実践が1940年代にサンコー区へもたらされたことで，地域の人びとが先達から継承しておこなってきた従来の実践が「古い実践」として対象化された．つまり，サンコー区におけるサマイ/ボーラーンという

6 　内戦前のカンボジア農村で始まっていた社会の近代化の様子については，コンポンチャーム州の農村寺院における1960年代の出家行動の変容の報告も参考になる［Kalab 1976］．

仏教実践の多様性は，国家の中央で形成された制度仏教（国家仏教）の地方への浸透の具体的な様子を明らかにするものであり，国民国家形成の過程で生じた宗教文化の変容というおおきな背景を視野に入れたカンボジア仏教研究の重要な分析へとつながる[7]．

　ただし，この問題に関する本書の記述と分析の力点は，多様な社会的背景をもつ地域の人びとの思いが交錯する様子を，担い手と仏教実践の多様性の問題を軸として明らかにすることにあった．仏教徒であるサンコー区の人びとの生活には仏教実践が溶け込んでいた．そのなかで，サマイ／ボーラーンという実践の多様性は，彼（女）ら自身の生活・人生の特徴を他者と弁別する1つの指標でもあった．つまり，本書は，サマイ／ボーラーンという仏教実践そのものにというより，人びとがその言葉・概念をもちいてどのようなかたちで他者との相互行為をおこなっていたのかという側面に関心を寄せ，そこから人びとの生活の世界の特徴を考察しようとした[8]．

　そして結局，この意味でのサマイ／ボーラーンという概念は，人びとの生活・人生が多様性に満ちているという現実をさきのチェン／クマエとは別の角度から照らし出すものであった．サンコー区で仏教実践の多様性をめぐる対立が生じてから，今日半世紀が過ぎた．そのあいだに，地域社会はポル・ポト時代という変化の時代を経験した．また，時間の経過にしたがってその成員も世代交代した．しかし人びとは，今日でも，2つの実践に関する議論を熱心に繰り返している．このようなサマイ／ボーラーンという実践の多様性に関する人びとのこだわりは，彼（女）らの生が多様性に満ちているという事実と，その生に

7　この視点からのサンコー区の人びとの仏教実践の分析に関しては，拙稿を参照されたい［小林2009］．また，国民国家形成や社会の近代化を背景とした宗教実践の刷新は，タイ仏教でも，タマユット派の創設というかたちでみられた．また，上座仏教以外に，例えば東南アジアのイスラーム教においても古くから議論がある（cf.［Geertz 1960］）．

8　第9章は，まさに，このような関心の追求であった．その章は，寺院建造物の再建という共通の課題を前にしたサンコー区の人びとの相互行為に注目し，それが彼（女）の生活の世界における多様な現実 ── 経済的な境遇の違い，暮らしの立て方についての理念の相違，想起できる過去の記憶の有無など ── そのものに根をもつことを記述的に分析した．

おける仏教信仰の重要性という2つのことを同時に知らせていた[9]。

10-4 | 2002年以後の地域社会

　最後に，調査から10年が経過した今日の調査地域の様子についても簡単に述べておきたい．本書は，2000～02年という調査時の状況を民族誌的現在と

---

[9] ところで，今日のカンボジア農村における仏教実践の多様性と変化の問題を論じるうえでは，「ボーラーンからサマイへ」という流れを一方向的な変化の道筋として前提としない姿勢が重要であることを断っておく．すなわち，人びとの生活状況が「サマイ」の方向へ変化していく程度と重なって，仏教実践の「サマイ化」も進展するとした想定は研究者の側の過剰な解釈であって，地域社会の現実を歪曲している可能性がある．確かに，サンコー区の民族誌的状況のなかでは，いわゆる近代合理的な思考に通じた人びとのなかにサマイの実践の支持者が多く，合理的でない思考に傾いた人びとがボーラーンを支持すると判断してもよさそうな特徴が顕在化していた．しかし，サマイ/ボーラーンとは基本的に記述のための概念であって，社会状況を説明するための概念ではない．サンコー区の民族誌的状況においてSK寺の活動がより「サマイ化」した環境に暮らす市場近くの人びとを惹きつけていたのは，サマイという実践のかたちそのものの性質だけではなく，PP氏という特徴的なアチャーによる実践の解釈と応用があったうえでのことである．実際，筆者は，サマイの実践がまず僻村に導入され，その近くのより開けた（社会経済的な側面で発展した）別の村の寺院がボーラーンの実践を保持しているといったケースを別の地域で確認している．

　コミュニティスタディにおいて重要なのは，社会の近代化論といった大文字の変化の方向性を最初から前提とするのではなく，地域社会の具体的な現実をひとつひとつ確認し，その状況をイーミックな視点から読み解くことにある．カンボジア農村における仏教実践のサマイ/ボーラーンという問題は，歴史的な意味では，中央の制度仏教が地方へ普及する過程という全体社会の動きの一部として評価することが妥当である．しかし，今日人びとがおこなう相互行為としてその問題を考察する際の鍵はローカルな社会的現実のなかに求めるべきであり，この意味で調査時のサンコー区のサマイ/ボーラーンという仏教実践の問題の核を形成していたのは，その地域の歴史がつくってきた地域社会の構造と，そのなかでの人びとの生の営みであったと理解している．

して記述と分析を進めてきた．地域社会は，その調査以降多方面にわたる変貌を急速に遂げている．

　まず，インフラと各種の情報技術の浸透によって，地域の人びとの生活の範囲が以前に比べて格段に広がっている．2000年には，雨の度にぬかるみ，通行が妨げられていた国道は舗装化された．国際的な観光地として開発が進むシエムリアプと首都プノンペンを結ぶ観光バスを始めとして，数多くの車輛が国道を行き来するようになった．調査時，サンコー区からプノンペンへ行くには，早朝に村を出発するマイクロバスに乗るか，州都に出てから乗り合いタクシーを探すしか方法がなかった．しかしいまは，国道の脇に待機して，夜中まで走る観光バスを好きなときにつかまえたらよい．交通事故の増加などの悪影響はあるが，道路交通網の発達は，人びとの移動の範囲を格段に広げている．

　携帯電話の普及もめざましい．2002年4月に筆者が住み込み調査を終えてVL村を後にしたとき，村内で携帯電話をもっていたのは数家族に満たなかった．また，電波が弱く，集落の南の水田かSK寺の布薩堂の2階部分に昇らなければ受信することができなかった．それがいまは，村内のほぼすべての世帯が携帯電話をもつようになった．電波も，屋内にいながらしっかりと受信できる．電話だけでなく，テレビの電波状況もおおきく改善した．ラジオについても，地方FM局が州都に開設され，チャンネルを選択する自由が人びとに生まれた．

　治安は，もはや誰も問題としていない．行政区評議会の評議員を選出する選挙が実施された2002年2月頃までは，州都付近の村落で地元民が誘拐される事件が発生するなど，調査地一帯で不安定な治安状況が続いていた．しかし，2005年にサンコー区を再訪すると，いまは滞在中の安全を全面的に保証すると地元の人びとにいわれるようになった．最近は，筆者がバイクに乗って国道を離れ，疎林のなかの道を通ってスロックルーの村々まで単独で行っても，誰も止めない．2000～02年には無理だったが，いまなら，夜間に村内を出歩いて聞き取りをおこなうことも可能である．

　数日単位の短い訪問では詳しい事情まで確認できていないが，地域の政治状況や生業活動においても新しい変化が生じている．まず，行政区と警察の関係

が以前よりも明確に区別されるようになった．調査時のサンコー区では，例えば土地争いが村落世帯のあいだにもちあがったとき，当事者は行政区長と警察のどちらかにその調停を願い出ていた．紛争の性質上，本来は行政区長が仲介するべきであった．しかし現実として，手数料と引き替えに有利な決着を導き出すことを期待して警察が仲介役とされることも多かった．しかし今日は，警察と行政のあいだの任務の区分けがより明瞭になり，住民がアクセス可能な制度的サービスの経路が一本化された．

　生業としての稲作は，相変わらず不安定な生産を続けている．しかし，興味深い変化もある．乾期稲作の開始である．2006 年頃に，シエムリアプ州からきた企業が下の田 C に該当するサンコー区内の浮稲田の一部に重機を利用して正方形の土手を築き，雨期の増水を利用してその内部に溜め込んだ水をもちいて乾期稲作を始めた．2009 年には，PA 村から SKP 村にかけての旧道沿いの集落の南 3 キロメートルほどの地点にも重機をもちいて大規模な土手が築かれ，重力灌漑による乾期稲作が始まった．この乾期稲作は多額の資金を投入するため，行政区長や警察の関係者，そして富裕な世帯の一部しか参入していない．一般の村落世帯が関わるものではないが，地域経済の発展にともなって地域の資源の利用がどのように変化し，まだ誰がどのような制度を背景として新しい環境の変化を利用するのかという点で注目に値する．

　地域社会の社会経済的な変化としては，出稼ぎの継続と拡大も見逃せない．カンボジアの縫製産業は，取引相手国とのあいだの通商制度の変化にともなった規模縮小が危惧されていたが，結果として 2000 年代を通して発展を続けている．そのため，1998 年に始まった村の若年女性の工場への出稼ぎは現在も続いている．また，若年女性の出稼ぎは，スロックルーの村々にもすっかり広がったようである．今日の調査地域では，国道沿いの村だけでなく，スロックルーの村でも最近新しく建て直された家屋を多くみかける．それらの家屋の世帯は，間違いなく出稼ぎ活動に関わっている．さらに，2000 年代半ばからは，VL 村の若年女性の一部がプノンペンの工場主に紹介されたかたちでマレーシアの縫製工場へ出稼ぎに出るようになった．2006 年には，VL 村出身者の 2 名が「研修生」として日本に渡航してきた．州都コンポントムにつくられた地方 FM 局は，最近，韓国への出稼ぎを募集する広告を放送している．

最近のカンボジア農村の地域社会の変化は，2つの推進力によって後押しされている．まず，農村は2000年代に入ってグローバル化とよばれる世界規模の社会変化のなかに本格的に組み込まれるようになった．カンボジアの国家は1989年に自由主義経済を取り入れた．しかし，1990年代の農村地域に暮らしていた人びとの生活は，まだ比較的に全体像を把握しやすい状態にあった．それがいまや，人の移動という点でも情報機器の普及という点でも，直接にグローバルな世界につながっている．また，一方で，1993年に国連が介入して誕生させた国家体制による制度の整備が進み，その効果が地域社会の人びとの生活におよび始めたことも，変化を推進する力となっている．ただし，その力は従来の矛盾をますます深刻化させてもいる．つまり，すべての国民が等しく享受すべきものとして設計された国家の新しい制度環境が，政府高官などの一部の人びとによって独占的に利用され，結果として社会の階層化を拡大させているという皮肉な状況が近年顕著になっている．

　ポル・ポト時代以後のカンボジア農村の地域社会の再生では，地域において歴史的に形成されてきた局地的な秩序が重要な役割を果たした．本書が明らかにしたように2000年前後のサンコー区の地域社会は，20世紀初頭以降の地域形成の過程と共通する論理を基盤としてその姿をみせていた．しかしそれから10年が過ぎた今日，地域社会は全く別の種類の転換期にさしかかっているようにみえる．ポル・ポト政権の全体主義的支配によっても本質的に変わらなかった地域の社会構造は，グローバル化と国家の制度的管理の深化という今日的状況のなかで，どうその特徴を変える（変えない）のだろうか．

あとがき

　カンボジアという国と社会についての日本におけるまなざしは，この10年余りのあいだで一変した．クメールルージュの消滅と同時に新しい王国政府のもとでの経済発展が実現し，カンボジアが閉じられた国であった頃の印象は薄らいだ．そして，アンコールワットの遺跡見学を目玉にした格安のパッケージ旅行が一般の人びとの人気をよび，国内各地の大学の学部生らが井戸掘りや小学校建設のスタディツアーを同国でおこなうことも普通になった．つまり，日本とカンボジアの人びととの関わりは一昔前には考えられないかたちで強まっている．

　ところで，地域研究という専門領域にはいくつかのタイプがある．まず，研究の手法に多様性がある．また，研究対象を切り取る尺度という点でも，個々の研究者はそれぞれの関心にもっとも適した射程を選択し，研究を進めている．そのなかで，筆者は，自分自身のことを，文化人類学を基礎とした地域研究をおこなっている者と認識している．研究の尺度については，まずコミュニティレベルの集約的な調査から出発し，次はカンボジアという国全体，そして東南アジア大陸部から世界へと研究の対象を広げてゆこうと考えている．地域研究者には，実践と研究のうえで重要なイッシューをさまざまなかたちで追求しながら，調査活動を通して関わりをもった地域の現実に対するこだわりを強くもち続ける姿勢が求められる．この点で，サンコー区の人びととのつながりは，今後の筆者がどのような研究活動をおこなおうとも，その重要な軸であり続ける．「足元」を掘り続けることが，きっとおおきな「泉」を生み出すことを信じている．

　筆者は，大学院の修士課程から現在まで，京都大学の東南アジア研究所の内外で研究生活を送ってきた．東南アジア研究所は，1960年代から現在まで，地域研究という学問の重要性を強く訴えるとともに，いくつかの重要な成果

を世に送り出してきた．そのなか，本書を執筆するうえで常に筆者の念頭にあったのは，ドンデーン村プロジェクトとその成果としてのモノグラフである．ドンデーン村プロジェクトは，東南アジア研究所のメンバーが中心となって1980年代初めに東北タイのラオ人集落で実施した集約的な調査研究である．調査チームは水文学，農学，社会学，人類学，経済学などを専門とする人びとからなった学際的な陣容で，コーラート高原という独特な自然環境に生きる人びとの生活の全体像を総合的に描き出した．ドンデーン村では，早世の人類学者である水野浩一が1964年に調査をおこなっており，1960〜80年代にかけての村落社会の変容を具体的な観察と資料の2時点における比較にもとづいて解明した点でも，画期的なものだった．さらにそれは，移住にまつわる生活史の聞き取りをもとに，19世紀末以降の村落社会の形成過程をも明らかにしていた．

　対象社会についての基本的な特徴を理解するうえで，ドンデーン村プロジェクトが公表した類の資料はたいへん有益である．そして少なくとも，筆者には長らく垂涎の的であった．筆者は大学院修士課程一年の夏前に，カンボジアの農村社会の特徴とそこでの人びとの生活を明らかにする調査の実施を決心したのだが，その後，カンボジア研究にドンデーンのようなモノグラフがあったらと何度思ったことか．もちろん，カンボジア研究にはすでにメイ・エビハラの業績があった．しかし，それからは文化人類学の理論を無理に押しつけている苦しさを感じ，また，ドンデーン村プロジェクトのような資料類を読み慣れた目からはデータ提示の実証性に物足りなさが残った．さらに，エビハラ以外の業績に目を向けると，ポル・ポト時代とそれ以後のカンボジア農村の地域社会の変化について具体的に語る本は皆無だった．

　本書が依拠した調査は筆者が単独で実施したものであり，ドンデーン村プロジェクトのような学際的な調査研究とは，まず収集したデータの網羅性と厚みの点で比べものにならない．また，ドンデーン村では現在も後輩の研究者によって調査が継続されているという点でも，比較は不可能である．しかし，対象とするコミュニティの歴史的な経験を社会形成の過程から分析し，その結果

としてどのような事実が今日認められるのかという記録を総合的なかたちで残した点で，本書の来歴の 1 つがドンデーン村プロジェクトにあることは間違いない．冒頭で述べたように，カンボジアと日本の人びととの関わりは近年ますます強く，濃くなっている．本書が，さまざまなきっかけから今日カンボジアに関心を持つようになった人びとにとって，カンボジア農村の生活とそこに住む人びとが生きる社会の理解を深めるうえでの助けになるとしたら，それに勝ることはない．そして，ドンデーン村のモノグラフのように関係諸氏に長く読み継がれる書物となったら望外の喜びである．

　本書は，2007 年 3 月に京都大学大学院アジア・アフリカ地域研究研究科へ提出した学位申請論文『ポル・ポト時代以後のカンボジアにおける地域社会の復興』を大幅に加筆修正したものである．学位論文の執筆も，本書の出版も，大学院における指導教官である林行夫先生（京都大学地域研究統合情報センター教授）とその研究室に集まったゼミ生の皆さんから得た有益な助言と叱咤激励がなくては完成しなかった．そして，加藤剛先生，田中耕司先生，杉島敬志先生らを始めとした東南アジア研究所と大学院アジア・アフリカ地域研究研究科の諸先生や院生の諸氏からも，研究発表へのコメントなど通じて多くの応援をいただいた．何よりも，心からの感謝を申し上げる．

　同時に，筆者を受け入れ，長時間におよぶ聞き取りにつきあってくれたサンコー区の人びとにも感謝を申し上げる．特に，CT 氏とその家族，および NhC 氏からは言葉にならないほどの支援を受けた．カンボジア農村における治安の回復と良い出会いに恵まれた筆者のフィールドワークは，幸運であったとつくづく思う．調査の実施に際しては，また，Phong Seng 先生を始めとしたプノンペン王立大学人文社会学部社会学科の教官諸氏，宗教省の Chhong Iem 氏，仏教研究所図書室（当時）の Pou Thonevath 氏，天川直子さん，清水和樹さん，北川香子さん，高橋美和さん，笹川秀夫さんらからも直接 / 間接の助言や応援をいただいた．さらに，2007 年から年一度のペースでおこなっている日本カンボジア研究会の際に山田裕史さん，矢倉研二郎さんなどと交わした議論から

も得るものがおおきかった．以上の方々から受けたコメントや刺激が，本書において生かし切れたとはいえないと思う．それらには，2007年以降の関連した研究成果のレビューと合わせて，今後，場所を代えて応えてゆきたい．

　筆者は，京都大学後援会から若手フィールドワーク助成をいただき，1998年11月にカンボジアへ渡航した．そして，1999年6月からは松下国際財団「松下アジアスカラシップ」の支援を利用し，現地滞在を継続した．2000～02年のサンコー区での住み込み調査は，この2つの助成のいずれを欠いても実現しなかった．両財団と，助成者の選考にあたった先生に心から御礼を申し上げる．また帰国後は，「富士ゼロックス小林節太郎記念基金」(2004年度) から研究助成を受けた．さらに，日本学術振興会からも特別研究員（PD: 2005～2006年度）として支援をいただいた．これによって，サンコー区で補足調査を実施するとともに，よりおおきな視野からカンボジア社会の理解を深める時間をもつことができた．以上の財団と助成の選考にあたった先生にも感謝を申し上げる．

　本書の出版は，平成22年度の科学研究費補助金（研究成果公開促進費　課題番号225258）を得て可能となった．ポル・ポト時代以後のカンボジア農村研究の現状を考え，本書は資料的価値を重視し，関連する図表類を数多く組み込んだ．また，大学の学部生にも分かりやすいように，記述は平易な表現を心がけた．その結果として，一般の商業ベースでは実現しがたい頁数になった．それでも出版にこぎ着けることができたのは，ひとえに科学研究費補助金を得ることができたからである．関係諸氏に御礼を申し上げたい．同時に，東南アジア研究所の編集委員会と匿名の査読者の方にも御礼申し上げる．

　最後に，この2年半ほどなかなか進まない原稿を前に多くの時間を費やす筆者を背後から支えてくれた妻の恭子にも，心から感謝の念を伝えたい．

参考文献

日本語文献

天川直子. 1997.「1980年代のカンボジアにおける家族農業の創設―クロムサマキの役割―」『アジア経済』38(11): 25-49.

天川直子. 2001a.「カンボジアにおける国民国家形成と国家の担い手をめぐる紛争」天川直子編『カンボジアの復興・開発』(研究双書518) アジア経済研究所, 21-65頁.

天川直子. 2001b.「農地所有の制度と構造―ポルポト政権崩壊後の再構築過程―」天川直子編『カンボジアの復興・開発』(研究双書518) アジア経済研究所, 151-211頁.

天川直子. 2003.「カンボジアの人種主義―ベトナム人住民虐殺事件をめぐる一考察―」武内進一編『国家・暴力・政治―アジア・アフリカの紛争をめぐって―』(研究双書534) アジア経済研究所, 109-145頁.

天川直子. 2004.「カンボジア農村の収入と就労―コンポンスプー州の雨季米作村の事例―」『カンボジア新時代』天川直子編 (研究双書539) アジア経済研究所, 327-370頁.

稲村努. 2001.「カンボジアにおけるチャイニーズのエスニシティ―プノンペン市を中心として」『カンボジア社会再建と伝統文化 Ⅱ. 諸民族の共存と再生』トヨタ財団研究助成B (94B1-026) 研究成果報告書, 210-222頁.

井上恭介, 藤下超. 2001.『なぜ同胞を殺したのか―ポル・ポト 堕ちたユートピアの夢―』日本放送出版協会.

小笠原梨江. 2005.「カンボジア稲作村における協同関係―トムノップ灌漑をめぐる事例研究―」京都大学大学院アジア・アフリカ地域研究研究科提出博士予備論文.

加納啓良. 1994.『中部ジャワ農村の経済変容―チョマル郡の85年―』東京大学東洋文化研究所報告, 東洋文化研究所叢刊 第14輯.

川合尚. 1996.「風土と地理」石井米雄・綾部恒雄編『もっと知りたいカンボジア』弘文堂, 48-84頁.

北原淳. 1996.『共同体の思想 村落開発理論の比較社会学』世界思想社.

清野真巳子. 2001.『禁じられた稲―カンボジア現代史紀行―』連合出版.

荒神衣美. 2004.「カンボジア農村部絹織物業の市場リンケージ―タカエウ州バティ郡トナオト行政区P村の織子・仲買人関係―」天川直子編『カンボジア新時代』(研究双書539) アジア経済研究所, 223-273頁.

小林知. 2002.「政党政治の実現とカンボジアの村社会」(「現地通信」)『東南アジア研究』40(2): 227-229.

小林知. 2004.「カンボジア・トンレサープ湖東岸地域農村における生業活動と生計の現状―コンポントム州コンポンスヴァーイ郡サンコー区の事例―」天川直子編『カンボジア新時代』(研究双書539) アジア経済研究所, 275-325頁.

小林知. 2005.「カンボジア, トンレサープ湖東岸地域における集落の解体と再編――村落社会の1970年以降の歴史経験の検証―」『東南アジア研究』43(3): 273-302.

小林知. 2006a. 書評 "Alexander Lanban Hinton. *Why Did They Kill?: Cambodia in the Shadow of Genocide*. Berkeley: University of California Press, 2005, xxii＋360pp."『アジア経済』47(4): 75-

78.
小林　知. 2006b.「現代カンボジアにおける宗教制度に関する一考察：上座仏教を中心として」『東南アジア大陸部・西南中国の宗教と社会変容―制度・境域・実践―』平成15年度～平成17年度科学研究補助金（基盤研究（A）研究代表者　林行夫）研究成果報告書, 533-566頁.
小林　知. 2007.「ポル・ポト時代以後のカンボジアにおける農地所有の編制過程―トンレサープ湖東岸地域農村の事例―」『アジア・アフリカ地域研究』6(2): 540-558.
小林　知. 2009.「ポル・ポト時代以後のカンボジア仏教における僧と俗」林行夫編『〈境域〉の実践宗教　大陸部東南アジア地域と宗教のトポロジー』京都大学出版会, 9-65頁.
駒井　洋. 2001.「カンボジア農村の復興と仏教―タケオ州トゥロペアグ・ベーング村の事例―」『カンボジア社会再建と伝統文化　Ⅰ．仏教的伝統の再生』トヨタ財団研究助成B（94B1-026）研究成果報告書, 10-175頁.
坂本恭章. 2001.『カンボジア語大辞典（上・中・下）』東京外国語大学アジア・アフリカ言語文化研究所.
坂梨由紀子. 2004.「カンボジアの社会経済構造変動期におけるキャリア志向と教育―プノンペン市の社会経済的民族的環境が志向におよぼす影響―」天川直子編『カンボジア新時代』（研究双書539）アジア経済研究所, 103-176頁.
佐藤奈穂. 2005.「女性世帯主世帯の世帯構成と就業選択―カンボジア・シェムリアップ州タートック村を事例として―」『アジア経済』46(5): 19-43.
重富真一. 1996.「タイ農村のコミュニティ―住民組織化における機能的側面からの考察―」『アジア経済』37(5): 2-26.
ショート，フィリップ. 2008.『ポル・ポト　ある悪夢の歴史』山形浩生訳，白水社．(Philip Short. 2004. *POL POT Anatomy of a Nightmare*. London: John Murray.)
高橋美和. 2000.「カンボジア仏教は変わったか―コンダール州における仏教僧院復興過程の諸側面―」『人間文化研究紀要』（愛国学園大学）2: 73-89.
高橋美和. 2001a.「カンボジア都市近郊農村における僧院復興の現状―コンダール州キエンスヴァーイ郡の事例―」『カンボジア社会再建と伝統文化　Ⅰ．仏教的伝統の再生』トヨタ財団研究助成B（94B1-026）研究成果報告書, 176-193頁.
高橋美和. 2001b.「カンボジア稲作農村における家族・親族の構造と再建―タケオ州の事例―」天川直子編『カンボジアの復興・開発』（研究双書518）アジア経済研究所, 213-274頁.
高橋美和. 2004.「カンボジア農村部における出産の医療化プロセス―変化する出産文化―」天川直子編『カンボジア新時代』（研究双書539）アジア経済研究所, 379-445頁.
高橋美和，ドーク・ヴティー. 2001.「カンボジアにおける仏教徒コミュニティーの実態―コンダール州キエンスヴァーイ郡チュローイ・オムプル村の事例より―」『カンボジア社会再建と伝統文化　Ⅰ．仏教的伝統の再生』トヨタ財団研究助成B（94B1-026）研究成果報告書, 194-210頁.
武邑尚彦. 1990.「開拓移住による村の形成とその変容」口羽益生編『ドンデーン村の伝統構造とその変容』創文社, 201-280頁.
谷川　茂. 1997.「カンボジア北西部の集落（1）―北スラ・スラン集落における社会経済基礎調査―」『上智アジア学』15: 219-258.
谷川　茂. 1998.「カンボジア北西部の集落（2）―北スラ・スラン集落における稲作農家の協同関係―」『上智アジア学』16: 123-149.

チャンドラー，デービッド．1994．『ポル・ポト伝』山田寛訳，めこん．(David Chandler. 1992. *Brother Number One: A Political Biography of Pol Pot*. Boulder: Westview Press.)

チャンドラー，デーヴィッド．2002．『ポル・ポト　死の監獄S21—クメール・ルージュと大量虐殺—』山田寛訳，白揚社．(David Chandler. 1999. *Voices from S-21: Terror and History in Pol Pot's Secret Prison*. Berkeley and Los Angeles: University of California Press.)

デルヴェール，ジャン．2002．『カンボジアの農民』石澤良昭監修・及川浩吉訳，風響社．(Jan Delvert. 1958. *Le Paysan Cambodgien*. Paris: Mouton Press.)

野澤知弘．2004．「カンボジアの華人社会—僑生華人と新客華僑の共生関係—」『アジア経済』45(8): 63-99.

野澤知宏．2006a．「カンボジアの華人社会—新客華僑社会動態に関する考察—」『アジア経済』47(3): 21-57.

野澤知宏．2006b．「カンボジアの華人社会—プノンペンにおける僑生華人および新客華僑集住区域に関する現地調査報告—」『アジア経済』47(3): 23-47.

野中章弘．1981．『沈黙と微笑　タイ・カンボジア国境から』創樹社．

林　行夫．1995a．「カンボジア仏教の復興過程に関する基礎研究」『カンボジアの社会と文化』平成5-6年度　文部省科学研究費補助金国際学術研究報告書，290-389頁．

林　行夫．1995b．「復興するカンボジア仏教の現在」『大法輪』62(10): 146-149.

林　行夫．1997．「国教への道程—カンボジア仏教の再編をめぐって—」『カンボジア研究』5: 211-253.

林　行夫．1998．「カンボジアにおける仏教実践—担い手と寺院の復興—」大橋久利編『カンボジア　社会と文化のダイナミックス』古今書院，153-219頁．

古田元夫．1991．『ベトナム人共産主義者の民族政策史—革命の中のエスニシティ—』大月書店．

本多勝一．1981．『カンボジアの旅』朝日新聞社．

本多勝一．1989『検証　カンボジア大虐殺』朝日新聞社．

ポンショー，フランソワ．1979．『カンボジア・ゼロ年』北畠霞訳，連合出版．(François Ponchaud. 1977. *Cambodge année zéro*. Paris: Rene Julliard.)

前田成文．1986．「マレー農民の家族圏」原ひろ子編『家族の文化誌—さまざまなカタチと変化—』弘文堂，29-50頁．

水野浩一．1981．「タイ社会における個人と社会」『タイ農村の社会組織』東南アジア研究叢書16，創文社．

山田　寛．2004．『ポル・ポト〈革命〉史—虐殺と破壊の4年間—』講談社．

山田裕史．2005．『カンボジアにおける体制以降（1989〜1993年）—人民党の生き残り・適応戦略—』上智大学大学院外国語学研究科国際関係論専攻2004年度提出修士学位論文．

矢倉研二郎．2008．『カンボジア農村の貧困と格差拡大』阪南大学叢書85，昭和堂．

矢追まり子．1997．「カンボジア農村の復興過程に関する文化生態学的研究—タケオ州ソムラオング郡オンチョング・エー村の事例—」筑波大学大学院環境科学研究科環境科学専攻提出修士論文．

矢追まり子．2001．「カンボジア農村の復興過程に関する文化生態学的研究—タケオ州ソムラオング郡オンチョング・エー村の事例—」『カンボジア社会再建と伝統文化　Ⅱ．諸民族の共存と再生』トヨタ財団研究助成B（94B1-026）研究成果報告書，4-209頁．

柳　星口．2004．「カンボジア，トンレー・サープ湖地域における漁業制度の変遷と漁業紛争—

ポーサット州の事例を中心として—」上智大学大学院外国語学研究科地域研究専攻 2003 年度提出修士学位論文.

四本健二. 2001.「カンボジアの復興・開発と法制度」天川直子編『カンボジアの復興・開発』(研究双書 518) アジア経済研究所, 111-149 頁.

欧語・カンボジア語文献

Ang Choulean. 2000. *People and Earth*. Phnom Penh: Reyum Publishing.

Cambodia, DPSICMAFF (Department of Planning, Statistics and International Cooperation, Ministry of Agriculture, Forestry and Fisheries). 2002. *Agricultural Statistics 2001-2002*. Phnom Penh: Cambodia.

Cambodia, NISMP (National Institute of Statistics, Ministry of Planning). 1999. *General Population Census of Cambodia 1998: Final Census Results*. Phnom Penh: Kingdom of Cambodia.

Cambodia, NISMP (National Institute of Statistics, Ministry of Planning). 2000a. *General Population Census of Cambodia 1998: Village Gazetteer*. Phnom Penh: Kingdom of Cambodia.

Cambodia, NISMP (National Institute of Statistics, Ministry of Planning). 2000b. *1998 Census WinR + Population Data Base (CD-Rom)*. Phnom Penh: Kingdom of Cambodia.

Cambodia, NSMKS (National Sangha of Maha Nikay Sect). 1994. ករណីយកិច្ចនៃចៅអធិការ អនុគណ. និង មេគណ ក្នុងព្រះរាជាណាចក្រកម្ពុជា [Duties for a head monk, a district-chief monk and a province-chief monk in Kingdom of Cambodia].: ភ្នំពេញ: ពុទ្ធសាសនបណ្ឌិត្យ [Phnom Penh: Buddhist Institute].

Cambodia, RGC (Royal Government of Cambodia). 2004. *CAMBODIA in the Early 21st Century*. Phnom Penh: Published by MBNi & Promo-Khmer, under the Auspices of the Royal Government of Cambodia.

Chandler, David. 1979. The Tragedy of Cambodian History. *Pacific Affairs*, 52(3): 410-419.

Chandler, David et al. 1988. *Pol Pot Plans the Future: Confidential Leadership Documents from Democratic Kampuchea, 1976-1977*. Monograph Series 33. New Haven: Yale University Southeast Asia Studies.

Chandler, David. 1991. *The Tragedy of Cambodian History*. New Haven and London: Yale University.

Chandler, David. 1996. *A History of Cambodia, Second Edition Upgraded*. Boulder: Westview Press.

Chantou Boua. 1991. Genocide of a Religious Group: Pol Pot and Cambodia's Buddhist Monks. In *State Organized Terror: The Case of Violent Internal Repression.*, edited by P. Timothy Bushne et al.: 227-240. Boulder: Westview Press.

Ebihara, May. 1966. Interrelations Between Buddhism and Social Systems in Cambodian Peasant Culture. In *Anthropological Studies in Theravada Buddhism.*, edited by Manning Nash: 175-196. New Haven: Yale University Southeast Asia Studies.

Ebihara, May. 1968. *Svay: A Khmer Village In Cambodia*. Unpublished Ph.D. thesis presented to Department of Anthropology, Colombia University. Ann Arbor: UMI.

Ebihara, May. 1971. Intervillage, Intertown, and Village-city Relations in Cambodia. *Annals of the New York Academy of Sciences*, 220: 358-375.

Ebihara, May. 1974. Khmer Village Women in Cambodia: A Happy Balance. In *Many Sisters: Women in the Cross-cultural Perspective.*, edited by Carolyn J. Matthiasson: 305-347. New York: The Free Press.

Ebihara, May. 1977. Residence Patterns in Khmer Peasant Village. *Annals of the New York Academy of Sciences*, 293: 51–68.
Ebihara, May. 1990. Return to a Khmer Village. *Cultural Survival Quarterly*, 14(3): 67–70.
Ebihara, May. 1993a. A Cambodian Village under the Khmer Rouge, 1975–1979. In *Genocide and Democracy in Cambodia: The Khmer Rouge, The United Nations and The International Community.*, edited by Ben Kiernan: 51–63. Monograph Series 41. New Haven: Yale University Southeast Asia Studies.
Ebihara, May. 1993b. Beyond Suffering: The Recent History of a Cambodian Village. In *The Challenge of Reform in Indochina.*, edited by B. Ljunggren: 51–64. Harvard: Harvard Institute for International Development.
Ebihara, May. 2002. Memories of the Pol Pot Era in a Cambodian Village. In *Cambodia Emerges from the Past: Eight Essays.*, edited by Judy Ledgerwood: 91–108. DeKalb: Northern Illinoi University, Center for Southeast Asian Studies.
Ebihara, May & Judy Ledgerwood. 2002. Aftermaths of Genocide: Cambodian Villagers. In *Annihilating Difference: The Anthropology of Genocide.*, edited by Alexander Laban Hinton: 272–291. Berkeley and Los Angeles: University of California Press.
Edwards, Penny. 1999. *Cambodge: a Cultivation of a Nation*. Unpublished Ph. D. thesis presented to History Deparment. Clayton, Australia: Monash University.
Edwards, Penny. 2009. "Ethnic Chinese in Cambodia", In *Ethnic Groups in Cambodia.*, edited by Hean Sokhom: 174–233. Phnom Penh: Center for Advanced Studies.
Frings, Viviane. 1993. *The Failure of Agricultural Collectivization in the People's Republic of Kampuchea (1979–1989)*. Working Paper 80. Clayton, Australia: Monash University.
Frings, Viviane. 1994. Cambodia after Decollectivization (1989–1992). *Journal of Contemporary Asia*, 24(1): 49–66.
Geertz, Clifford. 1960. *The Religion of Java*. Chicago: University of Chicago Press.
Gottesman, Evan. 2003. *Cambodia after the Khmer Rouge: Inside the Politics of Nation Building*. New Haven and London: Yale University Press.
Hayashi, Yukio. 2002. Buddhism behind Official Organizations: Notes on Theravada Buddhist Practice in Comparative Perspective. In *Inter-Ethnic Relations in the Making of Mainland Southeast Asia and Southwestern China.*, edited by Hayashi Yukio and Aroonrut Wichienkeeo: 198–230. Bangkok: Amarin Printing and Publishing Public Company Limited.
Heder, Steve & Judy Ledgerwood ed. 1996. *Propaganda, Politics, and Violence in Cambodia: Democratic Transition under United Nations Peace-Keeping*. New York: M. E. Sharpe.
Hinton, Alexander Laban. 1996. Agents of Death: Explaining the Cambodian Genocide in Terms of Psychosocial Dissonance. *American Anthropologist*, 98(4): 818–831.
Hinton, Alexander Laban. 1998a. A Head for an Eye: Revenge in the Cambodian Genocide. *American Ethnologist*, 25(3): 352–377.
Hinton, Alexander Laban. 1998b. Why Did You Kill? The Dark Side of Face and Honor in the Cambodian Genocide. *Journal of Asian Studies*, 57(1): 93–122.
Hinton, Alexander Laban. 2005. *Why Did They Kill?: Cambodia in the Shadow of Genocide*. Berkeley: University of California Press.

Huot Tat. 1993. កល្បរាជមិត្តរបស់ខ្ញុំ គឺ សម្តេចព្រះសង្ឃរាជ ជួន ណាត (ដោតញ្ញាណោ) [My Soulmate the Venerable Samdech Chuon Nath]. Reprinted edition. ភ្នំពេញ: ពុទ្ធសាសនបណ្ឌិត្យ [Phnom Penh: Buddhist Institute].

Kalab, Milada. 1968. Study of a Cambodian Village. *The Geographical Journal*, 134(4): 521–537.

Kalab, Milada. 1976. Monastic Education, Social Mobility, and Village Structure in Cambodia. In *Changing Identities in Modern Southeast Asia.*, edited by D. J. Banks: 155–169. Paris: Mouton.

Kalab, Milada. 1982. Ethnicity and the Language Used as a Medium of Instruction in Schools. *Southeast Asian Journal of Social Science*, 10(1): 96–102.

Kemp, Jeremy. 1988. *Seductive Mirage: The Search of the Village Community in Southeast Asia*. Comparative Asian Studies No. 3. Amsterdam: Center for Asian Studies Amsterdam.

Kemp, Jeremy. 1992. *Hua Kok: Social Organization in North-Central Thailand*. CSAS Monographs 5. Canterbury: Centre for Social Anthropology and Computing and the Center of South-East Asian Studies, University of Kent.

Kent, Alexander & David, Chandler. 2008. *People of Virtue: Reconfiguring Religion, Power and Moral Order in Cambodia Today*. Stockholm: Nordic Institute of Asian Studies Press.

Keyes, Charles. 1994. Communist Revolution and the Buddhist Past in Cambodia. In *Asian Visions of Authority: Religion and the Modern States of East and Southeast Asia.*, edited by Charles Keyes et al: 43–73. Honolulu: University of Hawai'i Press.

Kiernan, Ben. 1985. *How Pol Pot Came To Power*. London: Verso.

Kiernan, Ben. 1996. *The Pol Pot Regime: Race, Power and Genocide in Cambodia under the Khmer Rouge, 1975–79*. New Haven and London: Yale University Press.

Kroeber, Alfred. 1948. *Anthropology: Race, Language, Culture, Psychology, Prehistory*. New York: Harcourt Brace.

Leach, Edmund. 1968. Introduction. In *Dialectic in Practical Religion.*, edited by E. R. Leach: 1–6. Cambridge: Cambridge University Press.

Ledgerwood, Judy. 1990. *Changing Khmer conceptions of gender: Women, stories, and the social order*. Unpublished Ph. D. thesis presented to the Faculty of the Graduate School of Cornell University. Ann Arbor: UMI.

Ledgerwood, Judy. 1992. *Analysis of the Situations of Women in Cambodia*. Bangkok: UNICEF.

Li Sovi (លី សុវី). 1999. *ប្រវត្តិព្រះសង្ឃខ្មែរ នៅទសវត្សរ៍ទី៨, ៩ និង ១០ នៃសតវត្សរ៍ទី២០* [History of Khmer monks in 8th, 9th and 10th decade of 20th century]. Phnom Penh: Fonds pour l'Édition des Manuscrits du Cambodge, École Française D'Extrême-Orient.

Marston, John. 2002. "Reconstructing 'ancient' Cambodian Buddhism." Unpublished manuscript of English version of "La reconstrucción del budismo 'antiguo' de Camboya." *Estudios de Asia y África* 37(2): 271–303.

Marston, John & Elizabeth Guthrie. 2004. *History, Buddhism, and New Religious Movements in Cambodia*. Honolulu: University of Hawai'i Press.

Martel, Gabrielle. 1975. *Lovea, village des environs d'Angkor: aspects démographiques, économiques et sociologiques du monde rural cambodgien dans la province de Siem-Réap*. Paris: École française d'Extrême-Orient; déposiere, Adrien-Maisonneuve.

Mizuno, Koichi. 1968. Multihousehold Compound in Northeast Thailand. *Asian Survey*, 8(10): 842–852.

Nash, Maning. 1965. *The golden road to modernity: village life in contemporary Burma*. New York: Wiley.

Ovesen, Jan *et al*. 1996. *When Every Household Is An Island: Social Organization and Power Structures In Rural Cambodia*. Uppsala Research Reports in Cultural Anthropology 15. Stockholm: Uppsala University.

Pech Sol (ពេជ្រសុល). 1966. ពិធីប្រចាំដប់ពីរខែ [Ceremonies during 12 monthes]. ភ្នំពេញ: ពុទ្ធសាសនបណ្ឌិត្យ [Phnom Penh: Buddhist Institute].

Phillips, Herbert. 1965. *Thai peasant personality: the patterning of interpersonal behavior in the village of Bang Chan*. Berkeley: University of California Press.

Sakanashi, Yukiko. 2005. The Relationship of Socio-Economic Environment and Ethnicity to Student Career Development in Contemporary Cambodia: A Case Study of High Schools in Phnom Penh. *Tonan Ajia Kenkyu* (Southeast Asia Studies), 42(4): 464–488.

Sharp, Lauriston *et al*. 1953. *Siamese Rice Village: A Preliminary Study of Bang Chan, 1948 – 1949*. Bangkok: Cornell Research Center.

Solocomb, Margaret. 2003. *The People's Republic of Kampuchea 1979–1989: The Revolution after Pol Pot*. Chiang Mai: Silkworm Press.

Takahashi, Miwa. 2005. Marriage, Gender, and Labor: Female-Headed Households in a Rural Cambodian Village. *Tonan Ajia Kenkyu* (Southeast Asia Studies), 42(4): 442–463.

Tambiah, Stanley. 1976. *World Concueror and World Renoucer: A Study of Buddhism and Polity in Thailand against a Historical Background*. Cambridge: Cambridge University Press.

Tea Van & Nov Sokmady 2009. "The Ethnic Chinese in Cambodia: Social Integration and Renaissance of Identity", In *Ethnic Groups in Cambodia*, edited by Hean Sokhom: 235–280. Phnom Penh: Center for Advanced Studies.

Vickery, Michael. 1986. *Kampuchea: Politics, Economics and Society*. London: Frances Pinter.

Vincent, Joan. 1990. *Anthropology and Politics: Visions, Traditions, and Trends*. Tucson & London: The University of Arizona.

Willmott, William. 1967. *The Chinese in Cambodia*. Vancouver: University of British Columbia.

Willmott, William. 1970. *The Political Structure of the Chinese Community in Cambodia*. Monographs in Social Anthropology 42. London: University of London, Athlone Press.

Yagura, Kenjiro. 2005a. Imperfect Markets and Emerging Landholding Inequality in Cambodia. *The Japanese Journal of Rural Economics*, 7: 30–48.

Yagura, Kenjiro. 2005b. Why Illness Causes More Serious Economic Damage than Crop Failure in Rural Cambodia. *Development and Change*, 36(4): 759–783.

Yang Sam. 1987. *Khmer Buddhism and Politics from 1954 to 1984*. Newington: Khmer Studies Institute.

事項索引（国名を含む）

IRRI 品種　157, 159
NGO　46, 82
PTSD（心的外傷後ストレス性障害）　490
UNTAC　→国連カンボジア暫定統治機構

アイデンティティ　16, 27-28, 360-361
赤いクメール　→クメールルージュ，クマエ　クロホーム
悪行　403, 404
アソシエーション　307, 493　→サマコム
「新しい実践」　35, 79, 496　→サマイ，「古い実践」
アチャー　口絵 21, 325
　結婚式のアチャー　325, 328, 354, 356
　葬式のアチャー　325, 328, 337
　寺院のアチャー　325, 385, 396, 442
　チェンのアチャー　339
　ボンのアチャー　325
アペイジャテイアン　403
アメリカ軍（空軍）　68, 118, 175
アラァック　320
移住　104
　移住経験　127
　強制移住　74, 89, 120-123, 127, 134, 136
　　ロン・ノル政府による強制移住　122
　近距離の再移住　113-114
　中国人の移住　107-112
「依託」　→人口の政治的類別
市場　62, 74, 76, 232, 237, 255-257
「市場の人」27, 293, 357-358
　サンコー区の市場　60, 146
移動
　移動経験　97, 69

出家行動と移動　115
集落の移動　69, 74
稲作　42, 59, 156-162, 206-227
　稲作従事世帯　163, 164, 219, 227
　稲作の不安定性　213
稲
　「稲田の人」　27, 265, 368
　浮稲　→浮稲
　雨期作の稲　157-160
　乾期作の稲　159
　普通稲　162, 168
移民　106-116
　タカエウ州からの移民　54, 116
　中国人移民　29, 74, 107-114, 298-300, 312, 359-360
入安居　342　→出安居
入れ子型　→アイデンティティ，社会構造
　入れ子型の空間的構造　369
インフォーマルな制度　481
ヴィアル（植生）　48, 56, 174
ヴォアット　376　→寺院
浮稲　60, 157, 162-163, 296
　浮稲栽培　195, 216, 224
　浮稲田　口絵 17, 口絵 18, 162, 168, 185-186　→「下の田」
　浮稲田の耕作面積　210, 296
運送業　228, 243, 271
役牛
　役牛の不足　180-183
　役牛の売却　224-225
役畜　163-166
廻向　317-318, 326, 393, 395, 397, 403
エスニシティ　308, 345　→民族，チェン，クマエ

事項索引　515

閻魔　401
オウギヤシ　66, 239, 414　→トナオト，パルミラヤシ
お手伝い　265, 272
オンカー　5-6, 124　→革命組織

改革運動（仏教実践の）　406　→刷新運動
開墾　178, 186, 193, 195, 210
　「里の田」（普通稲田）の開墾　173
　「下の田」（浮稲田）の開墾　174
介入と放任　187, 482
概念間の関係　22, 31, 35, 491
概念間の構造　25, 27
貝葉文書　411, 412, 415, 419
家屋　67, 69, 75, 91, 261, 309
　ポル・ポト時代の家屋　126
「加害者」（ポル・ポト支配の）　136　→「被害者」
化学肥料　159, 171, 194, 232, 237-238, 258
餓鬼　392, 396
革命組織　5-6, 124-137, 176-177　→オンカー
陰籠もり　331-332
過去との連続　480, 489
カタン祭　口絵29, 口絵30, 343, 441, 463
　カタンサマキ　452-457, 473　→サマキ
カチナ　441, 453, 455
学校教育　79
カマターンサエサップ　351
借り入れ　225, 233, 367　→借金，ボンダッ
「買われた」（婚）　112　→婚資，中国人移民
灌漑用水路　176-179
慣習法的な土地権　171, 186, 193　→「鋤による獲得」
カンバン儀礼　→儀礼，プチュムバン祭
カンプチア人民共和国　44　→人民革命党

政権
カンボジア王国　8, 44, 45
カンボジア国　44
カンボジア史の悲劇　20, 487
カンボジア（クメール）正月　62, 244, 341
記憶　352, 440, 481
帰還　138, 270, 480, 482
牛車　114, 163, 167
ギャップ　→世代間ギャップ
救国戦線　6, 44, 138
「旧人民」　124, 130
「旧道」　57, 69, 106
共産主義者　117　→チョールチュオ
強制移住　→移住
行政区　55, 64, 66
　行政区長　65, 232
　行政区評議会　66
　行政区評議会の選挙　13, 45, 66　→治安の問題
強制結婚　→結婚，ポル・ポト時代
強制還俗　6, 145, 188, 416, 431　→ポル・ポト時代
行政村　64　→自然村
共同食堂制　124, 126　→ポル・ポト時代
漁業　42, 60, 282, 287-292
儀礼
　雨乞いの儀礼　402
　開眼儀礼　口絵31, 口絵32, 468-471
　カンバン儀礼　口絵27, 口絵28, 393-397, 410, 447
　クニを整える儀礼　319, 399
　結婚儀礼　352-357
　出安居儀礼　387
　新生児を披露する儀礼　331
　葬送儀礼　314, 336, 339-340, 359, 360
　追善儀礼　318, 326, 334, 350-351
　年中儀礼　341

許しを乞う儀礼　336, 340
近代化　350, 353, 496
空間構造　369　→スロックルー/クラオム，入れ子型，社会経済的構造
草分け
　草分け世帯　104
　草分け世代　173, 299
　草分け夫婦　98-99, 103, 106-116
功徳　35, 40, 295, 316, 437, 474　→積徳行
　功徳の廻向　→廻向
　特におおきな功徳　441
クマエ（クメール人）　28-31, 107, 113, 324, 366　→エスニシティ，チェン，民族，民族的言辞
クマエイサラッ　74, 106
クマエクロホーム（クメールルージュ）　40, 117, 119, 122, 268
クマエソー　117
クマオッチ　320　→幽霊
クメール共和国　43　→ロン・ノル政府
クメール正月　→カンボジア正月
クメールルージュ　146, 185, 259　→クマエクロホーム
クルー　319, 346-348
　クルークマエ　328-330　→クルーボーラーン
　クルーチュヌオル　328
　クルーボーラーン　329　→クルークマエ
　クルゥオサー　93　→世帯
　クロムクルゥサー　95
「黒い水」　195, 211
クロムサマキ　140, 156, 180-189, 255　→サマキ
クロムプロヴァッダイ　181
郡僧長　382, 419, 421　→サンガ
経験
　経験の語り　39, 488

経験の多様性　40, 489-490
経験と担い手の断絶（経験的学習の欠如）　350-352, 419, 428
商売の経験　276-277
経済格差/経済的な格差　27, 75-76, 260-261, 281, 293, 298-300, 357
経済活動のモデル　301, 368　→中国人移民，ボンダッ
経済的成功　260, 276, 281, 298, 300, 494　→富裕世帯
携帯電話　63, 499
結婚　332　→サエンプダッチクマオッチ
　1979年の結婚の事例　145-146, 口絵
　強制結婚　口絵14, 130-133
　結婚儀礼　→儀礼
　結婚後の居住選択　142
　結婚式への招待　294-295
　結婚式のアチャー　→アチャー
　結婚の祝儀　164, 296
　結婚の結納金　112, 294
「ケヒィ」　411
現金消費支出
　VL村世帯の一月あたり現金消費支出　245
　PA村世帯の一月あたり現金消費支出　291
原子化　6, 490
業　398, 475
考古学的遺物　67, 312
洪水林　口絵4, 47-48, 55, 68
構造機能主義　15, 24
構造的特徴　300
講堂　78, 393, 431
　サンコー区の4寺院の講堂　446
　PA寺における新講堂建設　462-472
強盗　13, 106, 174　→チャオ
公認得度式　378, 415
コープラム　187
コーン　126　→ポル・ポト時代

事項索引　｜　517

コーンチャラート　176　→ポル・ポト時代
五戒　317　→在家戒
国連カンボジア暫定統治機構（UNTAC）　7,
　　44
小作
　　牛小作　164
　　チュオール小作（定額小作）　207-208
　　プロヴァッ小作（分益小作）　207, 213
湖水平野　11, 47, 54
国家権力　130, 376, 486
　　国家権力と地域/コミュニティ　482-484
コミュニティ　19, 23, 25, 27, 30, 321, 340,
　　372　→地域社会
コミュニティスタディ　14-16, 479, 493, 498
米　→精米機，精米の価格，籾米の卸売り，
　　籾米の買い付け
　　米の消費量　213
　　自家消費米　213, 219, 221, 246, 287
　　浮稲米　221, 230, 235, 275
　　普通稲米　230
婚資　357　→結婚，結納金
婚前性交渉　321　→サエンプダッチクマ
　　オッチ
コンマー　309, 321, 323-324, 362　→ドーン
　　ター
　　コンマーに対する過ち　365

再移住　113-114　→移住
災因論　366
在家戒　40, 62, 66, 280, 316-318, 334, 386,
　　393, 450　→五戒，八戒，十戒
再生　3, 35, 156, 479-482, 485-487, 489-492
サエン　321, 324, 340, 353
　　サエンクバールタック　342
　　サエンクマエ　345, 365
　　サエンチェン　345, 362-365

サエンプダッチクマオッチ　333
サエンプノー　344
ドーンターへのサエン　322-324
雑貨屋　60, 229
刷新運動（仏教実践の）　406-408, 410, 428,
　　475　→改革運動
「里の田」　168, 171, 184, 188, 206-209　→水
　　田
砂糖づくり　口絵 19, 口絵 20, 238-239
サハコー　6, 125-126
サマイ　口絵 27, 口絵 28, 口絵 31, 口絵 32,
　　31, 41, 353, 357-358, 389-390, 397-398,
　　404-405, 409-413, 420-421, 422, 430, 458,
　　468-476, 495-498　→「新しい実践」，ボー
　　ラーン
　　サマイの結婚式　356
　　サマイの寺　389
　　サマイの様式　468-469
「サマイハオイ」　41, 421, 476, 495
サマキ　442　→クロムサマキ
　　カタンサマキ　453, 473
サマコム　83-84, 207, 233, 312, 362, 485
　　→アソシエーション
サム・ランシー党　45, 66
サンガ　79, 376, 379, 382-384, 407　→僧侶，
　　見習僧，僧院
　　サンガの全国組織　382
三蔵経　16, 389, 395-396, 407, 450, 475
産婆　→ジェイモープ
三宝帰依文　393, 400-401, 415
「師」　382, 412, 458　→住職
ジェイモープ　329-331
寺院　16, 35, 57, 76-78　→ヴォアット
　　寺院間の交流　411, 482
　　寺院間のネットワーキング　434, 435-437,
　　457　→プカー祭，カタン祭
　　寺院共同体　435-437, 474-476

寺院共同体の分裂　461
　　PA 寺の寺院共同体　457-459
　　SK 寺の寺院共同体　449, 452-453
　寺院建造物の破壊　431　→資金集め
　寺院のアチャー　→アチャー
持戒行　317, 334　→在家戒, 積徳行
識字　82
資金集め　434, 463　→寺院建造物の破壊,
　　寺院間のネットワーキング
ジケー　262
自然村　64　→行政村
実践宗教　427
実践　→宗教実践, 仏教実践
自転車キャラバン　255-257, 276, 278, 298-299
支配の正当性　187, 484　→国家権力, 国家権力と地域社会／コミュニティ
指標財　261　→世帯間の経済格差, 経済格差
「自分（わたし）の寺院」　436, 476
「下の田」　口絵17, 口絵18, 168, 171, 173, 188, 194, 208-211　→浮稲田, 水田
ジャータカ　343, 387
社会関係の連続　481　→帰還
社会経済的格差　368　→経済格差, 経済的な格差
社会経済的構造　75-76, 357, 368-369, 447
　　→社会構造, 入れ子型
　社会経済的構造の再現　494
社会構造　22-28, 491　→社会経済的構造, 入れ子型
社会事業　281, 340, 412
社会主義時代　18, 258
社会的交流　31, 35, 62, 79, 293, 296, 486, 492
　　→スロックルー, 空間構造
　地域間の社会的交流　227
社会範疇　28, 31, 308　→チェン, クマエ,

社会範疇としての民族　28
借金　208, 238, 272, 367
就学　80, 147
　村外での就学　203, 241, 284
宗教活動の禁止　378　→ポル・ポト時代
宗教実践　309-313, 345, 352-353
　宗教実践の多様性　327-328
　宗教実践の変化　346-350, 370
宗教伝統　370
重婚　194
住職　382, 385, 412, 422　→サンガ, ヴォアット, 寺院
州僧長　384　→サンガ
集落　57, 64, 69, 90
　社会空間としての集落　148
　集落の移動　→移動
　集落の景観　126, 141, 282
　集落の形成　67-69, 99-103
　集落の再編　138-139
収量　157, 159, 191, 209, 216　→水田, 稲作
就労
　村外での就労　203, 241, 284　→出稼ぎ
　多就労形態　75
授戒師　378
　授戒師の資格　420-422
宿縁　330
粛清殺人　36, 111, 486　→皆殺し
主催者　213, 295, 340, 355, 438, 441-443
　祭りの主催者　468-469
酒造　235
出家　78, 82, 316, 331, 412
　出家経験　332, 352, 379, 408-409
　出家行動の制限　188, 379
出家者　79, 376, 379, 414-415, 417, 436
ジョアン　310
商業取引　62, 114, 132, 274, 276, 281, 300
上座仏教　16, 77, 82, 295, 317, 376

事項索引 | 519

上座仏教寺院　口絵8, 口絵9, 16, 78　→寺院, ヴォアット, サンガ
上座仏教徒社会　115, 317, 331, 408, 441
「商売人」　265, 368　→ネアックロークシー
女性の地位や役割　249
地雷　146, 185
ジレンマ　428, 474
「白い水」　195, 211, 217
シンクレティック　359
信仰心　435, 453, 474
人口の政治的類別　124
　「依託」　125, 126, 130, 134, 138
　「全権」　125　→「旧人民」
　「予備」　125
「新人民」　124, 130, 137, 487-488
親族　→双系的親族関係, 紐帯
親族ユニット　119, 134
「身体を捧げる」　334　→在家戒,「知恵を請う」
人民革命党　44, 139, 417
人民革命党政権　7, 44, 138, 149, 171, 180, 187, 193, 255, 379, 415-417, 429, 483　→カンプチア人民共和国
人民党　44-45, 66
森林産物　54, 174, 300, 405
スイカ栽培　156, 194, 236-238, 257-258
水牛　166
水田　59-60, 156　→「里の田」,「下の田」,「農地」
　「上の田」　168
　「中間の田」　168
　「原野の田」　168
　水田の開墾　→開墾
　水田の種類（4種の水田）　168-169
　耕作水田面積　208-210
　所有水田面積　172, 208, 212, 216, 261
水路　→灌漑用水路

ポル・ポト時代の水路網　177　→ポル・ポト時代
「鋤による獲得」　171, 186, 188, 193, 195
ステレオタイプ
　カンボジアの社会・文化のステレオタイプ　7-8, 10, 479, 487
　中国人移民の生業のステレオタイプ　114, 368-369
砂山　399-401
スラエ（水田）　156　→水田
スロック　55, 168, 318　→スロックルー, ボンリアップスロック
スロッククラオム　56
スロックルー　55, 60, 76, 118-119, 167, 174, 225, 227, 267-268, 270-273, 277-278, 298, 300, 368-369, 405, 439, 452, 453, 456, 493
生活再建　10, 187, 257, 483-484
生活世界　16, 30, 491
　生活世界の基本的構造　493-494
生業
　生業活動　60, 75, 203-204, 254-260
　生業活動の変遷　254
　　富裕世帯の生業活動　265-276　→チェン
　生業活動の多様化　76, 259
　生業構造　296, 298
生計手段　203, 261, 285
　漁業に頼った生計　287
政治的暴力　46
「生徒」　382, 412, 453, 458, 460
正統性（仏教実践の）　397-398, 451, 475
精米機　230
精米の価格　230
清明節　344　→チェンメーン
積徳　316-318, 398, 435　→功徳
　積徳行　341, 386, 397, 435, 457, 473-474
世帯　93, 202　→クルゥオサー, 富裕世帯ボ

ントゥック
　　世帯間の経済格差　260, 281, 299　→経済格差
　　世帯の構成形態　95
　　　包摂家族型　96
　　　基幹家族（型）　96
世代間ギャップ　41, 428-429, 475, 484
説教　6, 342, 393, 402
「全権」　→人口の政治的類別
全体主義的支配　→ポル・ポト政権
　　全体主義的支配の短命さ　486
占有権　171, 186, 193　→「鋤による獲得」, 農地の所有
僧院　78, 381, 422　→サンガ
送金　203, 244　→出稼ぎ, 村外での就労
双系　→紐帯
　　双系的親族関係　口絵 10, 口絵 11, 24-25, 95-96
葬式　213, 295　→葬送儀礼
増水　47, 59, 157, 169, 195　→熱帯モンスーン気候
　　増水域　48, 54, 67, 162, 282
　　増水の影響　169, 192, 439
葬送儀礼　→儀礼
相続　139, 148, 150, 192, 195
相即不離　79
相対的な評価　489
双聯　361
僧侶　77-78, 376　→見習僧, 出家者, サンガ
　　統一戦線側の僧侶　414-415
　　僧侶の強制還俗　強制還俗
『俗人の実践の手引き』　→「ケヒィ」
祖霊　324, 365　→コンマー, ドーンター, サエンプダッチクマオッチ
村外人口　203, 240-242　→村外での就学, 村外での就労, 出稼ぎ

村外人口率　204, 284
村長　64-66, 90, 139-141, 149-151
ソムペァプレァカエ　343
村落　57, 64　→行政村, 自然村, 集落
　　村落間の経済格差　281, 298, 300
　　村落人口　203, 285
村落仏教　427, 443, 473, 476

大管僧長　384, 406
大洪水　217
対象化　21, 28, 369, 408, 422
体制移行　139, 171, 379
対比的概念　27, 252
　　対比的な言語範疇　27, 491
　　対比的な社会類型　27
対立　25, 79, 328, 368, 399, 404-405, 409, 449, 458, 462, 469, 474
多就労形態　→就労
反収　→収量
断絶　485　→経験と担い手の断絶世代間ギャップ, ポル・ポト時代
治安の問題　13, 74, 113, 185　→強盗, 地雷, クメールルージュ
地域社会　3
　　地域社会と国家　→国家権力
　　地域社会の重層的な時空間　4
　　地域社会の歴史経験（状況）　10
紐帯　口絵 25, 口絵 26, 25, 136, 440
　　親族の紐帯　→双系的親族関係
　　社会的紐帯　134, 487
　　妻方親族との紐帯　150-151
　　人間関係の紐帯　134
チェディ　78, 315
「知恵を請う」　334　→在家戒,「身体を捧げる」
チェン　29, 107, 110, 308, 324, 358-361, 362-

事項索引 | 521

366, 367-371, 493-495　→中国人，民族
　　　的言辞
　チェンらしさ　494
　チェンの生業活動　368
　チェンの仏陀　312, 352　→中国廟
　チェンのアチャー　→アチャー
　名指しとしてのチェン　366
　チェンサエ　330, 340
　チェンソット　29
　チェンチャウ　29, 359
　クサエチェン　362
　コーンチェン　29, 113
　サエンチュン　→サエン
　チャウチェン　29, 113
チェンメーン　口絵25, 口絵26, 314, 344, 370
地形と植生の遷移　47-48, 56
知識と経験の継承/断絶　485　→世代間
　　ギャップ
チャー　336
　チャーマハーバンスコール　350, 352
チャーム人　76, 329
チャオ　105　→強盗
チャムカー（畑）　156
中国　44, 176, 231
　中国語　275, 313, 359
　　中国語学校　360, 495
　中国式墳墓　口絵12, 口絵13, 74, 314, 319,
　　371
　中国正月　312, 341, 343, 345, 359, 362
　中国人　29, 74, 267, 275　→チェン
　　中国人移民　29, 89, 107-114, 298-299,
　　　359　→移民
　　中国人移民の定型的人生譚　114
　中国人の子孫　132
　中国廟　83
　中国文化のルネッサンス　口絵2, 495
チュオール小作　→小作

チュモープ　331　→ジィェイモープ
徴兵　124, 146, 187-188, 417, 483
チョールチュオ　118-120, 125, 134-135
　　→共産主義者
チョーンダイ　323　→結婚の祝儀
チョムノッ　384-386, 390, 398
　　チョムノッヴォアット　384, 435
チョンチィエット（民族）　28　→エスニシ
　　ティ，民族
地理空間の認識　56　→空間構造，地形と植
　　生の遷移
賃労　240
通婚　29
　通婚圏　103, 143, 248
「土の鍋の世代」　69
妻方居住　142-145, 481
　妻方居住の優越　143
妻方親族　96　→紐帯
妻方相続　192, 195　→紐帯
定額小作　→小作
低地稲作社会　22-24, 95
出稼ぎ　241-244, 248, 273, 284　→村外での
　　就労，送金
出安居　343, 387-388　→入安居
寺委員会　385, 396, 436, 440, 442
伝統　→民族的伝統
　クメール人の伝統　344
　「伝統から外れている」　454
　「我らの伝統」　402
伝統暦　317, 341
トア　147, 335
トアンマユット派　376, 379
統一戦線　43, 117-129
　統一戦線側の僧侶　→僧侶
投票　385, 468
道路交通
　道路交通の発展（内戦前）　74, 106

522

道路交通の分断　74, 117
都市への進出　276
都市部における社会の再建　270, 481　→帰還，社会関係の連続
土葬　314-315　→葬送儀礼
土地　→農地
　「土地と水の主」　311-312, 318, 400-401
　土地無し世帯　206
　土地の購入　140, 196, 208
　土地の所有権　138
　土地の高み　57, 59, 169, 236, 314
トナオト（パルミラヤシ/オウギヤシ）　口絵19, 口絵20, 66, 75, 115, 238-239
トモップ　320
ドーンター　321-324, 333, 365　→コンマー，祖霊
　ドーンターへのサエン　322, 353　→サエン
ドーンチー　78, 376

苗床　162, 168-169, 216
仲買
　牛の仲買　232
　魚の仲買　231
　鶏の仲買　231-232, 268
名指し　366-371, 493　→エスニシティ，社会範疇，名乗り
　名指しから名乗りへ　371
　名指しとしてのチェン　→チェン
名乗り　371, 493　→名指し
難民　7, 443
日本軍　69
ネアックスラエ　265
ネアックター　311-312, 346, 399-401
ネアックネサートトレイ　265
ネアックプサー　293, 296

ネアックミアン　265　→富裕世帯
ネアックロークシー　265　→「商売人」
熱帯モンスーン型気候　47
ネットワーク　114, 413, 437, 482
農業土木事業　176　→ポル・ポト時代
農地　156
　農地の交換　141, 190, 193
　農地の交換分合　191
　農地の購入　193, 196
　農地の所有　180, 206
　　農地の非所有　193, 196
　農地の相続　192, 195
　農地分配　180, 183-184
　「主要な農地」　185
　所有農地　188
農民　15, 132
ノムバンチョッ　226
乗り合いタクシー　48, 52, 275

パーイ　340　→チェン，中国人
バーイセイ　387
パーリ語　16, 78, 310, 390, 400, 408
　パーリ語の学習方法　411　→改革運動，刷新運動
爆撃　68　→アメリカ軍
八戒　317　→在家戒
パチャイ　326, 447
バラモン教　357　→ブラーフマニズム
パリ和平協定　7, 44
「バロメイ」　470-471
氾濫水　59　→「白い水」
ピア　399, 401
「被害者」（ポル・ポト支配の）　136-137, 488　→「加害者」
ピサークボーチア　341
避難民　75

廟 →チェンの仏陀，中国廟
評価の相対性 489
病気治療 206-207 →クルークマエ，クルーボーラーン，借金，土地無し世帯
夫婦組 97, 119, 128, 145
プーム 64, 125 →集落，村落
ブカー祭 344, 438 →寺院間のネットワーク
稲のブカー祭 439, 482
布薩堂 78, 431, 443
「不信仰の自由」 378 →ポル・ポト時代
プチュムバン祭 244, 343, 392, 396, 437
　プチュムバン祭の寄進金 447
　プチュムバン祭のカンバン儀礼 →儀礼
普通稲 →稲
仏教実践 →実践
　仏教実践の再興 351
　仏教実践の多様性 389, 405
　仏教実践の断絶 415
　仏教実践の歴史的変化 405
復古主義 450
物資の配給 123
仏日 62, 317, 334, 450
舟（船） 107, 113, 290, 368
　船の所有（PA村） 285, 288
プノムクサッチ →砂山
「部分社会と部分文化」 15
富裕世帯 230, 260, 265, 279, 292, 298 →ネアックミアン
ブラーフマニズム 398, 404, 408, 450 →バラモン教
プラホック 口絵4, 114, 227, 231, 268
「古い実践」 79, 496 →「新しい実践」，サマイ，ボーラーン
古い集落 74
古い寺 74
プレアンコール期 52, 67-68

プロヴァッ 164
　プロヴァッダイ 164, 181
　プロヴァッ小作 →小作
プロペイネイチィェット 389 →民族的伝統
プロルン 324
フロンティア 116, 298, 359
文化分析／文化理解 20-21
フンシンペック党 44, 45, 66
分配 139-140, 180-184, 189, 194 →農地，屋敷地
平準化 260
「勉学の寺」 411
変化 →宗教実践の変化
　社会経済的変化 308, 350, 453, 461, 475
　社会変化 145, 350
　変化の多層性 346, 352, 496
方角の主 401
縫製工場 241, 243, 245, 248, 271, 273, 284
縫製産業 46
ボーラーン 口絵27, 口絵28, 口絵31, 口絵32, 31, 353, 397-398, 404, 409, 422, 430, 466, 474-475, 495-496, 498 →「古い実践」，サマイ
　ボーラーンの結婚式 356
　ボーラーンの実践 398, 401, 413, 420
　ボーラーンの寺 389
　ボーラーンの様式 368, 399
ボーンプオーン 95 →クルゥオサー
ボッパーイバン 393 →プチュムバン祭
ポル・ポト時代
　ポル・ポト時代の一般的な説明 5-6
　ポル・ポト時代の境遇の違い 133
　ポル・ポト時代の社会状況 129-137
　ポル・ポト時代より以前の権利関係 140, 142, 148, 183-184
　ポル・ポト時代の死者 133-134

ポル・ポト政権　5-10, 89, 479　→全体主義的支配
ポル・ポト派　44-45, 138, 187
ポンサンガティアン　326
ボンダッ　62, 232, 268-271, 274-278, 298, 368, 486, 492　→中国人移民，経済活動のモデル，富裕世帯
　ボンダッのルール　232-233
ボンチョムラウンプレアッチョン　327
ボントゥック　93, 202　→世帯
ボンパチャイブオン　口絵10, 326
ボンリアップスロック　319, 398-400, 404

マーケットタウン　29, 36, 50, 52, 54, 57, 452
マーコン　309　→コンマー
マイクロクレジット　83, 207, 233　→サマコム
マイクロバス　63, 228, 243, 271-273　→運送業
「祭りの委員会」　466-467
マハーニカイ派　375-379, 398, 406　→トアンマユット派
ミアックボーチア　344
ミアン　265　→ネアックミアン，富裕世帯
皆殺し　135　→ポル・ポト時代
見習僧　79, 376　→僧侶
民主カンプチア政権　43　→ポル・ポト政権
民族　口絵2, 28-30, 308
　社会範疇としての民族　29
民族的言辞　30, 362-369, 493-495
民族的伝統　345, 358, 389, 398, 475
民族統一戦線　43, 117　→統一戦線
無形の資本　484
ムネィアンプテァ　309
迷信　328, 396, 408

瞑想　317, 351
　瞑想実践　411
メーバー　321, 323　→コンマー，ドーンター
面目　296
籾米の卸売り　74, 267
籾米の買い付け　232, 274-278

野菜の栽培　239
屋敷地　90-91, 97
　屋敷地共住集団　96
　屋敷地の居住経験　97
　屋敷地の係争　148-151
　屋敷地の取得　139
　屋敷地の再獲得　139-140
　屋敷地の分配　140-141, 188, 193
椰子砂糖づくり　→砂糖づくり
誘拐　13, 259　→治安の問題
幽霊　→クマオッチ
ユオン　110
緩やかに構造化された社会体系　23-24
養豚　203, 234
「予備」　→人口の政治的類別
寄り代　319, 329, 347-349　→ループ

ライフサイクル　278-281, 430, 449
　ライフサイクルと仏教実践　335
ラウンミアック　346-352
落成式　327
　新講堂の落成式　464-471
リアチヴォアット　387, 470
リアップチョンハンロック　326
リアンテヴァダー　311
リアンタッ　347
律　417

事項索引　525

理念と現実　475
ループ　→寄り代
　　ループバンチョアン　329
労賃　240
労働組　6, 176　→コーンチャラート，ポ

ル・ポト時代
ロークター　319
ロン・ノル政府　43, 54, 120-123, 135, 175, 415　→クメール共和国

固有名詞索引（人名，地名，寺院名，組織名）

BT 寺　410, 439　→「勉学の寺」，稲のプカー祭（事項索引）
CS 氏　458-460　→寺院のアチャー（事項索引）
CT 氏　4, 12, 39, 111, 266-280, 370-371, 462-471　→チェン，富裕世帯，祭りの主催者（事項索引）
CT 氏の長男　463, 465, 469　→カタン祭（事項索引）
KM 寺　78, 461, 471
KP 氏　411, 458, 460, 465　→寺院のアチャー（事項索引）
KS 師　390, 456　→住職（事項索引）
LH 氏　405, 409　→仏教実践の歴史的変化，サマイ（事項索引）
MS 氏　391, 459, 471　→寺院のアチャー（事項索引）
NgL 氏　274, 276　→富裕世帯（事項索引）
PA 寺　77-78, 391, 411, 445, 457-459　→寺院共同体，寺院のアチャー，ボーラーン（事項索引）
PK 寺　77, 471
PM 氏　399, 413, 459-461, 467, 468-469, 471　→寺院のアチャー，ボンのアチャー，ボーラーン（事項索引）
PP 氏　390, 407-409, 449, 456　→寺院アチャー，サマイ（事項索引）
PR 氏　278　→富裕世帯（事項索引）
SK 寺　77-78, 390, 407, 410, 445　→寺院共同体，寺院のアチャー，サマイ（事項索引）
SS 氏　418, 459, 460　→住職（事項索引）
ST 氏　392, 459-460, 465, 468　→寺院のアチャー（事項索引）

SY 寺　419
TK 師　391, 461, 466-469　→住職（事項索引）

天川直子　19, 156, 180, 213
ウィルモット，W.　307
ウナロム寺　406
エビハラ，M.　16, 18, 23, 29, 321, 479
エンブリー，J.　24
オベルセン，J.　25

キアネン，B.　3, 413
コンポンコー区　107
コンポントム　47, 50

サープ川　42, 47
サエン川　47, 59
サム・ランシー　45
シーサケート県　343
シハヌーク，ノロドム　43, 45, 459
ストゥンサエン郡　50
ソンボープレイコック遺跡　52

タイ国境　7, 255-259
タカエウ州　54, 84, 115
高橋美和　19, 93, 144, 329
ダムレイスラップ区　55, 124, 224-225, 300
チュオン・ナート師　406, 411
デルヴェール，J.　11, 308
トンレサープ湖　42, 47, 56, 59

固有名詞索引　|　527

ニペッチ区　13, 55, 122, 227, 300

ヒントン, A.　20
フォト・タート師　406
福建省　107, 111, 113, 267, 275, 360
プノンペン　46, 48
プラサートバラン郡　55, 122, 133, 431, 439, 451, 456
古田元夫　187, 484
フン・セン　44
ベトナム　7, 27-28, 42-44, 110, 135, 138, 256, 261
ベトナム軍　6, 129, 138, 147, 187, 259, 419
　ベトナム領メコンデルタ　378, 415
本多勝一　257, 258

モアマン, M.　308
メコン川　42, 47

水野浩一　96

矢倉研二郎　19, 84, 233

リーチ, E.　26, 427
レジャーウッド, J.　18, 25
ロン・ノル　43

著者略歴

小林　知（こばやし　さとる）
1972 年　長野県生まれ
京都大学東南アジア研究所助教
東南アジア地域研究専攻
1996 年　大阪外国語大学外国語学部（中国語科）卒業
2005 年　京都大学大学院アジア・アフリカ地域研究研究科博士課程を単位取得退学
2005 年　日本学術振興会特別研究員（PD）
2007 年より現職

共著書

『カンボジア新時代』(2004) アジア経済研究所.
People of Virtue: Reconfiguring Religion, Power and Moral Order in Cambodia Today. The Nordic Institute of Asian Studies. 2008.
『〈境域〉の実践宗教―大陸部東南アジア地域と宗教のトポロジー』(2009) 京都大学学術出版会.
『新アジア仏教史 04　スリランカ・東南アジア　静と動の仏教』(2011) 佼成出版社.

カンボジア村落世界の再生
（地域研究叢書 23）

© Satoru KOBAYASHI 2011

平成 23（2011）年 2 月 28 日　初版第一刷発行

著　者　　小　林　　　知
発行人　　檜　山　爲次郎
発行所　　京都大学学術出版会
　　　　　京都市左京区吉田近衛町 69 番地
　　　　　京都大学吉田南構内（〒606-8315）
　　　　　電　話（075）761-6182
　　　　　Ｆ Ａ Ｘ（075）761-6190
　　　　　Home page http://www.kyoto-up.or.jp
　　　　　振　替　01000-8-64677

ISBN 978-4-87698-988-1
Printed in Japan

印刷・製本　㈱クイックス
定価はカバーに表示してあります

本書のコピー，スキャン，デジタル化等の無断複製は著作権法上での例外を除き禁じられています。本書を代行業者等の第三者に依頼してスキャンやデジタル化することは，たとえ個人や家庭内での利用でも著作権法違反です。